国家科学技术学术著作出版基金资助出版

自定心抗震结构体系
——理论、试验、模拟与应用

郭　彤　宋良龙　编著

科学出版社

北　京

内 容 简 介

传统的抗震设计基于延性设计理念，结构通过自身的延性变形吸收地震能量，以避免结构倒塌，但残余变形较大，给震后修复带来困难，且直接和间接损失严重。通过后张无黏结预应力及附加耗能元件，以实现震后自动复位和主体结构无损的自定心抗震结构是近年来出现的新型结构体系，代表了土木工程结构未来的重要发展方向之一。本书是一部较为全面系统地介绍自定心抗震结构体系研究以及工程应用的专著，内容包括：自定心混凝土框架梁柱节点的理论研究、试验研究和数值模拟；自定心混凝土框架的抗震设计方法、振动台试验、长期性能试验和抗震性能评估；自定心混凝土墙的理论研究、试验研究、数值模拟、抗震设计方法、地震易损性研究和工程应用；自定心混凝土桥墩的理论研究、试验研究、数值模拟和地震易损性研究。

本书适用于结构设计人员及高等院校土木工程专业教师、研究生。

图书在版编目（CIP）数据

自定心抗震结构体系：理论、试验、模拟与应用/郭彤，宋良龙编著. —北京：科学出版社，2018.12

ISBN 978-7-03-059299-6

Ⅰ. ①自⋯　Ⅱ. ①郭⋯　②宋⋯　Ⅲ. ①抗震结构–结构设计–研究　Ⅳ. ①TU352.104

中国版本图书馆 CIP 数据核字（2018）第 251016 号

责任编辑：李涪汁　邢　华/责任校对：彭　涛
责任印制：张克忠/封面设计：许　瑞

科 学 出 版 社 出版
北京东黄城根北街16号
邮政编码：100717
http://www.sciencep.com

北京画中画印刷有限公司 印刷

科学出版社发行　各地新华书店经销
*
2018 年 12 月第 一 版　　开本：787×1092　1/16
2018 年 12 月第一次印刷　　印张：25 1/2
字数：606 000
定价：179.00 元
（如有印装质量问题，我社负责调换）

前　言

　　自定心抗震结构(self-centering earthquake-resistant structure)是将现代预应力技术和耗能减震技术应用到传统建筑和桥梁结构中的一种新型结构体系,主要包括自定心框架、剪力墙和桥墩等典型结构形式。传统的抗震结构体系基于延性设计理念,通过结构自身的塑性变形来吸收地震能量,避免结构在地震中倒塌,从而保护生命和财产的安全。然而,在这一指导思想下设计出来的结构往往在地震后存在较大的结构损伤和残余变形,给震后修复带来困难,并造成巨大的直接和间接经济损失。自定心抗震结构通过后张无黏结预应力及附加耗能元件,可以有效控制结构在地震中的"最大变形"和减少结构的震后"残余变形",实现震后自动复位和主体结构无损的目的。不管从设计理念还是具体的构造措施,自定心抗震结构和传统基于延性抗震设计理念的结构均有较大不同。自定心抗震结构的经济性主要体现在震后修复方面,从全寿命周期成本的角度来考虑,这一类结构是具有发展潜力的新型结构形式,是土木工程结构未来的重要发展方向之一。

　　本书由以下内容构成:第一篇(第1~11章)为自定心混凝土框架结构,对梁柱节点的力学行为进行了理论分析,推导了梁端轴力、剪力、弯矩以及节点张开后转动刚度的表达式,建立了节点梁端弯矩-相对转角关系和侧向力-侧向位移关系的理论分析模型;提出了梁柱节点的改进构造形式,对梁柱节点和整体框架的抗震性能进行了试验和数值模拟研究;建立了自定心混凝土框架基于性能的抗震设计方法,基于弹塑性分析方法和概率分析方法对自定心混凝土框架的抗震性能进行了评估;进行了自定心混凝土框架的长期性能试验,并研究了自定心混凝土框架的时变抗震性能。第二篇(第12~20章)为自定心混凝土墙结构,针对墙体倾覆弯矩-墙顶侧移角和倾覆弯矩-墙底转角关系,推导了结构在各受力阶段的变形、位移和抗侧刚度等计算公式;对自定心混凝土抗震墙进行了低周反复加载试验和数值模拟研究;建立了自定心混凝土墙的抗震设计方法,对自定心混凝土抗震墙进行了地震易损性分析和生命周期成本分析;介绍了采用自定心混凝土抗震墙加固框架结构的工程应用,并对加固前后结构的抗震性能进行了评估。第三篇(第21~25章)为自定心混凝土桥墩结构,针对桥墩的顶点侧向力-侧向位移关系,分别基于精细模型和简化模型,推导了结构在各受力阶段的变形、位移和抗侧刚度的计算公式;对自定心混凝土桥墩在循环荷载下的抗震性能进行了试验和数值模拟研究;基于地震易损性分析方法,对自定心混凝土桥墩的抗震性能进行了评估。

　　本书的研究内容得到国家自然科学基金(项目编号:51078075、51378107、51678147和51708172)、国家重点研发计划子课题(项目编号:2016YFC0701400)和江苏省自然科学基金(项目编号:BK20170890)等科研项目的资助,在此表示衷心的感谢。作者的研究生张国栋、曹志亮、顾羽、徐振宽、卢硕、王磊和郝要文在试验和理论分析中做了大量工作，研究生施欣和王际帅参与了文稿格式编排工作。本书在撰写的过程中引用了大量的参考文献，在此表示衷心的感谢。

　　限于作者水平，书中难免存在不足之处，同时部分内容有一定的探索性质，敬请广大读者批评指正。

作　者

2018 年 6 月

目　　录

第二篇　自定心混凝土墙

第一篇　自定心混凝土框架

第 1 章

绪论——自定心框架

1.1 研究背景和意义

地震是人类长久以来所面临的最严重的自然灾害之一，因此结构的抗震性能备受处于地震带上各国的重视。如何设计出具有更好抗震性能的结构体系，一直是学者和结构工程师共同努力的目标。我国是全球大陆地震活动最活跃的地区之一，地震活动具有频度高、强度大、震源浅和分布广等特点。20 世纪我国发生 7 级以上地震 116 次，约占全球的 6%，其中大陆地震 71 次，约占全球大陆地震的 29%[1]。因此，保障结构在地震作用下的安全性以及良好的震后性能，对我国人民的生命财产和社会的经济发展具有重要的意义。

混凝土框架结构作为常见的抗震结构体系被广泛应用于抗震设防地区的建筑结构中。传统框架结构的抗震设计基于延性设计理念，通过结构自身的塑性变形来吸收地震能量，避免结构在地震中倒塌，从而保护生命和财产的安全。然而，在这一指导思想下设计出来的结构往往在地震后存在较大的结构损伤和残余变形，给震后修复带来困难，并造成巨大的直接和间接经济损失。Miranda[2] 通过研究指出，对于传统延性结构，震后残余变形对经济损失的贡献最大。在强地震动作用下，延性结构虽然能够大概率不倒塌，但结构往往因为震后残余变形过大而不得不拆毁重建。2011 年，新西兰基督城发生里氏震级为 6.3 级的大地震，中央商务区近一半的建筑物由于产生了严重的损伤而无法正常使用，近 1000 栋建筑物由于损伤严重被拆毁，地震后的预期恢复重建费用高达 400 亿新西兰元[3,4]。2008 年，我国四川汶川发生大地震，里氏震级 8.0 级，直接经济损失达 8451 亿元，恢复重建费用约为 1 万亿元[5,6]。震后恢复重建资金的需求之大表明，当前抗震设计规范中基于延性的设计理念和保障人的生命安全为主的设计目标，仅能保证建筑结构在地震中能够大概率不发生倒塌，但缺乏对结构震后抗震性能的考虑。随着社会经济发展水平的不断提高，人们对抗震结构的性能也提出了更高的要求，如何设计出在设防地震作用下不发生破坏或仅发生可以迅速修复破坏的抗震结构体系，已成为当前地震工程领域的研究热点之一。

为了提高混凝土框架结构的震后性能，本书从控制框架结构在地震中的结构损伤和震后残余变形出发，提出了新型的自定心预应力混凝土框架结构体系，其基本构造如图 1-1 所示。其中预制的梁柱通过水平布置的无黏结预应力钢绞线拼装在一起，同时梁端设有摩擦耗能装置。地震中,当梁端弯矩超过张开弯矩时,梁柱发生相对转动(节点张开)并通过摩擦耗能装置耗散地震能量。梁柱的接触部位分别预埋钢套和钢板,以避免梁柱接触面处混凝土被破坏。地震作用后,框架在预应力的作用下恢复到原先的竖向中心位置(自定心),从而消除(或大大降低)结构在地震作用下的残余变形。

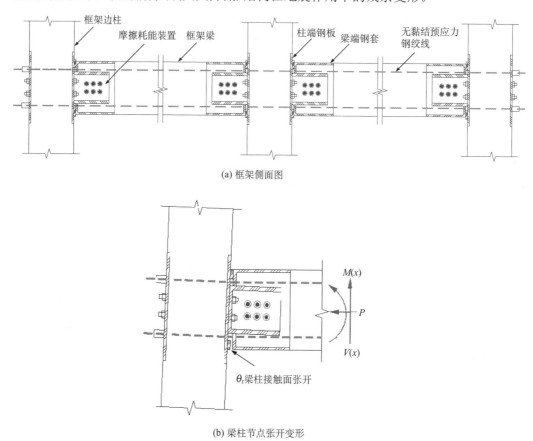

(a) 框架侧面图

(b) 梁柱节点张开变形

图 1-1   自定心预应力混凝土框架

1.2   国内外相关领域的研究发展和现状

从 20 世纪 90 年代开始,国内外学者就开始利用无黏结预应力技术来减少结构的损伤和震后残余变形,相关的研究最初应用于无黏结预应力混凝土框架结构,随后该技术被推广至自定心钢抗弯框架等结构形式。

1.2.1   无黏结预应力混凝土框架

在无黏结预应力混凝土框架中,预制的混凝土框架梁和柱通过无黏结预应力筋进行拼装和预压连接在一起,梁柱之间不再使用传统现浇混凝土连接,梁柱间的剪力通过预应力产生的摩擦力来抵抗,在水平力作用下梁柱之间可以发生相对转动,结构的非弹性变形主要集中在梁柱连接区域。由于采用预应力作为装配手段,框架在地震后具有很好的复位能力，残余变形很小。

Cheok 和 Lew[7]对无黏结预应力混凝土框架梁柱节点在低周反复荷载下的抗震性能进行了研究，并和传统现浇混凝土框架梁柱节点的抗震性能进行了比较。试验研究表明，无黏结预应力混凝土框架梁柱节点在层间侧移达到 4%时仍没有发生明显的强度退化；与传统现浇混凝土框架梁柱节点相比，无黏结预应力混凝土框架梁柱节点具有相当好的节点强度和位移延性，但单周滞回耗能能力较弱。需要指出的是，采用无黏结预应力筋后，梁端将出现缝隙并产生较大的集中力，梁端部分混凝土出现了少量的破坏。

Priestley 和 MacRae[8]对无黏结预应力混凝土框架内节点和外节点在低周反复荷载下的滞回性能和节点核心区的抗剪性能进行了研究，节点的破坏模式如图 1-2 所示。试验研究表明，与传统现浇混凝土框架节点相比，无黏结预应力混凝土框架节点的梁内纵筋和节点核心区抗剪箍筋大为减少。由于在梁端塑性铰区使用了螺旋箍筋来约束混凝土，节点在试验中表现良好，在层间侧移达到 3%或更大时，仅出现了一些微小的破坏。节点的滞回耗能能力虽然较小，但大于预期值，且试验后的残余变形非常小。

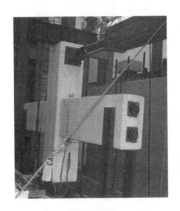 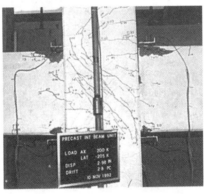 

(a)试验装置　　　　　　　(b)中节点(2.8%层间侧移)　　　　(c)边节点(4%层间侧移)

图 1-2　无黏结预应力混凝土框架节点的破坏模式

Priestley 和 Tao[9]分别用双线性弹塑性模型和双线性弹性模型来模拟无黏结预应力结构体系和传统现浇混凝土结构体系，并对不同周期的单自由度体系进行了时程分析。分析结果表明，对于中长周期结构，无黏结预应力混凝土结构的延性需求要稍大于传统现浇混凝土结构。

El-Sheikh 等[10]对无黏结预应力混凝土框架的抗震性能进行了理论和数值模拟研究，提出了无黏结预应力混凝土框架梁柱节点的三种极限状态，建立了无黏结预应力混凝土框架的抗震设计方法，对所设计的框架进行了静力和动力弹塑性分析。理论研究表明，节点的梁端弯矩-转角关系曲线可用理想的三线段式来描述，对应的极限状态包括：弹性极限状态、预应力筋屈服极限状态和承载能力极限状态。针对设计框架的动力弹塑性分析结果表明，和传统现浇混凝土框架相比，无黏结预应力混凝土框架在设计地震动作用下的位移需求更大，但地震作用后的残余变形很小，具有优越的震后复位能力。

为了增加无黏结预应力混凝土框架的耗能能力，Stone 等[11]对含有耗能软钢的无黏结预应力混凝土框架梁柱节点的抗震性能进行了试验研究，这种节点形式又称为"混合"型梁柱节点。如图 1-3 所示，耗能软钢筋通过在框架梁上下纵向钢筋位置处预留的孔道穿过框架柱，并在现场灌浆，软钢筋在梁内部分区段采用无黏结形式，以避免过早屈服。在水平侧向力作用下，梁柱发生相对转动(梁柱接触面张开)，耗能软钢筋将发生屈服变形以耗散能量。试验结果表明，"混合"型无黏结预应力混凝土框架梁柱节点与传统现浇混凝土框架梁柱节点抗弯强度相当，在层间侧移达到 3%～3.4%时，耗能软钢筋发生拉断破坏。节点在试验中表现出良好的耗能能力和优越的震后复位能力，试验后残余变形很小。

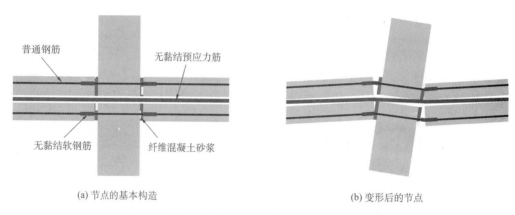

(a) 节点的基本构造　　　　　　　　　　　　(b) 变形后的节点

图 1-3　　"混合"型无黏结预应力混凝土框架梁柱节点

　　Priestley 等[12]通过对一个缩尺比例为 0.6 的五层预制混凝土结构进行拟动力试验表明，含"混合"型节点的无黏结预应力混凝土框架可以在高烈度地区作为抗侧力结构体系来应用。如图 1-4 所示，在试验结构的横向由一榀无黏结预应力混凝土框架和一榀非预应力混凝土框架作为抗侧力系统，在结构的纵向则由一榀无黏结预应力混凝土剪力墙

(a) 拼装中　　　　　　　　　　　　　　(b) 试验中

图 1-4　　五层预制混凝土结构的拟动力试验

作为抗侧力系统。该结构采用"直接位移设计"法[13,14]进行设计，无黏结预应力混凝土框架在设计地震动作用下的目标层间侧移为 2%。试验结果表明，无黏结预应力混凝土框架具有良好的抗震性能，在梁端的混凝土保护层出现了少量的剥落，梁柱节点核心区的剪切裂缝也很小。试验过程中无黏结预应力混凝土框架的平均层间侧移需求为 2.2%左右，基本满足设计目标的要求，同时该试验验证了使用"直接位移设计"法来确定结构设计强度的有效性。

为了方便耗能件的安装和更换，Li 等[15]对含外置软钢的无黏结预应力混凝土框架梁柱节点的抗震性能进行了试验研究，如图 1-5 所示。试验构件的梁端设置了角钢以防止梁端混凝土压碎，节点在层间侧移达到 4%时，仍然表现良好。试验后仅在梁端出现了少量弯曲裂缝，而柱完全无损。试验结果表明，外置耗能软钢虽然在受拉屈服时表现良好，但受压时会发生屈曲破坏。当外置耗能软钢发生受压屈曲破坏后，其耗能效果将会降低。

(a)试验装置图　　　　　　　　　　　　　　(b)耗能软钢屈曲(4%层间侧移)

图 1-5　含外置软钢的无黏结预应力混凝土框架梁柱节点

Rodgers 等[16,17]对设有铅阻尼器的无黏结预应力混凝土框架梁柱节点进行了研究，如图 1-6 所示。试验结果表明，结构在 4%的层间侧移下，仍保持了良好的抗震性能，具有优越的自定心能力。试验中所采用的铅阻尼器耗能效率高、性能稳定、耐久性好。和传统金属屈服型耗能装置相比，铅阻尼器残余力小，在多次的变形循环下不会出现性能退化。

(a)试验装置图　　　　　　　　　　　　　　(b)铅阻尼器

图 1-6　设有铅阻尼器的无黏结预应力混凝土框架梁柱节点

Morgen 和 Kurama[18]在无黏结预应力混凝土框架梁柱节点中加入摩擦耗能装置来增加结构的能量耗散能力，如图 1-7 所示。摩擦耗能装置安装在梁端上下翼缘处，在地震作用下，梁柱接触面将会张开，梁柱构件将发生相对转动，从而引起摩擦耗能装置的摩擦面之间发生相对移动，耗散地震能量。试验研究表明，摩擦耗能装置的滞回曲线基本是矩形的，具有较强的耗能能力，同时其耗能特性受荷载幅值、频率和往复次数的影响较小。

(a)不含摩擦耗能装置   (b)含摩擦耗能装置

图 1-7   梁端上下翼缘设有摩擦耗能装置的无黏结预应力混凝土框架梁柱节点

Morgen 和 Kurama 随后研究了含摩擦耗能装置的无黏结预应力混凝土框架的抗震设计方法 [19]，对所设计框架在设计基准地震动和最大考虑地震动作用下的抗震性能进行了评估[20]，并与含"混合"型节点的无黏结预应力混凝土框架和传统现浇混凝土框架的抗震性能进行了比较。研究结果表明，含摩擦耗能装置和含"混合"型节点的无黏结预应力混凝土框架的抗震性能相当。和传统现浇混凝土框架相比，含摩擦耗能装置的无黏结预应力混凝土框架在地震动作用下的位移需求稍大，但震后的残余变形和结构损伤很小。

蔡小宁等[21]对含耗能角钢的自复位混凝土框架梁柱节点在低周反复荷载下的抗震性能进行了试验研究，如图 1-8 所示。耗能角钢安装在梁端上下翼缘处，角钢在梁柱构

(a)试验装置图   (b)耗能角钢

图 1-8   采用耗能角钢的自复位混凝土框架梁柱节点

件发生相对转动时将会屈服，耗散地震能量。对5个自复位混凝土框架梁柱边节点的滞回曲线、骨架曲线、刚度退化、耗能及残余变形等进行了分析研究。研究结果表明，自复位混凝土框架梁柱节点具有良好的震后复位和耗能能力；在层间侧移达到4%时，梁、柱和预应力筋基本保持弹性。

吕西林等[22]对含耗能角钢的自复位混凝土框架的整体抗震性能进行了振动台试验研究，如图1-9所示。该试验模型结构是缩尺比例为0.5的两层自复位混凝土框架。通过对试验模型在各级地震动水准作用下的动力特性、加速度反应、位移反应和节点局部反应等的研究表明，自复位混凝土框架具有良好的抗震性能和震后复位能力；在大震作用下，试验模型具有良好的延性和变形能力，震后基本无残余变形。

(a) 试验模型

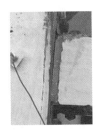

(b) 梁端张开

(c) 柱底张开

图1-9 自复位混凝土框架振动台试验

在工程应用方面，2001年建成的位于美国旧金山市的Paramount大厦[23]（图1-10），在国际上首次采用无黏结预应力混凝土框架作为主抗侧力结构体系，其梁柱节点区采用"混合"型节点的连接方式。2009年建成的位于新西兰威灵顿市的Alan MacDiarmid Building[24]是新西兰首次采用无黏结预应力混凝土框架的建筑，该结构还获得了2009年新西兰最佳混凝土创新奖。

基于对无黏结预应力混凝土框架的大量研究和实践，针对无黏结预应力混凝土框架的抗震设计指南相继被写入相关规范当中，例如，美国混凝土协会颁布的ACI T1.1-01[25]和新西兰混凝土协会颁布的NZS3101—2005[26]。

(a) 建筑外观   (b) 施工中

图 1-10 无黏结预应力混凝土框架的工程应用：Paramount 大厦

1.2.2 自定心钢抗弯框架

在 1994 年美国的 Northridge(北岭)地震中，焊接钢框架的梁柱连接部位出现了不少脆性破坏[27]。为了寻求更好的梁柱连接方式，一些改进型的梁柱节点先后被提出[28-30]，但这些改进型节点在强震作用下仍会导致主体结构破坏并产生较大的残余变形，给震后修复带来极大的不便。鉴于无黏结预应力混凝土框架具有优越的震后复位能力，并且主体结构的损伤能够得到有效的控制，国内外学者开始将无黏结预应力技术应用于钢框架中，形成了一批自定心钢框架结构体系。

自定心钢框架最初由 Garlock 等[31]提出，其基本构成包括框架梁、柱、预应力构件、耗能角钢等构件。如图 1-11 所示，框架梁和柱通过预应力钢绞线拉结在一起，角钢在梁的上下翼缘处与柱连接，梁端的竖向剪力由梁柱接触面上的摩擦力和梁端的角钢共同承担。当地震作用达到一定程度时，梁柱的接触面张开(梁柱发生相对转动)，角钢出现塑性变形并耗能。地震作用后，结构在预应力作用下恢复到原先的竖向位置(自定心)。

2001 年，Ricles 等[32]采用有限元软件 DRAIN-2DX[33]建立了自定心钢框架梁柱节点的数值模型，并对 5 个大比例梁柱节点试件进行了抗震试验。试验结果表明，自定心钢框架梁柱节点具有震后复位能力，且梁柱节点在节点张开前具有和传统焊接节点相当的初始刚度。通过对比试验结果对节点数值模型进行了校准，并利用该分析模型对一个 4 跨 6 层自定心框架进行了动力时程分析。研究结果表明，自定心钢框架具有震后复位能力和足够的刚度、强度及延性，抗震性能优于传统的焊接钢框架。

Christopoulos 等对含耗能软钢筋的自定心钢框架节点进行了试验研究[34]。在其提出的节点中，梁柱通过预应力钢棒拉结在一起，耗能软钢筋布置在梁上下翼缘的内侧，在软钢筋的外部设有钢套筒以防止钢筋受压屈曲。研究结果表明，该自定心节点的滞回模型

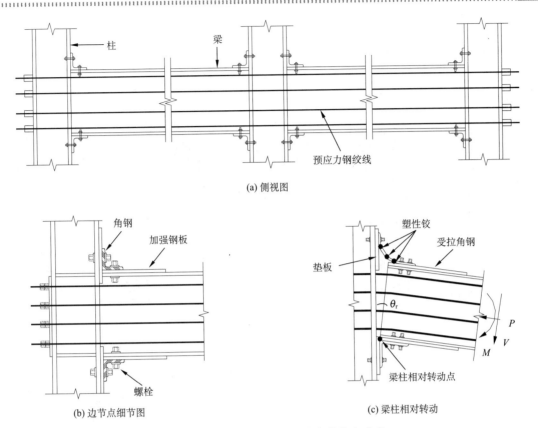

(a) 侧视图

(b) 边节点细节图　　　　(c) 梁柱相对转动

图 1-11　自定心钢框架梁柱节点的基本形式

可以通过耗能软钢筋的双线性弹塑性模型和预应力钢棒的双线性弹性模型叠加得到。在 4%的层间侧移下，节点仍保持了自定心的能力，且梁柱等主体构件未出现损伤。

　　Garlock 等对自定心钢框架的性能化设计方法进行了研究[35]，定义了结构的抗震性能水准、地震动作用水准、结构的极限状态和抗震设计目标，建立了自定心钢框架的性能化设计步骤。通过对 2 个 4 跨 6 层自定心钢框架进行动力时程分析，验证了所提出设计方法的有效性。随后，Garlock 等研究了不同的设计参数对自定心钢框架抗震性能的影响[36]，涉及的参数包括：节点强度系数、节点核心区强度系数和框架上部楼层节点增强系数。通过对 5 个 4 跨 6 层自定心钢框架进行动力时程分析，提出了节点强度系数的合理取值范围。研究表明，节点核心区强度系数对自定心钢框架的抗震性能影响不大，提高框架上部楼层的节点强度能够提高框架的抗震性能。

　　Rojas 等[37]提出了一种摩擦型自定心钢框架梁柱节点，通过在梁端上下翼缘处设置摩擦板来耗散地震能量。采用有限元软件 DRAIN-2DX 对一个含摩擦型节点的 4 跨 6 层自定心钢框架进行了动力时程分析，并和传统焊接框架的抗震性能进行了对比。研究结果表明，含摩擦型节点的自定心钢框架具有良好的耗能能力、震后复位能力和足够的强度，摩擦耗能装置中最大摩擦力的变化对框架的抗震性能影响不大，自定心钢框架的抗震性能优于传统焊接钢框架结构。

　　Chou 等[38,39]将后张式钢梁连接到钢管混凝土柱上，构成自定心结构体系，通过在梁端上下翼缘设置削弱型钢板来提供耗能，考察了组合楼板对节点自定心能力的影响。随后 Chou 和 Chen 对含防屈曲削弱式耗能钢板的自定心框架进行了低周反复加载试验[40]和振动台试验[41](图 1-12)，提出了考虑自定心框架柱约束效应的计算方法，并利用试验结果对计算方法进行了校核[42]。

(a)低周反复加载试验   (b)振动台试验

图 1-12   含防屈曲削弱式耗能钢板的自定心框架

为避免耗能构件影响到楼面系统的布置，Lin 等[43]将耗能装置移至梁腹板上，形成图 1-13 所示的含腹板摩擦装置(web friction device，WFD) 的自定心钢框架。WFD 型节点包括两个在梁柱接触面处焊接到柱翼缘的摩擦槽钢，通过摩擦型高强螺栓夹紧槽钢和

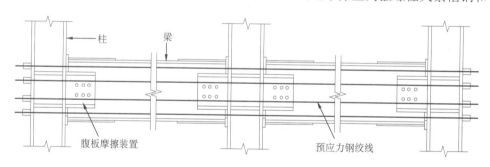

(a) 侧视图

(b) 摩擦槽钢

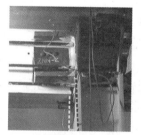

(c) 梁柱节点张开

图 1-13   含 WFD 的自定心钢框架

钢梁腹板。当梁柱发生相对转动时，槽钢和钢梁腹板发生相对移动，产生摩擦耗能。槽钢和钢梁腹板之间设有黄铜片，以确保槽钢和钢梁腹板接触面上产生稳定的摩擦力。钢梁腹板上预先沿螺栓可能的移动位置开设沟槽。

　　为研究 WFD 型节点在实际框架结构中的抗震性能，Lin 等进行了大比例自定心钢框架的动力试验[43, 44]。如图 1-14 所示，试验框架为 2 跨 4 层，缩尺比例为 0.6，总高达 11.4m，节点采用了 WFD 耗能装置。试验研究表明，在设计地震动作用下，预应力钢绞线提供了足够的自定心能力，最大残余层间侧移为 0.075%，主体结构基本无损，满足立即使用的性能目标。在最大地震动作用下，结构仍然具有良好的自定心能力，最大残余层间侧移为 0.18%，试验过程中梁端翼缘发生了严重屈服，但钢梁腹板没有发生屈曲，且预应力筋没有发生屈服，满足倒塌预防的设计目标。

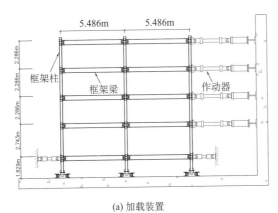

(a) 加载装置

(b) 试验实景

图 1-14　含 WFD 耗能装置的自定心钢框架的实验室测试

参 考 文 献

[1]　中国地震局. 2010 地震科普问答专题 [EB/OL].　http://www.cea.gov.cn/manage/html/ [2010-03-22].

[2]　Miranda E. Enhanced building-specific seismic performance assessment [C]//ASCE Workshop-Advances in Performance-Based Earthquake Engineering, Corfu, 2009.

[3]　Applied Technology Council. Field manual: Postearthquake safety evaluation of buildings [R]. Redwood: Applied Technology Council, 2005.

[4]　New Zealand Treasury. Budget speech 2013-supporting the rebuilding of christchurch [EB/OL]. http://www.treasury.govt.nz/budget/2013/speech/06.htm[2013-05-16].

[5]　Zhao B, Taucer F, Rossetto T. Field investigation on the performance of building structures during the 12 May 2008 Wenchuan earthquake in China [J]. Engineering Structures, 2009, 31(8): 1707-1723.

[6]　Wei H. Review and prospect of earthquake relief work in urban and rural construction of China [C]//The 14th World Conference on Earthquake Engineering, Beijing, 2008.

[7]　Cheok G S, Lew H S. Model precast concrete beam-to-column joints subject to cyclic loading [J]. PCI Journal, 1993, 38(4): 80-92.

[8]　Priestley M J N, MacRae G. Seismic tests of precast beam-to-column joint subassemblages with unbonded tendons [J]. PCI Journal, 1996, 41(1): 64-81.

[9] Priestley M, Tao J. Seismic response of precast prestressed concrete frames with partially debonded tendons [J]. PCI Journal, 1993, 38(1): 58-67.

[10] El-Sheikh M, Sause R, Pessiki S, et al. Seismic analysis, behavior, and design of unbonded post-tensioned precast moment frames [R]. Bethlehem: Lehigh University, 1997.

[11] Stone W, Cheok G, Stanton J. Performance of hybrid moment-resisting precast beam-column concrete connections subjected to cyclic loading [J]. ACI Structural Journal, 1995, 92(2): 229-249.

[12] Priestley M J N, Sritharan S, Conley J R, et al. Preliminary results and conclusions from the PRESSS five-story precast concrete test building [J]. PCI Journal, 1999, 44(6): 43-67.

[13] Priestley M J N. The PRESSS program-current status and proposed plans for phrase III [J]. PCI Journal, 1996, 41(2): 22-40.

[14] Priestley M J N, Kowalsky M J. Direct displacement-based design of buildings [J]. Bulletin of the NZ National Society for Earthquake Engineering, 2000, 33(4): 421-444.

[15] Li L, Mander J B, Dhakal R P. Bi-directional cyclic loading experiment on a 3-D beam-column joint designed for damage avoidance [J]. Journal of Structural Engineering, 2008, 134(11): 1733-1742.

[16] Rodgers G W, Solberg K M, Chase J G, et al. Performance of a damage-protected beam-column subassembly utilizing external HF2V energy dissipation devices [J]. Earthquake Engineering and Structural Dynamics, 2008, 37(13): 1549-1564.

[17] Rodgers G W, Solberg K M, Mander J B, et al. High-force-to-volume seismic dissipators embedded in a jointed precast concrete frame [J]. Journal of Structural Engineering, 2012, 138(3): 375-386.

[18] Morgen B G, Kurama Y C. A friction damper for post-tensioned precast concrete moment frames [J]. PCI Journal, 2004, 49(4): 112-132.

[19] Morgen B G, Kurama Y C. Seismic design of friction-damped precast concrete frame structures [J]. Journal of Structural Engineering, 2007, 133(11): 1501-1511.

[20] Morgen B G, Kurama Y C. Seismic response evaluation of posttensioned precast concrete frames with friction dampers [J]. Journal of Structural Engineering, 2008, 134(1): 132-145.

[21] 蔡小宁, 孟少平, 孙巍巍. 自复位预制框架边节点组件受力性能试验研究 [J]. 工程力学, 2014, 31(3): 160-167.

[22] 吕西林, 崔晔, 刘兢兢. 自复位钢筋混凝土框架结构振动台试验研究 [J]. 建筑结构学报, 2014, 35(1): 19-26.

[23] Englerkirk R. Design-construction of the Paramount-a 39 story precast prestressed concrete apartment building [J]. PCI Journal, 2002, 47(4): 56-71.

[24] Cattanach A, Pampanin S. The 21st century precast: The detailing and manufacture of NZ's first multi-storey PRESSS-building [C]//NZ Concrete Industry Conference, Rotorua, 2008.

[25] ACI Innovation Task Group 1. Acceptance criteria for moment frames based on structural testing and commentary [S]. T 1.1-01. Farmington Hills: American Concrete Institute, 2001.

[26] Design of Concrete Structures. Appendix B: Special provisions for the seismic design of ductile jointed precast concrete structural systems [S]. NZS3101. Wellington: Standards New Zealaond, 2006.

[27] Youssef N, Bonowitz D, Gross J. A survey of steel moment resisting frame buildings affected by the 1994 northridge earthquake [R]. Gaithersburg: National Institute of Standards and Technology, 1995.

[28] Engelhardt M D, Sobol T A. Reinforcing of steel moment connections with cover plates: Benefits and limitations [J]. Engineering Structures, 1998, 20(4): 510-520.

[29] Kasai K. Seismic performance of steel buildings with semi-rigid connections [C]//Proceedings of SAC

Progress Meeting, Los Angeles, 1998.

[30] Chen S J, Yeh C H, Chu J M. Ductile steel beam-to-column connections for seismic resistance [J]. Journal of Structural Engineering, 1996, 122(11): 1292-1299.

[31] Garlock M M, Ricles J M, Sause R, et al. Posttensioned seismic resistant connections for steel frames [C] // Workshop Proceedings-Frames with Partially Restrained Connections, Atlanta, 1998.

[32] Ricles J M, Sause R, Garlock M M, et al. Post-tensioned seismic-resistant connections for steel frames [J]. Journal of Structural Engineering, 2001, 127(2): 113-121.

[33] Prakash V, Powell G, Campbell S. DRAIN-2DX base program description and user guide, version 1.10 [R]. Berkeley: University of California, 1993.

[34] Christopoulos C, Filiatrault A, Uang C M, et al. Posttensioned energy dissipating connections for moment-resisting steel frames [J]. Journal of Structural Engineering, 2002, 128(9): 1111-1120.

[35] Garlock M M, Sause R, Ricles J M. Behavior and design of posttensioned steel frame systems [J]. Journal of Structural Engineering, 2007, 133(3): 389-399.

[36] Garlock M M, Ricles J M, Sause R. Influence of design parameters on seismic response of post-tensioned steel MRF systems [J]. Engineering Structures, 2008, 30(4): 1037-1047.

[37] Rojas P, Ricles J M, Sause R. Seismic performance of post-tensioned steel moment resisting frames with friction devices [J]. Journal of Structural Engineering, 2005, 131(4): 529-540.

[38] Chou C C, Chen J H, Chen Y C, et al. Evaluating performance of posttensioned steel connections with strands and reduced flange plates [J]. Earthquake Engineering and Structural Dynamics, 2006, 35(9): 1167-1185.

[39] Chou C C, Wang Y C, Chen J H. Seismic design and behavior of post-tensioned steel connections including effects of a composite slab [J]. Engineering Structures, 2008, 30(11): 3014-3023.

[40] Chou C C, Chen J H. Tests and analyses of a full-scale post-tensioned RCS frame subassembly [J]. Journal of Constructional Steel Research, 2010, 66(11): 1354-1365.

[41] Chou C C, Chen J H. Seismic design and shake table tests of a steel post-tensioned self-centering moment frame with a slab accommodating frame expansion [J]. Earthquake Engineering and Structural Dynamics, 2011, 40(11): 1241-1261.

[42] Chou C C, Chen J H. Column restraint in post-tensioned self-centering moment frames [J]. Earthquake Engineering and Structural Dynamics, 2010, 39(7): 751-774.

[43] Lin Y C, Sause R, Ricles J M. Seismic performance of a large-scale steel self-centering moment-resisting frame: MCE hybrid simulations and quasi-static pushover tests [J]. Journal of Structural Engineering, 2012, 139(7): 1227-1236.

[44] Lin Y C, Sause R, Ricles J M. Seismic performance of steel self-centering, moment-resisting frame: Hybrid simulations under design basis earthquake [J]. Journal of Structural Engineering, 2013, 139(11): 1823-1832.

第2章

自定心混凝土框架梁柱节点的理论研究

2.1 节点基本构造及工作机理

梁柱节点的构造作为保证框架结构整体工作的重点，是影响结构抗震性能的关键所在，因此研究节点的抗震性能对于掌握结构的性能具有重要的意义。本书所提出的"腹板摩擦式自定心预应力混凝土框架梁柱节点"（self-centering prestressed concrete（SCPC），frame beam-column connection with web friction device）如图 2-1 所示。其中，框架梁、柱为工厂预制。在现场吊装就位后，将预应力钢绞线穿过梁柱中预留的孔道，然后对预应力钢绞线进行张拉。后张的无黏结预应力钢绞线既是施工阶段的拼装手段，又在使用阶段承受梁端弯矩。与传统的装配式结构不同，自定心框架的梁柱接触面不再进行后浇混凝土或灌浆处理，而是主要依靠梁柱接触面上的摩擦力承担剪力（根据需要，也可增设抗剪齿键、连接角钢或牛腿等冗余构件）。在地震作用下，当梁端弯矩超过梁柱接触面的临界张开弯矩时，节点张开，钢绞线应力随之增加。地震作用后，框架在钢绞线预应力的作用下回复到原先的竖向中心位置，从而消除（或大大降低）结构在地震作用下的残余变形，并且梁柱等主体结构的变形可基本控制在弹性范围内（无损）[1,2]。

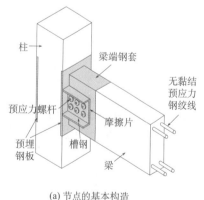

(a) 节点的基本构造

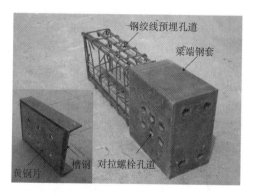

(b) 加工中的节点构件

图 2-1 腹板摩擦式自定心预应力混凝土框架的梁柱节点

为保证节点在相对变形过程中不发生梁柱接触面处混凝土的局压破坏，通过设置梁端钢套、梁端螺旋箍筋、剪力栓钉、柱预埋钢板等措施对混凝土进行约束并加强钢板和混凝土的共同工作(图 2-1(a))。同时，在梁端腹板上设置了摩擦耗能件(图 2-1(b))。该耗能件可由预埋钢套和连接在框架柱预埋钢板上的槽钢组成，并通过预应力高强螺杆(对拉式)提供垂直于摩擦面上的压力。钢套与槽钢之间的接触面设有摩擦片(如 2mm 厚的黄铜片)。梁端预留的对拉螺栓孔道的直径(如 50mm)明显大于预应力螺杆的直径(如 18mm)，从而保证梁柱可以发生一定的相对转动而预应力螺杆不碰到螺栓孔道的边缘。此外，为了梁柱之间更好的接触和获得明确的力臂关系，在梁端上下翼缘与柱相接触的部位可各设置一块钢垫板。

上述自定心节点主要具有以下优点[1]：

(1)具有自定心能力，消除(或显著减小了)震后的残余变形；同时，梁柱等主体构件基本保持弹性，避免或减少了震后修复的工作量。

(2)大部分构件可以在工厂预制，然后现场组装，有利于加快施工进度、保证质量和减少人工成本。

(3)采用预应力技术，节点的初始刚度大。

(4)与预压装配式混凝土框架相比，设置的摩擦耗能件提高了结构的耗能能力；与金属屈服阻尼器相比(软钢阻尼器、铅阻尼器、组合钢板耗能器)，摩擦耗能件避免了阻尼器自身的塑性变形和损伤，便于震后修复；摩擦耗能件位于梁端腹板，避免了其和楼板的相互作用。

(5)混凝土梁的轴向刚度大、稳定性好，可避免自定心钢框架中腹板屈曲、翼缘局部屈服等破坏模式。

2.2　节点梁端弯矩-相对转角关系

在循环荷载下，自定心节点的理论梁端弯矩-相对转角(M-θ_r)关系可由图 2-2 中的双旗帜型曲线描述[1]，其中 M 代表节点梁端弯矩，θ_r 代表梁柱接触面的相对转角。以节点梁端受负弯矩时的情况为例，从 0 点开始，梁端上翼缘和柱接触面上压力逐渐减小，节点的初始刚度近似于传统的现浇钢筋混凝土节点初始刚度。当加载至 1 点时，节点弯矩等于初始预应力承担的节点弯矩，梁端上翼缘和柱接触上的压力为零，此时的节点弯矩称

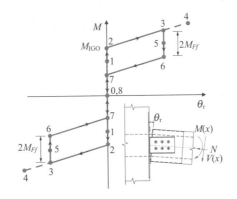

图 2-2　节点的理论梁端弯矩-相对转角关系

为消压弯矩。随着梁端弯矩的继续加大，梁的转动受到摩擦耗能件上摩擦力的制约，或者说摩擦耗能件开始承担节点弯矩。在 1 点时，摩擦力大小为零，随着荷载逐渐增大至 2 点，摩擦力增大至最大值，梁柱接触面即将张开，此时的节点弯矩称为临界张开弯矩。

从 2 点开始，节点开始张开，节点张开后的抗弯刚度主要和预应力钢绞线的弹性轴向刚度有关。随着节点的张开，钢绞线伸长、钢绞线力随之加大，钢绞线承担的节点弯矩也随之增加，在此过程中，摩擦力保持不变，摩擦力承担的节点弯矩不变。

当荷载继续加至 4 点时，钢绞线将屈服。若在此前的 3 点卸载，节点的相对转角 θ_r 将维持不变，但摩擦耗能件上的摩擦力将由最大值逐渐减小为零(5 点)。此后，摩擦力将改变方向并逐渐增大至最大值(6 点)。在 6 点到 7 点之间，节点转角逐渐减小为零，梁的上转动点重新与柱开始接触。此后，在预应力的作用下，梁端上翼缘和柱接触面上压力逐渐增大，在 8 点，节点恢复其初始状态。节点在梁端正弯矩作用下和负弯矩作用下的 M-θ_r 曲线对称，这是由于摩擦耗能件位于梁的中心线上。

2.3   梁端轴力、剪力与弯矩的表达式

2.3.1   节点隔离体

以节点承受梁端负弯矩(顺时针)时的情况为例，进行隔离体分析，如图 2-3 所示。在外荷载的作用下，梁端的反力包括[1]：

(1)上、下转动点处的轴向反力 N_t 和 N_b；

(2)梁柱接触面上、下转动点处的摩擦力 V_t 和 V_b；

(3)腹板摩擦耗能件提供的摩擦力 F_f。

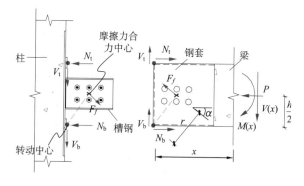

图 2-3   节点的隔离体图示

摩擦耗能件上的摩擦力 F_f 可表示为

$$F_f = 2\mu_f N \tag{2-1}$$

其中，μ_f 为槽钢摩擦片与钢套之间的摩擦系数；N 为预应力螺杆提供的摩擦面上的正压力。

梁柱接触面上、下转动点处的摩擦力 V_t 和 V_b 可表示为

$$V_t = \mu N_t \tag{2-2a}$$

$$V_b = \mu N_b \tag{2-2b}$$

其中，μ 为柱端钢垫板与钢套之间的摩擦系数。

根据图 2-3 中水平方向的力平衡关系，可得梁端轴力 N 的表达式

$$N = N_t + N_b = P + F_f \cos\alpha \tag{2-3}$$

其中，$F_f\cos\alpha$ 表示 F_f 在水平方向的分量；α 为 F_f 与水平方向的夹角；P 为钢绞线拉力的合力。

同理，根据梁在竖直方向的力平衡关系，可得梁端剪力 V 的表达式

$$V = V_t + V_b + F_f \sin\alpha = \mu\left(P + F_f\cos\alpha\right) + F_f\sin\alpha \tag{2-4}$$

节点弯矩 M 由钢绞线拉力的合力 P 和 F_f 共同承担，这两部分弯矩分别表示为 M_{PT} 和 M_{Ff}。理想状况下，F_f 应作用在摩擦耗能件的中心点，并且与上、下转动点相距 r。对梁端的转动点取矩，可得

$$M = M_{PT} + M_{Ff} = \sum p_i d_i + F_f r \tag{2-5}$$

其中，p_i 为第 i 根预应力钢绞线的力，且有 $P = \sum\limits_{i=1}^{n} p_i$；$d_i$ 为 p_i 至梁端转动点的距离。

2.3.2　摩擦耗能件的力−变形关系

根据经典库仑摩擦理论，摩擦耗能件在循环荷载下的理论力−变形关系(F_f−Δ_{gap})可由典型的刚塑性模型描述[1]，其中 F_f 为摩擦耗能件上的摩擦力，Δ_{gap} 为梁柱接触面张开间隙，如图 2-4 所示。

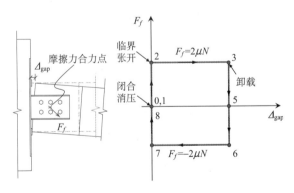

图 2-4　节点的 F_f-Δ_{gap} 关系

以节点承受负弯矩(顺时针)为例，从 0 点开始到节点弯矩达到消压弯矩(1 点)之前，摩擦耗能件和钢套之间没有相对滑动的趋势，摩擦耗能件上的摩擦力为零。在 1 点之后，随着梁端弯矩的继续加大，摩擦耗能件和钢套之间产生相对滑动的趋势，静摩擦力开始形成并逐渐增大至最大值，梁的转动受到摩擦耗能件上摩擦力的制约。在 1 点到 2 点之间，摩擦耗能件的力−变形关系的初始刚度认为是无限大。当加载至 1 点时，梁柱接触面

即将张开，开始产生张开间隙 $\varDelta_{\text{gap}}$，如图 2-4 所示，节点张开间隙 $\varDelta_{\text{gap}}$ 可表示为

$$\varDelta_{\text{gap}} = \theta_{\text{r}} h \tag{2-6}$$

其中，θ_{r} 代表梁柱接触面的相对转角；h 表示上、下转动点之间的距离。

从 2 点和 3 点之间，摩擦耗能件上的摩擦力 F_f 保持不变，摩擦板的变形刚度近似为零，如图 2-4 所示。在 3 点，节点产生最大张开间隙。从 3 点卸载到 5 点之间的摩擦力由最大值 F_f 逐渐减小为零，从 5 点到 6 点之间摩擦力改变方向并逐渐增大至最大值 F_f。从 6 点到 7 点之间，节点张开间隙逐渐减小为零并且摩擦力保持不变。从 7 点到 8 点之间，节点间隙完全闭合，摩擦力逐渐减小为零。在 8 点，节点恢复其初始状态。

2.3.3　节点张开后的抗弯刚度

在节点张开后(即图 2-2 中的 2-3 阶段)，由于滑动摩擦力为常数，节点的抗弯刚度主要由钢绞线轴向刚度提供，因此，图 2-2 中 2-3 阶段的直线斜率主要由钢绞线的特性确定。随着梁柱之间相对转角的增加，钢绞线拉力随之增大，则各钢绞线产生张开变形量 $\varDelta_{si}(i=1,2,\cdots,n)$，如图 2-5 所示，同时框架梁由于预应力的增加产生压缩变形 δ_{b}。根据轴力平衡关系，钢绞线拉力的增量应等于框架梁轴力的增量[3]，即

$$\sum_{i=1}^{n}\left[k_{si}\left(\varDelta_{si} - \delta_{\text{b}}\right)\right] = k_{\text{b}}\delta_{\text{b}} \tag{2-7}$$

由此，δ_{b} 可按式(2-7)计算得到

$$\delta_{\text{b}} = \frac{\displaystyle\sum_{i=1}^{n}\left(k_{si}\varDelta_{si}\right)}{\displaystyle\sum_{i=1}^{n}k_{si} + k_{\text{b}}} \tag{2-8}$$

其中，k_{b} 和 k_{si} 分别表示框架梁和第 i 根钢绞线的轴向刚度，且有

$$k_{si} = \frac{A_{si}E_{\text{s}}}{L_{\text{s}}} \tag{2-9}$$

$$k_{\text{b}} = \frac{k_{\text{sj}}k_{\text{c}}}{k_{\text{sj}} + k_{\text{c}}} \tag{2-10}$$

$$k_{\text{sj}} = \frac{E_{\text{s}}A_{\text{sj}} + E_{\text{c}}A_{\text{sc}}}{L_{\text{sj}}} \tag{2-11}$$

$$k_{\text{c}} = \frac{E_{\text{c}}A_{\text{c}}}{L_{\text{c}}} \tag{2-12}$$

其中，k_{sj}、k_{c} 分别为装配体系中含钢套梁段的轴向刚度和不含钢套梁段的轴向刚度，其中 k_{sj} 的表达式参考了我国钢管混凝土结构设计规程中的相关公式[4]；A_{si} 为第 i 根钢绞线的截面面积；A_{sj} 为梁端钢套的横截面面积；A_{sc} 为含钢套梁段的混凝土截面面积；A_{c} 为不含钢套梁段的混凝土截面面积；E_{s}、E_{c} 分别表示钢材和混凝土的弹性模量；L_{s} 为钢绞线长度；L_{sj} 为含钢套梁段的长度；L_{c} 为不含钢套梁段的长度。

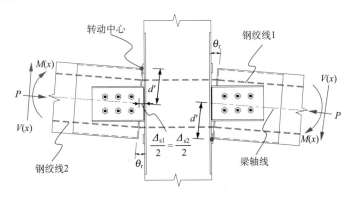

图 2-5　节点张开时的钢绞线变形量

为便于分析，式(2-7)、式(2-8)中的 Δ_{si} 均为第 i 根钢绞线在柱子左右两侧的伸长量之和。对于钢绞线沿梁中轴线对称布置的框架中节点(图 2-5)，各钢绞线的 Δ_{si} 相等，且等于 $2\theta_{r} \cdot d'$，d' 为梁中轴线到转动点的距离；相应地，式(2-7)～式(2-12)中的各物理量均对应于一个梁跨。

对于钢绞线沿着梁轴线对称布置的框架中节点，其两侧将产生相同的转角 θ_{r}，此时所有的钢绞线将会产生张开变形量 Δ_{si}，如图 2-5 所示。此时，第 i 根钢绞线的拉力为

$$T_{i} = T_{i0} + k_{si}\left(\Delta_{si} - \delta_{b}\right) = T_{i0} + 2d'k_{si}\left(\frac{k_{b}}{k_{b} + \sum\limits_{i=1}^{n} k_{si}}\right)\theta_{r} \tag{2-13}$$

其中，T_{i0} 为第 i 根钢绞线的初始拉力。

所有钢绞线的拉力之和为

$$T = \sum_{i=1}^{n}\left[T_{i0} + k_{si}\left(\Delta_{si} - \delta_{b}\right)\right] = T_{0} + 2d'\sum_{i=1}^{n} k_{si}\left(\frac{k_{b}}{k_{b} + \sum\limits_{i=1}^{n} k_{si}}\right)\theta_{r} \tag{2-14}$$

其中，T_{0} 为所有钢绞线的初始拉力之和。

至此，钢绞线对于节点梁端弯矩的贡献可表示为

$$M_{PT} = \sum_{i=1}^{n}\left(d_{i}T_{i}\right) = \sum_{i=1}^{n}\left(T_{i0}d_{i}\right) + 2d'\sum_{i=1}^{n}\left(k_{si}d_{i}\frac{k_{b}}{k_{b} + \sum\limits_{i=1}^{n} k_{si}}\right)\theta_{r} = \sum_{i=1}^{n}\left(T_{i0}d_{i}\right) + K_{s}^{\theta}\theta_{r} \tag{2-15}$$

其中，$K_s^\theta = 2d' \sum_{i=1}^{n} \left(k_{si} d_i \dfrac{k_b}{k_b + \sum_{i=1}^{n} k_{si}} \right)$ 为节点张开后钢绞线提供框架中节点的转动刚度。

由于节点张开后，腹板摩擦耗能件上的摩擦力为常量，槽钢在摩擦力作用下产生的额外变形很小，并且梁自重引起的梁端弯矩通常较小，因此在上述推导中，忽略了槽钢的刚度以及梁的自重。

2.4 节点梁端弯矩-相对转角关系分析模型

图 2-6 为自定心节点梁端弯矩-相对转角 $(M\text{-}\theta_r)$ 关系简化分析模型[1]。为简便起见，图中只给出了节点承受正弯矩(逆时针)时的节点弯矩-相对转角 $(M\text{-}\theta_r)$ 关系，由于摩擦耗能装置沿着梁中轴线对称布置，因此节点承受正弯矩和负弯矩的 $M\text{-}\theta_r$ 曲线相互对称。

图中各点的状态均和图 2-2 中的各点相对应，此简化模型所用的假设条件为：

(1) 摩擦耗能件上摩擦力-变形关系采用刚塑性模型描述；

(2) 预应力钢绞线沿梁中轴线对称布置；

(3) 不考虑梁的重力作用。

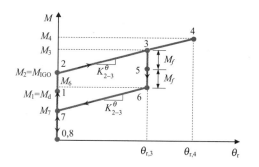
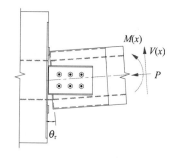

图 2-6 自定心节点梁端弯矩-相对转角 $(M\text{-}\theta_r)$ 关系简化分析模型

2.4.1 消压弯矩

对钢绞线施加预应力之后(即图 2-6 中 0 点)，梁的上下翼缘和柱上的钢垫板压在一起，总的初始预应力为 T_0。由于摩擦耗能件是在预应力施加之后安装在节点上的，此时的摩擦力为零。若预应力钢绞线沿梁中轴线对称布置，梁上下翼缘上的正压力相等并且等于总预应力的一半 $(T_0/2)$，如图 2-7(a) 所示。

以节点承受正弯矩(逆时针)为例，当节点弯矩 $0 \leqslant M < M_d$(消压弯矩)，梁上下翼缘上的正压力 N_b 和 N_t 的大小如图 2-7(b) 所示。随着梁端弯矩的增长，N_t 增大而 N_b 减小。当 $N_b = 0$，$N_t = T_0$ 时，梁端弯矩 M 等于消压弯矩 M_d(即 1 点)，如图 2-7(c) 所示。

$$M_d = T_0 d' \tag{2-16}$$

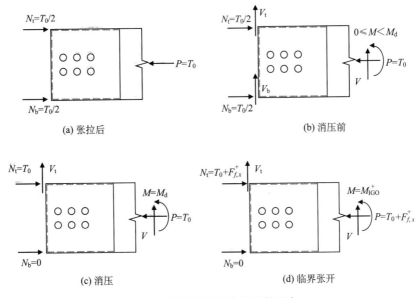

图 2-7　梁柱接触面上的接触压力

2.4.2　临界张开弯矩

在 1 点和 2 点之间，节点弯矩继续增加，此阶段的节点弯矩除了由初始预应力 T_0 承担外，摩擦耗能件上的摩擦力也开始承担节点弯矩。梁的上翼缘接触面压力 N_t 继续增大而下翼缘接触面压力 N_b 保持为零。令 M_{Ff} 表示由滑动摩擦力 F_f 承担的节点弯矩，M_d 表示初始预应力 T_0 承担的弯矩。当节点弯矩增大到 M_{Ff} 与 M_d 之和时，梁柱接触面开始张开，此时的节点弯矩称为临界张开弯矩 M_{IGO}（2 点）为

$$M_{IGO} = M_d + M_{Ff} \tag{2-17}$$

此时梁的上下翼缘处的正压力分别为 $N_t = T_0 + F_{f,x}^+$，$N_b = 0$，其中，$F_{f,x}^+$ 等于摩擦力 F_f 在水平方向的分量，如图 2-7(d) 所示。

2.4.3　节点张开

图 2-6 中的 4 点代表钢绞线的屈服点，因此，钢绞线开始屈服时的梁柱相对转角 $\theta_{r,4}$ 为

$$\theta_{r,4} = \frac{(T_y - T_0)d'}{K_s^\theta} \tag{2-18}$$

其中，T_y 为所有钢绞线的屈服拉力之和；K_s^θ 由式 (2-15) 定义。

节点相对转动角度 $0 \leqslant \theta_r \leqslant \theta_{r,4}$ 时的抗弯刚度为 K_s^θ，如图 2-6 所示，K_{2-3}^θ 由钢绞线贡献的刚度 (K_s^θ) 和楼板与框架梁相互作用贡献的刚度 (K_{fd}^θ) 组成，K_{fd}^θ 在无楼板的梁柱节点组合体中为零。

$$K_{2-3}^\theta = K_s^\theta + K_{fd}^\theta \tag{2-19}$$

因此，钢绞线开始屈服时的节点弯矩为

$$M_4 = M_{IGO} + \theta_{r,4} K_{2-3}^{\theta} \qquad (2\text{-}20)$$

2.4.4 节点卸载

图 2-6 中 3 点代表在低周反复加载阶段中节点开始卸载时梁柱相对转动角度，假定 3 点时的梁柱相对转动角度 $\theta_{r,3}$ 为已知，则卸载时的节点弯矩为

$$M_3 = M_{IGO} + \theta_{r,3} K_{2-3}^{\theta} \qquad (2\text{-}21)$$

在理想的节点梁端弯矩-相对转角关系曲线中，卸载阶段中 3 点垂直向下到达 6 点，如图 2-6 所示，3 点和 6 点之间的节点弯矩差值为 $2M_{Ff}$；在 3 点到 5 点之间，摩擦力的值由最大值 F_f 逐渐减小到零；在 5 点到 6 点之间，摩擦力的方向反向但数值由零逐渐增大到最大值 F_f。

2.4.5 节点闭合

在 6 点到 7 点之间，节点的相对转角逐渐减小直到梁的下翼缘开始和柱上的钢垫板接触（此时 $\theta_r=0$），但接触面上并无正压力。在 7 点到 8 点之间，梁下翼缘和柱垫板接触面上的正压力逐渐增大，摩擦力逐渐减小，在 8 点时节点弯矩为 0。

2.5 相对能量耗散率

自定心结构体系在往复荷载作用下的耗能能力是其重要的性能指标之一，自定心结构体系的能量耗散能力采用相对能量耗散率 β_E 来衡量。β_E 定义为自定心结构体系的滞回环面积（耗能）与具有相同强度的双线型弹塑性系统滞回环面积（耗能）的比值[5]，可按下式计算：

$$\beta_E = \frac{M_{Ff}}{M_{IGO}} \qquad (2\text{-}22)$$

2.6 本 章 小 结

本章介绍了腹板摩擦式自定心预应力混凝土框架梁柱节点的基本构造和受力特点，并对节点的力学特性进行了理论分析，所完成的主要工作和结论如下：

(1) 建立了梁端轴力、剪力和弯矩的表达式。

(2) 摩擦耗能件在循环荷载下的理论力-变形关系可由典型的刚塑性模型描述。

(3) 节点在循环荷载下的梁端弯矩 转角关系和侧向力-侧向位移关系可用双旗帜型的滞回曲线描述，节点具有良好的耗能和自定心能力。

(4) 节点张开后的抗弯刚度主要由钢绞线提供，并推导了框架中节点张开后抗弯刚度表达式。

(5) 建立了节点的梁端弯矩-相对转角关系和十字形节点组合体侧向力-侧向位移关

系简化分析模型；为简化分析，本章提出的理论分析模型未考虑槽钢刚度以及梁的自重，并假定节点在反复荷载作用下基本处于弹性。

参 考 文 献

[1] 宋良龙. 腹板摩擦式自定心预应力混凝土框架梁柱节点的抗震性能研究[D]. 南京: 东南大学, 2012.

[2] 郭彤, 宋良龙. 腹板摩擦式自定心预应力混凝土框架梁柱节点抗震性能的理论分析[J]. 土木工程学报, 2012, 45(7): 73-79.

[3] Garlock M M. Design, analysis, and experimental behavior of seismic resistant post-tensioned steel moment resisting frames [D]. Bethlehem: Lehigh University, 2002.

[4] 哈尔滨建筑工程学院，中国建筑科学研究院. 钢管混凝土结构设计与施工规程[S]. CECS 28: 90. 北京: 中国工程建设标准化协会, 1990.

[5] Seo C Y, Sause R. Ductility demands on self-centering systems under earthquake loading [J]. ACI Structural Journal, 2005, 102(2): 275-285.

第3章

自定心混凝土框架梁柱节点的低周反复加载试验（Ⅰ）

本章主要介绍了腹板摩擦式自定心预应力混凝土框架梁柱节点的低周反复加载试验情况，并与传统的整体浇筑节点、预压装配式节点进行了比较[1,2]。同时，根据第 2 章所给出的理论分析模型，对试验节点的 $M\text{-}\theta_r$ 关系进行了计算，并与实测结果进行了比较[3]。

3.1 试 验 概 况

3.1.1 试件设计

采用不同参数，制作了 4 组试验构件。其中，梁、柱的长度均为 1.5m，梁截面为 300mm×500mm，柱截面为 400mm×400mm。第一个构件 SCPC1 为标准的腹板摩擦式自定心预应力混凝土框架梁柱节点，其形式和尺寸如图 3-1(a) 所示。其中，梁、柱均为单独浇筑，梁柱内部按预应力钢绞线的走向预留了 4 根 ϕ40mm 的孔道，柱两侧分别预埋一块 400mm×1000mm×8mm 的钢板，钢板内侧设有栓钉以加强钢板和混凝土之间的共同工作能力。在梁端 500mm 范围内设置了钢套(钢套的钢板厚度为 8mm)，以改善梁端的受力性能并作为摩擦装置的底板。钢套内焊有抗剪栓钉，以加强钢套和混凝土的共同工作性能。考虑到梁柱相对转动时，梁端混凝土受压并会在泊松效应下产生膨胀和开裂，钢套内设置了 4 道螺旋箍，以约束梁端的混凝土。螺旋箍的外径为 125mm，钢筋直径为 6mm。同时，在梁端垂直于梁轴线的方向，预埋了 6 个 ϕ50mm 的预应力螺栓孔道，如图 3-1(b) 中 3-3 截面所示。梁柱拼装时，利用穿心千斤顶为钢绞线施加预应力。此后，将 ϕ18mm 的高强螺杆穿过 ϕ50mm 孔道，并用扭力扳手对螺杆施加预应力，使 2 片 28 槽钢夹紧梁腹板，在每根高强螺杆上均设有应变片以控制预应力的大小。槽钢腹板与钢套之间设有摩擦片(2mm 厚的黄铜板)。槽钢的左端和框架柱的预埋钢板焊接在一起。因此，当梁柱相对转动时，槽钢与钢套发生相对位移，产生摩擦并进行耗能。ϕ50mm 的螺栓孔道使得 ϕ18mm 的高强螺杆在梁柱发生一定相对转动时不至于碰到孔道壁。为了保证梁柱之间良好的接触和便于确定梁柱相对转动时钢绞线对转动中心的外力臂，在梁端设置了两块 8mm 厚、5cm 宽的钢垫板，如图 3-1(a) 所示，即梁柱仅通过钢垫板接触。相应地，梁端的剪力主要通过梁柱接触面和摩擦片上的摩擦力来承担。

第二个构件 SCPC2 的梁柱尺寸和配筋与 SCPC1 相同，但不含柱预埋钢板、钢套及槽钢等摩擦装置，该节点为预压装配式梁柱节点，以用于和试件 SCPC1 进行比较，分析钢套和摩擦装置对于节点抗震性能的影响。第三个构件 XJ1 为传统的整体浇筑的梁柱节点，梁柱尺寸同 SCPC1，且不含柱预埋钢板、钢套、槽钢、预埋孔道，用于和 SCPC1、SCPC2 的抗震性能作比较。第四个构件 SCPC3 在梁端不含螺旋箍筋，以验证螺旋箍的必要性。

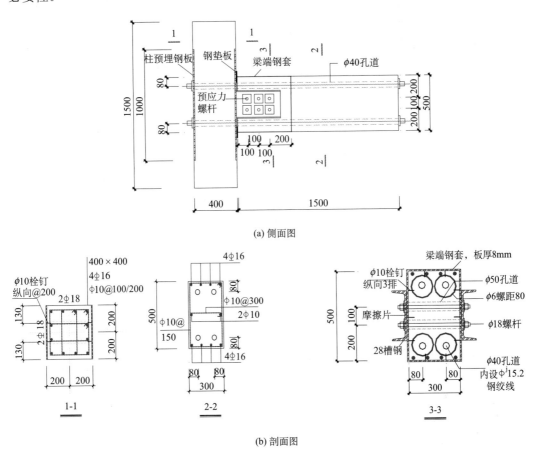

(a) 侧面图

(b) 剖面图

图 3-1　构件 SCPC1 的构造(单位：mm)

3.1.2　材性参数

混凝土的设计强度等级为 C35，三组(共 9 个)混凝土立方体试块的抗压强度平均值为 53.3MPa，方差为 4.58MPa。钢绞线采用低松弛高强预应力钢绞线，其直径为 15.2mm，公称截面积为 140mm^2，强度标准值为 1860MPa，实测屈服强度值为 1498MPa。在 98.4kN 的拉力下，张拉 96h 后的钢绞线实测松弛率为 1.33%，如图 3-2 所示。

钢板与黄铜摩擦片之间的摩擦系数实测值为 0.3。钢板采用 Q235 级，其强度标准值为 235MPa。梁柱的主筋采用 HRB335 级，箍筋采用 HPB235 级，强度标准值分别为 335MPa 和 235MPa，其弹性模量分别为 2.0×10^{5}MPa 和 2.1×10^{5}MPa。

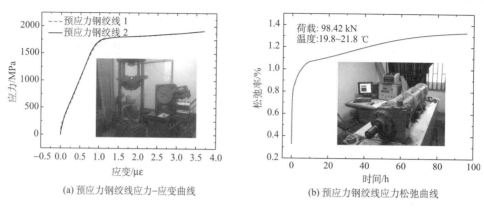

(a) 预应力钢绞线应力−应变曲线　　　　　(b) 预应力钢绞线应力松弛曲线

图 3-2　预应力钢绞线材料特性

3.1.3　加载方式与测点布置

节点的低周反复加载装置如图 3-3 所示。试验中，在梁端施加正反向的竖向荷载，以考察节点的受力和变形特征。试验前，在柱顶施加 534kN 的轴向压力。考虑到节点张开时，钢绞线应变会随着转角的加大而增长，如图 3-3(c) 所示，应变增量 $\Delta\varepsilon=\Delta L/L$，其中 ΔL 为钢绞线长度的变化量，L 为钢绞线的长度。对于实际工程中的框架架梁，钢绞线长

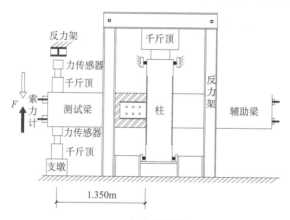

(a) 加载装置图

(b) 试验现场

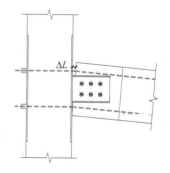

(c) 转角引起的钢绞线伸长

图 3-3　节点的低周反复加载装置图

度 L 往往较长(如 4～9m),因此转角引起的钢绞线应变增长并不突出;但对于实验室测试,构件的长度往往很有限(如本试验中的 1.5m),钢绞线应力将随着转角的增加而快速增长。为了避免钢绞线的过早屈服,在试验梁的另一侧设置了辅助梁(1.5m 长),如图 3-3(a)所示,加上传感器的长度,钢绞线的实际有效长度为 3.6m。

在梁端设置了 4 支索力计,以监测试验过程中的钢绞线应力变化,同时在梁端对应于千斤顶的位置处设置位移计,以采集梁端的位移。梁柱之间的相对转角 θ_r 通过设置在梁端的两支位移计的读数来获得,$\theta_r=(\Delta_{H1}-\Delta_{H2})/D$,其中 Δ_{H1} 和 Δ_{H2} 分别为两支位移计的读数,D 为两支位移计的竖向间距。为了测试加载、卸载过程中螺杆和钢套上的应力变化,分别在预应力螺杆和梁端钢套上粘贴电阻应变片,如图 3-4 所示。

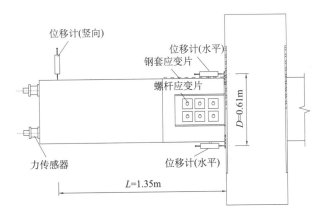

图 3-4　测点布置示意图

3.1.4　试验参数

针对上述 4 个构件,共进行了 14 组试验,其试验参数和测试目的如表 3-1 所示。其中,F_0 代表 4 根钢绞线的初始预应力之和,N_0 代表 6 根螺杆的初始预应力之和。由于 XJ1 和 SCPC2 不带有梁端钢套,试验初期即出现混凝土的压碎、开裂,因此这两个构件的测试只进行了一次,而 SCPC1 或 SCPC3 由于受到梁端钢套和柱预埋钢板的保护,试验结束后主体构件可以基本不受损伤,因此在这两个构件上反复进行了多次不同参数的测试。

表 3-1　试验参数和测试目的

试验编号	构件	F_0/kN	N_0/kN	测试目的及特点
1	SCPC1	289	180	调试仪器
2	SCPC1	274	90	中等摩擦力
3	SCPC1	274	150	中高摩擦力
4	SCPC1	270	45	低摩擦力
5	SCPC1	269	180	高摩擦力
6	SCPC1	303	90	钢绞线应力与节点转角的关系

试验编号	构件	F_0/kN	N_0/kN	测试目的及特点
7	SCPC1	481	45	高钢绞线应力，低摩擦力
8	SCPC1	446	90	高钢绞线应力，中等摩擦力
9	SCPC1	446	180	高钢绞线应力，高摩擦力
10	SCPC1	443	—	有钢套，无摩擦
11	SCPC2	453	—	无钢套，无摩擦
12	XJ1	—	—	现浇梁柱节点
13	SCPC3	342	—	钢套应力测试
14	SCPC3	445	90	含钢套、摩擦装置，无螺旋箍

试验 1 含有摩擦装置，其试验目的是对试验仪器进行调试。试验 2～试验 5 考察了同等预应力度、不同摩擦力下的自定心节点试件的滞回性能。试验 6 用以分析钢绞线应力和节点转角之间的关系。试验 7～试验 9 用于考察高预应力对于节点刚度、自定心能力的影响。试验 10 未设置摩擦装置，以考察不含摩擦装置的节点刚度和耗能情况(理论上该节点无耗能)。试验 11 不含钢套与摩擦装置(此节点为预压装配式节点)，用于和之前的试验对比，以说明钢套和摩擦装置对于节点受力和耗能的作用，并考察加载、卸载过程中的应变分布。试验 12 为传统的整体浇筑构件，用作参考梁。试验 13 用于测试梁端钢套上的应力分布。试验 14 用于考察梁端螺旋箍的必要性。

3.2   试验结果与分析

3.2.1   破坏模式

构件 XJ1 为整体浇筑的传统梁柱节点，其破坏模式如图 3-5(a)所示，从中可以发现，在低周反复荷载的作用下，梁端出现"X"形交叉贯通裂缝。梁顶和梁底存在明显的混凝土压碎现象，并在泊松效应作用下产生体积膨胀和混凝土的崩脱。在柱身与梁的交接部位，也存在一定程度的压碎。

和 XJ1 相比，预压装配式节点 SCPC2 明显具有更好的变形能力，在–0.059～+0.048rad 的梁柱相对转角范围内，梁柱未发现较严重的损伤，但在梁端与柱的相交部位存在混凝土局部压碎的现象，造成了预应力的损失，如图 3-5(b)和(c)所示。

在构件 SCPC1 的多次试验中，梁柱均未产生明显的损伤，这和最初的设计目标相吻合。需要指出的是，SCPC1 中的柱预埋钢板最初主要通过栓钉锚固于混凝土柱中。在试验 1 中(调试试验)，发现在较高荷载下，柱预埋钢板与混凝土柱出现局部分离的现象，表明栓钉的锚固能力或钢板的刚度不足，导致槽钢、柱预埋钢板和梁端钢套一起发生转动，削弱了摩擦耗能效果。为避免这种不利的现象，在试验 1 之后的测试中，在柱的侧面补焊了两片钢板，将之前的柱预埋钢板连接在一起，以传递槽钢的摩擦力(图 3-6(a))。为便于应用，可采用如图 3-6(b)所示的锚固形式，其中，柱预埋钢板上不再设置栓钉，而是将预埋钢板直接与柱子的纵筋或箍筋焊接。

(a) 构件XJ1(侧视图)

(b) 构件SCPC2(梁底与柱交接部位)

(c) 构件SCPC2(梁顶与柱交接部位)

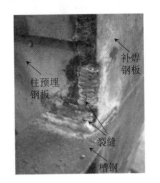

(d) 构件SCPC1(槽钢根部)

图 3-5　试验后的构件

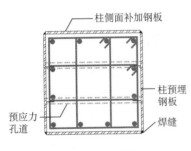

(a) 试验中的锚固形式

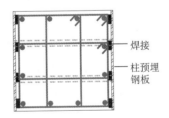

(b) 建议采用的锚固形式

图 3-6　柱预埋钢板的锚固措施

根据腹板摩擦式自定心预应力混凝土框架梁柱节点的构造特点,其可能失效模式主要包括:钢板连接焊缝的开裂、梁端钢套的局部屈服、预应力钢绞线屈服、摩擦螺杆受孔道剪切屈服(在张角过大时)等。试验 10 结束后,柱预埋钢板与柱侧钢板的连接焊缝发现了细微裂缝,槽钢与柱预埋钢板连接焊缝也出现了裂缝,如图 3-5(d)所示,说明这些部位受力较为集中,是破坏易于萌生的位置。

3.2.2　滞回曲线

图 3-7 给出了试件 SCPC1 在试验 2 中的荷载-位移关系曲线。由该图可以发现,节点的滞回曲线为典型的"双旗帜形",并且正反加载时的滞回曲线基本对称。当梁端竖

向荷载 F 增至 67kN 时，梁柱接触面张开。在此之前，节点的初始刚度为 6824kN/m；节点张开后，刚度退化至 1416kN/m。卸载过程中，节点刚度未出现明显的退化。当荷载减至零时，在预应力的作用下，梁柱接触面重新闭合。试验结束后，加载端的残余变形仅为 1.3mm，且并未发现明显的钢套局部屈服现象。

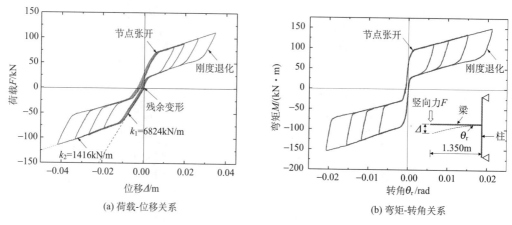

(a) 荷载-位移关系   (b) 弯矩-转角关系

图 3-7 试件 SCPC1 滞回特性(试验 2)

图 3-8 给出了试件 SCPC1 在试验 4 中的荷载-位移关系曲线。在试验 4 中，单根摩擦螺栓的预加拉力降至 7.5kN，由该图可以发现，摩擦力降低后，节点的滞回曲线饱满程度较试验 2 有明显降低。当梁端竖向荷载 F 增至 58kN 时，梁柱接触面张开。在此之前，节点的初始刚度为 7330kN/m；节点张开后，刚度退化至 1620kN/m。卸载过程中，节点刚度未出现明显的退化。当荷载减至零时，在预应力的作用下，梁柱接触面重新闭合。试验结束后，加载端的残余变形仅为 0.7mm。

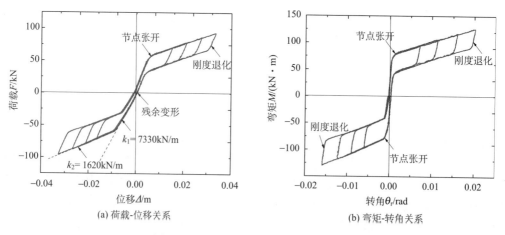

(a) 荷载-位移关系   (b) 弯矩-转角关系

图 3-8 试件 SCPC1 滞回特性(试验 4)

图 3-9 给出了试件 SCPC1 在试验 5 中的荷载-位移关系曲线。在试验 5 中，单根摩擦螺栓的预加拉力增至 30kN，由该图可以发现，摩擦力升高后，节点的滞回曲线明显较

试验 2 更为饱满。当梁端竖向荷载 F 增至 86kN 时，梁柱接触面张开。在此之前，节点的初始刚度为 7050kN/m；节点张开后，刚度退化至 1676kN/m。卸载过程中，节点刚度未出现明显的退化。当荷载减至零时，在预应力的作用下，梁柱接触面重新闭合。试验结束后，加载端的残余变形仅为 3.3mm。

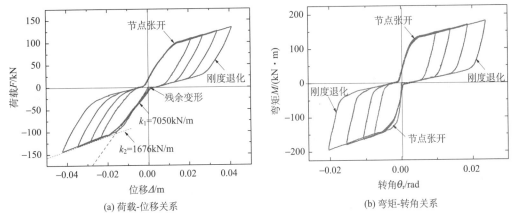

(a) 荷载-位移关系　　　　　　(b) 弯矩-转角关系

图 3-9　试件 SCPC1 滞回特性（试验 5）

　　图 3-10 给出了试件 SCPC1 在试验 7 中的荷载-位移关系曲线。当梁端竖向荷载 F 增至 90kN 时，梁柱接触面张开。在此之前，节点的初始刚度为 11670kN/m；节点张开后，刚度退化至 1740kN/m。卸载过程中，节点刚度未出现明显的退化。当荷载减至零时，在预应力的作用下，梁柱接触面重新闭合。试验结束后，加载端的残余变形仅为 0.2mm。

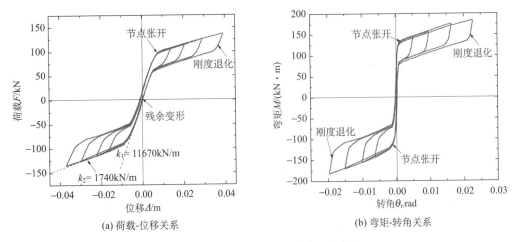

(a) 荷载-位移关系　　　　　　(b) 弯矩-转角关系

图 3-10　试件 SCPC1 滞回特性（试验 7）

　　图 3-11 给出了试件 SCPC1 在试验 8 中的荷载-位移关系曲线。当梁端竖向荷载 F 增至 107kN 时，梁柱接触面张开。在此之前，节点的初始刚度为 11340kN/m；节点张开后，刚度退化至 1820kN/m。卸载过程中，节点刚度未出现明显的退化。当荷载减至零时，在预应力的作用下，梁柱接触面重新闭合。试验结束后，加载端的残余变形仅为 0.4mm。

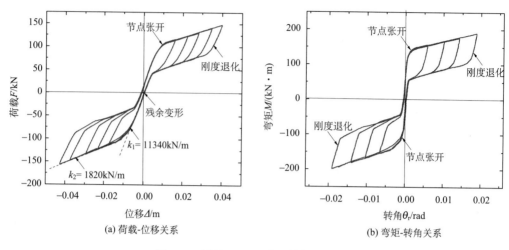

图 3-11　试件 SCPC1 滞回特性(试验 8)

图 3-12 给出了试件 SCPC1 在试验 9 中的荷载-位移关系曲线。当梁端竖向荷载 F 增至 125kN 时，梁柱接触面张开。在此之前，节点的初始刚度为 10700kN/m；节点张开后，刚度退化至 1830kN/m。卸载过程中，节点刚度未出现明显的退化。当荷载减至零时，在预应力的作用下，梁柱接触面重新闭合。试验结束后，加载端的残余变形仅为 0.5mm。

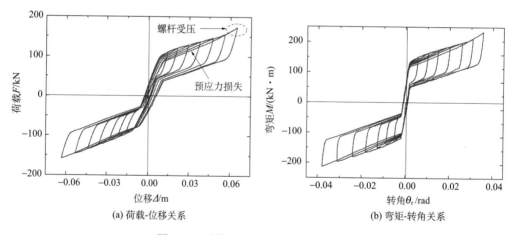

图 3-12　试件 SCPC1 滞回特性(试验 9)

图 3-13 给出了试件 SCPC1 在试验 10 中的荷载-位移关系曲线。当梁端竖向荷载 F 增至 65kN 时，梁柱接触面张开。在此之前，节点的初始刚度为 10930kN/m；节点张开后，刚度退化至 1660kN/m。卸载过程中，节点刚度未出现明显的退化。当荷载减至零时，在预应力的作用下，梁柱接触面重新闭合。试验结束后，加载端的残余变形仅为 0.3mm。

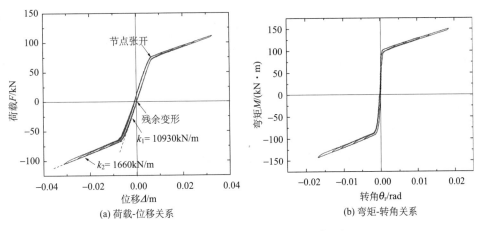

(a) 荷载-位移关系 (b) 弯矩-转角关系

图 3-13 试件 SCPC1 滞回特性(试验 10)

3.2.3 钢绞线预应力对节点性能的影响

在试验 7~9 中,采用了较高的钢绞线预应力,以考察钢绞线预应力对节点性能的影响。以试验 9 为例,其滞回特性如图 3-14(a)和(b)所示。通过与试验 5 的比较可知(两次试验的摩擦力基本相同),采用较高预应力后,节点的初始刚度由 7050kN/m 增长至 10700kN/m,节点张开时的侧向力由 86kN 增长至 125kN;试验结束时,节点的残余变形为 0.5mm,比试验 5 中的 3.3mm 有明显减少。试验 9 中的滞回环形状和面积则基本与试验 5 相同,这说明提高钢绞线预应力的主要效果是提高节点刚度和节点张开弯矩、减小残余变形,对耗能并无明显影响,对比试验 2 和试验 8(如图 3-14(c)和(d))、试验 4 和试验 7(如图 3-14(e)和(f))可以得出类似的结论。

3.2.4 摩擦力对节点滞回耗能的影响

试验 2~5 考察了同等预应力、不同摩擦力下的节点滞回特性。摩擦力对节点滞回特性的影响可以通过试验 2 和试验 4 的比较加以验证,如图 3-15(a)和(b)所示。在这两次试验中,钢绞线的预应力基本相同,但试验 2 中的螺杆预应力较高(对应于较高的摩擦力),节点的滞回曲线比试验 4 更加饱满,表明此时节点具有更强的耗能能力。同时,试验 2 中的节点临界张开弯矩 M_{IGO} 也高于试验 4,说明摩擦力对于节点的承弯能力也有所贡献。对比试验 7 和试验 9(如图 3-15(c)和(d))可以得出类似的结论。

3.2.5 钢绞线力与梁柱相对转角的关系

在试验 6 中,重点对钢绞线力的变化情况进行了测试,其结果如图 3-16 所示。由该图可知,除加载初期有少许减少,钢绞线的力基本随转角的加大而增长。在正向(向下)和反向(向上)加载过程中,梁底(PT1)和梁顶(PT2)的钢绞线力呈现不对称分布的特点。这是由于对于某根钢绞线,正反向加载时,上下两个转动中心对其力臂不同。此外,在加载与卸载的过程中,同一位移量下的钢绞线力不同,表现为钢绞线力-转角曲线存在环状滞回,这可能主要是受到摩擦装置的影响。由于在加载、卸载过程中,摩擦力的方向相反，因此在加载、卸载过程中的同一位移量下，钢绞线力存在少许差异。此外，由于施工误差，PT1 距梁底的距离为 7cm，而 PT2 距梁顶的距离为 11cm，PT2 更接近位于梁腹板中部的摩擦装置。因此，从 PT1 和 PT2 的钢绞线力与梁柱相对转角关系曲线来看，后者受摩擦力的影响更大。

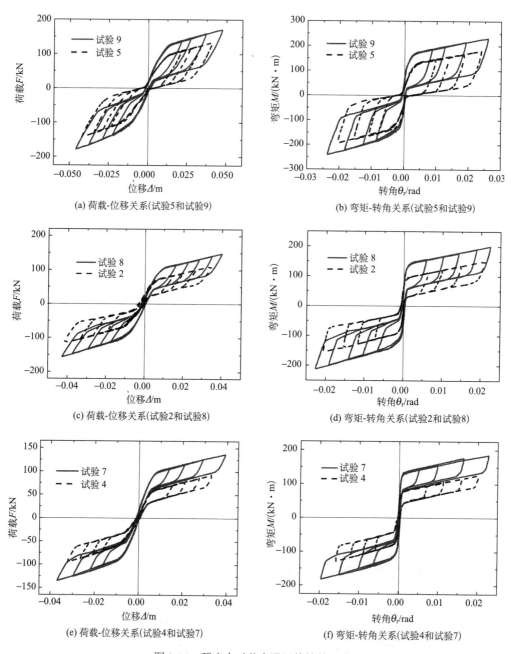

(a) 荷载-位移关系(试验5和试验9)

(b) 弯矩-转角关系(试验5和试验9)

(c) 荷载-位移关系(试验2和试验8)

(d) 弯矩-转角关系(试验2和试验8)

(e) 荷载-位移关系(试验4和试验7)

(f) 弯矩-转角关系(试验4和试验7)

图 3-14 预应力对节点滞回特性的影响

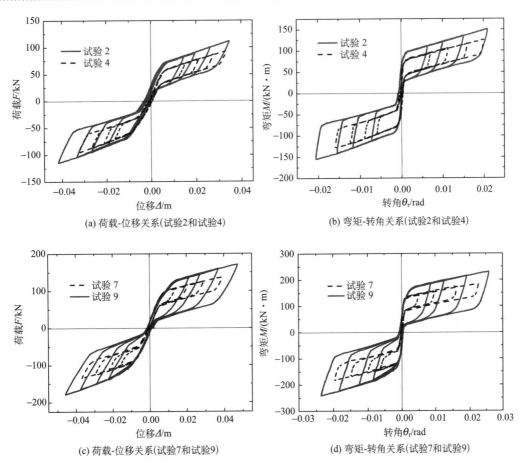

图 3-15　摩擦力对节点滞回特性的影响

为了进一步分析钢绞线力与节点转角的关系，在不含摩擦装置的节点上重复上述测试（试验 10），其结果如图 3-16(c)、(d)所示，其曲线特征与图 3-16(a)、(b)相似，但钢绞线力随转角的变化更接近线性，节点基本上没有耗能能力。

3.2.6　预压装配式节点的受力特点

构件 SCPC2 不含钢套和摩擦装置，此节点实际为传统预压装配式节点，其滞回特性如图 3-17 所示（试验 11）。该节点的滞回曲线表现为较典型的 S 形，说明节点的耗能能力较弱。在反复加载过程中，节点上的总预应力逐渐由 453kN 降至 339kN，并伴随着混凝土的局部压碎，但由于梁端设有螺旋箍，总体上混凝土的压碎和开裂并不严重。试验中正、反向加载的最大转角分别为+0.048rad 和−0.059rad。试验结束后，梁端的残余变形相对于整体浇筑节点并不大，为 4.8mm，表明该节点仍具有一定的自定心能力。

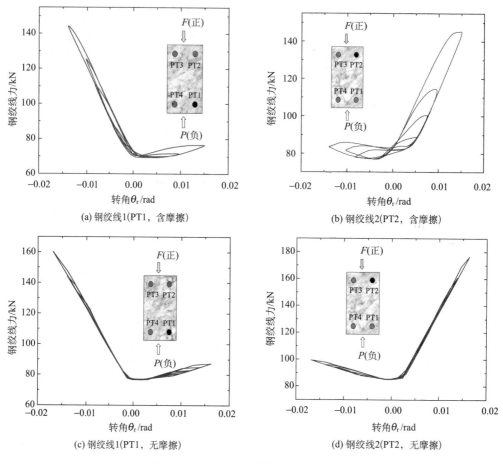

(a) 钢绞线1(PT1，含摩擦)　　　(b) 钢绞线2(PT2，含摩擦)

(c) 钢绞线1(PT1，无摩擦)　　　(d) 钢绞线2(PT2，无摩擦)

图 3-16　钢绞线力与梁柱相对转角的关系

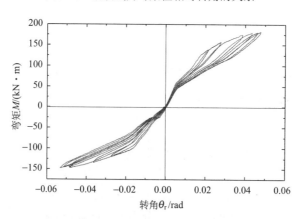

图 3-17　试件 SCPC2 滞回特性(试验 11)

　　图 3-18(b)给出了试件 SCPC2 在最后一个加载循环(加载—卸载—反向加载—卸载)中的钢筋应变与梁端竖向荷载的关系。其中，钢筋应变片的布置如图 3-18(a)所示，荷载以向上为正。由图 3-18(b)中的应变-荷载关系可知，随着荷载的增加，梁端纵筋上的

应变片 Z5 的应变持续增加，但在达到 1 点之后(约 580 με)，钢筋应变不再显著增加，这可能是由于混凝土出现局部的塑性变形和压碎。当在 2 点卸载时，钢筋应变逐步降低为零。反向加载时，Z5 的应变变化不大并且接近于零，这是因为对于 Z5 而言，反向加载是一个节点反向消压的过程，尤其是节点在反向张开后，Z5 的应变基本为零。

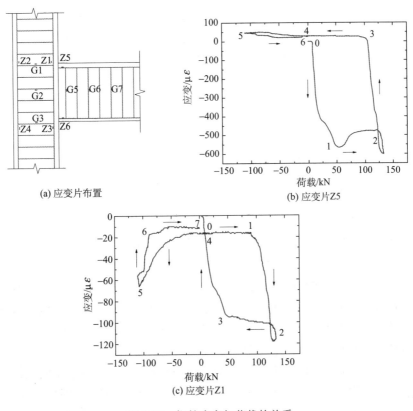

图 3-18　钢筋应变与荷载的关系

柱纵筋应变片 Z1 的变化类似于 Z5，但反向加载时，钢筋应力也有一定的增加，如图 3-18(c)所示。同样，由于正反向加载时上下两个转动中心对于 Z1 的力臂不同，钢筋应力与梁端荷载的关系曲线并不对称。此外，与 Z5 相比，柱纵筋应变片 Z1 的测试值明显较小。

3.2.7　传统整体浇筑式梁柱节点的滞回特性

在试验 12 中，对传统的整体浇筑的梁柱节点 XJ1 进行了加载和测试，用于和本书中的自定心节点进行对比。遗憾的是，由于仪器故障，该节点的滞回曲线未能得到。不过，该节点属于传统的连接形式，同类的测试结果已有很多[4-6]，在这些节点中，随着混凝土开裂程度的加大，节点在历次荷载循环后的残余变形显著地增加。此处，选取课题组之前完成的另一节点的测试结果进行说明[6]，该节点为十字形整体浇筑的梁柱节点，其低周反复荷载作用下的滞回曲线如图 3-19 所示。从该图可以发现，随着混凝土开裂程度的加大，节点在历次荷载循环后的残余变形也在显著增加。与该节点相比，本书所提出的节点形式明显具有更优越的自定心能力。

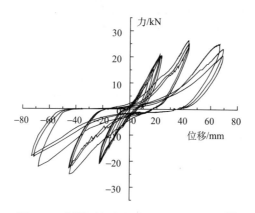

图 3-19   低周反复荷载作用下的滞回曲线[6]

3.2.8   钢套的应力分布

在试验 13 中，对不含摩擦装置的钢套在加载过程中的应力情况进行了测试。应变片共 10 个，沿梁顶中线间隔 5cm 布置，从节点向加载端编号 1～10。试验 13 共包含 4 个正反向加载、卸载循环。图 3-20(a) 给出了第 4 个正向(向上)加载过程中的钢套应变分布。由该图可知，梁柱接触部位的钢套应力随着侧向荷载的加大而显著加大，并且呈非线性增长的特点，但从应变片 2 开始，钢套的应变变化幅度较小，这表明钢套在梁端的局部受压主要集中在梁端 5cm 的范围内。

在第 1 个和第 4 个应力循环中，应变片 1 的应变-梁端竖向荷载关系曲线如图 3-20(b) 所示。从中可以发现，在较低的应力循环下(循环 1)，应变-梁端竖向荷载关系曲线近似为弹性；而在较高应力循环下(循环 4)，正向加载时的应变-梁端竖向荷载关系曲线呈环状，表明此时梁端已经存在一定的非弹性变形。由于此时的最大应变为 1058 με，尚未达到钢板的屈服值，因此这一非弹性变形可能主要来自于梁端混凝土的局部受压。

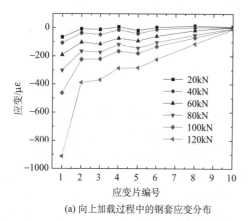

(a) 向上加载过程中的钢套应变分布

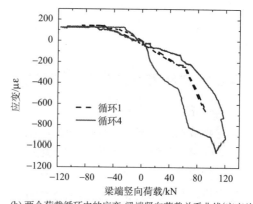

(b) 两个荷载循环中的应变-梁端竖向荷载关系曲线(应变片1)

图 3-20   钢套应力测试

3.2.9　无螺旋箍构件的滞回特性

试验 14 旨在探讨在梁端设有钢套时采用螺旋箍的必要性，其滞回特性如图 3-21 所示。试验中采用了较其他试验更多的加载循环（6 个），正、反向加载的最大转角为 +0.035rad 和 –0.038rad，也大于之前试验中含摩擦耗能件的自定心节点的最大梁柱相对转角。由图 3-21 可知，每一个加载循环的节点张开弯矩相比上一个加载循环的张开弯矩 M_{IGO} 要小，这可能是混凝土受压产生的非弹性变形所造成的。由于试验 14 中的试件 SCPC3 不含螺旋箍，梁端混凝土的约束相对较弱，因此梁柱转动过程中混凝土因局部受压而产生的塑性变形较大，引起了较大的预应力损失。在试验中的最后一个加载循环，梁柱相对转角过大，而由于预应力螺杆孔道尺寸有限，预应力螺杆将受到孔道内壁的挤压，在节点的侧向力-位移关系图中变现为侧向力的突然增加和抗侧刚度的提高。

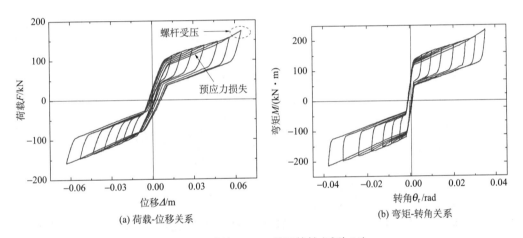

图 3-21　试件 SCPC3 滞回特性（试验 14）

3.3　理论分析和试验结果的比较

不同于多跨自定心混凝土框架内的梁柱中节点，预应力筋在整个梁跨内均是无黏结的（在框架边柱外侧锚固），在本书试验中梁柱节点为框架边节点，节点组合体构件中的预应力钢绞线在梁端是锚固的，如图 3-22 所示。在这种情况下，节点张开后，各钢绞线产生的变形量 Δ_{si} 不相等，且分别等于 $\theta_r d_i$，d_i 为各钢绞线到转动点的距离。

当试验节点产生相对转角 θ_r 时，此时，第 i 根钢绞线的拉力为[1]

$$T_i = T_{i0} + k_{si}\left(\Delta_{si} - \delta_{\text{b}}\right) = T_{i0} + k_{si}\left(d_i - \frac{\displaystyle\sum_{i=1}^{n}\left(k_{si}d_i\right)}{\displaystyle\sum_{i=1}^{n}k_{si} + k_{\text{b}}}\right)\theta_r \tag{3-1}$$

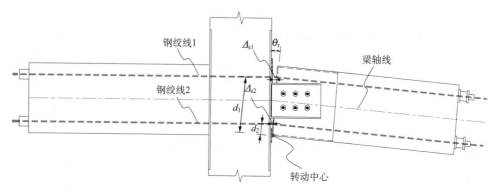

图 3-22　试验节点张开时的钢绞线变形量

其中，δ_b 表示梁的压缩变形；k_b 和 k_{si} 分别表示框架梁和第 i 根钢绞线的轴向刚度。

而所有钢绞线的初始拉力之和为

$$T = \sum\left[T_{i0} + k_{si}\left(\varDelta_{si} - \delta_b\right)\right] = T_0 + \left(\frac{k_b}{k_b + \sum k_{si}}\right)\sum\left(k_{si}d_i\right)\theta_r \tag{3-2}$$

钢绞线对于试验节点梁端弯矩贡献可表示为

$$M_{PT} = \sum_{i=1}^{n}\left(T_{i0}d_i\right) + \sum_{i=1}^{n}\left[d_ik_{si}\left(d_i - \frac{\sum\limits_{i=1}^{n}\left(k_{si}d_i\right)}{\sum\limits_{i=1}^{n}k_{si} + k_b}\right)\right]\theta_r = \sum_{i=1}^{n}\left(T_{i0}d_i\right) + K_s^{\theta}\theta_r \tag{3-3}$$

其中，$K_s^{\theta} = \sum\limits_{i=1}^{n}\left[d_ik_{si}\left(d_i - \dfrac{\sum\limits_{i=1}^{n}\left(k_{si}d_i\right)}{\sum\limits_{i=1}^{n}k_{si} + k_b}\right)\right]$ 为试验节点张开后钢绞线提供的节点转动刚度的

表达式。

　　根据给出的理论分析模型，对试验节点的 M-θ_r 关系进行了计算。理论值与实测值的比较如图 3-23 所示。从中可以发现，理论值与实测值总体上吻合良好，但向上加载 ($\theta_r > 0$) 时的分析结果吻合更好，这可能是由于梁柱内预应力孔道尺寸有限，节点张开后，钢绞线和梁柱接触面预应力孔道发生挤压造成的。此外，由于混凝土梁不是绝对的刚体，在弯矩达到 M_{IGO} 之前，因梁端在转动中心处的局部变形而出现微小的相对转角，即 θ_r 不等于零。M_{IGO} 和节点张开后的转动刚度均与试验值吻合良好。与之前同类试验[7,8]相似，该节点在卸载时存在刚度退化的现象 (图 3-23)，这主要是受槽钢刚度的影响；但为了便于分析，在本书的理论分析模型中未考虑此因素。

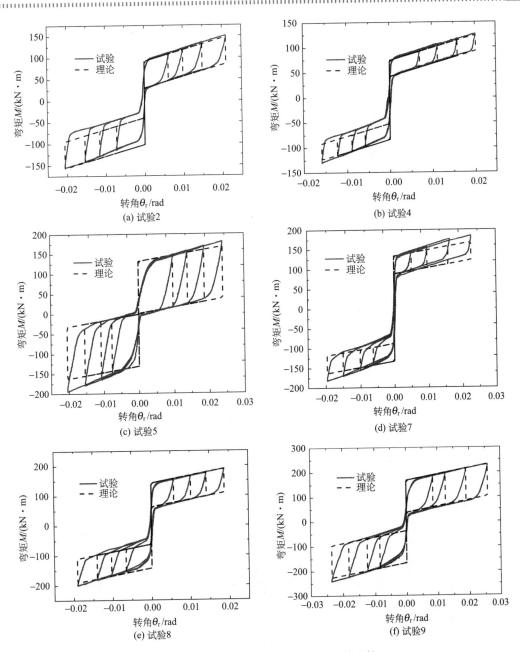

图 3-23　M-θ_r 关系的理论值与试验值的比较

3.4　本 章 小 结

本章主要介绍了腹板摩擦式自定心预应力混凝土框架梁柱节点的低周反复加载试验情况，并与传统的整体浇筑节点、预压装配式节点进行了比较。同时，根据第 2 章所给出的理论分析模型，对试验节点的 M-θ_r 关系进行了计算，并将理论分析结果与实测结果进行了比较。14 个试验的结果表明：

（1）与传统的整体浇筑式梁柱节点相比，本书提出的腹板摩擦式自定心预应力混凝土框架梁柱节点具有优越的震后复位能力，同时主体结构在地震作用后基本不出现损伤，从而有利于减少震后的修复工作量。

（2）与预压装配式框架节点相比，本书中的摩擦耗能装置大大提高了节点的耗能能力。此外，摩擦耗能装置位于梁端腹板上，避免了和楼板产生相互影响。梁端钢套不仅为摩擦耗能装置提供了摩擦底面，也改善了该部位的局部承压性能。考虑到梁端钢套对混凝土提供了有效的约束，因此梁端螺旋箍可以省去，以简化施工工艺；试验 14 的测试结果也表明，去除螺旋箍后，节点的性能并无明显变化。

（3）摩擦力的大小对节点的耗能有着直接的影响。摩擦力越大，节点滞回环越饱满，耗能效果越好。

（4）在较高的初始预应力下，节点的初始刚度和张开弯矩均有所提高，震后的残余变形也比采用较低预应力的节点更小。

（5）理论分析和测试结果表明，框架梁的承弯能力主要由钢绞线提供，而框架梁纵筋的应力不高，因此建议可进一步减小梁的配筋率。

（6）为便于现场施工，建议槽钢与柱预埋钢板的连接由焊接改为螺栓连接。同时，位于梁四角的钢绞线可用一束布置在梁正中的钢绞线束代替，以减少拼装时的工作量。此外，出于降低造价的考虑，还可引入其他性能相当的摩擦材料代替黄铜片。

参 考 文 献

[1] 宋良龙. 腹板摩擦式自定心预应力混凝土框架梁柱节点的抗震性能研究[D]. 南京: 东南大学, 2012.

[2] 郭彤, 宋良龙, 张国栋, 等. 腹板摩擦式自定心预应力混凝土框架梁柱节点的试验研究[J]. 土木工程学报, 2012, 45(6): 23-32.

[3] 郭彤, 宋良龙. 腹板摩擦式自定心预应力混凝土框架梁柱节点抗震性能的理论分析[J]. 土木工程学报, 2012, 45(7): 73-79.

[4] Ehsani M R, Wight J K. Exterior reinforced concrete beam-to-column connections subjected to earthquake-type loading [J]. ACI Journal, 1985, 82(4): 492-499.

[5] Paulay T, Scarpas A. The behaviour of exterior beam-column joints [J]. Bulletin of the New Zealand National Society for Earthquake Engineering, 1981, 14(3): 131-144.

[6] 曹忠民. 高强钢绞线网-聚合物砂浆加固梁柱节点的试验研究[D]. 南京: 东南大学, 2007.

[7] Morgen B, Kurama Y. A friction damper for posttensioned precast concrete moment frames [J]. PCI Journal, 2004, 49(4): 112-133.

[8] Michael W, James M R, Richard S. Experimental study of a self-centering beam-column connection with bottom flange friction device [J]. Journal of Structural Engineering, 2009, 135(5): 479-488.

第4章

自定心混凝土框架梁柱节点的低周反复加载试验（Ⅱ）

本章提出了自定心预应力混凝土框架梁柱节点的改进构造形式，然后针对改进型梁柱节点进行了低周反复加载试验，研究了不同设计参数对节点抗震性能的影响[1,2]。

4.1 节点基本构造

在前期的自定心预应力混凝土框架梁柱节点中，摩擦槽钢和柱预埋钢板是通过焊接连接的，钢板连接焊缝在摩擦力较大时会出现开裂等不利的破坏模式(图4-1(a))，同时现场焊接的高温对柱内混凝土的性能也会产生不良影响。因此，本书将槽钢与柱预埋钢板的连接由焊接改为螺栓连接，即在槽钢的端部设置了连接板，并使高强对拉螺杆通过连接板和柱内预埋的对拉螺栓孔道，将连接板和柱拉结在一起，如图4-1(b)所示。

4.2 试 验 概 况

4.2.1 试件设计

为了评估改进型梁柱节点在低周反复荷载下的抗震性能，制作了 2 组试验构件 SCPC4 和 SCPC5。其中，柱的长度为 1.5m，横截面尺寸为 500mm×500mm。由于试验过程中柱子基本无损，因此在 SCPC4 和 SCPC5 试验构件中使用了同一个柱子反复测试。柱截面配筋如图 4-2(b) 所示，纵筋采用 12 根 ϕ16mm 钢筋并沿周长均匀布置，箍筋采用 ϕ10@100mm 四肢箍，混凝土保护层厚度为 25mm。为了防止梁柱接触面混凝土在节点张开时可能发生的局压破坏，在柱的两个侧面柱分别预埋一块 500mm×750mm×8mm 的钢板，钢板内侧设有栓钉以加强钢板和混凝土之间的共同工作能力。

构件 SCPC4 为标准的改进型自定心预应力混凝土框架梁柱节点，其形式和尺寸如图 4-2 所示。其中，梁的长度为 1.5m，截面尺寸为 300mm×500mm。梁截面配筋如图 4-2(b) 所示，纵筋采用 4 根 ϕ16mm 钢筋均匀布置，箍筋采用 ϕ10@150mm 并沿梁长均匀排布。梁端 250mm 范围内预埋了梁端钢套，钢套内焊有抗剪栓钉，以保证钢套和混凝土的协调工作，钢板和钢套的厚度均为 8mm。由于梁端设置了钢套，因此在梁端设置钢套的长度范围内未设置抗剪箍筋。梁柱内部按预应力钢绞线的走向预埋了 4 根 ϕ40mm 的孔道，梁柱通过 4 根 ϕ15.2mm 的后张预应力钢绞线拉结在一起。考虑到梁柱相对转动时，梁端混凝土受压并会在泊松效应下产生膨胀和开裂，钢套内设置了 4 道螺旋箍，以约束梁

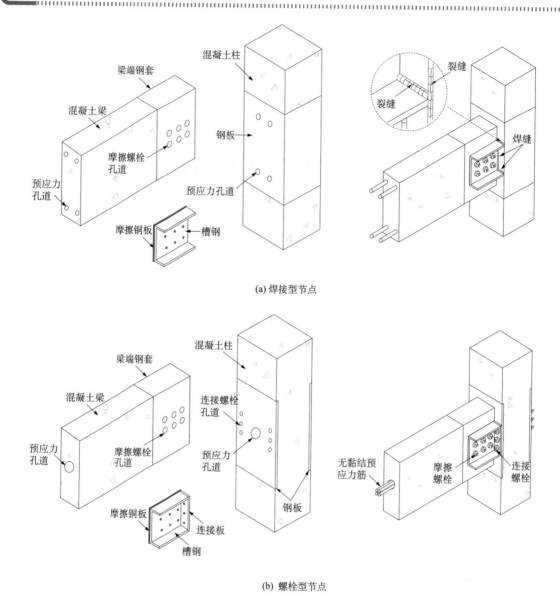

(a) 焊接型节点

(b) 螺栓型节点

图 4-1 自定心预应力混凝土框架的梁柱节点

端的混凝土。螺旋箍的外径为 125mm，钢筋直径为 6mm。在垂直于梁柱平面方向，梁和梁端钢套内均预埋了 6 个 $\phi50mm$ 的摩擦螺栓孔道。为了梁柱之间更好的接触和获得明确的力臂关系，在梁端上下和柱接触的部位各设置了 8mm 厚的钢垫板，如图 4-2(a)所示。在梁端腹板处设置了摩擦耗能装置，该摩擦耗能装置由梁端钢套和外部槽钢组成，钢套与槽钢之间的接触面设有摩擦片(如 2mm 厚的黄铜板或铝板)。摩擦耗能槽钢细节如图 4-2(c)所示，槽钢腹板和摩擦片上均设有 6 个 $\phi25mm$ 的摩擦螺栓孔道，并通过 6 个 $\phi18mm$ 的高强对拉螺杆将槽钢腹板、摩擦片和梁端钢套拉结在一起以提供垂直于摩擦面的正压力。槽钢端部焊接有连接板，连接板和柱两侧边均设有 3 个 $\phi20mm$ 的对拉螺栓孔道，采用 $\phi18mm$ 的高强对拉螺杆依次穿过槽钢端部连接板和柱内的 $\phi20mm$ 孔道，将槽钢和柱连接在一起。当梁柱发生相对转动时，槽钢和钢套发生相对运动，实现摩擦耗能。由于槽钢腹板处对拉螺栓的直径(18mm)远远小于梁内螺栓孔道的直径(50mm)，从而保证梁柱可以发生一定的相对转动而预应力螺杆不碰到螺栓孔道的边缘。

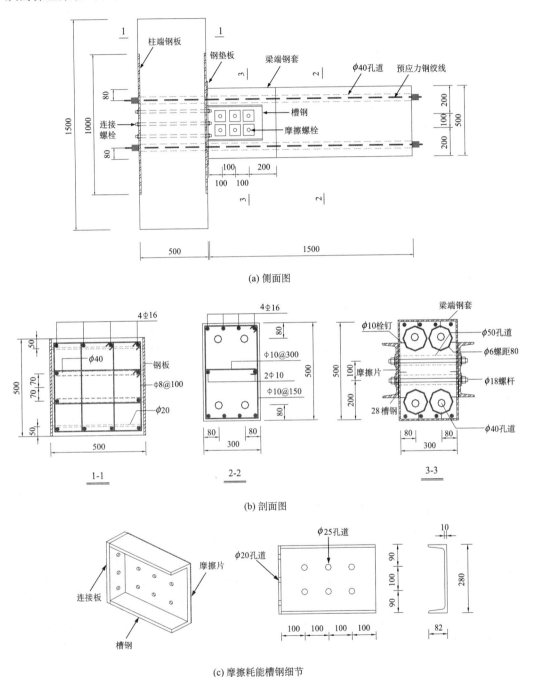

图 4-2　构件 SCPC4 的构造(单位：mm)

构件 SCPC5 的形式和尺寸如图 4-3 所示，其尺寸和截面配筋均与试件 SCPC4 相同，但试件 SCPC5 的梁端未设置梁端钢套和摩擦耗能装置。在试件 SCPC5 中，为了保护梁端混凝土在梁柱相对转动时可能发生的局压破坏，在梁端上下部位分别设置了一个等边角钢∟140mm×10mm。在试件 SCPC5 的梁截面正中沿预应力钢绞线的走向预埋了 1 个 $\phi80$mm 的孔道，以考察不同的预应力筋截面布置形式(预应力筋沿梁截面四周布置和沿梁中轴线布置)对节点抗震性能的影响。

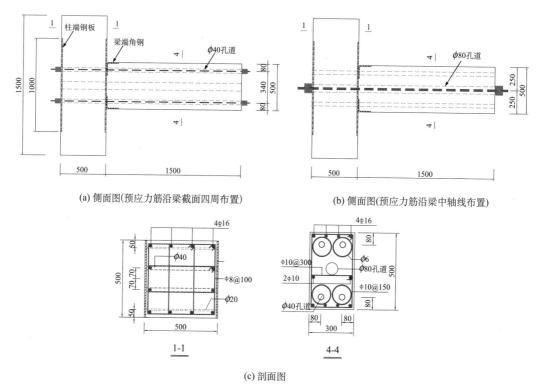

(a) 侧面图(预应力筋沿梁截面四周布置)   (b) 侧面图(预应力筋沿梁中轴线布置)

1-1   4-4

(c) 剖面图

图 4-3   构件 SCPC5 的构造(单位：mm)

4.2.2   加载方式与测点布置

低周反复加载装置如图 4-4 所示。试验前，在柱顶施加 835kN 的轴向压力。考虑到节点张开时，钢绞线应变会随着转角的加大而增长，应变增量 $\Delta\varepsilon=\Delta L/L$，其中 ΔL 为钢绞线长度的变化量，L 为钢绞线的长度。对于实际工程中的框架梁，钢绞线长度 L 往往较长(如 4~9m)，因此转角引起的钢绞线应变增长并不突出；但对于实验室测试，构件的长度往往很有限(如本试验中的 1.5m)，钢绞线应力将随着转角的增加而快速增长。为了避免钢绞线的过早屈服，在试验梁的另一侧设置了辅助梁(1.5m 长)，如图 4-4(a)所示，加上传感器的长度，钢绞线的实际有效长度为 3.6m。

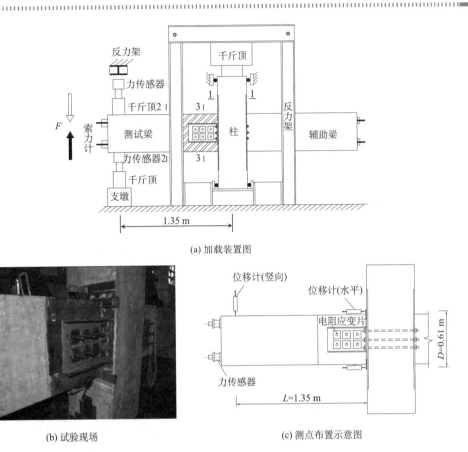

(a) 加载装置图

(b) 试验现场

(c) 测点布置示意图

图 4-4　试验装置与测点布置图

　　试验中，在梁端设置了 4 支索力计，以监测试验过程中的钢绞线应力变化。在梁端施加正反向的竖向荷载 F，以考察节点的受力和变形特征。同时在梁端对应于千斤顶的位置处设置位移计(竖向)，以采集梁端的位移 Δ。梁柱之间的相对转角 θ_r 通过设置在梁端的两支位移计(水平)的读数来获得，$\theta_r=(\Delta_{H1}-\Delta_{H2})/D$，其中 Δ_{H1} 和 Δ_{H2} 分别为两支位移计的读数，D 为两支位移计的竖向间距。为了测试加载、卸载过程中螺杆应力变化，在预应力螺杆上粘贴电阻应变片，如图 4-4(c)所示。

4.2.3　材料属性参数

　　混凝土的设计强度等级为 C35，三组(共 9 个)混凝土立方体试块(150mm×150 mm×150mm)的抗压强度平均值为 53.3MPa，方差为 4.58MPa。钢绞线采用低松弛高强预应力钢绞线，其直径为 15.2mm，公称截面积为 139mm^2，强度标准值为 1860MPa，实测屈服强度值为 1730MPa(对应于 1%的应变)，弹性模量为 1.95×10^5MPa。在 98.4kN 的拉力下，张拉 96h 后的钢绞线实测松弛率为 1.33%。采用双剪法进行了铝-铁和铜-铁摩擦面的摩擦测试试验，摩擦面的正压力为 150kN，试验结果如图 4-5 所示。由该图可知，铝-铁和铜-铁摩擦面的摩擦系数相差不大，均为 0.33 左右。

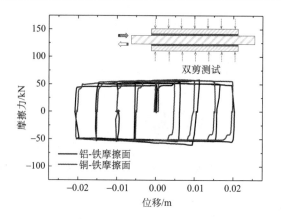

图 4-5　铝-铁和铜-铁摩擦面的双剪试验

4.2.4　试验参数

针对试验构件 SCPC4，进行了 8 组试验，以考察不同的初始预应力、摩擦力和摩擦材料对节点抗震性能的影响。针对试验构件 SCPC5，进行了 2 组试验，以考察设置梁端钢套和角钢的有效性，并研究不同的预应力筋截面布置方式对节点抗震性能的影响。详细试验参数如表 4-1 所示，其中，F_0 代表 4 根钢绞线的初始预应力之和，N_0 代表 6 根螺杆的初始预应力之和，R_0 表示钢绞线的标准化初始应力(钢绞线初始应力和屈服应力的比值)。

表 4-1　试验参数

试验编号	构件	F_0/kN	R_0	N_0/kN	摩擦材料	梁端钢套	预应力筋布置
1	SCPC4	468	0.48	90	铜板	有	梁截面四周
2	SCPC4	435	0.45	45	铜板	有	梁截面四周
3	SCPC4	434	0.45	180	铜板	有	梁截面四周
4	SCPC4	348	0.36	45	铜板	有	梁截面四周
5	SCPC4	326	0.34	180	铜板	有	梁截面四周
6	SCPC4	321	0.33	90	铝板	有	梁截面四周
7	SCPC4	318	0.33	180	铝板	有	梁截面四周
8	SCPC4	413	0.43	180	铝板	有	梁截面四周
9	SCPC5	312	0.32	无	无	无	梁截面四周
10	SCPC5	322	0.33	无	无	无	梁截面中轴线

4.3　试验结果与分析

图 4-6 给出了试件 SCPC4 在试验 1 中的荷载-位移关系曲线。由该图可以发现，节点的滞回曲线为典型的"双旗帜形"，并且正反加载时的滞回曲线基本对称。当梁

端竖向荷载增至 110kN 时，梁柱接触面张开。在此之前，节点的初始刚度为 11772kN/m；节点张开后，刚度退化至 1462kN/m。由于受到槽钢刚度的影响，该节点在卸载时出现了刚度退化的现象。当荷载减至零时，在预应力的作用下，梁柱接触面重新闭合。试验结束后，加载端的残余变形仅为 2mm，且并未发现明显的钢套局部屈服现象。

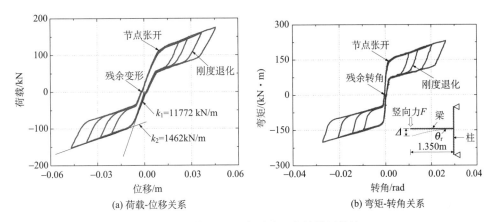

图 4-6　试件 SCPC4 在试验 1 中的滞回特性

摩擦力对节点滞回特性的影响可以通过试验 2 和试验 3 的比较加以验证，如图 4-7(a) 所示。在这两次试验中，钢绞线的初始预应力基本相同，但试验 3 中的螺杆预应力较高(对应于较高的摩擦力)。节点在试验 3 中的滞回曲线比试验 2 更加饱满，表明此时节点具有更强的耗能能力。试验 3 中的节点临界张开弯矩 M_{IGO} 也高于试验 2，说明增大摩擦力能够提高节点的抗弯能力。

初始预应力对于节点滞回特性的影响可以通过试验 2 和试验 4 的比较加以验证，如图 4-7(b) 所示。在试验 2 中，采用较高的钢绞线预应力后，节点的临界张开弯矩 M_{IGO} 也高于试验 4。由于两次试验的摩擦力基本相同，试验 2 中的滞回环形状和面积则基本与试验 4 相同。

试验 6～试验 8 考察了采用铝摩擦材料的自定心预应力混凝土框架梁柱节点的抗震性能。不同摩擦材料对节点滞回特性的影响可以通过试验 5 和试验 7 的比较加以验证。由图 4-7(c)可知，试验 5 和试验 7 中节点的临界张开弯矩 M_{IGO} 和能量耗散基本相同，试验 5 中节点能量耗散率 β_E 为 0.35，试验 7 中节点能量耗散率 β_E 为 0.33。对比试验 3 和试验 8(图 4-7(d))可以得出类似的结论。

试验 9 和试验 10 考察了不同的预应力筋截面布置方式对节点滞回特性的影响，试验结果对比如图 4-7(e)和(f)所示。由本书第 2 章式(2-5)可知，不同的预应力筋截面布置方式对节点的临界张开弯矩没有影响，这可由图 4-7 中试验 9 和试验 10 的滞回曲线对比得到验证。

由本书第 3 章式(3-1)可知，节点试验构件采用不同的预应力筋截面布置方式将会产生不同的节点转动刚度 K_s^θ。预应力筋沿梁截面四周布置时的节点转动刚度将大于沿梁截面中轴线布置时的节点转动刚度，这可由图 4-7 中试验 9 和试验 10 的滞回曲线对比得到验证，试验构件 SCPC5 在试验 9 中的节点转动刚度是试验 10 中的 1.46 倍。

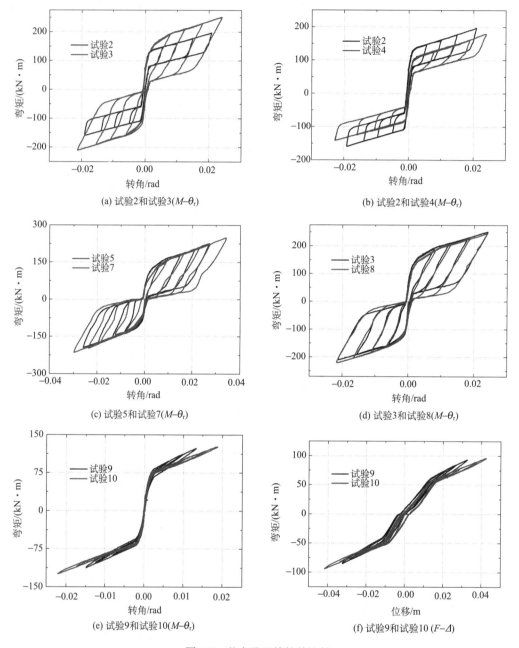

(a) 试验2和试验3(M-θ_r)

(b) 试验2和试验4(M-θ_r)

(c) 试验5和试验7(M-θ_r)

(d) 试验3和试验8(M-θ_r)

(e) 试验9和试验10(M-θ_r)

(f) 试验9和试验10 (F-Δ)

图 4-7　节点滞回特性的比较

在试验 9 和试验 10 中，当试验构件 SCPC5 的节点相对转角分别达到最大值 0.015rad 和 0.022rad 时，在角钢端部和混凝土交界的部位出现了混凝土的压碎和剥离，如图 4-8 所示。和具有类似初始预应力的试验(试验 4～试验 7)相比，试验 9 和试验 10 中的预应力损失和残余变形更大。例如，试验 9 中的最大残余变形和预应力损失分别为 2.5mm 和

85kN，而试验 4～试验 7 中的最大残余变形和预应力损失分别为 1.4mm 和 20kN。此外，由于试验构件 SCPC5 在试验 9 中节点张开转动刚度比在试验 10 中更大，试验 9 中的角钢端部混凝土的损伤和残余变形均比试验 10 中的大。

图 4-8　角钢边缘处混凝土剥离(梁底部)

图 4-9　试验后的摩擦板(试验 3)

　　在试验构件 SCPC4 的多次试验中，梁柱均未产生明显的损伤。由于摩擦力的作用，摩擦耗能装置上的摩擦板在试验后均出现了不同程度的磨损，如图 4-9 所示。总体上，由于铝板相对更软，铝摩擦板的磨损程度要大于铜摩擦板。此外，在本书第 3 章的节点试验中，梁端摩擦槽钢和柱端预埋钢板是通过焊接连接的，钢板连接焊缝处在试验后出现了 0.1～1.2mm 的裂纹，而在本章的节点试验中，由于梁端摩擦槽钢和柱端预埋钢板是通过螺栓连接的，试验后螺栓连接没有出现任何损伤。

4.4　本　章　小　结

　　本章主要介绍了自定心预应力混凝土框架的改进型梁柱节点的低周反复加载试验情况，所完成主要工作和结论如下：

　　(1)提出了自定心预应力混凝土框架梁柱节点的改进构造形式，将梁端摩擦槽钢端部与柱的连接改为螺栓连接。和焊接型节点相比，螺栓式节点的摩擦耗能装置具有安装方便和利于震后维护等优点。

　　(2)试验结果表明，改进后的自定心预应力混凝土框架梁柱节点具有优越的震后复位能力和良好的耗能能力。同时主体结构和摩擦耗能装置在试验后均未出现损伤，从而有利于减少震后的修复工作量。

　　(3)采用铝板作为摩擦材料基本能够达到和铜板相同的耗能效果。出于降低造价的考虑，可考虑采用铝摩擦板代替黄铜摩擦板。值得注意的是，由于铝摩擦板比铜摩擦板软，铝摩擦板的摩擦面磨损较铜摩擦板更严重。

(4) 梁端钢套不仅为摩擦耗能装置提供了摩擦底面，也改善了该部位的局部承压性能。试验结果表明，梁端钢套能够对梁端混凝土提供有效的约束，避免了梁端混凝土在梁柱相对转动时可能出现的局压破坏。当在梁端设置角钢时，角钢端部出现了混凝土压碎和剥离，验证了设置梁端钢套的必要性。

(5) 为减少拼装时的工作量，位于梁四角的钢绞线可用一束布置在梁正中的钢绞线束代替。但采用不同的预应力筋截面布置方式将会产生不同的节点转动刚度。预应力筋沿梁截面四周布置时的节点转动刚度大于沿梁截面中轴线布置时的节点转动刚度。

参 考 文 献

[1] 宋良龙. 自定心混凝土框架的抗震性能与设计方法研究[D]. 南京: 东南大学, 2016.

[2] Song L L, Guo T, Chen C. Experimental and numerical study of a self-centering prestressed concrete moment resisting frame connection with bolted web friction devices [J]. Earthquake Engineering and Structural Dynamics, 2014, 43(4): 529-545.

第 5 章
自定心混凝土框架梁柱节点的数值模拟

本章利用开源有限元分析软件 OpenSees[1]对该节点的数值分析方法进行了研究，并将有限元分析结果与试验结果进行比较和分析[2,3]，以修正有限元模型，为后续整体框架的抗震性能分析提供依据。

5.1 节点的数值分析模型

试验节点的数值分析模型如图 5-1 所示，其中，混凝土框架梁柱构件采用考虑均布塑性的非线性梁柱单元(nonlinear beam column element)模拟，预应力钢绞线采用具有初始应力的桁架单元(truss element)模拟，梁柱接触面的张开与闭合采用一系列零长度单元(zero length element)模拟，这些零长度单元的材料特性定义为只抗压不抗拉。槽钢采用可以考虑轴向、弯曲、剪切刚度的弹性剪切梁柱单元(elastic shear beam column element)来模拟，摩擦耗能构件上的摩擦效应采用具有双向塑性的零长度截面单元(zero length section element)来模拟。

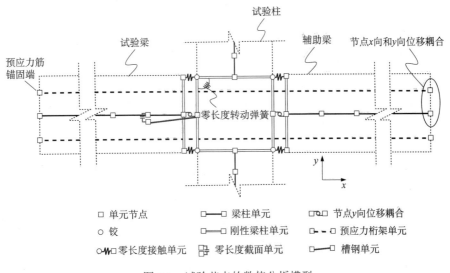

图 5-1 试验节点的数值分析模型

5.1.1　梁柱构件的模拟

如前所述,梁柱构件的模拟采用 OpenSees 中考虑均布塑性的非线性梁柱纤维单元模拟。该单元沿长度方向具有若干积分点,如图 5-2 所示,每个积分点处的纤维型截面对应于实际构件的截面,该截面进一步被划分成若干纤维,每个纤维被赋予一种单轴的应力-应变关系。

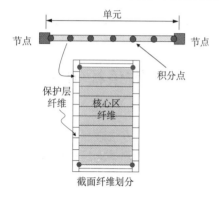

图 5-2　非线性梁柱纤维单元

混凝土的本构模型采用 OpenSees 中的 Concrete01 和 Concrete02 单轴本构材料模型。Concrete01 和 Concrete02 材料模型在受压时本构关系相同,但 Concrete01 没有考虑混凝土的抗拉强度,它们都是基于单轴的 Kenk-Park 材料模型[4,5],能够模拟典型的混凝土压碎和残余强度等力学行为。在节点组合体的梁柱构件截面上,包含三种类型的混凝土:①无约束混凝土(保护层);②受箍筋约束混凝土;③受钢套约束混凝土。其中无约束混凝土采用 Concrete01 材料模型来模拟,未考虑混凝土的抗拉强度;受箍筋约束和受钢套约束的混凝土采用 Concrete02 材料模型来模拟。

对于无约束混凝土,采用 Kent 和 Park[4]所提出的无约束混凝土应力-应变关系,其本构关系曲线如图 5-3 中 A-B-C 线段所示,无约束混凝土在达到材料极限强度后将线性衰减到 0.2 倍混凝土圆柱体抗压强度,之后将不再提供抗压强度。Kent 和 Park[4]所提出的无约束混凝土应力-应变关系可由式(5-1)~式(5-4)描述。

A-B 线段($\varepsilon<0.002$)为

$$f_c = f_c' \left[\frac{2\varepsilon}{0.002} - \left(\frac{\varepsilon}{0.002} \right)^2 \right] \tag{5-1}$$

B-C 线段($\varepsilon>0.002$)为

$$f_c = f_c' \left[1 - Z(\varepsilon - 0.002) \right] \tag{5-2}$$

其中

$$Z = \frac{0.5}{\varepsilon_{50u} - 0.002} \tag{5-3}$$

$$\varepsilon_{50u} = \frac{3 + 0.002 f_c'}{f_c' - 1000} \tag{5-4}$$

其中,f_c 表示混凝土应力(psi)①;f_c' 表示混凝土圆柱体试件的抗压强度(psi);ε 表示混凝土应变;Z 表示混凝土强度衰减直线的斜率。

对于约束混凝土,使用修正的 Kent-Park 混凝土应力-应变关系[5],其关系曲线如

---

① 非法定单位,1psi=1ppsi=1lbf/in²=6.894 76×10³Pa。

图 5-3 中 *A-F-G-H* 段所示，其最大应力点及其对应的应变均比 Kenk-Park 无约束和约束混凝土高。当约束混凝土应力达到材料极限强度后，将线性衰减到 0.2*K* 倍混凝土圆柱体试件抗压强度 (*G* 点)；此后，混凝土的应变将持续增加，但混凝土应力将保持不变 (即 0.2*K* 倍混凝土圆柱体试件的抗压强度，参见 *G-H* 段)。对于梁端钢套的约束作用，将梁端外包钢套等效于箍筋来考虑外包钢套的约束效应。修正后的约束混凝土应力-应变关系可由式(5-5)~式(5-9)描述。

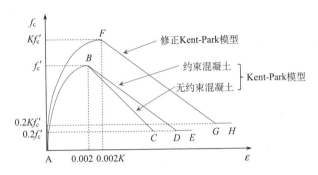

图 5-3　Kent-Park 混凝土模型

A-F 线段 (ε<0.002*K*) 为

$$f_c = Kf_c' \left[\frac{2\varepsilon}{0.002} - \left(\frac{\varepsilon}{0.002} \right)^2 \right] \tag{5-5}$$

F-G 线段 (ε>0.002*K*) 为

$$f_c = Kf_c' \left[1 - Z(\varepsilon - 0.002) \right] \tag{5-6}$$

G-H 线段为

$$f_c = 0.2Kf_c' \tag{5-7}$$

其中

$$K = 1 + \frac{\rho_s f_{yh}}{f_c'} \tag{5-8}$$

$$Z = \frac{0.5}{\dfrac{3 + 0.29 f_c'}{145 f_c' - 1000} + \dfrac{3}{4} \rho_s \sqrt{\dfrac{b''}{S}} - 0.002K} \tag{5-9}$$

其中，ρ_s 表示箍筋与受箍筋约束混凝土的体积比；b'' 表示受约束混凝土核心的宽度(mm)；S 表示箍筋间距(mm)；f_{yh} 表示箍筋的屈服强度(MPa)；K 表示混凝土抗压强度的放大系数；Z 表示混凝土强度衰减直线的斜率。

对于保护层混凝土，不考虑其抗拉强度，而核心区混凝土抗拉强度 f_t 根据 Carrasquillo 等提出的公式确定[6]

$$f_t = 0.94 \sqrt{f_c} \tag{5-10}$$

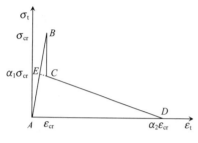

图 5-4 混凝土受拉本构模型

混凝土受拉时的应力-应变关系采用 Kaklauskas 和 Ghaboussi[7]提出的本构模型描述，如图 5-4 所示，考虑了由于混凝土和钢筋之间的黏结作用而引起的受拉硬化特性，混凝土受拉硬化是指当混凝土开裂后，裂缝处的混凝土拉应力下降为零，但由于裂缝之间的混凝土和钢筋存在黏结作用，混凝土可继续承受一定的拉应力。在图 5-4 中，σ_{cr} 和 ε_{cr} 分别表示混凝土的开裂应力和开裂应变；$\alpha_2\varepsilon_{cr}$ 表示混凝土应力等于零时对应的混凝土应变，其中 α_1 和 α_2 为修正系数。对于修正系数 α_1，Kaklauskas 和 Ghaboussi[7]建议取 $0.6<\alpha_1<0.7$，而修正系数 α_2 主要取决于配筋率 ρ，当配筋率低时，α_2 取大值，对于低配筋钢筋混凝土构件($0.5\%<\rho<1.0\%$)，$12<\alpha_2<22$。由于 OpenSees 中的 Concrete02 材料在受拉段为双线性模式，因此混凝土开裂后应力的骤降段(图 5-4 中 B-C 段)无法模拟，本书近似采用双线性模式，如图 5-4 中 A-E-C-D 段所示。

钢材和钢筋的单轴本构模型采用 OpenSees 中的 Steel02 材料模型，该材料模型最初由 Menegotto 和 Pinto[8]提出，之后由 Filippou 等[9]改进，可以考虑反复加载过程中的包辛格效应(Bauschinger effect)和等向强化效应。Lamarche 与 Tremblay 修正了 OpenSees 中原有的 Menegotto-Pinto 钢筋模型并加入初始应力属性，使 OpenSees 中预应力的施加可以通过定义初始应力来实现。Steel02 材料模型的应力-应变关系的数学表达式为

$$\sigma^* = b\varepsilon^* + \frac{(1-b)\varepsilon^*}{(1-\varepsilon^{*R})^{1/R}} \tag{5-11}$$

其中，ε^* 和 σ^* 分别为归一化应变和归一化应力

$$\varepsilon^* = \frac{\varepsilon - \varepsilon_r}{\varepsilon_0 - \varepsilon_r} \tag{5-12}$$

$$\sigma^* = \frac{\sigma - \sigma_r}{\sigma_0 - \sigma_r} \tag{5-13}$$

式(5-11)所描绘的是两条渐近线(斜率分别为 E_0 和 E_1)之间的转换曲线，即软化曲线，如图 5-5(a)所示，σ_0 和 ε_0 分别为两条渐近线交点对应的应力和应变。图 5-5(a)中的 B 点为卸载点，对应的应力和应变采用 σ_r 和 ε_r 来表示。在每一个应变循环结束后应立即更新坐标点(ε_0, σ_0)和(ε_r, σ_r)。b 表示应变硬化率，等于 E_1 与 E_0 的比值。R 为影响转换曲线形状的参数，取决于当前两条渐近线交点(图 5-5(a)中的 A 点)处的应变与对应最大或最小应变的应力转向点(图 5-5(a)中的 B 点)处应变之差，R 的数学表达式为

$$R = R_0 - \frac{a_1\xi}{a_2 + \xi} \tag{5-14}$$

其中，ξ 在每一个应变转向之后应立即更新；R_0 为第一次加载时参数 R 的值；a_1 和 a_2 则根据试验并结合 R_0 确定。一般情况下 R_0 可取为 15，a_1 和 a_2 可分别取为 0 和 1。

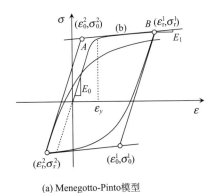

(a) Menegotto-Pinto模型

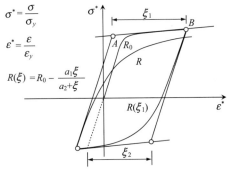

(b) Menegotto-Pinto模型中参数R的确定

图 5-5　钢筋材料本构模型

5.1.2　节点张开与闭合的模拟

梁柱接触面的张开与闭合是腹板摩擦式自定心预应力混凝土框架梁柱节点在地震荷载下的重要特性。节点张开后，在预应力的作用下，梁柱构件在接触区域将产生很大的局部压应力。如图 5-1 所示，梁柱接触面采用两对平行的刚性单元来模拟，刚性单元的末端延伸至梁柱接触区域的外边界。在两对刚性单元的端部之间，沿梁柱上下接触区域高度范围内设置一系列平行的零长度单元(zero length element)来模拟节点的张开与闭合。零长度单元的材料属性定义为只能受压、不能受拉的力-位移关系，采用 OpenSees 中的 ENT 材料来模拟，如图 5-6 所示。

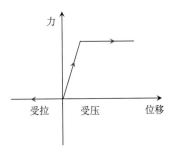

图 5-6　零长度接触单元材料力-位移关系

5.1.3　节点核心区的模拟

节点核心区的剪切变形采用一个具有弹性双线性本构关系的零长度转动弹簧单元来模拟，如图 5-1 所示。采用这种双线性弹性模型，可考虑节点核心区剪切变形对框架在地震作用下水平侧移的贡献，同时不至于过高估计框架的能量耗散能力[10]。

具体建模时，如图 5-1 所示，将位于节点核心区中心的两个具有相同坐标的梁单元节点和柱单元节点在水平方向和竖直方向的自由度进行耦合，两个节点的转动自由度采用零长度转动弹簧单元连接，同时，梁柱构件在节点核心区的部分采用刚性单元模拟。

节点核心区剪应力-剪切变形(v-γ)关系采用如图 5-7(a) 所示的本构关系描述[10]。其中需定义四个参数：①混凝土未开裂剪切模量 G；②核心区混凝土开裂剪应力 v_{cr}；③核心区剪力能力值 v_{cap}；④剪力能力值 v_{cap} 对应的割线剪切模量 G_{sec}。图 5-7(b) 为作用于框架节点核心区的实际力系示意图，其中 b_c 和 h_c 分别为框架柱截面的宽度和高度，h 为框架梁截面的高度。

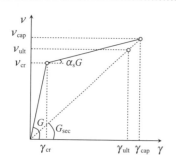

(a) 节点核心区剪应力-剪切变形关系(ν-γ)

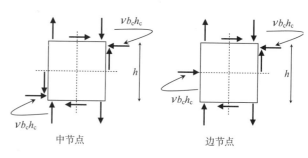

(b) 作用于节点核心区的实际力系

图 5-7   具有双线性本构关系的零长度转动弹簧单元

　　节点核心区的开裂强度根据开裂剪应力确定，开裂剪应力 v_{cr} 为混凝土斜向拉应力 f_1 达到混凝土的抗拉强度 f_t 时的节点区剪应力，其方程表达式为[10]

$$f_t = f_1 = \frac{f_{xx} + f_{yy}}{2} - \sqrt{\left(\frac{f_{xx} - f_{yy}}{2}\right)^2 + v_{cr}^2} \tag{5-15}$$

其中，f_t 表示混凝土的抗拉强度，根据式(5-10)确定；f_{xx} 表示由预应力产生的核心区水平压应力；f_{yy} 表示由柱轴向荷载产生的核心区竖向压应力。

　　根据 El-Sheikh 等的研究[10]，混凝土的抗剪模量 G 取为 $2.9E_c$。核心区弹性极限剪切变形取为开裂剪应力 v_{cr} 和抗剪模量 G 的比值。

　　极限剪应力 v_{cap} 取值为 $0.25f_c'$，其中 f_c' 为混凝土圆柱体试件的抗压强度。极限剪应力时的割线剪切模量 G_{sec} 根据当梁端弯矩达到理论极限弯矩能力时的核心区极限剪应力 v_{ult} 和极限剪应变 γ_{ult} 确定。采用虚设力系的方法来计算极限剪应力 v_{ult} 对应的极限剪应变 γ_{ult}，图 5-8 表示作用于一个框架中节点核心区的实际力系和虚设力系，根据力的平衡原理，虚设力 R' 可按式(5-16)计算[10]：

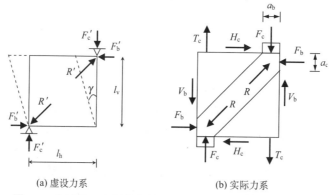

(a) 虚设力系　　　　　　　　　　　(b) 实际力系

图 5-8   作用于一个框架中节点核心区的实际力系和虚设力系

$$R' = F_b'\sqrt{1 + \frac{l_v^2}{l_h^2}} \tag{5-16}$$

根据图 5-8(b)，实际桁架斜压杆力和作用面积可近似估计为

$$R = \sqrt{(F_c + T_c - V_b)^2 + (F_b - H_c)^2} \tag{5-17}$$

$$A_{strut} = b_c \sqrt{a_b{}^2 + a_c{}^2} \tag{5-18}$$

根据虚功原理，可以得到下列等式：

$$F_b{}' \gamma l_v = R' \frac{R\sqrt{(l_v{}^2 + l_h{}^2)}}{A_{strut} E_c} \tag{5-19}$$

求解式(5-19)并做适当简化可得剪切变形 γ：

$$\gamma = \frac{R}{A_{strut} E_c} \left(\frac{l_v}{l_h} + \frac{l_h}{l_v} \right) \tag{5-20}$$

式(5-20)即可用来估计极限剪切变形 v_{ult}，割线剪切模量即等于核心区极限剪应力和极限剪应变的比值，如图 5-7 所示。在实际的结构设计中，节点核心区极限剪应力 v_{ult} 应该小于核心区抗剪能力值 v_{cap}。极限剪应力 v_{ult} 则可按式(5-21)计算：

$$v_{ult} = \frac{F_b - H_c}{b_c h_c} \tag{5-21}$$

节点核心区零长度转动弹簧单元的本构关系采用弯矩-转角关系进行描述，零长度转动弹簧单元的转角等于节点核心区的剪切变形 γ。零长度转动弹簧单元的弯矩和节点核心区剪应力的关系可近似根据图 5-7(b)确定。框架中节点和边节点对应于核心区开裂剪应力 v_{cr} 的零长度单元弯矩分别等于 $hv_{cr}b_ch_c$ 和 $0.5hv_{cr}b_ch_c$，类似地，框架中节点和边节点对应于核心区极限剪应力 v_{ult} 的零长度单元弯矩分别等于 $hv_{ult}b_ch_c$ 和 $0.5hv_{ult}b_ch_c$。

在实际结构中，梁柱之间剪力通过梁柱接触面的摩擦力进行传递，此处将梁柱接触面具有相同坐标的两个节点的竖直方向自由度耦合(y 方向)，由此模拟剪力的传递，如图 5-1 所示，这实际上假定了梁柱接触面的摩擦力足以传递剪力。

5.1.4　耗能单元的模拟

在第 3 章的节点试件中，摩擦耗能构件包括 2 片 28 槽钢以及槽钢腹板与钢套之间的摩擦片。槽钢采用可以考虑轴向、弯曲、剪切刚度的弹性剪切梁柱单元(elastic shear beam column element)来模拟，如图 5-1 所示，单元的输入参数根据槽钢的截面属性确定。摩擦耗能构件上的摩擦力采用具有双向塑性的零长度截面单元来模拟，零长度截面单元设置在摩擦装置的摩擦中心上，该单元模型可以考虑节点在地震作用下摩擦面上摩擦力方向的改变[11]。

5.1.5　预应力及其他荷载的模拟

试验节点模型中共需施加四种不同的荷载，它们的施加顺序为：①预应力荷载；②柱顶轴向恒定压力；③梁柱重力荷载；④梁端低周反复荷载。

预应力的模拟采用具有初始应力的桁架单元来实现。如图 5-1 所示，桁架单元平行于梁轴线设置，梁截面上位于中轴线相同距离的预应力筋采用同一根桁架单元来模拟，桁架单元的截面面积等于位于等截面高度处的所有预应力筋的截面面积之和。当预应力施加到桁架单元上时，梁单元上产生的轴向压力将会导致梁缩短，同时模拟节点张开与闭合的零长度单元也会产生轴向变形，预应力大小将随之减小，因此初始预应力应比试验设计值大，可按式(5-22)初步估计：

$$P_{t} = P_{i}\left(1 + \frac{k_{p} + k_{g}}{k_{b}}\right) \tag{5-22}$$

其中，P_{t} 为总的需施加到桁架单元的初始拉力；P_{i} 为桁架单元上预应力试验设计值；k_{p} 为所有预应力筋的轴向刚度；k_{g} 为所有模拟节点张开与闭合的零长度单元的轴向刚度之和；k_{b} 为试验框架梁的轴向刚度。在对节点施加试验荷载之前，应提取预应力施加后钢绞线的实际应力；若低于试验值，则应进一步加大初始拉力，直至钢绞线的实际应力与实测值相符。一般几次迭代之后即可满足要求。

5.1.6　预应力钢绞线拉断的模拟

尽管自定心节点旨在实现设计地震动作用下的主体结构无损，但在较大的地震动作用下，对钢绞线是否会出现超过其极限强度的情况目前尚难有定论。因此，在后续的自定心框架的倒塌分析中，钢绞线拉断仍是可能出现的破坏模式之一，应在数值模型中加以考虑。由于用来模拟钢绞线受力特性的 Steel02 材料本构中没有关于极限拉应力的参数，因此本章通过 OpenSees 中的 Minmax 材料来指定 Steel02 材料的极限拉应变；当钢绞线出现超过极限拉应变的情况时，Steel02 材料将退出工作，由此模拟钢绞线的拉断。

5.2　试　验　验　证

数值模拟结果与第 3 章中自定心预应力框架梁柱节点试验结果的比较如图 5-9 所示。从中可以发现，数值模拟结果与试验结果总体上吻合良好，但向上加载($\theta_{r}>0$)时的分析结果吻合更好。这可能是由于试验过程中向下加载时，节点张开后预应力筋在梁柱接触面处与预应力孔道发生扭结，导致节点张开后刚度增加。此外，在第 2 章的理论分析中，节点在卸载过程中的刚度退化难以模拟，这是由于槽钢存在一定刚度，而理论分析难以将该因素考虑在内。由图 5-9 所示，节点在卸载过程中的刚度退化可以在数值模拟中得到较准确的描述。

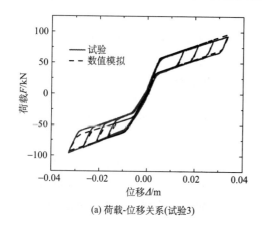

(a) 荷载-位移关系(试验3)

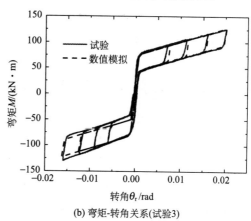

(b) 弯矩-转角关系(试验3)

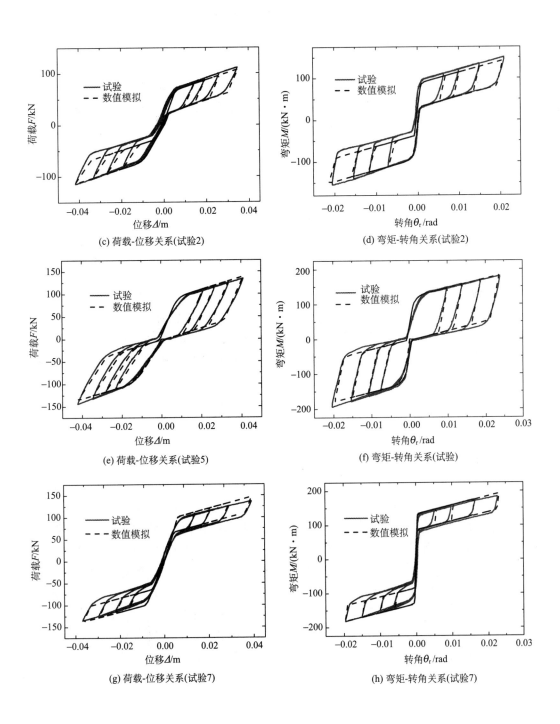

(c) 荷载-位移关系(试验2)

(d) 弯矩-转角关系(试验2)

(e) 荷载-位移关系(试验5)

(f) 弯矩-转角关系(试验)

(g) 荷载-位移关系(试验7)

(h) 弯矩-转角关系(试验7)

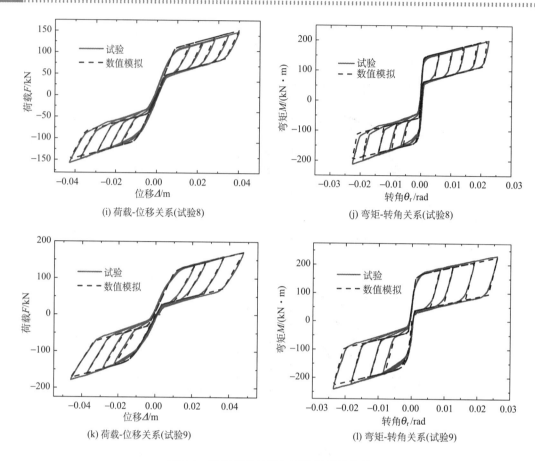

(i) 荷载-位移关系(试验8)   (j) 弯矩-转角关系(试验8)

(k) 荷载-位移关系(试验9)   (l) 弯矩-转角关系(试验9)

图 5-9   数值模拟结果与试验结果的比较

5.3   本 章 小 结

本章利用开源有限元分析软件 OpenSees 对试验节点构件进行了有限元分析,所完成的主要工作和结论如下:

(1)介绍了腹板摩擦式自定心预应力混凝土框架梁柱节点的数值模拟策略及具体方法,包括混凝土、钢筋等材料本构模型的选取和定义、梁柱构件和预应力筋单元的选取、摩擦耗能特性的模拟、梁柱接触面开合特性的模拟等。

(2)数值模拟的结果与试验数据吻合良好,表明本书建议的数值模拟方法可以有效地描述节点在反复荷载作用下的力学行为,可为后续腹板摩擦式自定心预应力混凝土框架的抗震分析提供依据。

(3)需要指出的是,由于试验中构件基本处于弹性阶段,对于数值模型中弹塑性阶段的模拟效果,尚需做进一步的试验验证。

参 考 文 献

[1]　McKenna F, Fenves G L, Scott M H. Open system for earthquake engineering simulation [D]. California: University of California, Berkeley, 2000.

[2]　宋良龙. 腹板摩擦式自定心预应力混凝土框架梁柱节点的抗震性能研究[D]. 南京: 东南大学, 2012.

[3]　Song L L, Guo T, Chen C. Experimental and numerical study of a self-centering prestressed concrete moment resisting frame connection with bolted web friction devices [J]. Earthquake Engineering and Structural Dynamics, 2014, 43(4): 529-545.

[4]　Kent D C, Park R. Flexural members with confined concrete [J]. Structural Division Journal, 1971, 97(7): 1969-1990.

[5]　Scott B D, Park R, Priestley M J N. Stress-strain behavior concrete confined by overlapping hoops at low and high strain rates [J]. ACI Journal, 1982, 79(1): 13-27.

[6]　Carrasquillo R L, Nilson A H, Slate F O. Properties of high strength concrete subjected to short term loads [J]. ACI Structural Journal, 1981, 78(3): 171-178.

[7]　Kaklauskas G, Ghaboussi J. Stress-strain relations for cracked tensile concrete from RC beam tests [J]. Journal of Structural Engineering, 2001, 127(1): 64-73.

[8]　Menegotto M, Pinto P E. Method of analysis for cyclically loaded reinforced concrete plane frames including changes in geometry and non-elastic behavior of elements under combined normal force and bending [C] // IABSE Symposium on Resistance and Ultimate Deformability of Structures Acted on by Well Defined Repeated Loads, Lisbon, 1973.

[9]　Filippou F C, Popov E P, Bertero V V. Effects of bond deterioration on hysterectic behavior of reinforced concrete joints [R]. Berkeley: Earthquake Engineering Research Center, 1983.

[10]　El-Sheikh M, Sause R, Pessiki S, et al. Seismic analysis, behavior, and design of unbonded post-tensioned precast moment frames [R]. Bethlehem: Lehigh University, 1997.

[11]　Iyama J, Seo C Y, Ricles J M, et al. Self-centering moment resisting frames with bottom flange friction devices under earthquake loading [J]. Journal of Constructional Steel Research, 2009, 65(2): 314-325.

第6章

自定心混凝土框架的低周反复加载试验

本章在自定心梁柱节点抗震性能试验研究的基础上，对两种自定心混凝土框架在低周反复荷载作用下的抗震性能进行了研究，并和传统现浇混凝土框架的抗震性能进行了对比[1-3]。对自定心混凝土框架的破坏形态、滞回特性、能量耗散能力、残余变形和自定心能力等进行了研究；探讨了不同设计参数(预应力、摩擦力等)对自定心混凝土框架抗震性能的影响。

6.1 试验概况

6.1.1 试件设计

根据自定心混凝土框架的工作机理和东南大学结构试验室的测试条件，设计了两种自定心混凝土框架：柱底固结自定心混凝土(SCRB)框架(柱底-基础采用传统现浇混凝土连接、梁-柱采用无黏结预应力连接)和全预应力自定心混凝土(SCPB)框架(柱底-基础和梁-柱均采用无黏结预应力连接)。框架尺寸模拟了工程中典型的大跨度框架结构，试件设计的缩尺比例均为0.5。

SCRB框架为一榀1层2跨的自定心框架，梁长2.65m，柱高2.3m。框架梁截面尺寸为200mm×350mm，框架柱截面尺寸为350mm×350mm，框架侧面示意图和梁柱截面配筋图如图6-1所示。SCRB框架的梁柱均为预制构件，在梁截面正中沿预应力钢绞线的走向预埋了1个ϕ70mm的孔道，梁柱通过2根ϕ15.2mm的后张预应力钢绞线拉结在一起。为了防止梁柱接触面处混凝土在节点张开时发生局压破坏，分别在柱侧面和梁端250mm范围内预埋了柱端钢板和梁端钢套(钢板和钢套的厚度均为8mm)，如图6-1(a)所示。在垂直于梁柱平面方向，框架梁端和梁端钢套内均预埋了4个ϕ40mm的摩擦螺栓孔道。

图6-2给出了SCRB框架的梁柱节点构造示意图。为了梁柱之间更好地接触和获得明确的力臂关系，在梁端上下和柱接触的部位各设置了8mm厚的钢垫板，如图6-2(a)所示。由于梁端设置了钢套，因此在梁端设置钢套的长度范围内未设置抗剪箍筋。在梁端腹板处设置了摩擦耗能装置，该摩擦耗能装置由梁端钢套和外部槽钢组成，梁端钢套与外部槽钢之间的接触面设有摩擦片(如2mm厚的黄铜板)。槽钢腹板和摩擦片上均设有4个ϕ25mm的摩擦螺栓孔道，并通过4个ϕ20mm的高强对拉螺杆将槽钢腹板、摩擦片和梁端钢套拉结在一起以提供垂直于摩擦面的压应力。如图6-2(c)所示，槽钢端部

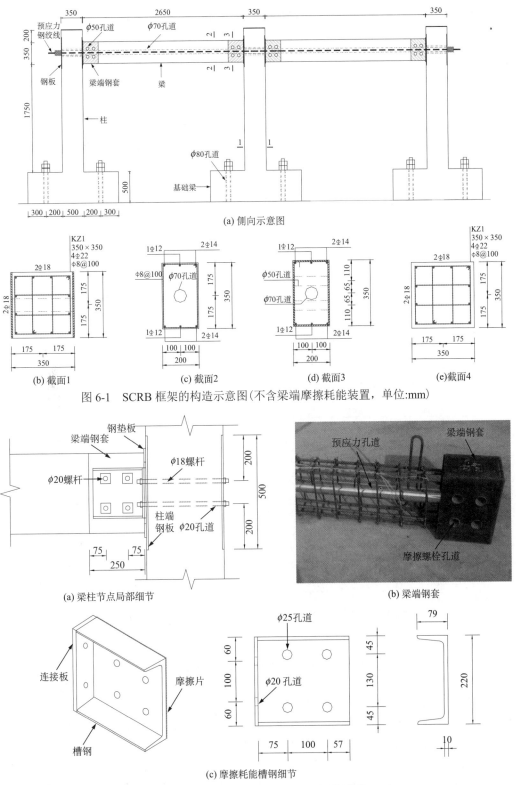

(a) 侧向示意图

(b) 截面1 (c) 截面2 (d) 截面3 (e) 截面4

图 6-1　SCRB 框架的构造示意图(不含梁端摩擦耗能装置，单位:mm)

(a) 梁柱节点局部细节 (b) 梁端钢套

(c) 摩擦耗能槽钢细节

图 6-2　SCRB 框架的梁柱节点构造示意图(单位:mm)

焊接有连接板,连接板和框架柱两侧边均设有 2 个 ϕ20mm 的对拉螺栓孔道,采用 ϕ18mm 的高强对拉螺杆依次穿过槽钢端部连接板和柱内 ϕ20mm 孔道,将槽钢和柱连接在一起。当梁柱发生相对转动时,外部槽钢和梁端钢套发生相对运动,实现摩擦耗能。槽钢腹板处预应力对拉螺杆的直径(20mm)远远小于梁内螺栓孔道的直径(50mm),从而保证梁柱可以发生一定的相对转动而预应力螺杆不碰到螺栓孔道的边缘。

　　RC 框架试件为传统的整体现浇混凝土框架,用于和 SCRB 框架的抗震性能作对比。RC 框架的梁柱尺寸和柱截面配筋均与 SCRB 框架相同,RC 框架梁截面纵筋采用梁端抗弯强度和 SCRB 框架梁端节点张开弯矩(M_{IGO})相等的设计原则来设计。RC 框架的尺寸和截面配筋如图 6-3 所示。

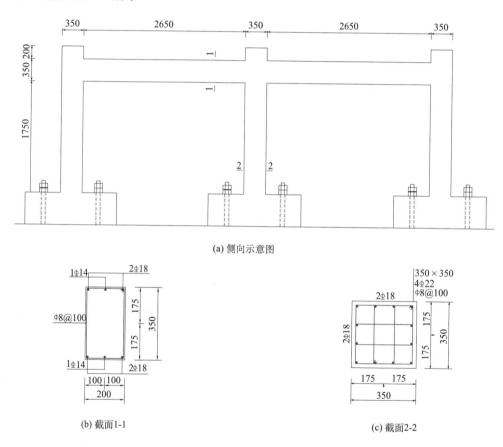

(a) 侧向示意图

(b) 截面1-1

(c) 截面2-2

图 6-3　RC 框架的构造示意图(单位:mm)

　　由于 SCRB 框架的柱-基础采用传统现浇连接,在强震作用下仍有可能产生塑性变形和损伤,给震后修复带来困难。为了进一步提高 SCRB 框架的抗震性能,本书提出了一种后张预应力柱-基础连接方式,并应用于两个 SCPB 框架试件中(单跨 SCPB-1 框架和双跨 SCPB-2 框架),如图 6-4 所示。后张预应力柱-基础连接方式旨在减少传统混凝土框架柱底在地震作用下可能发生的损伤,并提高框架结构的震后复位能力。如图 6-4(a)

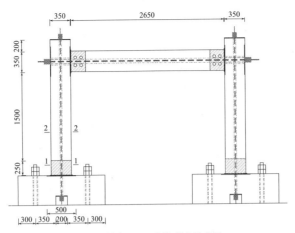

(a) 单跨SCPB-1框架侧向示意图

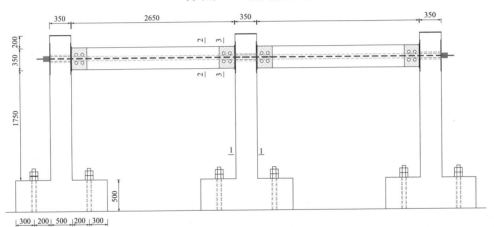

(b) 双跨框架SCPB-2侧向示意图

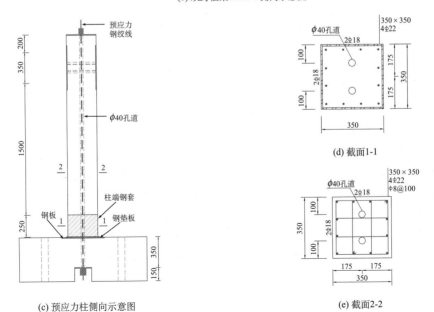

(c) 预应力柱侧向示意图

(e) 截面2-2

图6-4 SCPB框架构造示意图(不含梁端摩擦耗能装置,单位:mm)

和 (b) 所示，SCPB 框架试件的梁和 SCRB 框架的梁相同，SCPB 框架的柱中预埋了 2 个 $\phi40mm$ 的孔道，通过 2 根 $\phi15.2mm$ 的无黏结预应力钢绞线将框架柱和基础连接在一起。为了防止预应力柱-基础节点张开时，柱-基础接触面出现混凝土的局压破坏，在基础梁上部预埋了钢板，在柱端 250mm 范围内设置了柱端钢套，钢板的厚度均为 8mm，如图 6-4(c) 所示。由于柱端钢套的存在，在设置钢套的长度范围内，柱内未设置抗剪箍筋。为了保证框架柱和基础的良好接触，在框架柱和基础接触面设有厚度为 8mm 的钢垫板。

6.1.2　加载方式与测点布置

框架试件的试验加载装置和试验现场如图 6-5 所示。SCRB 框架在结构实验室的组装步骤为：

(1) 将基础梁(含框架柱)通过地锚固定在试验室地面上。

(2) 通过后张预应力钢绞线将预制混凝土梁和柱拉结在一起，并初步张拉预应力钢绞线以提供框架梁和柱暂时性结合所需的预应力。

(3) 用钢砖块和千斤顶将基础梁之间以及基础梁和反力墙之间的间隙填满，在基础梁的两侧分别布置预应力钢绞线，钢绞线的一端连接在反力墙的槽道内，另一端连接在西侧基础梁外侧的钢梁上，对钢绞线施加预应力以防止构件在侧向力作用下可能出现的水平方向的滑动。

(4) 将框架梁内的钢绞线预应力张拉到设计值的要求。

(5) 安装梁端摩擦耗能装置，并施加摩擦耗能装置上对拉螺杆的预拉力到设计值。

(6) 在 3 个框架柱顶部通过千斤顶、水平滑车和钢梁的组合，施加结构竖直方向上的反力来模拟结构的重力荷载，并保证柱顶在水平方向的自由滑动。3 个框架柱的轴压力均为 250kN，轴压比为 0.122。

对于 SCPB-1 框架和 SCPB-2 框架，试件组装顺序和 SCRB 框架类似。需要注意的是，全预应力自定心混凝土框架的柱-基础采用后张预应力连接，通过预应力施加框架柱的轴压力并提供柱-基础节点的抗弯能力。在试验现场实际组装时，框架柱和基础梁首先通过较小的预应力暂时性的拉结在一起，在框架梁内预应力钢绞线拉力施加到设计值之后，再将框架柱内钢绞线预应力施加到设计值。

所有框架试件均采用最大推力为 100t 的液压伺服作动器来施加水平向低周反复荷载，结构所受的侧向力(基底剪力)大小通过液压伺服控制系统直接测得。作动器通过安装在各个框架试件东柱上部的钢连接装置和试验构件相连，如图 6-5(a) 所示。钢连接装置由 1 个 HW400×400c 型钢和 4 个 HM250×175 型钢组成，通过 8 根 $\phi30mm$ 的高强螺杆夹在柱上，并用 4 根 $\phi30mm$ 的高强螺杆与液压伺服作动器相连。

位移加载制度采用分级位移控制加载方法，试验以各个框架试件东柱节点核心区中心点位移为控制位移进行加载，在每级加载位移下循环一次。框架顶层侧移为试验控制位移与加载点到基础梁顶面垂直距离(1.925m)的比值。如图 6-6 所示，对于 SCRB 框架和 RC 框架，各级框架顶层侧移分别为 $0.375\times10^{-2}rad$、$0.5\times10^{-2}rad$、$0.75\times10^{-2}rad$、$1.0\times10^{-2}rad$、$1.5\times10^{-2}rad$、$2.0\times10^{-2}rad$、$2.5\times10^{-2}rad$，所对应的控制位移为 7.2mm、9.6mm、14.4mm、19.2mm、28.9mm、38.5mm、48.1mm。对于 SCPB-1 框架和 SCPB-2 框架，各级框架顶层侧移分别为 0.5×10^{-2}rad、0.75×10^{-2}rad、1.0×10^{-2}rad、1.5×10^{-2}rad、2.0×10^{-2}rad、2.5×10^{-2}rad，所对应的控制位移为 9.6mm、14.4mm、19.2mm、28.9mm、38.5mm、48.1mm。

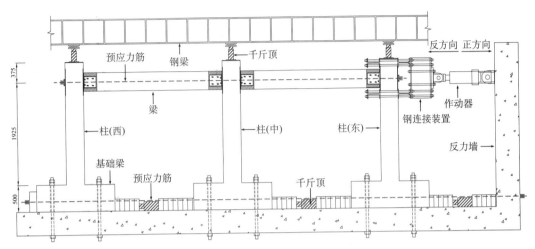

(a) SCRB框架的试验装置图

(b) SCRB框架试验现场

(c) RC框架试验现场

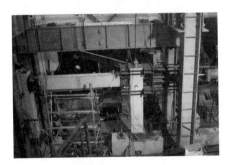

(d) 单跨SCPB-1框架试验现场

(e) 双跨SCPB-2框架试验现场

图 6-5 试验测试装置图(单位:mm)

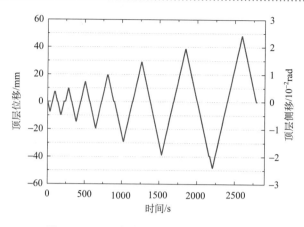

图 6-6　SCRB 框架和 RC 框架的加载制度

　　预应力钢绞线拉力在试验过程中的变化通过设置在框架柱顶和梁柱节点区外侧面的锚索测力计来监测。对于单跨 SCPB-1 框架、双跨 SCRB 框架和双跨 SCPB-2 框架，梁内预应力筋的有效长度分别为 3.56m 和 6.56m。对于含有柱预应力筋的 SCPB-1 框架和 SCPB-2 框架，柱内预应力筋的有效长度均为 2.86m。在框架东柱节点核心区中心点处设置了位移计来采集控制位移。如图 6-7 所示，预应力梁-柱节点的相对转角 θ_r 通过设置在梁端的两支位移计的读数来获得，$\theta_r = (\Delta_{H1} - \Delta_{H2})/D$，其中 Δ_{H1} 和 Δ_{H2} 分别为两支位移计的读数，D 为两支位移计的竖向间距；预应力柱-基础节点的相对转角采用类似的测量方法，通过设置在柱底东西侧的两支竖向位移计读数来计算。为了测试加载、卸载过程中框架梁端和柱端钢套上的应力变化，在钢套上沿着梁、柱中线间隔 3cm 粘贴电阻应变片，梁端钢套应变片从梁端向梁中编号为 1～7，柱端钢套应变片从柱底向上编号为 1～7。

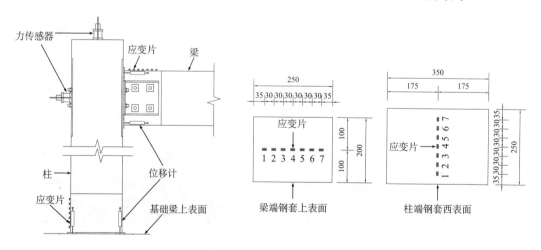

图 6-7　测点布置示意图

6.1.3　材料属性参数

框架梁、柱和基础梁均采用 C35 的混凝土，三组混凝土立方体试块（150mm×

$150mm\times150mm$)的抗压强度平均值为 35.5MPa。框架梁和柱纵筋采用 HRB335 级钢筋，箍筋和其他构造筋均采用 HPB235 级钢筋，钢板均采用 Q235 级钢。预应力钢绞线采用低松弛高强钢绞线，直径为 15.2mm，公称截面面积为 $139mm^2$，强度标准值为 $1860mm^2$，实测屈服强度值为 1730MPa（对应于 1%的应变），弹性模量为 1.95×10^5MPa。根据第 4 章的双剪测试结果，铜-铁摩擦面的摩擦系数为 0.33。

6.1.4　试验参数

针对所设计的 4 个框架试件，共进行了 11 组低周反复加载试验，以测试它们的抗震性能，详细试验参数如表 6-1 所示，表中 T_0 表示框架梁或柱内钢绞线的初始预应力之和，R_0 表示钢绞线的标准化初始应力（钢绞线初始应力和屈服应力的比值），N_0 表示摩擦耗能装置上对拉螺杆的初始预应力之和，β_E 表示预应力梁-柱节点的设计能量耗散率。

表 6-1　自定心混凝土框架和传统现浇混凝土框架的试验参数

试验编号	试件	梁		柱		N_0/kN	β_E
		T_0/kN	R_0	T_0/kN	R_0		
1	SCRB	187	0.36	—	—	100	0.26
2	RC	—	—	—	—	—	—
3	SCPB-1	171	0.33	167	0.32	—	—
4	SCPB-1	177	0.34	167	0.32	100	0.27
5	SCPB-1	188	0.36	261	0.51	100	0.26
6	SCPB-1	243	0.47	272	0.53	100	0.21
7	SCPB-1	182	0.35	256	0.50	200	0.42
8	SCPB-1	176	0.34	259	0.50	100	0.27
9	SCPB-2	188	0.37	268	0.52	100	0.26
10	SCPB-2	189	0.37	268	0.52	135	0.32
11	SCPB-2	262	0.51	268	0.52	135	0.26

SCRB 框架试件和 RC 框架试件的柱-基础均为传统现浇混凝土连接，在试验过程中会出现混凝土开裂、压碎和纵筋屈服等现象，因此分别只进行一次低周反复加载试验（试验 1 和试验 2）。对于 SCPB-1 框架试件和 SCPB-2 框架试件，由于梁-柱节点和柱-基础节点均采用无黏结预应力连接，并且节点部位有钢套及预埋钢板的保护，在反复试验后结构构件基本无损，因此对 SCPB-1 框架试件和 SCPB-2 框架试件进行了多次不同设计参数的测试（试验 3～试验 11）。在试验 3 中，单跨 SCPB-1 框架中未设置摩擦耗能装置，以考察不含摩擦耗能装置时框架的抗震性能。试验 4～试验 6 考察了同等摩擦力，不同框架梁或柱内初始预应力时 SCPB-1 框架的滞回性能。试验 7 采用了高摩擦力，考察了不同摩擦力大小对 SCPB-1 框架滞回性能的影响。试验 8 用以分析 SCPB-1 框架的梁或柱内钢绞线预应力和框架顶层侧移之间的关系。试验 9～试验 11 对双跨 SCPB-2 框架的抗震性能进行了评估，考察了不同梁柱内初始预应力、摩擦力大小对框架滞回性能的影响。

6.2   试验结果与分析

6.2.1   现浇框架与柱底固结自定心框架

1. 破坏模式

试验后 RC 框架和 SCRB 框架的损伤分布情况如图 6-8 所示，其中黑线代表框架在荷载作用下的混凝土裂缝分布，灰色区域代表混凝土剥落的部分。

对于 RC 框架，当顶层侧移达到 0.5×10^{-2}rad 时，框架梁端和柱底部出现少量的弯曲裂缝，梁端同时出现了少量的斜裂缝，梁柱节点核心区底部出现了少量的水平向和竖向的裂缝。由于顶层侧移较小，这些裂缝在卸载时会闭合。随着结构顶层侧移的增加，框架梁和柱上的弯曲裂缝逐渐增加，并发展到贯穿构件截面高度。此外，在框架中柱和东柱的底部出现混凝土压碎的现象，并在泊松效应下产生混凝土体积的膨胀和崩裂。值得注意的是，梁柱节点核心区的斜裂缝在顶层侧移为 0.75×10^{-2}rad 时开始出现，并在之后的加载循环中逐渐开展，且这些斜裂缝大部分都是在反向荷载作用下出现的，如图 6-8(e) 所示。

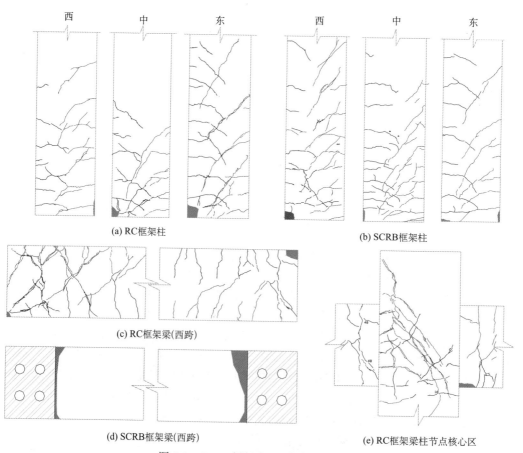

(a) RC框架柱

(b) SCRB框架柱

(c) RC框架梁(西跨)

(d) SCRB框架梁(西跨)

(e) RC框架梁柱节点核心区

图 6-8   SCRB 框架和 RC 框架破坏模式

如图 6-8(b)所示，SCRB 框架柱的裂缝产生机理和 RC 框架类似，裂缝形式主要以弯曲裂缝为主。由于梁端钢套和柱端钢板的保护作用，SCRB 框架的梁未出现结构性的损伤，这和设计目标基本吻合。但在 SCRB 框架梁端钢套端部和混凝土交界的部位出现了少量的混凝土剥离，说明这些部位存在较高的局部应力。图 6-8(d) 为 SCRB 框架梁端钢套边缘混凝土破坏的示意图。SCRB 框架的梁柱节点核心区未出现任何损伤。文献[4]的研究指出，在无黏结预应力混凝土框架梁柱节点中，由于穿过节点的预应力筋是无黏结的，预应力筋不会传递剪力到节点核心区。因此，和传统现浇混凝土框架的节点核心区相比，无黏结预应力混凝土框架的节点核心区上的主拉应力[5]大为减少。

2. 滞回曲线

图 6-9 为 RC 框架和 SCRB 框架在低周反复荷载作用下的基底剪力-顶层侧移关系的滞回曲线和骨架曲线。滞回曲线是指结构在低周反复荷载作用下，结构的荷载和位移之间的关系曲线。结构的骨架曲线为滞回曲线的荷载-位移峰值点所连成的包络线。表 6-2 给出了 SCRB 框架和 RC 框架的初始刚度、最大承载力、屈服顶层侧移及极限位移延性系数。

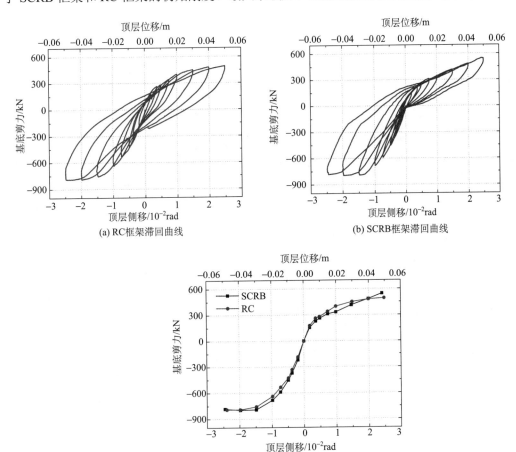

(a) RC框架滞回曲线　　(b) SCRB框架滞回曲线　　(c) 骨架曲线

图 6-9　RC 框架和 SCRB 框架的滞回曲线和骨架曲线

表6-2 SCRB框架和RC框架的初始刚度、最大承载力、屈服顶层侧移和极限位移延性系数

试件	初始刚度/（kN/m）		最大承载力/kN		屈服顶层侧移/10⁻²rad		极限位移延性系数	
	正向	反向	正向	反向	正向	反向	正向	反向
SCRB	43200	61790	546.3	795.0	0.675	0.679	3.61	3.68
RC	49230	52520	492.1	790.5	0.517	0.789	4.81	3.10

由图6-9和表6-2可知，两框架的滞回曲线在正反向均不对称，结构的反向最大承载力均大于正向最大承载力。SCRB框架和RC框架的初始刚度分别为61790kN/m和52520kN/m。两框架均在顶层侧移为–2.0×10⁻²rad时达到最大承载力（正向和反向承载力的较大值），此后结构强度开始出现缓慢的退化。SCRB框架在正反方向的最大承载力分别为546.3kN和795.0kN，而RC框架在正反方向的最大承载力分别为492.1kN和790.5kN。SCRB框架和RC框架在正反方向最大承载力不同的原因是在大位移时框架结构的尺寸增大。对于RC框架，框架的这种"扩张"变形是由梁端的塑性屈服变形和混凝土开裂，从而造成框架梁长度的增加引起的[6]。对于SCRB框架，框架的这种"扩张"变形则是由预应力梁柱节点的张开，从而导致框架柱之间的间距增加造成的。

延性是指一个结构或构件在超过弹性极限后，强度或刚度没有发生明显退化情况下发生非弹性变形的能力，是评价结构或构件抗震性能的一个重要指标，通常以延性系数来量化。延性系数通常以位移、曲率和转角的极限变形与其对应的屈服变形之比来表示，对应的延性系数有位移延性系数、曲率延性系数和转角延性系数。在本书中，RC框架和SCRB框架的延性通过极限位移延性系数来表示：$\mu_u = \Delta_u / \Delta_y$，其中$\Delta_u$为结构骨架曲线中最大承载力对应的顶层位移；$\Delta_y$为结构的屈服顶层位移，根据和试验框架具有相同初始刚度和最大承载力的等效弹塑性系统的屈服位移确定[7]。由表6-2可知，SCRB框架在正反加载方向具有相似的极限位移延性系数，分别为3.61和3.68。而RC框架在正反加载方向的极限位移延性系数分别为4.81和3.10。

3. 能量耗散

结构的能量耗散能力和延性能力一样，是决定结构抗震性能的重要因素，结构的能量耗散能力越大，抗震安全性越好。一般来说，结构的能量耗散能力与结构的变形能力（延性）、滞回曲线的形状（强度和刚度退化规律）等因素有着密切的关系。本书将采用结构的分级滞回耗能E_i、累积滞回耗能E_t和等效黏滞阻尼比ζ_{eff}对试验框架的耗能能力进行分析。

分级滞回耗能E_i是指在第i级加载循环下结构的荷载-位移曲线所包围的面积。累积滞回耗能E_t是指结构在循环荷载作用下从开始到结束滞回耗能的总量，即每个滞回环面积之和：$E_t = \sum_{i=1}^{n} E_i$，其中n为循环加载等级总数。

图6-10(a)和(b)分别给出了SCRB框架和RC框架的分级滞回耗能和累积滞回耗能随顶层侧移的变化曲线。由图可知，SCRB框架和RC框架的能量耗散能力相似，均随

着顶层侧移的增大而增大。RC 框架的累积滞回耗能为 91.85kN·m，比 SCRB 框架的累积滞回耗能大 25% 左右。

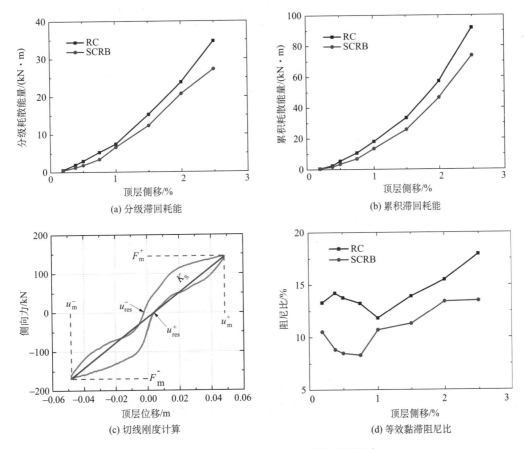

(a) 分级滞回耗能

(b) 累积滞回耗能

(c) 切线刚度计算

(d) 等效黏滞阻尼比

图 6-10　SCRB 框架和 RC 框架的耗能能力

实际结构中的阻尼通常用等效黏滞阻尼比来表示。对于单自由度结构，其阻尼可理想化为一个线性黏滞阻尼器，而黏滞阻尼比的确定，一般是令其所耗散的振动能量与实际结构中的所有阻尼的能量耗散相当。等效黏滞阻尼比可定义为[8]

$$\zeta_{\text{eff}} = \frac{1}{4\pi}\frac{E_i}{W_s} = \frac{E_i}{2\pi K_s u_m^2} \tag{6-1}$$

其中，E_i 是试件框架的第 i 级滞回耗能；W_s 代表结构的应变能，可根据结构的切线刚度 K_s 和第 i 级加载循环的最大位移 u_m 确定。如图 6-10(c) 所示，切线刚度 K_s 和最大位移 u_m 可根据式 (6-2) 和式 (6-3) 确定：

$$K_s = (F_m^+ - F_m^-)/(u_m^+ - u_m^-) \tag{6-2}$$

$$u_m = (u_m^+ - u_m^-)/2 \tag{6-3}$$

其中，u_m^+ 和 u_m^- 分别为某级加载循环的正反向最大位移；F_m^+ 和 F_m^- 分别为对应于正反向最大位移的荷载，如图 6-10(c) 所示。

图 6-10(d)给出了 SCRB 框架和 RC 框架的等效黏滞阻尼比随顶层侧移的变化曲线图。由该图可知，RC 框架的等效黏滞阻尼比在所有顶层侧移下均大于 SCRB 框架。在开始加载阶段，混凝土梁柱构件由于开裂释放大量能量，导致 SCRB 框架的等效黏滞阻尼比从 0.19%顶层侧移时的 10.5%下降到 0.75%顶层侧移时的 8.3%。对于 RC 框架，在 0.38%～1.0%顶层侧移区间，可观察到类似的趋势。当框架顶层侧移大于 1%时，RC 框架和 SCRB 框架的等效黏滞阻尼比随着顶层侧移的增加不断增大，RC 框架的等效黏滞阻尼比从 1.0%顶层侧移时的 11.8%逐渐增加到 2.5%顶层侧移时的 17.9%，而 SCRB 框架的等效黏滞阻尼比在 2.5%顶层侧移时达到最大值 13.5%。

4. 残余变形与自定心能力

残余变形是结构或构件从加载变形至卸载为零荷载后，结构或构件不可恢复的塑性变形，在结构或构件的荷载-位移滞回曲线上体现为卸载段与水平轴的交点，即当荷载卸载至零时结构或构件的塑性变形。

图 6-11(a)给出了 RC 框架和 SCRB 框架的残余变形与顶层侧移的关系曲线。由该图可知，两框架的残余变形均随着顶层侧移的增加而不断增大。在反向加载方向，当顶层侧移小于 0.75%时，SCRB 框架的顶层侧移稍小于 RC 框架。在经历对应于-0.75%顶层侧移的加载循环后，RC 框架和 SCRB 框架的残余顶层侧移分别为 0.172% 和 0.136%。当结构顶层侧移大于 0.75%时，SCRB 框架的残余顶层侧移比 RC 框架大。在经历对应于-2.5%顶层侧移的加载循环后，SCRB 框架的残余顶层侧移为 1.06%，比 RC 框架的残余顶层侧移大 27.7%。在正向加载方向，SCRB 框架的残余顶层侧移均比 RC 框架小，且两框架的残余顶层侧移的差值随着侧移的增加而不断变大。在经历对应于 2.5%顶层侧移的加载循环后，RC 框架的残余顶层侧移为 1.28%，大约为 SCRB 框架的 5.3 倍。

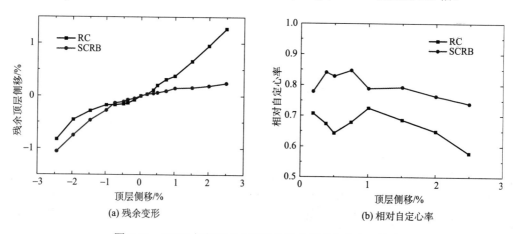

(a) 残余变形   (b) 相对自定心率

图 6-11   SCRB 框架和 RC 框架的残余变形和自定心能力

为了综合比较 RC 框架和 SCRB 框架在经历低周反复加载循环后的震后复位(自定心)能力，本书采用无量纲化参数相对自定心率(relative self-centering efficiency，RSE)来衡量。相对自定心率综合考虑了结构在正反加载方向的残余变形，可按式(6-4)计算[9]

$$\text{RSE} = 1 - \frac{u_{\text{res}}^+ - u_{\text{res}}^-}{u_{\text{m}}^+ - u_{\text{m}}^-} \tag{6-4}$$

其中，u_{res}^+ 和 u_{res}^- 分别表示结构在经历某一加载循环后正反加载方向的残余变形；u_{m}^+ 和 u_{m}^- 分别表示结构在正反加载方向的最大变形。u_{res}^+、u_{res}^-、u_{m}^+ 和 u_{m}^- 四个参数在滞回曲线上的位置如图 6-10(c) 所示。由式 (6-4) 可知，当 RSE 等于 1 时，结构是一个完全自定心系统 (残余变形为 0)，而当 RSE 等于 0 时，结构完全没有自定心的能力。

图 6-11(b) 给出了 RC 框架和 SCRB 框架的相对自定心率随顶层侧移的变化关系曲线。由该图可知，对应于所有顶层侧移，SCRB 框架的相对自定心率均大于 RC 框架。这表明，当综合考虑正反加载方向上的残余变形时，SCRB 框架比 RC 框架具有更优越的自定心能力。对于 SCRB 框架，当顶层侧移小于 0.75% 时，相对自定心率总体上随着顶层侧移的增加而不断变大，并在顶层侧移等于 0.75% 时达到 0.84；当顶层侧移大于 0.75% 时，相对自定心率随着顶层侧移的增加而不断变小，并在顶层侧移等于 2.50% 时达到 0.74。对于 RC 框架，当顶层侧移小于 1.0% 时，相对自定心率在 0.64～0.73 这个区间波动；当顶层侧移大于 1.0% 时，相对自定心率随着顶层侧移的增加而近似线性地变小，并在顶层侧移等于 2.50% 时达到 0.58。

6.2.2　单跨全预应力自定心框架

1. 滞回曲线

图 6-12 给出了采用不同设计参数的单跨 SCPB-1 框架的基底剪力-顶层侧移关系曲线 (试验 3～试验 7)。其中试验 3 不含梁端腹板摩擦装置以考察没有摩擦力时 SCPB-1 框架的抗震性能。在试验 3 的初始加载阶段，SCPB-1 框架呈近似线弹性的反应。当框架预应力梁-柱节点和柱-基础节点相继张开时，框架的侧移刚度减小。在大约 0.3% 顶层侧移时，SCPB-1 框架的预应力梁-柱节点最先出现张开。框架在经历最大顶层侧移 2.5% 后，仍能够保持其初始刚度基本不减小，并且结构水平侧向承载力随着顶层侧移的增加也没有出现明显的退化。总体上，在试验 3 中，SCPB-1 框架和典型的自定心预应力梁柱节点类似，结构的力与变形基本上呈双线性弹性的关系。由图 6-12(a) 的滞回曲线可知，不含摩擦耗能装置的 SCPB-1 框架具有微弱的耗能能力，这是由结构内部构件之间的相互摩擦造成的。

试验 4 考察了梁端腹板摩擦耗能装置对 SCPB-1 框架耗能能力的影响。在试验 4 中，SCPB-1 框架的梁和柱内预应力大小均和试验 3 中的类似，而对单根摩擦螺栓施加预拉力 25kN。图 6-12(b) 给出了 SCPB-1 框架试件在试验 4 中的基底剪力-顶层侧移关系曲线。由该图可知，SCPB-1 框架在试验 4 中的滞回曲线呈"双旗帜"形状，结构具有良好的自定心能力和一定的滞回耗能能力。SCPB-1 框架在试验 4 中的初始侧向刚度为 10195kN/m。当框架顶层侧移达到大约 0.5% 时，由于框架预应力梁-柱节点和柱-基础节点的张开，结构的水平侧向刚度减小为 1144kN/m。当荷载减至零时，在预应力的作用下，梁-柱接触面和柱-基础接触面重新闭合。在水平荷载卸载过程中，由于摩擦耗能槽钢的弹性变形，框架卸载刚度出现了一定的退化，如图 6-12(b) 所示。试验结束后，结构没有出现明显的损伤。对比 SCPB-1 框架在试验 3 和试验 4 中的滞回曲线可知,梁端腹板摩擦耗能装置既增加了框架的水平侧向承载力,又提高了框架的滞回耗能能力。

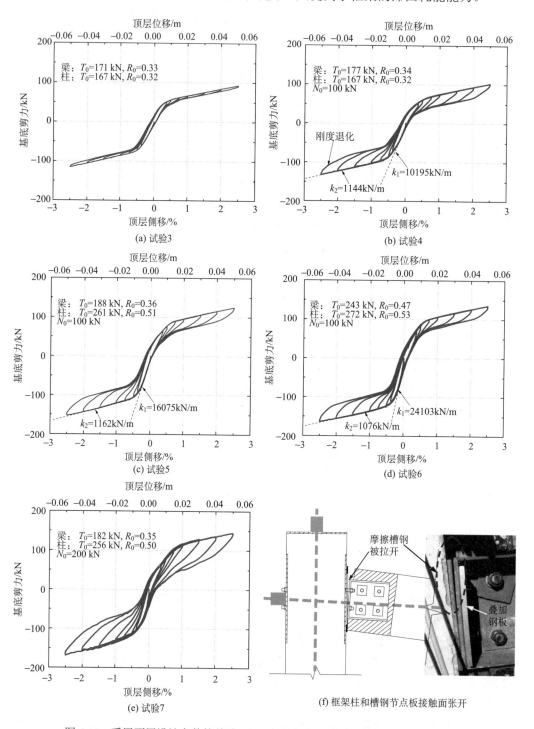

图 6-12 采用不同设计参数的单跨 SCPB-1 框架的基底剪力-顶层侧移关系曲线

　　试验 5 考察了全预应力自定心混凝土框架的柱-基础节点的张开/闭合行为对框架抗震性能的影响。图 6-12(c)给出了 SCPB-1 框架试件在试验 5 中的基底剪力-顶层侧移关系曲线。在试验 5 中，SCPB-1 框架的梁内预应力大小和单根摩擦螺栓施加预拉力大小均和试验 4 中的类似，但柱内预应力大小却不同，因此柱内预应力对 SCPB-1 框架滞回特性的影响可以通过试验 4 和试验 5 的比较加以验证。和试验 4 相比，SCPB-1 框架在试验 5 中的柱内预应力为 261kN，增加了 56.3%。采用较高的柱预应力后，SCPB-1 框架的初始水平侧向刚度为 16075kN/m，增加了 57.7%；水平侧向承载力为 152kN，增加了 15.2%。通过对比 SCPB-1 框架在试验 4 和试验 5 中的滞回曲线可知，SCPB-1 框架在两次试验中的"节点张开"后(二阶刚度)基本相同，这是由于 SCPB-1 框架在两次试验中梁和柱内预应力筋的根数均相同(预应力筋轴向刚度相同)。由于试验 4 和试验 5 中的摩擦力相同，因此两次试验中的滞回曲线形状和包络面积基本相同。

　　试验 6 考察了全预应力自定心混凝土框架的梁-柱节点的张开/闭合行为对框架抗震性能的影响。图 6-12(d)给出了 SCPB-1 框架试件在试验 6 中的基底剪力-顶层侧移关系曲线。在试验 6 中，SCPB-1 框架的柱内预应力大小和单根摩擦螺栓施加预拉力大小均和试验 5 中的类似，但梁内预应力大小却不同，因此梁内预应力大小对 SCPB-1 框架滞回特性的影响可以通过试验 5 和试验 6 的比较加以验证。和试验 5 相比，SCPB-1 框架在试验 6 中的梁内预应力大小为 243kN，增加了 29.3%。采用较高的梁内预应力后，SCPB-1 框架的初始水平侧向刚度为 24103kN/m，增加了 49.9%；水平侧向承载力为 163kN，增加了 6.7%。通过对比试验 5 和试验 6 的滞回曲线可知，SCPB-1 框架在两次试验中的"节点张开"后刚度(二阶刚度)基本相同，这是由于 SCPB-1 框架在两次试验中梁和柱内预应力筋的根数均相同(预应力筋轴向刚度相同)。由于试验 5 和试验 6 的摩擦力相同，因此两次试验的滞回环形状和包络面积基本相同。

　　通过以上对试验 4~试验 6 的结果讨论可知，提高框架梁或柱内预应力的大小会明显提高框架的初始水平侧向刚度，对框架的滞回耗能能力没有明显影响。当框架梁或柱内预应力筋的长度和根数均相同时，提高框架梁或柱内预应力的大小对框架的"节点张开"后刚度(二阶刚度)也基本没有影响。

　　试验 7 采用了比试验 3 中更大的摩擦力，进一步考察了高摩擦力对 SCPB-1 框架滞回特性的影响。图 6-12(e)给出了 SCPB-1 框架试件在试验 7 中的基底剪力-顶层侧移关系曲线。相比采用较小摩擦力的试验 3，框架试件 SCPB-1 在试验 7 中的滞回曲线比在试验 3 中的更加饱满、包络面积更大，说明此时框架具有更强的耗能能力。

　　由图 6-12(e)可知，当 SCPB-1 框架在+2.5%加载循环的卸载阶段，出现了比之前的加载循环更加明显的刚度退化现象。通过观察分析得知，这种现象是由于连接摩擦槽钢和柱子的对拉螺杆的轴向刚度过低造成的。由于预先设置在摩擦槽钢端部节点板上的螺杆孔道直径偏小(20mm)，最大只能穿过 ϕ18mm 的高强对拉螺杆。当摩擦力较大(摩擦槽钢腹板上的对拉螺杆的初始预拉力较大)时，在低周反复荷载作用下，本该紧密接触的摩擦槽钢端部节点板和柱，出现了节点板被拉开的情况，如图 6-12(f)所示。在试验 7 中，为了避免这种现象，在摩擦槽钢端部节点板上叠加了一块 8mm 厚的钢板，以提高端部连接板的刚度。但是，由于对拉螺杆直径有限，能够预加到对拉螺杆的拉力有限，因此没有明显地改善这种刚度退化现象，该现象是需要在后续的节点设计中关注并加以避免的。

此外，在试验 7 中观察到当 SCPB-1 框架在经历大约 1.5%顶层侧移时，梁端钢套端部与混凝土交界的部位出现少量的破损和表面混凝土剥离(图 6-13)，导致了 SCPB-1 框架在 1.5%顶层侧移后出现了一定的强度退化，如图 6-12(e)所示。值得注意的是，这种表面混凝土剥离现象在自定心混凝土框架梁柱节点试验中并没有出现。在之前的自定心梁柱节点的试验中，在浇筑梁端混凝土时，梁端钢套的开口端是朝上的，这样可以较好地保证梁端混凝土和钢套之间的接触。而在 SCPB-1 框架梁端混凝土的浇筑过程中，梁端钢套的开口端是保持水平的，因此 SCPB-1 框架梁端混凝土和钢套之间可能存在一定的空隙，此外，由于 SCPB-1 框架试件是从原型框架通过 0.5 的缩尺比例缩尺设计而来的，因此缩尺过后的梁端钢套的长度可能不能够充分地传递梁端接触面的挤压力到混凝土上。

(a)梁左端损伤情况   (b)梁右端损伤情况

图 6-13   SCPB-1 框架梁端钢套边缘混凝土压碎

2. 能量耗散

图 6-14(a)和(b)分别给出了 SCPB-1 框架在试验 3～试验 7 中的分级滞回耗能和累积滞回耗能随顶层侧移的变化曲线。由图可知，SCPB-1 框架在试验 3 中耗散的能量(内部构件之间的摩擦所耗散的能量)为 3.35kN·m，在试验 7 中的滞回耗能最多，比在试验 3 中耗散的能量多 14kN·m。SCPB-1 框架在试验 4～试验 6 中的滞回耗能类似，比在试验 7 中的滞回耗能大约少 30%左右。

由图 6-14(b)可知，SCPB-1 框架采用较低摩擦力(试验 4～试验 6)时的滞回耗能能力比采用较高摩擦力(试验 7)时更加稳定。在试验 4～试验 6 中，SCPB-1 框架的分级滞回耗散能量随着结构顶层侧移是近似线性增加的。在试验 7 中，SCPB-1 框架在 1.0%顶层侧移加载循环所耗散的滞回能量比 0.5%顶层侧移加载循环多 266%，而在 1.5%、2.0%和 2.5%顶层侧移加载循环所耗散的滞回能量比 1.0%顶层侧移加载循环分别多 685%、1225%和 1667%。因此，SCPB-1 框架在试验 7 中的分级滞回耗散能量是随着结构顶层侧移非线性增加的，这是由连接摩擦槽钢和柱子的对拉螺杆的轴向刚度过低造成的。SCPB-1 框架在试验 7 中的预应力梁柱节点在 0.5%顶层侧移时已经张开，此时摩擦耗能装置已经开始产生耗能效果。由于在试验 7 中 SCPB-1 框架所采用的摩擦力较大,本该紧密接触的摩擦槽钢端部节点板和柱,出现了节点板被拉开的情况(图 6-12(f)),当梁柱节点相对转角较小时,摩擦槽钢和梁端钢套将作为整体相对于框架柱发生相对转动,此时梁端钢套和摩擦槽钢之间相对运动产生摩擦耗能的机理不能够充分实现。当梁柱节点相对转角逐渐变大时,随着摩擦槽钢端部节点板和框架柱之间被拉开的裂隙越大,连接摩擦槽钢和柱子的对拉螺杆的轴拉力也逐渐变大,直至超过摩擦力的大小,此时梁端钢套和摩擦槽钢之间将会发生明显的相对运动,从而产生更好的摩擦耗能效果。

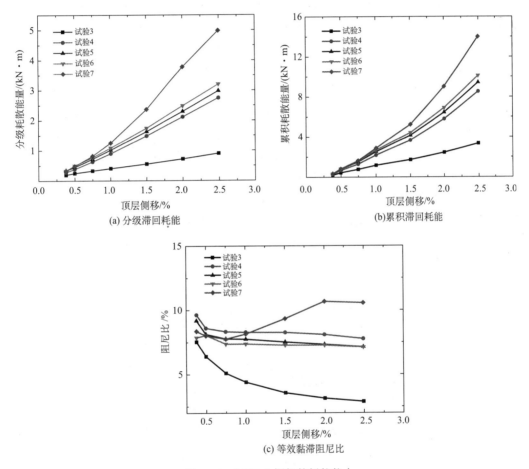

图 6-14　SCPB-1 框架的耗能能力

图 6-14(c)给出了 SCPB-1 框架在试验 3～试验 7 中的等效黏滞阻尼比随顶层侧移的变化曲线图。由该图可知,SCPB-1 框架在试验 4～试验 6 中的等效黏滞阻尼比随着顶层侧移的增加而缓慢减小,在 2.5%顶层侧移时大约为 7.5%。对比 SCPB-1 框架在试验 4～试验 6 的等效黏滞阻尼比可以发现,当摩擦力保持不变时,增加框架梁或柱内的预应力能够减小 SCPB-1 框架的等效黏滞阻尼比,但框架梁或柱内的预应力的变化对等效黏滞阻尼比的影响较小。在试验 7 中,当框架顶层侧移小于 0.75%时,SCPB-1 框架的等效黏滞阻尼比稍大于 7.5%;当框架顶层侧移大于 0.75%时,SCPB-1 框架的等效黏滞阻尼比

随着框架顶层侧移近似线性增加，并在 2.0%顶层侧移时达到 11%；当框架顶层侧移大于 2.0%时，SCPB-1 框架的等效黏滞阻尼比停止增加，并基本保持不变。在试验 3 中(无摩擦耗能装置)，SCPB-1 框架的等效黏滞阻尼比随着框架顶层侧移的增加近似指数级减小，并在 2.5%顶层侧移时达到 3%。

3. 残余变形与自定心能力

图 6-15 给出了 SCPB-1 框架在试验 3～试验 7 中的相对自定心率随顶层侧移的变化关系曲线。由该图可知，在各次试验中，SCPB-1 框架的相对自定心率均随着框架顶层侧移的增加而不断变大。在试验 3 中(没有摩擦耗能装置)，SCPB-1 框架的相对自定心率最大，因此具有最好的自定心能力。总体上，SCPB-1 框架在试验 7 中的摩擦力最大，此时框架的相对自定心率最小，因此震后复位能力最差。由于摩擦力的存在，框架在卸载完之后，在摩擦耗能装置上存在"闭锁"弯矩(locked-in moment)，这种"闭锁"弯矩能够增大框架的残余变形。因此，增加 SCPB-1 框架的摩擦力大小将会降低框架的自定心能力。SCPB-1 框架在试验 4 和试验 5 中的相对自定心率几乎相同，由于试验 4 和试验 5 的试验参数中只有框架柱中预应力明显不同，因此框架柱中预应力的变化对 SCPB-1 框架的自定心能力的影响很小。对比 SCPB-1 框架在试验 4～试验 6 中的相对自定心率得知，在框架顶层侧移小于 1.5%时，SCPB-1 框架在试验 6 中的相对自定心率大于其在试验 4 和试验 5 中的相对自定心率，说明增大框架梁中预应力的大小能够增大框架的自定心能力。这是因为框架梁中预应力的增大能够减小"闭锁"弯矩的效应，从而能够减少结构的残余变形。

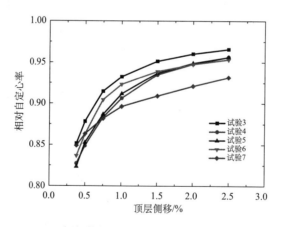

图 6-15　SCPB-1 框架的相对自定心率随顶层侧移的变化关系曲线

表 6-3 给出了 SCPB-1 框架在试验 3～试验 7 中经历 2.5%加载循环后的最终残余变形。值得注意的是，ATC2009 规范[10]提出将 0.2%的初始层间侧移作为新建筑结构的偏移极限值，部分学者[11]利用此初始层间侧移作为检验结构震后复位能力的残余层间侧移限值。由表 6-3 可知，SCPB-1 框架在试验 3～试验 6 中经历 2.5%加载循环后的最终残余变形均小于 0.2%。在试验 7 中，SCPB-1 框架在 2.5%加载循环的正加载方向的残余层间

侧移稍大于 0.2%，而在负加载反向的残余层间侧移远小于 0.2%。

表 6-3　SCPB-1 框架在经历 2.5%加载循环后的最终残余变形

试验编号	残余顶层侧移/%	
	负加载方向	正加载方向
3	0.11	0.06
4	0.15	0.07
5	0.16	0.06
6	0.11	0.12
7	0.13	0.22

另外，由表 6-3 可知，SCPB-1 框架在试验 3～试验 7 中第一个加载循环的初始加载方向(0.375%加载循环的负加载方向)的残余层间侧移分别为 0.068%、0.095%、0.099%、0.027% 和 0.037%。由 SCPB-1 框架在各次试验中的设计参数得知，增加框架梁或柱内预应力的大小并不能有效地减小这些初始残余变形。因此，这些初始残余变形可能是由预应力框架梁柱接触面的不平整所造成的，更高的构件加工和装配精度可能会减小这些固有的初始残余变形。

4. 钢绞线预应力与节点张开角度

试验 8 考察了 SCPB-1 框架中预应力钢绞线的力学行为及预应力损失。根据试验前和试验后测得的预应力值，SCPB-1 框架在各次试验中的预应力损失很小，可以忽略不计。图 6-16 给出了 SCPB-1 框架在试验 8 中框架梁和东柱的标准化预应力与框架顶层侧移的关系曲线。标准化预应力值为钢绞线预应力实测值除以钢绞线的初始预应力值。由图 6-16 可知，当框架顶层侧移很小时，标准化预应力的增长很缓慢。这是因为在框架 SCPB-1 的预应力梁-柱节点和柱-基础节点出现张开之前，框架自身存在一定的弹性变形，这些弹性变形对框架梁和柱内预应力的增长影响很小。当预应力节点张开后，预应

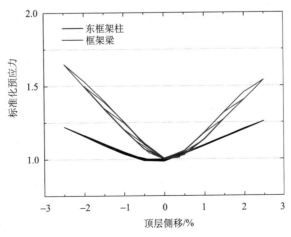

图 6-16　SCPB-1 框架梁和东柱的标准化预应力与框架顶层侧移的关系曲线

力的大小随着框架顶层侧移的增长近似线性增加。框架梁内预应力大小随着框架顶层侧移增长的速度明显比柱内预应力的增长速度快，这是由于框架梁内的钢绞线穿过 2 个预应力梁-柱节点，而框架柱内的钢绞线仅穿过 1 个预应力柱-基础节点，这样在一定的框架顶层侧移下，预应力梁-柱节点张开所引起的梁内钢绞线长度和应变增量比预应力柱-基础节点所引起的柱内钢绞线长度和应变增量大。SCPB-1 框架梁内预应力与框架顶层侧移的关系曲线存在一定的滞回环，说明在相同的框架顶层侧移下，梁内预应力在加载和卸载时的大小不一样，这种现象可能是由于在加载和卸载过程中，框架梁端摩擦耗能装置中摩擦力方向的改变所造成的。

图 6-17 给出了 SCPB-1 框架在试验 7 中的预应力梁-柱节点和柱-基础节点的节点张开角度。由该图可知，在反向加载(负位移)方向，SCPB-1 框架的西柱-基础节点比东柱-基础节点的节点张开角度大。在正向加载(正位移)方向，SCPB-1 框架的西柱-基础节点比东柱-基础节点的节点张开角度小；框架梁西端梁-柱节点基本上比框架梁东端梁-柱节点的节点张开角度大。

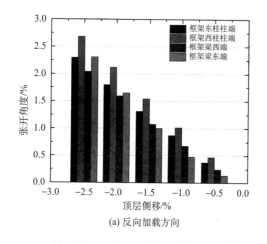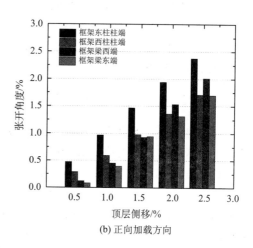

图 6-17　SCPB-1 框架在试验 7 中的预应力梁-柱节点和柱-基础节点的节点张开角度

预应力节点的张开将导致自定心框架发生"扩张"变形，框架在水平方向的尺寸将会变大。由于在试验中作动器仅施加在框架的东柱上，因此，在反向加载方向，SCPB-1 框架的西柱在水平方向的位移(Δ_1)比东柱位移(Δ_2)大，而在正向加载方向，SCPB-1 框架的西柱在水平方向的位移比东柱位移小，如图 6-18 所示。值得注意的是，SCPB-1 框架在试验中的这种特殊变形模式将会引起框架滞回曲线的不对称。如图 6-12 所示，在试验 3~试验 7 中，框架在反向加载方向的最大荷载均比正向加载方向的最大荷载大。

5. 钢套的应变分布

为了研究 SCPB-1 框架梁端和柱端钢套在试验中的性能，并量化预应力梁-柱节点和柱-基础节点张开时钢套上的应变集中区域，在钢套上沿着梁、柱中线上均粘贴了电阻应变片，如图 6-7 所示。图 6-19 给出了试验 7 中 SCPB-1 框架在各个加载循环中的钢套最大应变值。由图 6-19(a)可知，SCPB-1 框架东柱端钢套上的应变片 1 的应变读数随着框

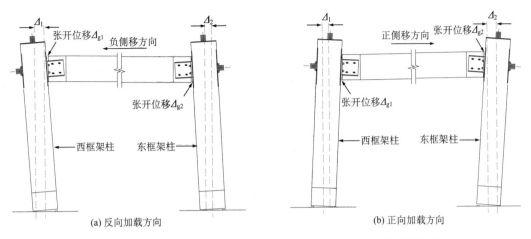

图 6-18　SCPB-1 框架的预应力梁-柱节点和柱-基础节点的节点张开角度

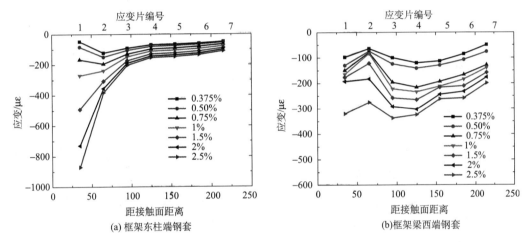

图 6-19　试验 7 中 SCPB-1 框架在各个加载循环中的钢套最大应变值

架顶层侧移的增大而增长迅速(非线性关系)，而应变 2～应变 7 的应变读数的增长速度较为缓慢，因此 SCPB-1 框架东柱端钢套上的应变集中区域大约在柱-基础接触面向上 65mm 范围内。由图 6-19(b)可知，SCPB-1 框架梁西端钢套上的应变比东柱端钢套上的应变小很多；梁西端钢套上的应变分布也比东柱端钢套更为均匀，框架梁西端钢套上的应变集中区域大约在梁-柱接触面至梁中 95mm 范围内。SCPB-1 框架梁西端钢套和东柱端钢套上的应变分布明显不同，可能由如下几个原因所引起：①框架梁西端存在摩擦耗能装置，而框架东柱端没有。②由于在浇筑混凝土时，框架梁水平放置，梁西端钢套开口是水平向的，而框架东柱端的钢套开口是竖向朝上的。因此，和东柱端钢套内的混凝土相比，框架梁西端钢套内的混凝土与钢套之间的黏结性较差。③预应力框架梁-柱接触面与柱-基础接触面不同的平整度。注意到在框架梁的两端共设有 4 个钢垫板来改善梁-柱之间的接触，而框架柱仅在一端有 2 个钢垫板，如图 6-4(c)所示。因此，对于框架梁来说，只要有 3 个钢垫板与梁接触好，框架梁就可以固定好，另外 1 个钢垫板可能没有与框架梁很好地接触。而对于框架柱来说，当完成组装后，柱端的 2 个钢垫板肯定均与框架柱接触。

图6-20给出了在试验7中SCPB-1框架梁端和柱端钢套上峰值应变最大的应变片(框架东柱端钢套上应变片 1 和框架梁西端钢套上应变片 3)的应变-顶层侧移关系。由图 6-20(a)可知，在正向加载方向，东柱端钢套上的应变-顶层侧移关系基本上呈平滑，应变随着顶层侧移的变化不明显，这是因为在正向加载方向 SCPB-1 框架的东柱端-基础节点发生张开；在反向加载方向，应变随着顶层侧移的增加基本上呈线性增长，并且在卸载阶段，应变-顶层侧移曲线存在一定的滞回环。由图 6-20(b)可知，梁西端钢套上应变片 3 的应变-顶层侧移关系曲线呈"双旗帜"形状，在反向加载方向，梁端钢套上有受拉应变，这主要是由框架预应力梁-柱节点张开时梁端钢套上的摩擦力的水平分量所造成的。

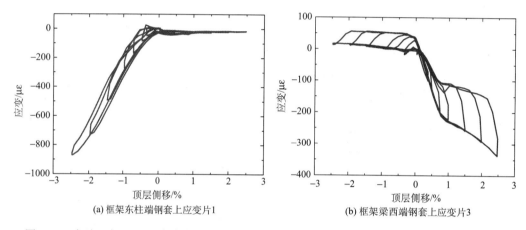

(a) 框架东柱端钢套上应变片1　　　　　　(b) 框架梁西端钢套上应变片3

图 6-20　实验 7 中 SCPB-1 框架梁端和柱端钢套上峰值应变最大的应变片的应变-顶层侧移关系

6.2.3　双跨全预应力自定心框架

1. 滞回曲线

图 6-21 给出了双跨 SCPB-2 框架在试验 9～试验 11 中的基底剪力-顶层侧移关系的滞回曲线和骨架曲线。由图可知，双跨 SCPB-2 框架和单跨 SCPB-1 框架类似，滞回曲线呈"双旗帜"形状，结构具有良好的自定心能力和一定的滞回耗能能力。在初始加载阶段，SCPB-2 框架呈近似线弹性的反应。如图 6-21(a)所示，在试验 9 中，SCPB-2 框架的初始侧向刚度为 11858kN/m，当框架顶层侧移大约为 1.0% 时，由于预应力梁-柱节点和柱-基础节点的张开，结构的水平侧向刚度减小为 1946kN/m。框架在经历较大的顶层侧移后，仍能够保持其初始刚度基本不降低，并且结构水平侧向承载力随着顶层侧移的增加也没有出现明显的退化。在水平荷载卸载过程中，由于摩擦耗能槽钢的弹性变形，框架卸载刚度出现了一定的退化。

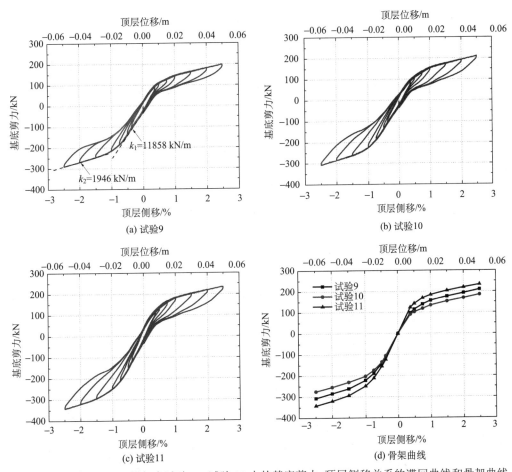

图 6-21　双跨 SCPB-2 框架在试验 9～试验 11 中的基底剪力-顶层侧移关系的滞回曲线和骨架曲线

试验 10 考察了摩擦力对双跨 SCPB-2 框架抗震性能的影响。在试验 9 和试验 10 中，SCPB-2 框架采用了相同的梁预应力和柱预应力，但 SCPB-2 框架在试验 10 中的摩擦力比在试验 9 中大 40%左右。图 6-21(b)给出了 SCPB-2 框架在试验 10 中的基底剪力-顶层侧移关系曲线。由图可知，SCPB-2 框架在试验 10 中的滞回曲线比在试验 9 中的更加饱满、包络面积更大，说明 SCPB-2 框架在试验 10 中具有更强的耗能能力。另外，对比 SCPB-2 框架在试验 9 和试验 10 中的骨架曲线可知，增加摩擦力能够提高框架的水平侧向承载力。

试验 11 考察了框架梁内预应力对双跨 SCPB-2 框架抗震性能的影响。在试验 10 和试验 11 中，SCPB-2 框架采用了相同的柱预应力和摩擦力，但 SCPB-2 框架在试验 11 中的梁内预应力为 261.6kN，比在试验 10 中的大 39%左右。采用更高的梁内预应力之后，SCPB-2 框架在试验 11 中的初始侧向刚度和水平侧向承载力分别为 14844kN/m 和 341.9kN，比在试验 10 中分别增加了 27.4%和 11.4%。由于 SCPB-2 框架在试验 10 和试验 11 中采用了相同的摩擦力，因此框架在两次试验中的滞回曲线所包络的面积基本相同。

2. 能量耗散

图 6-22(a)和(b)分别给出了 SCPB-2 框架在试验 9～试验 11 中的分级滞回耗能和累

积滞回耗能随顶层侧移的变化曲线。由图 6-22(a)可知，当框架顶层侧移小于 1%时，SCPB-2 框架在试验 9～试验 11 中的分级滞回耗能和累积滞回耗能基本相同。当框架顶层侧移大于 1%时，SCPB-2 框架在试验 10 和试验 11 中耗散的滞回能量随着顶层侧移的增长速度明显比试验 9 中快。SCPB-2 框架在试验 11 中的耗散能量为 15.6kN·m，比在试验 9 和试验 10 中分别大 15%和 21%。

图 6-22(c)给出了 SCPB-2 框架在试验 9～试验 11 中的等效黏滞阻尼比随顶层侧移的变化曲线图。由该图可知，当框架顶层侧移小于 1%时，SCPB-1 框架在试验 9～试验 11 中的等效黏滞阻尼比随顶层侧移的增加而不断减小。当框架顶层侧移大于 1%时，SCPB-2 框架在试验 9 中的等效黏滞阻尼比总体上随着顶层侧移的增加而基本保持不变，并在 2.0%顶层侧移时达到 7.0%，而在试验 10 和试验 11 中的等效黏滞阻尼比总体上随着顶层侧移近似线性增加。当框架顶层侧移大于 2.0%时，SCPB-2 框架在试验 9 中的等效黏滞阻尼比总体上随着顶层侧移的增加而缓慢减小，而在试验 10 和试验 11 中的等效黏滞阻尼比总体上随着顶层侧移的增加而缓慢增加，并在 2.5%顶层侧移时分别达到 8.42%和8.38%。对比 SCPB-2 框架在试验 10 和试验 11 中的等效黏滞阻尼比可知，当保持摩擦力基本不变时，增大框架梁内预应力将减小 SCPB-2 框架的等效黏滞阻尼比。

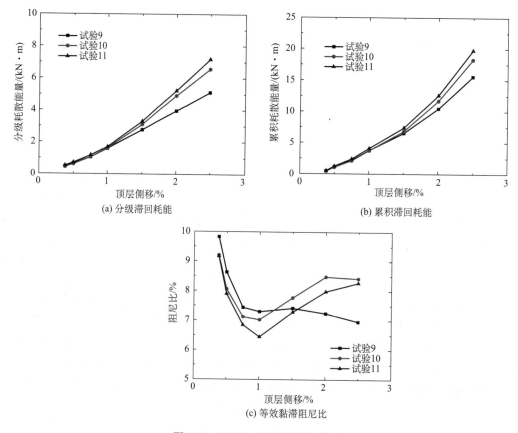

图 6-22　SCPB-2 框架的耗能能力

3. 残余变形与自定心能力

图 6-23（a）给出了双跨 SCPB-2 框架在试验 9～试验 11 中的残余变形与顶层侧移的关系曲线。由该图可知，在反向加载方向，SCPB-2 框架在试验 9～试验 11 中的最终残余顶层侧移分别为 0.11%、0.17% 和 0.09%。在正向加载方向，SCPB-2 框架在试验 9～试验 11 中的最终残余顶层侧移分别为 0.16%、0.18% 和 0.15%。

图 6-23（b）给出了双跨 SCPB-2 框架的相对自定心率随顶层侧移的变化关系曲线。由该图可知，SCPB-2 框架在试验 9～试验 11 中的相对自定心率均随着框架顶层侧移的增加而不断变大。在试验 10 中，SCPB-2 框架的相对自定心率最小，因此自定心能力最差。在试验 9 和试验 10 中，SCPB-2 框架采用了相同的梁预应力和柱预应力，但 SCPB-2 框架在试验 10 中的摩擦力比在试验 9 中大。因此，增加 SCPB-2 框架的摩擦力大小将会降低框架的自定心能力。在试验 11 中，SCPB-2 框架的相对自定心率最大，因此自定心能力最好。在试验 10 和试验 11 中，SCPB-2 框架采用了相同的柱预应力和摩擦力，但在试验 11 中的梁内预应力比在试验 10 中大。因此，增加 SCPB-2 框架梁内预应力的大小能够提高框架的自定心能力，这是因为框架梁中预应力的增大能够减小摩擦耗能装置上"闭锁"弯矩的效应，从而能够减少结构的残余变形。

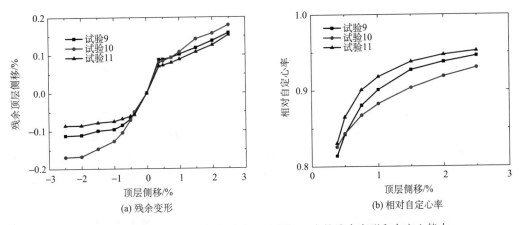

图 6-23 双跨 SCPB-2 框架在试验 9～试验 11 中的残余变形和自定心能力

6.3 本 章 小 结

本章在自定心梁柱节点抗震性能试验研究的基础上，对 SCRB 框架（柱底-基础采用传统现浇混凝土连接、梁-柱采用无黏结预应力连接）在低周反复荷载作用下的抗震性能进行了研究，并和 RC 框架的抗震性能进行了对比。

所完成的主要工作和结论如下：

（1）在低周反复荷载试验中，框架的梁、柱和节点核心区均出现了损伤。SCRB 框架的柱裂缝产生机理和 RC 框架类似，主要以弯曲裂缝为主。由于梁端钢套和柱端钢板的保护作用，SCRB 框架仅在梁端钢套端部和混凝土交界的部位出现了少量的混凝土剥离。SCRB 框架的梁柱节点核心区未出现任何损伤。

（2）SCRB 框架和 RC 框架具有相近的侧向承载力，两框架的滞回曲线在正反向均不对称，结构的反向最大承载力均大于正向最大承载力。当框架顶层侧移达到 2.5%时，SCRB 框架和 RC 框架的侧向承载力均未出现明显的降低。

（3）当框架顶层侧移为 2.5%时，SCRB 框架在正反加载方向具有相似的极限位移延性系数，分别为 3.61 和 3.68。而 RC 框架在正反加载方向的极限位移延性系数分别为 4.81 和 3.10。

（4）SCRB 框架和 RC 框架的能量耗散能力相似，均随着顶层侧移的增大而增大。当框架顶层侧移为 2.5%时，SCRB 框架和 RC 框架的等效黏滞阻尼比分别为 13.5%和 17.9%。

（5）采用了无量纲化参数相对自定心率来衡量试验框架的震后复位能力。当综合考虑正反加载方向上的残余变形时，SCRB 框架比 RC 框架具有更好的自定心能力。

为了减少 RC 框架柱底在地震作用下可能发生的损伤，并提高框架结构的震后复位能力，提出了一种后张预应力柱-基础节点，并应用于 SCPB 框架（柱底-基础和梁-柱均采用无黏结预应力连接）。对两个 SCPB 框架试件（单跨 SCPB-1 框架和双跨 SCPB-2 框架）进行了一组低周反复加载试验，探讨了不同设计参数（预应力、摩擦力等）对 SCPB 框架抗震性能的影响。

所完成的主要工作和结论如下：

（1）不含梁端摩擦耗能装置的 SCPB 框架的力-变形基本上呈双线弹性的关系。设置梁端摩擦耗能装置的 SCPB 框架的滞回曲线呈"双旗帜"形状，结构具有良好的自定心能力和一定的滞回耗能能力。

（2）提高摩擦力大小既增加了 SCPB 框架的水平侧向承载力，又提高了框架的滞回耗能能力。提高 SCPB 框架梁或柱内预应力的大小会提高框架的初始水平侧向刚度，对框架的滞回耗能能力没有明显影响。当 SCPB 框架梁或柱内预应力筋的长度和根数均相同时，提高框架梁或柱内预应力的大小对框架的"节点张开"后刚度（二阶刚度）也基本没有影响。

（3）保持摩擦力不变时，增加框架梁或柱内预应力大小能够减小 SCPB 框架的等效黏滞阻尼系数，但框架梁或柱内预应力的变化对等效黏滞阻尼系数的影响较小。不含摩擦耗能装置的 SCPB 框架的等效黏滞阻尼系数随着框架顶层侧移的增加近似指数级减小。

（4）SCPB 框架的相对自定心率随着框架顶层侧移的增加而不断变大。增加 SCPB 框架的摩擦力大小将会降低框架的自定心能力，框架柱中预应力的变化对 SCPB 框架的自定心能力的影响很小，增大框架梁中预应力的大小能够提高框架的自定心能力。

（5）在侧向力作用下，当框架顶层侧移很小时，SCPB 框架标准化预应力的增长很缓慢。当预应力节点张开后，预应力的大小随着框架顶层侧移的增长近似线性增加。

（6）对于 SCPB 框架，框架梁端和柱端部位的钢套应力随着顶层侧移的增大而显著增大，框架梁端钢套和柱端钢套上的应变分布明显不同。

参 考 文 献

[1] 宋良龙. 自定心混凝土框架的抗震性能与设计方法研究[D]. 南京:东南大学, 2016.

[2] Song L L, Guo T, Gu Y, et al. Experimental study of a self-centering prestressed concrete frame subassembly [J]. Engineering Structures, 2015, 88: 176-188.

[3] Guo T, Song L L, Cao Z L, et al. Large-scale tests on cyclic behavior of self-centering prestressed concrete frames [J]. ACI Structural Journal, 2016, 113(6): 1263-1274.

[4] Sritharan S, Rahman M A. Performance-based seismic assessment of two precast concrete hybrid frame buildings [C]. //Proceedings of International Workshop on Performance-Based Seismic Design, Bled, 2004.

[5] Karayannis C G, Sirkelis G M. Strengthening and rehabilitation of RC beam-column joints using C-FRP jacketing and epoxy resin injection [J]. Earthquake Engineering and Structural Dynamics, 2008, 37(5): 769-790.

[6] Kim J, Stanton J, MacRae G. Effect of beam growth on reinforced concrete frames [J]. Journal of Structural Engineering, 2004, 130(9): 1333-1342.

[7] Park R. Evaluation of ductility of structures and structural assemblages from laboratory testing [J]. Bulletin of the New Zealand National Society for Earthquake Engineering, 1989, 22(3): 155-166.

[8] Filiatrault A, Tremblay R, Christopoulos C, et al. Elements of Earthquake Engineering and Structural Dynamics [M]. 3rd ed. Montreal: Presses Internationales Polytechnique, 2013.

[9] Sideris P, Aref A, Filiatrault A. Quasi-static cyclic testing of a large-scale hybrid sliding-rocking segmental column with slip-dominant joints [J]. Journal of Bridge Engineering, 2014, 19(10): 04014036-1-04014036-11.

[10] Applied Technology Council. Guidelines for seismic performance assessment of buildings: ATC-58 50% draft [R]. Washington: Department of Homeland Security, 2009.

[11] Khoo H H, Clifton C, Butterworth J, et al. Development of the self-centering sliding hinge joint with friction ring springs [J]. Journal of Constructional Steel Research, 2012, 78: 201-211.

第 7 章

自定心混凝土框架基于性能的抗震设计方法

在前期理论和试验工作基础上，本章对柱底固结自定心预应力混凝土框架的抗震设计方法进行研究[1,2]。定义了结构的抗震性能水准、结构的极限状态和地震动作用水准（地震设防水准），确定了自定心预应力混凝土框架的抗震设计目标。建立了自定心预应力混凝土框架的性能化抗震设计方法，以 1 榀 4 跨 6 层的自定心预应力混凝土框架为例，进行基于性能的抗震设计，并对设计框架进行非线性动力时程分析。对动力时程分析结果进行讨论，以验证所提出的设计方法的有效性。

7.1　结构的性能水准和极限状态

结构抗震性能水准是指结构在给定的地震动作用水准下预期最大程度的破坏，可采用不同的极限破坏状态来描述。对于自定心预应力混凝土框架，采用以下两种抗震性能水准：

（1）立即使用（immediate occupancy，IO）：结构在地震作用后损伤很小，无须修复即可使用；

（2）可修复（repairable，RE）：结构在地震作用后可能存在一定的损伤，经过修复即可使用。

根据自定心预应力混凝土框架的受力特点，结构在不同的抗震性能水准下所允许的结构极限状态可由表 7-1 描述。

表 7-1　各性能水准所对应的结构极限状态

符合 IO 水准	不符合 IO 水准，但符合 RE 水准	不符合 RE 水准
节点消压	梁端加固钢套局部屈服	预应力钢绞线屈服
节点张开	首层柱底出现塑性铰或其余柱端出现截面屈服	变形超过 RE 水准的限值
	变形超过 IO 水准的限值	

7.2　地震动作用水准

基于性能的抗震设计要求控制结构在未来可能发生的地震动作用下的抗震性能。因此，确定不同的地震动作用水准(地震设防水准)，直接关系到结构抗震性能的评估。地震动作用水准的确定往往是以设防目标为依据，目前国内外的抗震设计规范多采用多级抗震设防目标，因此地震动作用水准也是多级的。制定合理的地震动作用水准，应该考虑到一个地区的抗震设防总投入，未来抗震设计基准期内期望的总损失和由社会经济条件决定的抗震设防目标。目前我国的《建筑抗震设计规范》(GB 50011—2010)[3]采用了小震、中震和大震三个地震动作用水准，如表 7-2 所示。

表 7-2　地震动作用水准的划分

地震动作用水准	超越概率	重现期
多遇地震(小震)	50 年内 63.2%	50 年
设防地震(中震)	50 年内 10%	475 年
罕遇地震(大震)	50 年内 2%~3%	1641~2475 年

参考我国《建筑抗震设计规范》关于地震动作用水准的相关规定及国际上自定心框架结构性能分析的惯例[4]，本书定义了以下两类地震动作用水准：最大地震动作用(罕遇地震，最大考虑地震(MCE))和设计地震动作用(中震，设计基准地震(DBE))。最大地震动作用和设计地震动作用所对应的水平地震影响系数可根据抗震设计规范确定。

《建筑抗震设计规范》(GB 50011—2010)[3]规定，建筑结构的水平地震影响系数应根据地震烈度、场地类别、设计地震分组、结构的自振周期以及阻尼比来确定，如图 7-1 所示。其中，α 为水平地震影响系数，T_1 为结构的自振周期，T_g 为特征周期，α_{max} 为水平地震影响系数最大值，η_1 为直线下降段的下降斜率调整系数，η_2 为阻尼调整系数，γ 为衰减系数。

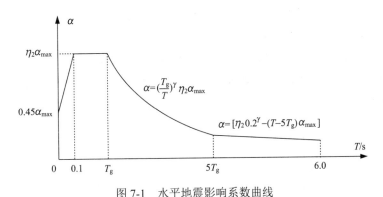

图 7-1　水平地震影响系数曲线

7.3　设　计　目　标

在基于性能的抗震设计理论中，结构的抗震设计目标是地震动作用水准和结构抗震性能水准的函数，指在给定的地震动作用水准下期望结构达到的性能水准。基于性能的抗震设计应当能够既有效地减轻工程结构的地震破坏、经济损失和人员伤亡，又能合理地使用有限的资金，保证结构在地震动作用下的使用功能，因而，确定设计目标也就是如何根据功能要求、使用情况和地震动作用水准来确定相应的最低性能目标。

《建筑抗震设计规范》(GB 50011—2010)[3]采用了三个水准抗震设计目标，分别为：①小震不坏——当遭受低于本地区抗震设防烈度(基本烈度)的多遇地震影响时，建筑物一般不受损坏或不需修理仍可继续使用；②中震可修——当遭受本地区抗震设防烈度的地震影响时，建筑物可能损坏，经一般修理或不需修理仍可继续使用；③大震不倒——当遭受高于本地区抗震设防烈度的罕遇地震影响时，建筑物可能损坏，但不致倒塌或发生危及生命的严重破坏。

在基于性能的抗震设计理论中，结构性能的量化指标可用一个或多个性能参数来定义，可选用的性能参数有力、变形、延性和应变等。由于层间侧移角能够反映钢筋混凝土框架结构各层间构件变形的综合结果和层高的影响，而且与结构的破坏程度有较好的相关性，因此，传统的抗震性能评估和设计重点关注结构在地震动作用下的最大层间侧移需求。虽然最大层间侧移可以在一定程度上反应结构的破坏程度，但却不能直接反映结构的震后性能，震害调查表明，残余层间侧移对结构的震后修复有重要的影响。因此，为了全面地评估结构的抗震性能，本书采用最大层间侧移角和残余层间侧移角作为量化指标来定义结构的性能水准。

参考我国的《建筑抗震设计规范》(GB 50011—2010)[3]，本书将 IO 和 RE 性能水准的最大侧移限值定义为 1/100 和 1/50。由于 ATC 2009 规范[5]将 1/500 的初始层间侧移角作为新建筑结构的偏移角极限值，本书将 IO 性能水准所对应的残余层间侧移角限值定义为 1/500。参考文献[6]，本书将 RE 性能水准所对应的残余层间侧移角限值定义为 1/200。

自定心预应力混凝土框架的抗震设计目标可表述为：

(1)在设计地震动作用下，结构应满足 IO 性能水准的要求，其中结构的最大层间侧移角和残余层间侧移角不超过容许限值。

(2)在最大地震动作用下，结构应满足 RE 性能水准的要求，其中结构的最大层间侧移角和残余层间侧移角不超过容许限值。

上述抗震设计目标如图 7-2 所示。

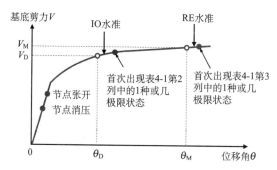

图 7-2 自定心预应力混凝土框架的抗震设计目标

7.4　性能化设计步骤

根据图 7-2 设定的设计目标,自定心预应力混凝土框架基于性能的抗震设计可按以下步骤进行。

(1)确定结构对应于罕遇地震动作用的设计基底剪力。根据结构的场地类型、荷载等基本设计参数计算或确定结构的设计基底剪力 V_d、设计楼层侧向力 $F_{x,d}$。其中,结构的设计基底剪力 V_d 按式(7-1)计算

$$V_d = \frac{\alpha_M(5\%, T_1)G}{R_M} \tag{7-1}$$

其中,$\alpha_M(5\%, T_1)$ 为对应于 5%阻尼比和结构基本周期(T_1)的罕遇地震设计反应谱的水平地震影响系数;G 为结构的重力荷载代表值;R_M 为自定心框架对应于罕遇地震的承载力折减系数。根据文献[7],在罕遇地震动作用下,自定心结构体系的承载力折减系数 R_M 和延性系数 μ_M 满足下列关系式:

$$R_M = \mu_M^{\exp(-c_1(\alpha_1)/T_1^{c_2(\alpha_1)})} \tag{7-2}$$

$$c_1(\alpha_1) = (a - b\sqrt{\alpha_1})^2 \tag{7-3}$$

$$c_2(\alpha_1) = (c - d\sqrt{\alpha_1})^2 \tag{7-4}$$

其中,回归系数 a、b、c 和 d 可根据自定心框架体系的耗能系数 β_E 和场地类型确定;α_1 为结构屈服后刚度与屈服前刚度的比值,本书取 0.1;延性系数 μ_M 的初始值可预先假定并通过步骤(3)做检验和修正。

(2)确定梁柱的截面尺寸。初选梁柱截面尺寸,将步骤(1)中的设计楼层侧向力 $F_{x,d}$ 和结构所受重力荷载施加到传统现浇节点框架中并进行弹性分析,计算框架顶层位移 $\Delta_{ro,d}$、层间侧移 $\theta_{s,d}$、梁端弯矩 M_d、柱端弯矩 $M_{c,d}$ 和柱轴向压力 $N_{c,d}$ 等。考虑到混凝土结构开裂后将导致抗弯刚度的减小,根据文献[8],框架柱的有效抗弯刚度 $B_{gc,e} = 0.8E_c I_{gc}$,其中 E_c 为混凝土弹性模量,I_{gc} 为框架柱截面惯性矩。由于自定心框架中的梁在预应力的作用下一般不开裂,因此框架梁的抗弯刚度可不折减。在此过程中,框架的层间侧移 $\theta_{s,d}$ 须满足《建筑抗震设计规范》(GB 50011—2010)[3]中规定的小震作用下的结构层间位移限值(如 1/550);若不满足,需要重新选择梁柱尺寸。

(3)估算自定心框架在设计地震和罕遇地震动作用下的结构需求。其中,自定心框架在罕遇地震作用下的结构需求可由式(7-5)~式(7-7)计算得到:

$$\Delta_{ro,M} = \mu_M \Delta_{ro,d} \tag{7-5}$$

$$\theta_{s,M} = C_\theta \theta_{ro,M} = \frac{C_\theta \Delta_{ro,M}}{h_f} \tag{7-6}$$

$$\theta_{r,M} = C_{r\theta} \theta_{s,M} \tag{7-7}$$

其中,$\Delta_{ro,M}$、$\theta_{ro,M}$、$\theta_{s,M}$ 和 $\theta_{r,M}$ 分别表示自定心框架在罕遇地震动作用下的顶层位移、顶层侧移角、层间侧移角和节点相对转角;h_f 为自定心框架的总高度;C_θ 为层间侧移角和

顶层侧移角之间的转换系数，$C_{r\theta}$ 为节点相对转角和层间侧移角之间的转换系数，参考文献[4]以及自定心预应力混凝土框架时程分析的统计结果(后文步骤(6))，建议 $C_{\theta}=1.5$，$C_{r\theta}=0.9$。

若式(7-6)计算的层间侧移角 $\theta_{s,M}$ 和自定心预应力混凝土框架在罕遇地震下的容许限值(如 1/50[3])相差较大，则需要对延性系数 μ_M 的初始值进行修正，并重复步骤(1)～(3)。

由于设计地震的地震动强度为罕遇地震的 1/2，参考文献[4]，自定心框架在设计地震动作用下的结构需求可近似取为罕遇地震动作用下结构需求的一半。

(4)梁柱截面的配筋设计。首先，确定罕遇地震动作用下的梁端弯矩需求 $M_{b,M}$ 和柱端弯矩需求 $M_{c,M}$,可按式(7-8)和式(7-9)计算：

$$M_{b,M} = \lambda_M M_d \cdot L / (L - d_c) \tag{7-8}$$

$$M_{c,M} = \lambda_M M_{c,d} \cdot H / (H - d) \tag{7-9}$$

其中，M_d 和 $M_{c,d}$ 分别为传统现浇框架节点在设计楼层侧向力 $F_{x,d}$ 作用下的梁端和柱端弯矩(步骤(2))；λ_M 为对应于罕遇地震的弯矩增强系数，建议取 $\lambda_M=1.5$；L 和 d 分别为框架梁的跨度和截面高度；H 和 d_c 分别为框架层高和柱的截面高度。

此外，根据自定心预应力混凝土框架的抗震设计目标和极限状态(表 7-1)，自定心框架在罕遇地震动作用下只允许首层柱底出现塑性铰，其余楼层框架柱应在给定轴力 $N_{c,d}$(步骤(2))下保证 $M_{cy} \geqslant M_{c,M}$，其中 M_{cy} 为梁柱节点区柱端截面的屈服弯矩。另外，根据强柱弱梁设计原则，应有 $\sum M_{cy} \geqslant \sum M_{b,M}$。至此，可根据柱端截面屈服弯矩 M_{cy} 和柱轴向压力 $N_{c,d}$(步骤(2))对框架柱进行配筋设计。对于框架梁的受弯钢筋配置，由于自定心预应力混凝土框架梁柱节点的抗弯能力主要由预应力筋提供，因此可按构造配筋率确定。

(5)节点参数设计。为保证自定心预应力混凝土框架节点和传统现浇框架节点具有相当的抗弯承载力，取节点张开弯矩设计值 $M_{I,d}=(0.9～1.2)M_d$。同时，为了保证节点的自定心能力，取摩擦力承担的弯矩设计值 $M_{Ff,d} \leqslant 0.5M_{I,d}$；因此，可按式(7-10)和式(7-11)确定初始预应力 T_0 和摩擦力 F_f：

$$M_{Ff,d} = F_f \cdot r \tag{7-10}$$

$$M_{I,d} = T_0 d_0 + M_{Ff,d} \tag{7-11}$$

其中，d_0 和 r 分别为梁端转动点到初始预应力 T_0(预应力筋沿梁中轴线布置)和摩擦力 F_f 的距离。此外，为保证预应力筋在罕遇地震下不出现屈服，预应力筋截面面积 A_{PT} 的选择尚须满足下列条件：

$$\theta_{r,M} \leqslant \theta_{r,y} = \frac{(A_{PT}\sigma_y - T_0)}{d}\frac{(k_b + k_s)}{k_b k_s} \tag{7-12}$$

其中，σ_y 为预应力筋的屈服应力；T_0 为所有预应力筋的初始预应力之和；d 为框架梁的截面高度；k_b 和 k_s 分别为框架梁和预应力筋所对应的轴向刚度。

(6)通过非线性时程分析来评估结构需求。建立自定心预应力混凝土框架的非线性有限元模型，计算自定心框架在设计地震和罕遇地震动作用下的结构响应，并和步骤(3)中的结构需求估计值进行比较，如果两者相差较大，则需重新在步骤(5)中调整设计参数，直至满足要求。

　　上述设计流程如图 7-3 所示。以上步骤中，按"强剪弱弯"的要求，均假定梁的受剪承载力满足要求。因此，尚应根据传统设计方法对梁柱进行受剪钢筋(箍筋)的配筋设计。

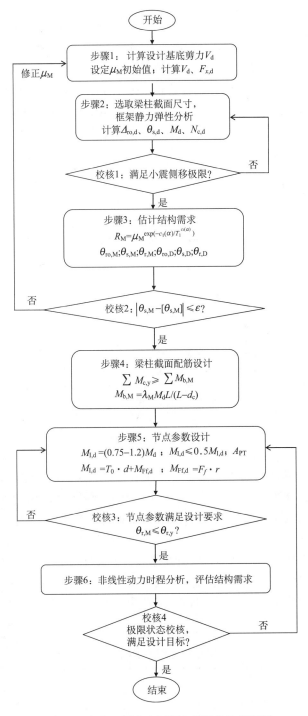

图 7-3　自定心预应力混凝土框架设计流程图

7.5 原型结构设计

原型结构的平面、立面布置图分别如图 7-4(a) 和 (b) 所示。其中，结构在 x、y 方向的跨度均为 6m，首层层高为 4.2m，标准层层高为 3.6m。在结构的周边分别布置了 1 榀 4 跨 6 层的自定心框架，根据自定心框架结构体系的设计特点，在单向地震动作用下，地震作用将主要由该方向的 2 榀自定心框架承担，而其余框架为重力框架，并一般忽略其对结构抵抗水平地震动作用能力的贡献[4,8]。该结构的抗震设防烈度为 8 度，设计地震分组为第一组，场地类别为 II 类。结构顶层和标准层恒荷载标准值分别为 6.5kN/m² 和 4.5kN/m²，活荷载标准值为 2.0kN/m²。

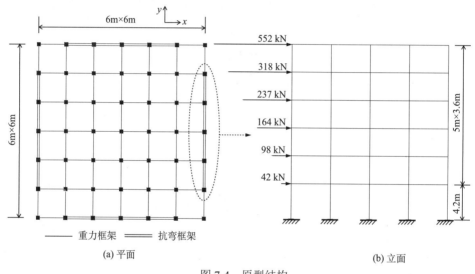

(a) 平面　　　　　　　　　　　　　　(b) 立面

图 7-4　原型结构

梁、柱的混凝土强度等级为 C40，主筋选用 HRB335 钢筋，预应力筋的屈服强度标准值 f_{py}=1675MPa，极限强度标准值 f_{pu}=1860MPa。经计算，结构的重力荷载代表值 G=45360kN，单榀框架设计基底剪力值为 V_d=1410kN，设计楼层侧向力 $F_{x,d}$ 沿楼层分布如图 7-4(b) 所示。

根据本章 7.4 节所提出的性能化设计步骤，得到梁柱尺寸和节点设计参数，如表 7-3 所示。其中，所有框架梁的单侧配筋 A_{sb} 按构造要求确定，设计节点能量耗散系数 β_E=0.20，式(7-2)~式(7-4)中的系数 a、b、c 和 d 根据 β_E 和场地类型分别定为 0.480、0.192、0.811 和 0.0382。

表 7-3　自定心预应力混凝土框架的设计参数

楼层	梁截面 b_l/mm, h_l/mm	柱截面 b_z/mm, h_z/mm	T_0/kN	A_{sc}/mm²	A_{sb}/mm²	A_{PT}/mm²	F_l/kN
6	400×600	550×550	366	2455	680	834	140
5	400×600	550×550	638	2946	680	834	245

续表

楼层	梁截面	柱截面	T_0/kN	A_{sc}/mm²	A_{sb}/mm²	A_{PT}/mm²	F_f/kN
	b_l/mm, h_l/mm	b_z/mm, h_z/mm					
4	400×600	550×550	870	3437	680	973	334
3	400×650	600×600	1005	3437	737	1112	398
2	400×650	600×600	1074	3928	737	1112	425
1	400×700	650×650	1068	3928	794	1251	434

注：b_l、h_l 分别为框架梁的截面宽度和高度；b_z、h_z 分别为框架柱的截面宽度和高度；T_0 为框架梁中所有预应力筋的初始预应力之和；A_{sc} 表示框架柱截面的纵筋面积(单侧)；A_{PT} 为所有预应力筋截面面积之和(预应力筋沿梁中轴线布置)；F_f 为腹板摩擦装置上摩擦力的大小。

7.6　地震波选取

为评价所设计的自定心预应力混凝土框架在地震动作用下的抗震性能，根据其所在场地的类型(Ⅱ类场地)，从太平洋地震工程研究中心(PEER)地震记录数据库[9]中选择 9 条实际地震动记录(表 7-4)，并对原始地震波记录在时域内进行调整[10]，使调整后各地震波的反应谱和罕遇地震设计反应谱在统计意义上相吻合。此外，采用人工波生成软件 SeismoArtif[11]生成 1 条拟合设计反应谱的人工波。调整后的实际地震动记录、人工波的时程曲线和拟加速度谱分别如图 7-5 和图 7-6 所示。

表 7-4　选用地震动特性

地震名称	年份	地震动分量	震级	震中距/km	持时/s
Duzce	1999	BOL000	7.1	17.6	56
Loma Prieta	1989	G03090	6.9	14.4	40
Imperial Valley	1940	I-ELC270	7.0	8.3	40
Kobe	1995	KAK090	6.9	30.1	41
Cape Mendocino	1992	RIO270	7.1	19.0	36
Superstitn Hills	1987	B-ICC090	6.7	13.9	40
Loma Prieta	1989	HDA165	6.9	25.8	40
Landers	1992	YER360	7.3	23.6	44
Kern County	1952	TAF021	7.4	41.0	54
人工波	—	—	—	—	40

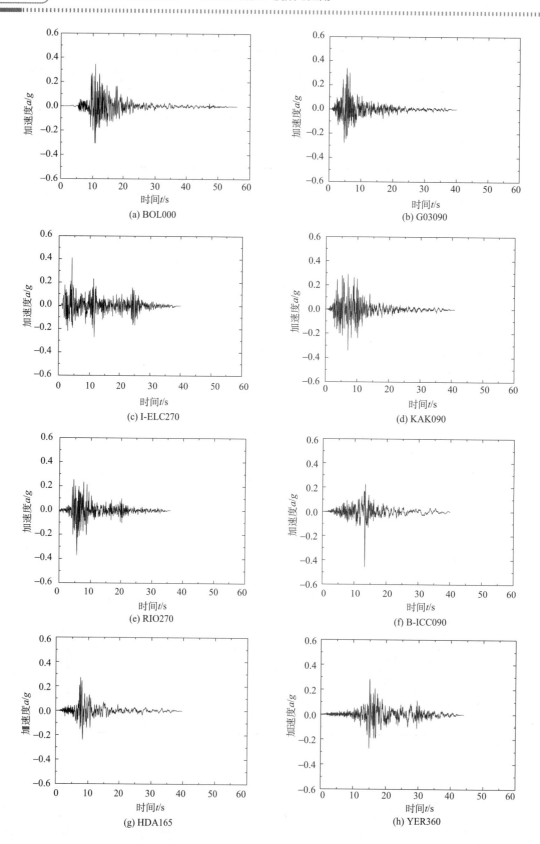

(a) BOL000

(b) G03090

(c) I-ELC270

(d) KAK090

(e) RIO270

(f) B-ICC090

(g) HDA165

(h) YER360

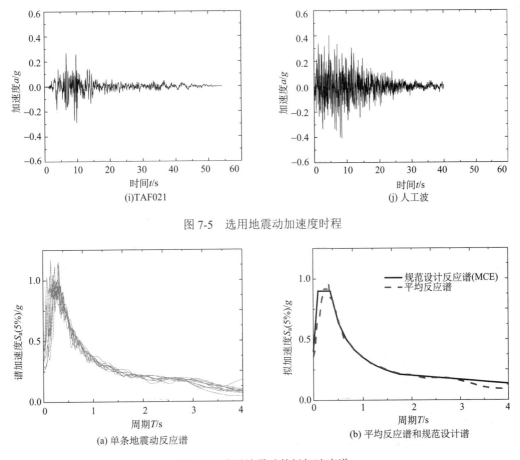

图 7-5　选用地震动加速度时程

(a) 单条地震动反应谱　　　(b) 平均反应谱和规范设计谱

图 7-6　选用地震动的拟加速度谱

7.7　设计方法验证

采用有限元软件 OpenSees[12]建立自定心预应力混凝土框架的数值模型。其中,自定心框架的数值建模方法详见第 5 章。将所选地震波分别调至设计地震动和罕遇地震动强度,对所设计的自定心框架进行非线性时程分析。表 7-5 给出了结构在各个地震动作用下的结构响应及其与估计值(本章 7.4 节设计步骤(3))的比较。其中,$\Delta_{ro,D}$、$\theta_{s,D}$、$\theta_{r,D}$ 和 $\theta_{rs,D}$ 分别为框架在设计地震动作用下的顶层位移、层间侧移角、节点相对转角和残余层间侧移角,$\Delta_{ro,M}$、$\theta_{s,M}$、$\theta_{r,M}$ 和 $\theta_{rs,M}$ 分别为框架在罕遇地震动作用下的顶层位移、层间侧移角、节点相对转角和残余层间侧移角。从表 7-5 可以看出,在罕遇地震动作用下,结构极值响应的平均值和估计值吻合良好,结构顶层最大位移和层间最大侧移角的平均值和估计值均相差 5.0%,节点最大相对转角的平均值和估计值相差 6.4%。在设计地震动作用下,各地震动作用下的结构响应极值以及平均极值响应均未超过估计值。在设计地震和罕遇地震动作用下,结构的残余层间侧移角均显著小于设计限值。

表 7-5　结构响应计算结果与估计值

分析工况	设计地震				罕遇地震			
	$\Delta_{\mathrm{ro,D}}$/mm	$\theta_{\mathrm{s,D}}$/rad	$\theta_{\mathrm{r,D}}$/rad	$\theta_{\mathrm{rs,D}}$/rad	$\Delta_{\mathrm{ro,M}}$/mm	$\theta_{\mathrm{s,M}}$/rad	$\theta_{\mathrm{r,M}}$/rad	$\theta_{\mathrm{rs,M}}$/rad
BOL000	75	0.0050	0.0029	3.08×10^{-5}	258	0.0154	0.0134	1.10×10^{-4}
G03090	98	0.0058	0.0037	4.18×10^{-5}	275	0.0166	0.0154	4.26×10^{-5}
I-ELC270	75	0.0047	0.0030	4.43×10^{-5}	225	0.0151	0.0137	8.13×10^{-5}
KAK090	85	0.0052	0.0029	1.83×10^{-5}	172	0.0116	0.0103	6.49×10^{-5}
RIO270	84	0.0051	0.0027	4.17×10^{-5}	272	0.0163	0.0153	9.36×10^{-5}
B-ICC090	110	0.0066	0.0052	3.13×10^{-5}	221	0.0137	0.0121	9.25×10^{-5}
HDA165	72	0.0047	0.0024	4.39×10^{-5}	208	0.0155	0.0144	2.50×10^{-4}
YER360	75	0.0047	0.0025	3.82×10^{-5}	185	0.0114	0.0094	7.46×10^{-5}
TAF021	78	0.0054	0.0033	1.29×10^{-5}	201	0.0127	0.0105	9.86×10^{-5}
人工波	66	0.0041	0.0020	2.33×10^{-5}	205	0.0117	0.0106	1.39×10^{-4}
平均值	82	0.0051	0.0031	3.26×10^{-5}	222	0.0140	0.0125	1.05×10^{-4}
估计值	117	0.0074	0.0066	—	234	0.0147	0.0133	—

图 7-7 给出了框架层间侧移角的时程包络值与设计限值(设计目标)的比较。由该图可知,所设计的框架在所有地震动作用下的最大层间侧移角均未超过设计值。任选框架中的 1 个梁柱节点(如第 2 跨、第 4 层、左边节点),考察其在不同地震动作用(如 I-ELC270 和 BOL000)下的抗震性能,如图 7-8 所示。由该图可知,节点的弯矩-相对转角关系曲线稳定,且残余变形很小,结构具有良好的自定心能力和耗能能力。此外,时程分析结果中节点张开后的转动刚度与理论值吻合良好。

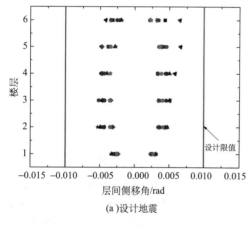

(a)设计地震

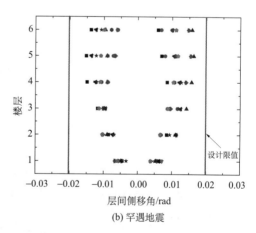

(b)罕遇地震

图 7-7　层间侧移角时程包络值与设计限值的比较

除上述位移和转角信息,表 7-6 还给出了各个地震动作用下钢绞线最大拉应变与其屈服应变的比值 $\varepsilon_{\mathrm{pt}}/\varepsilon_{\mathrm{pty}}$,以及梁端钢套最大压应变与其屈服应变的比值 $\varepsilon_{\mathrm{j}}/\varepsilon_{\mathrm{jy}}$。从表 7-6 可知,对于钢绞线受拉屈服和钢套受压屈服这两个极限状态,所设计的结构具有较大的安全储备,在设计地震和罕遇地震动作用下,应变均明显小于所对应的屈服值。

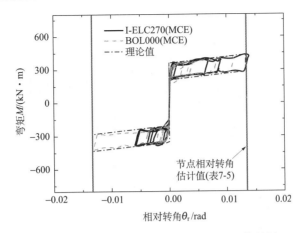

图 7-8　弯矩-相对转角关系的理论值和计算结果

表 7-6　计算应变与屈服值的比值

分析工况	设计地震				罕遇地震			
	$\dfrac{\varepsilon_{pt}}{\varepsilon_{ty}}$	$\dfrac{\varepsilon_{j}}{\varepsilon_{jy}}$	$\dfrac{M_{c,2\text{-}6}}{M_{cy}}$	$\dfrac{M_{c,1}}{M_{cp}}$	$\dfrac{\varepsilon_{pt}}{\varepsilon_{ty}}$	$\dfrac{\varepsilon_{j}}{\varepsilon_{jy}}$	$\dfrac{M_{c,2\text{-}6}}{M_{cy}}$	$\dfrac{M_{c,1}}{M_{cp}}$
BOL000	0.68	0.28	0.61	0.65	0.81	0.33	0.94	1.08
G03090	0.69	0.29	0.61	0.78	0.79	0.33	0.89	1.06
I-ELC270	0.68	0.28	0.56	0.68	0.76	0.32	0.80	0.96
KAK090	0.68	0.28	0.58	0.66	0.78	0.34	0.85	1.09
RIO270	0.68	0.28	0.58	0.72	0.79	0.33	0.90	1.04
B-ICC090	0.68	0.28	0.58	0.63	0.78	0.33	0.87	1.06
HDA165	0.67	0.27	0.53	0.56	0.76	0.34	0.80	1.05
YER360	0.68	0.28	0.57	0.71	0.76	0.31	0.82	1.00
TAF021	0.69	0.29	0.60	0.72	0.76	0.32	0.83	1.02
人工波	0.67	0.28	0.56	0.61	0.77	0.33	0.84	1.04
平均值	0.68	0.28	0.58	0.67	0.77	0.33	0.85	1.04

此外，表 7-6 还考察了柱底截面屈服这一极限状态，其中 M_{c1}/M_{cp} 表示首层柱底截面在地震动作用下的最大弯矩需求 M_{c1} 与柱底出现塑性铰时的截面弯矩 M_{cp} 的比值；$M_{c,2\text{-}6}/M_{cy}$ 表示 2～6 层柱端截面在地震动作用下的最大弯矩需求 $M_{c,2\text{-}6}$ 与截面屈服弯矩 M_{cy} 的比值。对于给定的截面和轴力，M_{cy} 和 M_{cp} 可按截面弯矩-曲率曲线近似确定，如图 7-9(a) 所示。由表 7-6 可知，在设计地震动作用下，首层柱底截面弯矩均未达到 M_{cp}，在罕遇地震动作用下，多数首层柱底截面弯矩已达到 M_{cp}；在设计地震和罕遇地震动作用下，2～6 层柱底截面弯矩均小于 M_{cy}；这均与设计预期相符。图 7-9(b) 和 (c) 分别给出了 I-ELC270 地震动下首层和 2 层柱底(第 1 跨、左柱)截面的弯矩时程曲线及其与 M_{cp} 和 M_{cy} 的比较。

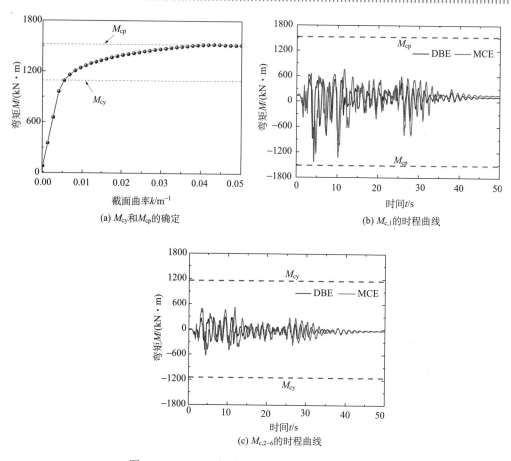

(a) M_{cy} 和 M_{cp} 的确定

(b) $M_{c,1}$ 的时程曲线

(c) $M_{c,2-6}$ 的时程曲线

图 7-9 M_{cy}、M_{cp} 的确定与 M_{c1}、$M_{c,2-6}$ 的时程曲线

7.8   本 章 小 结

本章针对自定心预应力混凝土框架，提出了一种基于性能的抗震设计方法。主要的工作与结论如下：

(1)定义了自定心预应力混凝土框架的抗震性能水准、结构的极限状态和地震动作用水准(地震设防水准)，确定了自定心预应力混凝土框架结构的抗震设计目标。

(2)根据提出的性能化设计方法所设计的自定心预应力混凝土框架在设计地震和罕遇地震动作用下的结构响应和预测值吻合良好。结构在地震动作用后的残余变形很小，具有良好的自定心能力和稳定的耗能能力。

(3)在设计地震和罕遇地震动作用下，对于钢绞线受拉屈服和钢套受压屈服这两个极限状态，所设计的自定心框架具有较大的安全储备，应变均明显小于所对应的屈服值。

(4)在设计地震动作用下，所设计的自定心预应力混凝土框架首层柱底截面弯矩均未达到柱底出现塑性铰时的截面弯矩。在罕遇地震动作用下，多数首层柱底截面弯矩已达到柱底出现塑性铰时的截面弯矩；在设计地震和罕遇地震动作用下，2～6层柱底截面弯矩均小于截面屈服弯矩。

参 考 文 献

[1] 宋良龙. 自定心混凝土框架的抗震性能与设计方法研究[D]. 南京: 东南大学, 2016.

[2] 郭彤, 宋良龙. 腹板摩擦式自定心预应力混凝土框架基于性能的抗震设计方法[J]. 建筑结构学报, 2014, 35(2): 22-28.

[3] 中华人民共和国住房和城乡建设部. 建筑抗震设计规范 [S]. GB 50011—2010. 北京: 中国建筑工业出版社, 2010.

[4] Garlock M M. Design, analysis, and experimental behavior of seismic resistant post-tensioned steel moment resisting frames [D]. Bethlehem: Lehigh University, 2002.

[5] Applied Technology Council. Guidelines for seismic performance assessment of buildings: ATC-58 50% draft [R]. Washington: Department of Homeland Security, 2009.

[6] McCormick J, Aburano H, Ikenaga M, et al. Permissible residual deformation levels for building structures considering both safety and human elements [C]. // Proceedings of the 14th World Conference on Earthquake Engineering, Beijing, 2008.

[7] Seo C Y. Influence of ground motion characteristics and structural parameters on seismic responses of SDOF systems [D]. Bethlehem: Lehigh University, 2005.

[8] El-Sheikh M, Sause R, Pessiki S, et al. Seismic analysis, behavior, and design of unbonded post-tensioned precast moment frames [R]. Bethlehem: Lehigh University, 1997.

[9] Pacific Earthquake Engineering Research Center. PEER NGA database [DB/OL]. http://peer.berkeley.edu/nga/, 2006.

[10] Hancock J, Watson-Lamprey J, Abrahamson N A, et al. An improved method of matching response spectra of recorded earthquake ground motion using wavelets [J]. Journal of Earthquake Engineering, 2006, 10(s): 67-89.

[11] Seismosoft. SeismoArtif version 1.0.0 [CP/OL]. http://www.seismosoft.com, 2012.

[12] McKenna F, Fenves G L, Scott M H. Open system for earthquake engineering simulation [D]. California: University of California, Berkeley, 2000.

第8章

自定心混凝土框架的振动台试验

为进一步研究自定心混凝土框架的抗震性能，本章对两种自定心框架(SCPB框架和SCRB框架)进行了振动台试验[1]。

8.1 模型概况

8.1.1 相似比确定

振动台的基本参数决定了模型的缩尺比、加速度等相似参数。本书所依托的东南大学地震模拟振动台的主要性能参数如表8-1所示。

表8-1 地震模拟振动台主要性能参数

性能	参数
台面尺寸	4m×6m
频率范围	0.1～50Hz
最大模型质量	25t
最大位移	X向：±250mm
最大速度	X向：600mm/s
最大加速度	X向：3.0g(空载)，1.5g(负载25t)

本试验的原型结构是依据《混凝土结构设计规范》及《建筑抗震设计规范》设计的两层2×1的现浇空间框架。X向(两跨方向)及Y向(单跨方向)跨度均为4.2m，层高为3.6m；柱截面为300mm×300mm，X向梁截面为200mm×400mm，Y向梁截面为300mm×400mm，板厚为120mm。该结构抗震设防烈度为8度(0.20g)，设防地震分组为第一组，场地类别为二类；结构顶层和标准层恒载标准值均为3.5kN/m²，活载标准值为2.0 kN/m²。混凝土选用C30混凝土，纵筋选用HRB400，箍筋选用HPB300。

根据表8-1所示的振动台主要性能参数，初步选取模型的缩尺比例为$\lambda_l = 1/2$，制作模型所采用的材料与原型材料一致，由此模型与原型结构各个物理量之间的相似关系可以根据量纲分析法求得。表8-2列出了各个物理量的相似关系。

表 8-2 各个物理量的缩尺系数

参数		量纲	关系式	缩尺系数
几何尺寸	长度, L	L	λ_l	0.500
	面积, S	L^2	$\lambda_S = \lambda_l^2$	0.250
	体积, V	L^3	$\lambda_V = \lambda_l^3$	0.125
载荷	集中力, F	F	$\lambda_F = \lambda_l^2 \lambda_E$	0.250
材料特性	应力, σ	FL^{-2}	$\lambda_\sigma = \lambda_E$	1.000
	应变, ε	—	λ_ε	1.000
	弹性模量, E	FL^{-2}	λ_E	1.000
	泊松比, ν	—	λ_μ	1.000
	密度, ρ	FT^2L^{-4}	$\lambda_\rho = \lambda_\sigma / \lambda_l$	2.000
动力特性	质量, m	FT^2L^{-1}	$\lambda_m = \lambda_l^3 \lambda_\rho$	0.250
	速度, υ	FL^{-1}	$\lambda_F = \lambda_l^{0.5}$	0.707
	加速度, a	FL^{-2}	λ_a	1.000
	频率, ω	T^{-1}	$\lambda_\omega = \lambda_l^{-0.5}$	1.414
	时间, T	T	$\lambda_T = (\lambda_l / \lambda_a)^{0.5}$	0.707
	阻尼比, C	$FL^{-1}T$	λ_C	0.354

8.1.2 模型设计

按缩尺比为 0.5 设计试验结构，即柱截面为 150mm×150mm（局部加宽到 250mm×150mm），X 向梁截面为 100mm×200mm，Y 向梁截面为 150mm×200mm，板厚 60mm。根据自定心框架结构设定的性能水准目标，参考本书第 7 章提出的自定心框架结构的设计流程，对本试验的模型框架进行设计，梁柱的初始预应力和梁端摩擦力设计值如表 8-3 所示。根据计算，模型一层和二层所需配重质量分别为 1466kg 和 1770kg。图 8-1 给出了 SCPB 结构模型整体平、立、剖面图，截面配筋图及节点详图。

表 8-3 初始预应力和梁端摩擦力设计值

构件位置	预应力筋根数	单根预应力筋拉力/kN	摩擦力/kN
边柱	2ϕ15.2mm	40.44	—
中柱	2ϕ15.2mm	45.99	—
梁(第一层)	1ϕ15.2mm	64.86	21.62
梁(第二层)	1ϕ15.2mm	30.43	10.14

由于试验框架进行了缩尺，为便于梁端摩擦槽钢及其螺栓的安装，柱截面的宽度在梁端进行了局部加大。为适应自定心框架在节点张开后的"扩张"现象，楼板和框架梁的连接采用了如图 8-1(h)所示的特殊构造。在楼板的预制过程中，在一侧的板边预埋了 3 个 C 型钢，如图 8-1(i)所示，型钢上下板面开有 ϕ20mm 孔道，并在浇筑混凝土时插入

钢管以形成预留孔道。为了将板与主体结构形成有效连接，Y 向单榀框架中梁的相应位置预留有 $\phi25mm$ 孔道，实验室拼装的时候通过螺栓将板的一边与中梁相连以传递楼板的水平地震动作用。

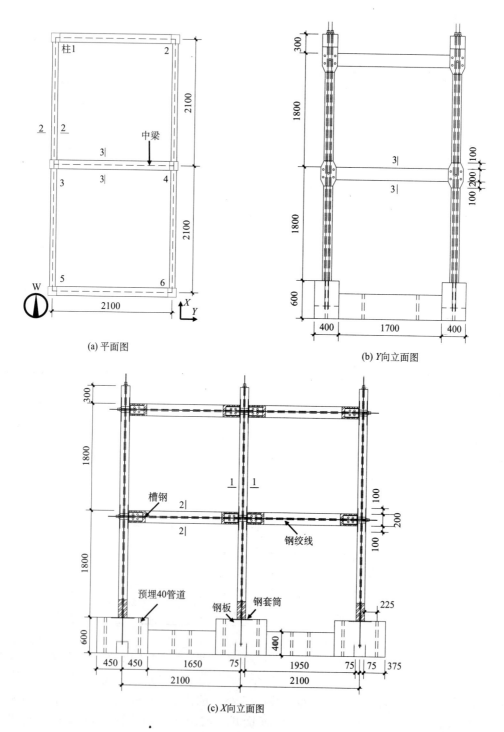

(a) 平面图

(b) Y向立面图

(c) X向立面图

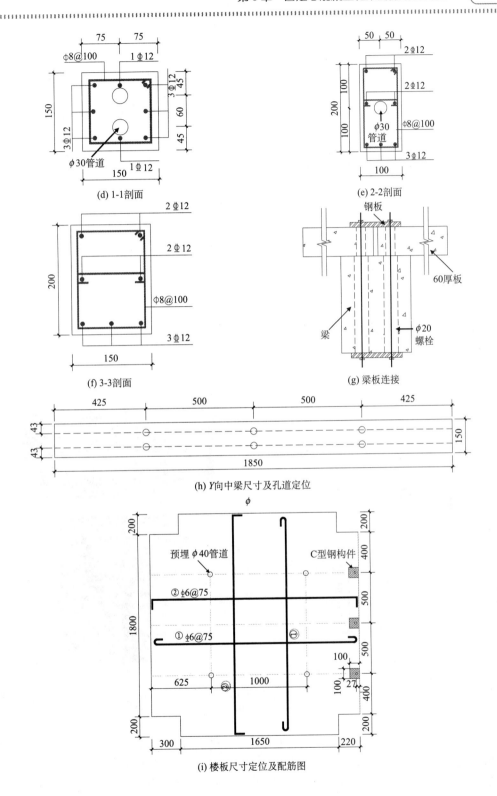

(d) 1-1剖面

(e) 2-2剖面

(f) 3-3剖面

(g) 梁板连接

(h) Y向中梁尺寸及孔道定位

(i) 楼板尺寸定位及配筋图

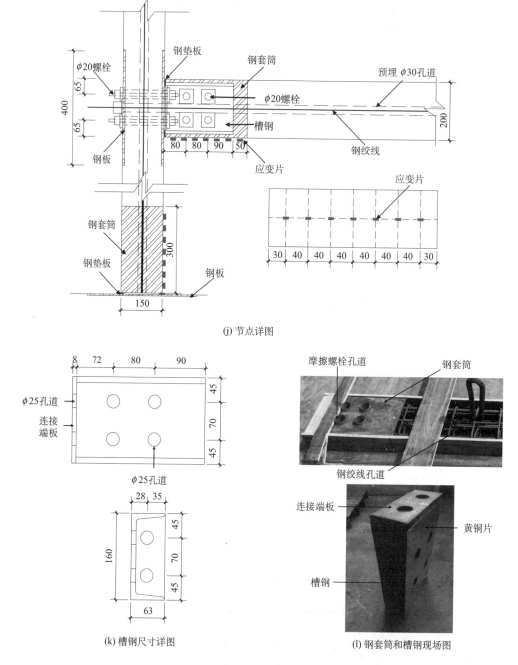

(j) 节点详图

(k) 槽钢尺寸详图

(l) 钢套筒和槽钢现场图

图 8-1　SCPB 结构模型整体平、立、剖面图，截面配筋图及节点详图(单位：mm)

当预应力梁柱节点和柱-基础节点张开时，梁柱接触面和柱-基础接触面均为容易出现应力集中的位置，需要对这些位置进行相应处理，在梁端与柱底加上钢套筒、柱侧增加钢板。图 8-2 给出了 X 向框架梁的尺寸图及一些零部件实物图。

(a) X向框架梁尺寸图

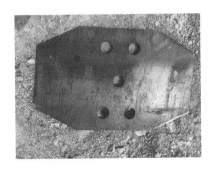

(b) 柱侧钢板

(c) 梁端钢套筒

(d) 柱底钢套筒(底部有预留孔洞)

图 8-2　X向框架梁尺寸及零部件实物图

　　结构模型安装完后整体上部质量大致在 5200kg(未附加质量之前)，选用钢筋混凝土梁式底座。振动台台面螺栓孔距模数为 300mm，台面尺寸为 4m×6m。为了防止上部结构在摇摆过程中柱底出现应力集中以及钢绞线集中力对基础的损坏，在柱子与基础相连接部位上下分别预埋一块钢板。钢板上焊接有限位条，用以限制由于柱底过大滑移带来的试验安全问题，同时钢板上预留有钢绞线孔洞方便结构安装。图 8-3 给出了结构刚性底座设计方案及部件实物图。

　　对于 SCRB 框架，柱底是与基础相固结，而梁是试验前拼装起来的，为了便于运输与保护结构模型，底座断开浇筑，与柱固结的底座部分整体预制，剩余部分分别预制，在振动台上通过预应力钢绞线拉结为一个整体。

8.1.3　模型构件浇筑

　　本试验构件在试验室构件加工室进行浇筑，总体施工过程为：地基找平—支模—尺寸控制—绑扎钢筋笼—钢筋应变片粘贴—预留孔道定位—整体尺寸再控制、水平度控制—浇筑混凝土—养护。现场施工过程如图 8-4～图 8-7 所示。

　　构件施工完成后，浇水养护 28 天，然后在东南大学九龙湖校区土木交通实验室进行试验构件安装和试验。

8.1.4　构件安装

　　SCPB 框架为全预应力自定心结构，梁-柱、柱-基由预应力钢绞线拉结为一个整体框架，SCPB 的安装过程大致为以下几个步骤：

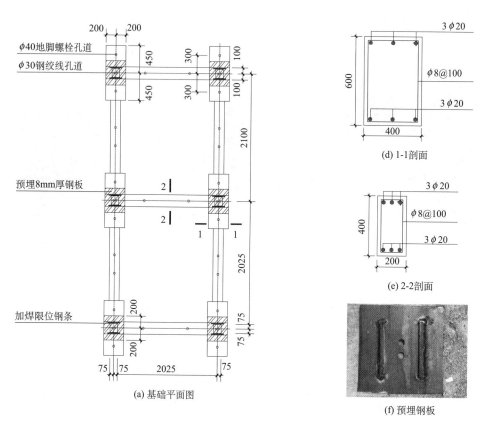

(a) 基础平面图

(d) 1-1剖面

(e) 2-2剖面

(f) 预埋钢板

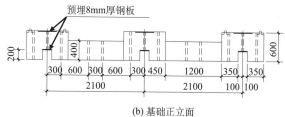

(b) 基础正立面

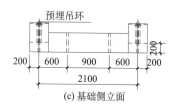

(c) 基础侧立面

图 8-3 结构刚性底座设计方案及部件实物图(单位:mm)

(a) SCRB 单榀框架支模、绑扎钢筋

(b) SCRB 柱底应变片、纵筋、箍筋

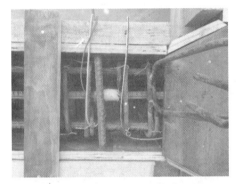

(c) SCRB 柱顶应变片、纵筋、箍筋

(d) SCRB 单榀框架完成

图 8-4 SCRB 单榀框架

(a) SCPB 单榀框架绑扎钢筋

(b) SCPB 单榀框架支模完成

(c) SCPB 梁柱加点处应变片粘贴

(d) SCPB 单榀框架完成

图 8-5 单榀 SCPB 框架的制作

(a)X向梁支模、绑扎钢筋

(b)X向梁端应变片

(c)成品

图 8-6　X 向框架梁的预制

(a)板支模及配筋

(b)板浇筑完成

图 8-7　预制板

　　(1)刚性底座的安装：用试验室吊车将刚性底座吊起，清理底座底面及预留直径40mm 孔道。吊至台面后，对中台面的螺栓孔道，螺栓拧紧，固定刚性底座，使其与台面形成一个整体。

(2)单榀框架安装：清理单榀框架构件及孔道杂屑，吊装到刚性底座后，柱底钢套筒孔道对准底座上部预埋钢板孔洞，从柱顶穿预应力钢绞线，单榀四根钢绞线穿过后，钢绞线下端加锚具，通过在柱底抬升/闭合方向加焊垫片调整单榀框架的 X/Y 双向垂直度，然后在柱顶对称施加一定预应力值使得单榀框架能够独立稳固，依次安装完三榀框架。

(3)X 向梁安装：清理梁上预埋孔道及梁身杂屑，将 4 根直径 20mm 的高强螺栓穿过梁端两侧槽钢的 $\phi25mm$ 孔道及梁端钢套筒 $\phi40mm$ 孔道，施加对拉力；待梁吊放在两柱之间，用千斤顶调整梁的位置，使柱子钢绞线孔道对准梁钢绞线孔道，穿钢绞线；另外采用 4 根直径 20mm 的高强螺栓穿过槽钢端板及柱子孔道，将槽钢固定于柱子上，在梁端部转动点处加焊钢板以确定转动半径及调整梁、柱接触，张拉梁部钢绞线应力值到达设计初始值，用扭矩扳手拧紧梁端部对拉螺栓至设计值。

(4)预制板的安装：倾斜吊起预制板，缓慢搭在梁上，$\phi16mm$ 高强螺栓穿过板上预留 $\phi20mm$ 孔道及 Y 向中梁预留 $\phi25mm$ 孔道，螺栓上下各加一块钢板，拧紧螺栓，使 X 向两块预制板成为一个整体，并与主体结构形成有效连接。

(5)配重块的安装：按照配重要求在预制板上整齐码放相应的配重钢块，并用钢丝及水泥砂浆将钢块固定于预制钢板上。

(6)重复步骤(3)～(5)，安装第二层的梁、板、配重块，完成整体结构安装，如图 8-8 所示。

(a)底座安装

(b)单榀框架安装

(c)梁安装

(d)板安装

(e)配重块安装　　　　　　　　　　　　(f) 整体图

图 8-8　SCPB 框架的安装

　　SCRB 框架的安装大致和 SCPB 框架一致。因为施工时底座断开浇筑，所以安装时对拉预制底座，使其成为一个刚性底座。如图 8-9 所示。

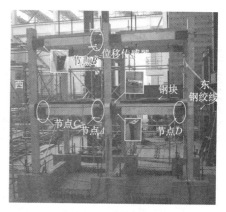

(a) 底座拼装　　　　　　　　　　　　(b) 整体图

图 8-9　SCRB 框架的安装

8.2　材 料 参 数

8.2.1　混凝土

　　预制构件浇筑时分两批制作混凝土试块，每批预留 6 个混凝土立方体标准试块（150mm×150mm×150mm），与试验构件同等条件下养护 28 天后进行混凝土抗压强度试验，试验数据如表 8-4 所示。两次的混凝土抗压强度平均值分别为 38.60MPa 和 40.20MPa，最终混凝土抗压强度取两次均值的平均值 39.40MPa。

表 8-4　混凝土抗压强度试验数据

批次	立方体编号	实测抗压强度/MPa	批次	立方体编号	实测抗压强度/MPa
1	1	40.00	2	1	41.33
	2	41.23		2	38.67
	3	37.69		3	37.60
	4	39.42		4	39.21
	5	36.58		5	40.53
	6	36.68		6	43.86
	平均值	38.60		平均值	40.20

8.2.2　钢材

构件纵筋均采用直径 12mm 的 HRB400 级钢筋，箍筋均采用直径 8mm 的 HPB300 级钢筋，钢筋的材料属性依据钢筋材性实验确定，如表 8-5 所示。

表 8-5　钢筋材料属性

钢筋种类	试验次序	f_y/MPa	f_u/MPa	钢筋种类	试验次序	f_y/MPa	f_u/MPa
HRB400	1	486	601	HPB300	1	425	575
	2	469	592		2	415	570
	3	477	592		3	400	570
	4	460	575		4	420	570
	平均值	473	590		5	410	575
					6	405	565
					平均值	412.5	570.8

由表 8-5 可知，HRB400 和 HPB300 的屈服强度平均值分别为 473 MPa 和 412.5 MPa；构件预埋钢板均采用 Q235 钢材，其强度标准值为 235MPa。

8.3　测　试　系　统

8.3.1　加速度传感器

加速度传感器主要分布在各楼层和基础上，共计 7 个。安装在楼层处的加速度传感器主要用于模态测试以及记录楼层各质量集中处相应加速度响应；安装在基础上的加速度传感器是为了控制加载以及核对地震波信息（表 8-6）。安装相应位置如图 8-10 所示。

表 8-6　加速度传感器

标签名	作用
A1	测试基础加速度响应
A2	测试一层主体框架的加速度响应
A3	测试一层楼板系统及配重块的加速度响应
A4	测试二层主体框架的加速度响应
A5	测试二层楼板系统及配重块的加速度响应
A6	测试相对侧的二层加速度响应
A7	测试 Y 向加速度响应

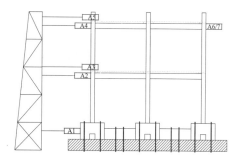
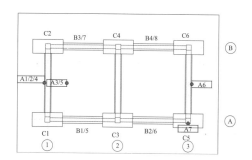

图 8-10　加速度传感器的安装位置

8.3.2　位移传感器

位移传感器主要记录结构的位移响应：层间位移、楼板相对滑移、节点截面相对张开位移（表 8-7）。位移传感器的布置图如图 8-11 所示，D1 设置在基础处，为后续楼层相对位移计算提供相对值；D2、D4 设置在楼层处，测试主体结构的相对位移；D3、D5 设置在各层楼板处，测试楼板的相对滑移；D6 设置在南北方向，测试结构的扭转效应；D7～D12（对于 SCRB 框架未设置）、D13～D18 分别设置在柱底和梁端两侧，测试截面相对张开位移。其中 D1～D6 和 D13～D18 为顶杆式位移传感器，D7～D12 为拉线式位移传感器。

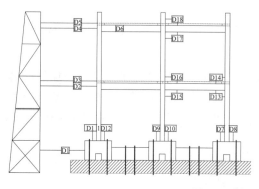
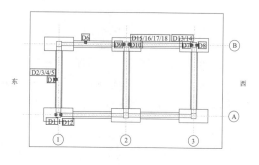

图 8-11　位移传感器布置图

表 8-7 位移传感器

标签名	用途
D1	测试基础位移值(提供参考系)
D2	测试二层主体位移(计算二层位移响应)
D3	测试二层楼板位移(计算二层楼板相对滑移)
D4	测试三层主体位移(计算三层位移响应)
D5	测试三层楼板位移(计算三层楼板相对滑移)
D6	测试 Y 向位移(计算结构扭转效应)
D7	测试柱 6 底面张开响应(SCRB 框架未设)
D8	
D9	测试柱 4 底面张开响应(SCRB 框架未设)
D10	
D11	测试柱 1 底面张开响应(SCRB 框架未设)
D12	
D13	测试二层南侧西侧梁端张开响应
D14	
D15	测试二层南侧中间梁端张开响应
D16	
D17	测试三层南侧中间梁端张开响应
D18	

8.3.3 应变片

设置应变片主要研究构件微观损伤。应变片粘贴位置有梁柱钢筋以及梁、柱钢套筒。对于 SCRB 框架，除了钢套筒以及柱底纵筋位置处有应变传感器，柱底混凝土表面粘贴有混凝土应变传感器。部分应变传感器粘贴位置如图 8-1(j) 所示。

8.3.4 锚索测力计

传感器的现场安装如图 8-12 所示，在梁、柱预应力钢绞线端部设置锚索计用以监测初始预应力的施加和损失情况。对于 SCPB 框架梁、柱内的钢绞线每根设置一个锚索计，共计 16 个；对于 SCRB 框架，仅梁端设有锚索计，共 4 个锚索计。

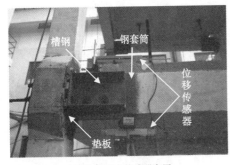

(a) 梁-柱节点传感器布置

(b) 柱-基节点传感器布置

(c) 侧面传感器布置

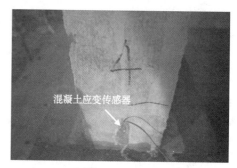

(d) 柱底混凝土应变传感器布置

图 8-12 传感器现场安装图

8.4 加 载 方 案

8.4.1 地震波选取

地震波的随机性较大，通常可以用地面峰值加速度(PGA)、频谱特性以及持时三个属性来表述。《建筑抗震设计规范》规定：①地震动的选取应按建筑场地类别和设计地震分组选用实际强震记录和人工模拟的加速度时程曲线，其中强震记录数量不少于总数的2/3，多组时程曲线的平均地震影响系数曲线应与振型分解反应谱法所采用的地震影响系数在对应于结构主要振型的周期点上相差不大于20%；②弹性时程分析时，每条时程曲线计算所得结构底部剪力不应小于振型分解反应谱法计算结果的65%，多条时程曲线计算所得结构基底剪力的平均值不应小于振型分解反应谱法计算的结构基底剪力的80%。

对于振动台试验地震动的选取，除上述规定，还要考虑振动台设备的相关限制，比如，台面输入地震动的峰值速度不大于 600mm/s、峰值位移不大于 250mm 等。基于上述考虑选出三条地震波，其相关信息如表 8-8 所示，地震波的归一化加速度时程和频谱特性如图 8-13 和图 8-14 所示。

表 8-8 地震动特性

地震名	记录名	站台名	震级	震中距/km	PGA/g	持时/s
Kern	SBA042	Santa Barbara Courthouse	7.4	88.39	0.09	77.44
Kobe	TAZ090	Takarazuka	6.9	38.61	0.61	40.95
人工波					0.21	20.00

8.4.2 试验方案

自定心框架结构的动力特性通过白噪声试验获得，并通过加载不同强度的地震激励研究结构的地震响应。

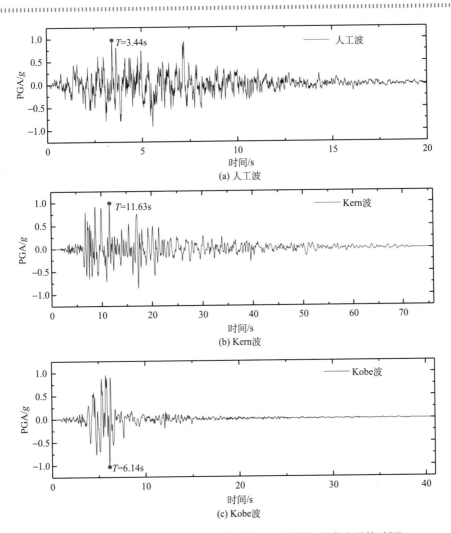

图 8-13　归一化的地震波时程(图中圆点表示峰值加速度出现的时间)

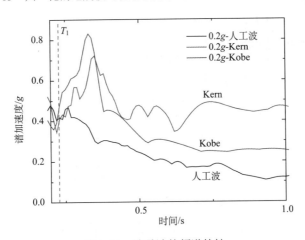

图 8-14　地震波的频谱特性

SCPB 框架的测试分两个阶段，第一阶段测试框架在依次递增的 PGA 下的结构响应；第二阶段测试框架在结构参数变化时的地震响应。其中，初始预应力分别为边柱：80.88kN；中柱：91.98kN；一层梁：64.86kN；二层梁：30.43kN。初始摩擦力分别为一层：21.62kN；二层：10.14kN。试验加载方案如表 8-9 所示。

表 8-9　SCPB 框架试验加载方案

试验次序	地震波	PGA/g	试验次序	地震波	PGA/g
1	WN	0.025	19	WN	0.025
2	人工波	0.070	20	Kobe	0.400
3	Kobe	0.070	21	WN	0.025
4	Kern	0.070	22	Kern	0.400
5	WN	0.025	23	WN	0.025
6	人工波	0.150	24	WN	0.025
7	Kobe	0.150	25	人工波	0.450
8	Kern	0.150	26	WN	0.025
9	WN	0.025	27	Kobe	0.450
10	人工波	0.200	28	WN	0.025
11	Kobe	0.200	29	Kern	0.450
12	Kern	0.200	30	WN	0.025
13	WN	0.025	31	人工波	0.500
14	人工波	0.300	32	WN	0.025
15	Kobe	0.300	33	Kobe	0.500
16	Kern	0.300	34	WN	0.025
17	WN	0.025	35	Kern	0.500
18	人工波	0.400	36	WN	0.025

试验次序	N_{EC}/kN	N_{CC}/kN	N_{B1}/kN	N_{B2}/kN	N_{f1}/kN	N_{f2}/kN	地震波
37	121.32	137.97	64.860	30.43	21.62	10.14	WN
38	121.32	137.97	64.860	30.43	21.62	10.14	0.45g-Kobe
39	121.32	137.97	64.860	30.43	21.62	10.14	WN
40	121.32	137.97	64.860	30.43	43.24	20.28	WN
41	121.32	137.97	64.860	30.43	43.24	20.28	0.45g-Kobe
42	121.32	137.97	64.860	30.43	43.24	20.28	WN
43	121.32	137.97	48.645	22.52	43.24	20.28	WN
44	121.32	137.97	48.645	22.52	43.24	20.28	0.45g-Kobe
45	121.32	137.97	48.645	22.52	43.24	20.28	WN

注：WN，白噪声；N_{EC}，边柱预应力；N_{CC}，中柱预应力；N_{B1}，一层梁预应力；N_{B2}，二层梁预应力；N_{f1}，一层初始摩擦力；N_{f2}，二层初始摩擦力。

SCRB 框架只考察在地震波 PGA 依次递增作用下的结构响应，结构试验方案如表 8-10 所示。其中，初始预应力分别为一层梁：64.86kN；二层梁：30.43kN。

表 8-10 SCRB 框架试验方案

试验次序	地震波	PGA/g	试验次序	地震波	PGA/g
1	WN	0.025	18	人工波	0.400
2	人工波	0.070	19	Kobe	0.400
3	Kobe	0.070	20	Kern	0.400
4	Kern	0.070	21	WN	0.025
5	WN	0.025	22	人工波	0.500
6	人工波	0.150	23	Kobe	0.500
7	Kobe	0.150	24	Kern	0.500
8	Kern	0.150	25	WN	0.025
9	WN	0.025	26	人工波	0.600
10	人工波	0.200	27	Kobe	0.600
11	Kobe	0.200	28	Kern	0.600
12	Kern	0.200	29	WN	0.025
13	WN	0.025	30	人工波	0.700
14	人工波	0.300	31	Kobe	0.700
15	Kobe	0.300	32	Kern	0.700
16	Kern	0.300	33	WN	0.025
17	WN	0.025			

8.5 试验结果分析

8.5.1 振动台保真度分析

图 8-15(a) 为时域范围内台面位移输出与输入的对比，输出位移由振动台自身位移传感器采集，输入位移是地震波积分位移。从图中可以看出输入与输出位移基本一致，说明振动台在时域内能保证响应的真实性。

图 8-15(b) 为频域范围内台面加速度频谱特性输入与输出的对比，输出加速度是由振动台系统加速度传感器采集。从图中可知，输入与输出的加速度反应谱吻合良好，在 0～5Hz 内谱加速度十分接近，而在 5～50Hz 则出现微小偏差，而这些偏差可能是由于扭转效应以及噪声引起。由试验可知，本试验框架一阶自振频率低于 5Hz，在振动台可精确模拟真实地震波的范围内，因此，可以认为振动台在该结构自然频率下能准确有效地模拟地震波输入。

图 8-16 给出的是在 0.07g Kern 地震波作用下基础与振动台台面加速度响应对比。从图中可以看出基础与台面形成有效的刚性连接，能有效地将台面振动情况传递到上部结构。

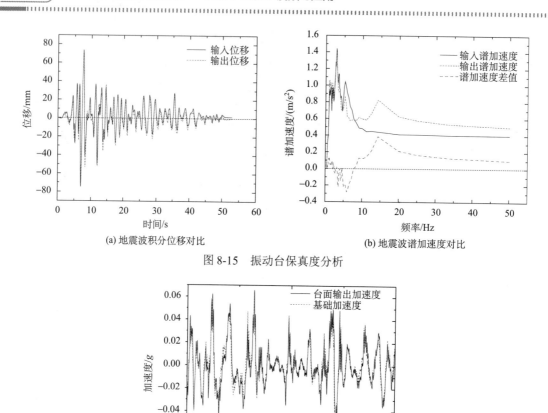

(a) 地震波积分位移对比　　　　　(b) 地震波谱加速度对比

图 8-15　振动台保真度分析

图 8-16　在 0.07g Kern 地震波作用下基础与振动台台面加速度响应对比

8.5.2　试验现象分析

SCPB 框架的试验现象：

(1) 0.07~0.15g 地震波下的试验现象

在该强度等级的地震波作用下，模型结构虽有较大的位移反应，但基本和台面做整体刚体位移运动，层间位移角均小于设计限值。模型结构未出现可见裂纹，梁-柱和柱-基础接触面未出现明显张开，结构内部的初始预应力仅有少量变化，且结构一阶固有频率下降幅度微小，表明结构处于弹性阶段。

(2) 0.2~0.3g 地震波输入下的试验现象

在 0.2g 的地震波作用下，通过观察设置在梁柱节点、柱基节点处的百分表发现，梁柱、柱基面有微小张开，预应力钢绞线初始应力出现一定的变化，结构层间位移角均小于规范设计限值，此时结构已经进入非线性阶段；在 0.3g 的地震波作用下，最大结构层间位移角超过设计限值 1.0%，结构出现明显的内力重分布，钢绞线初始应力以及结构一阶固有频率下降幅度较大，在 Y 向梁与楼板交接转动处梁边混凝土有局部压碎现象出现，如图 8-17(a) 所示。

（3）0.4～0.5g 地震波输入下的试验现象

在进行罕遇地震波作用时，结构一阶固有频率改变很小；结构层间位移角有进一步增大，但仍未超出相应规范限值；在一层柱顶与钢板相接触的部位有个别柱子出现细微裂纹，如图 8-17(b) 所示，表明该部位在设计时要加以防范措施。此外，梁、板交接处混凝土压碎范围有所扩大。

（4）0.45g 地震波输入及结构参数改变时的试验现象

在提高柱钢绞线初始应力水平和摩擦耗能件初始预紧力后，结构一阶固有频率有所增加。在整个地震动输入阶段，主体结构未出现钢筋屈服、混凝土崩落现象，显示出较好承载能力以及变形能力；在试验结束后，槽钢上粘贴的黄铜面有轻微磨损，个别黄铜片出现剥落现象，如图 8-17(c) 所示，在后续试验以及实际工程中应该避免这类问题出现。

　　(a) Y 向梁混凝土压碎　　　　　　　　(b) 柱身裂纹　　　　　　　　　(c) 摩擦板磨损

图 8-17　SCPB 框架中出现的局部损伤

SCRB 框架的试验现象：

在各强度等级的地震波作用下，结构表现出良好的抗震性能。在罕遇地震动作用下，结构仍然能够回复到初始位置，残余变形极小。在地震波作用下，结构损伤主要集中在柱-基固结处及摩擦槽钢的黄铜片上。在 PGA=0.15g 的地震波加载过程中，Y 向梁与板相转动位置处出现混凝土压碎现象，并随地震波 PGA 的增加有扩大趋势。在 PGA 达到 0.4g 时，柱底混凝土的拉应力达到抗拉强度，出现裂缝；在 PGA 达到 0.6g 时，柱底纵筋出现屈服，柱底截面裂缝深度加大。在整个试验过程中，自定心框架表现出良好的耗能能力以及自定心能力。在整个试验结束后，摩擦槽钢表面的黄铜片有轻微磨损痕迹。结构损伤如图 8-18 所示。

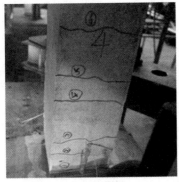 

　　　　(a) 柱底裂缝　　　　　　　　　　　　　　　(b) 一层柱顶裂缝

（c）梁-板转动处混凝土压碎   （d）槽钢磨损

图 8-18   SCRB 框架结构中出现的局部损伤

8.5.3   结构整体响应分析

1. 结构动力特性分析

结构的固有频率是结构本身的一种特有属性，通过观察结构固有频率的改变，可在一定程度上了解结构的损伤。用低幅宽频白噪声扫描是振动台试验常用的结构动态性能及损伤鉴定方法。本试验选用 PGA 为 $0.025g$、频率带宽为 $0.5\sim50$Hz 的白噪声对结构试验前及每一组试验后进行扫描。

表 8-11 给出的是 SCPB 框架 21 次白噪声扫描的一阶、二阶固有频率变化。SCPB 框架初始一阶及二阶固有频率分别为 4.39 Hz 和 14.26 Hz。在地震波输入 PGA 小于设计地震加速度 $0.2g$ 时，结构固有一阶频率从初始的 4.39Hz 变为 4.1Hz，改变量为 6.6%，此时结构梁柱截面以及柱基截面并未明显张开，频率降低主要是由于安装时梁-柱截面、柱-基截面接触不完全，在地震波作用下钢绞线有所放松，结构整体刚度下降；当输入 PGA 达到 $0.2g$ 时，结构的预应力节点开始张开，一阶频率降低至 4.0Hz；当 PGA 达到 $0.3g$ 时，结构的预应力节点张开明显，整体内力发生显著调整，一阶频率降低至 3.32Hz，较初始值降低 24.4%，但结构整体未出现明显塑性损伤，主要表现为预应力节点张开；在进行完 PGA=$0.4g$ 的罕遇地震动强度测试后，试验放置两天，结构一阶频率有小幅度上升；改变结构柱初始预应力值以及摩擦耗能件初始预应力，结构整体刚度有一定提高，结构一阶频率增加。在整个试验过程中，一层柱顶混凝土-钢板交接部位的细微裂纹、Y 向梁的混凝土局部压碎、梁柱钢绞线应力值的降低是整体结构频率降低的主要原因。

表 8-11   SCPB 框架 21 次白噪声扫描的一阶、二阶固有频率变化

扫描次序	一阶频率	二阶频率	试验时间	PGA/g
1	4.39	14.26	试验 2 前	0.00
2	4.20	14.06	试验 4 后	0.07

续表

扫描次序	一阶频率	二阶频率	试验时间	PGA/g
3	4.10	13.57	试验 8 后	0.15
4	4.00	13.28	试验 12 后	0.20
5	3.32	12.50	试验 16 后	0.30
6	3.32	12.50	试验 18 后	0.40
7	3.32	12.30	试验 20 后	0.40
8	3.32	12.01	试验 22 后	0.40
9	3.52	12.50	试验 25 前	0.45
10	3.42	12.40	试验 25 后	0.45
11	3.42	12.21	试验 27 后	0.45
12	3.32	12.21	试验 29 后	0.45
13	3.32	12.01	试验 31 后	0.50
14	3.32	12.01	试验 33 后	0.50
15	3.32	12.01	试验 35 后	0.50
16	3.52	13.09	试验 38 前	0.45
17	3.42	12.50	试验 38 后	0.45
18	3.52	12.99	试验 41 前	0.45
19	3.42	12.50	试验 41 后	0.45
20	3.42	12.40	试验 44 前	0.45
21	3.42	12.40	试验 44 后	0.45

表 8-12 给出了 SCRB 框架一、二阶固有频率和阻尼系数。由该表可知，本试验框架结构的初始一、二阶频率分别为 4.10Hz、13.09 Hz，在试验结束后，一、二阶频率变为 3.32 Hz 和 10.35 Hz，分别降低了 19.02%和 20.93%，其结构损伤发展可以由一阶频率所对应的阻尼系数表征。在结构主体处于弹性状态下，结构能量主要由摩擦耗能件吸收，在结构出现塑性损伤后，结构能量由摩擦耗能及塑性变形耗能承担。由表可知，在 0.15g 地震波作用下，结构出现塑性损伤(梁板转动处混凝土压碎)，结构的阻尼系数由 1.87% 增加到 5.41%。在 0.20g 地震波下，结构开始出现节点转动，阻尼系数仍大于弹性状态的对应值。在 0.40g 地震波作用下，柱底混凝土开裂，塑性损伤加剧，当 PGA 增加到 0.50g 时，结构柱底钢筋开始出现屈服。随着结构塑性损伤的发展，结构一阶频率的衰减逐渐增加。

表 8-12　SCRB 框架一、二阶固有频率和阻尼系数

扫描次序	一阶频率	二阶频率	一阶频率改变率/%	二阶频率改变率/%	一阶阻尼系数/%	二阶阻尼系数/%	试验位置	PAG/g
1	4.10	13.09	—	—	1.78	1.79	1	0.00
2	3.91	12.89	−4.76	−1.49	1.87	1.35	5	0.07
3	3.71	12.11	−5.00	−6.06	5.41	0.56	9	0.15
4	3.52	12.11	−5.26	0.00	2.89	0.74	13	0.20

扫描次序	一阶频率	二阶频率	一阶频率改变率/%	二阶频率改变率/%	一阶阻尼系数/%	二阶阻尼系数/%	试验位置	PAG/g
5	3.52	11.33	0.00	−6.45	1.86	2.37	17	0.30
6	3.52	10.84	0.00	−4.31	3.51	1.15	21	0.40
7	3.32	11.43	−5.56	5.41	5.25	0.59	25	0.50
8	3.32	10.55	0.00	−7.69	3.14	2.39	29	0.60
9	3.32	10.35	0.00	−1.85	2.00	0.73	33	0.70

从表 8-11 和表 8-12 可知，SCPB 框架和 SCRB 框架初始刚度大致相同，在罕遇地震以及强度更大的地震动作用下均未发生倒塌及压溃现象，结构损伤可控，并且 SCPB 框架主体结构仍处于弹性阶段。

2. 结构加速度响应分析

表 8-13 和表 8-14 分别给出了 SCPB 和 SCRB 框架结构的加速度、位移响应，其中加速度放大系数为各楼层加速度峰值与台面输出加速度峰值的比值。由表可知，两种自定心框架结构整体响应基本一致，二层加速度放大系数均大于一层，SCPB 框架的最大加速度放大系数为 3.16，而 SCRB 框架的最大加速度放大系数为 3.12。随着地震动加速度的增大，楼层加速度放大系数呈现递减趋势。在不同地震波下，同一结构的楼层加速度放大系数各不相同，地震波频谱特性对结构影响显著。

表 8-13 SCPB 框架的加速度、位移响应

地震波	设计 PGA/g	加速度放大系数		层间位移			
		一层	二层	一层		二层	
		K_1	K_2	X_{max}/mm	X_r/mm	X_{max}/mm	X_r/mm
人工波	0.07	2.01	2.71	2.61	0.17	2.16	0.15
	0.15	1.71	2.81	5.07	0.12	4.87	0.31
	0.20	1.58	1.59	4.49	0.05	3.24	0.36
	0.40	1.97	2.25	14.04	0.00	11.39	0.07
	0.50	1.60	1.79	16.21	0.34	14.54	0.51
Kern	0.07	1.54	2.28	1.34	0.05	1.31	0.10
	0.15	1.53	2.31	4.49	0.26	2.85	0.20
	0.20	2.32	2.84	7.52	0.11	5.97	0.01
	0.40	2.01	2.65	30.27	0.03	25.41	0.40
	0.50	2.42	2.16	33.24	0.68	28.01	0.21
Kobe	0.07	2.38	3.16	2.22	0.17	1.55	0.17
	0.15	1.98	2.80	6.99	0.26	4.11	0.33
	0.20	1.86	2.54	10.47	0.26	8.12	0.31
	0.40	1.91	2.86	19.07	0.26	15.63	0.00
	0.50	1.75	2.57	29.74	0.06	26.37	0.32

注: K 为层间加速度放大系数; X_{max} 为最大层间位移; X_r 为层间残余位移。

表 8-14　SCRB 框架的加速度、位移响应

地震波	设计 PGA/g	加速度放大系数		层间位移			
		一层	二层	一层		二层	
		K_1	K_2	X_{max}/mm	X_r/mm	X_{max}/mm	X_r/mm
人工波	0.07	2.21	2.97	2.60	0.22	2.13	0.72
	0.20	2.29	2.68	5.58	0.14	7.50	0.13
	0.30	2.27	2.64	6.67	0.04	9.29	0.05
	0.40	1.81	2.53	7.98	0.18	12.21	0.44
	0.50	1.27	1.97	9.24	0.32	14.54	0.07
	0.60	1.16	1.64	10.30	0.47	16.86	0.07
	0.70	1.15	1.76	11.88	0.48	19.84	0.82
Kern	0.07	2.50	2.68	1.81	0.12	1.13	1.48
	0.20	2.02	2.66	6.26	0.11	6.27	1.33
	0.30	2.20	2.86	9.92	0.33	14.30	0.44
	0.40	1.64	2.40	13.95	0.04	18.75	0.80
	0.50	1.44	2.28	17.71	0.61	24.27	1.69
	0.60	1.40	2.26	20.78	0.35	29.06	0.57
	0.70	1.26	1.86	34.91	0.24	42.18	0.14
Kobe	0.07	1.84	2.49	2.73	0.10	1.70	1.21
	0.20	2.19	3.12	7.07	0.43	8.23	0.31
	0.30	2.09	2.89	9.32	0.41	13.68	0.04
	0.40	2.10	2.57	11.23	0.27	16.98	1.09
	0.50	2.10	2.53	13.35	0.11	18.66	0.15
	0.60	1.90	2.54	18.14	0.40	27.99	0.79
	0.70	1.60	2.53	23.00	0.05	35.22	0.41

3. 结构位移响应分析

试验中位移传感器获得的位移均为绝对位移。以基础位移为基准，可以得到各层间位移。表 8-13 和表 8-14 也分别给出了 SCPB 和 SCRB 框架结构在各强度地震波下的层间位移以及残余变形。从表 8-13 可以知道，SCPB 框架一层、二层在 0.50 g Kern 地震波下达到最大层间位移，分别为 33.24 mm 和 28.01 mm，层间位移角分别达到 1.85%和 1.56%。总体上，结构层间位移和层间位移角随着地震 PGA 的增大而增大。

结合图 8-14 和图 8-19(a)，可以发现地震频谱特性与结构位移响应的关系。从试验中可以知道，结构的自振周期随着结构非线性的发展持续变化。如图 8-14 所示，其中虚线就是 SCPB 框架初始一阶自振周期，在预应力节点张开出现后会逐渐往右移动。在 PGA 未达到 0.2g 时，一阶自振频率逐渐增加，这时 Kobe 地震波的谱加速度较大，因此产生了更大的层间位移；当 PGA 持续增加时，相比其他两条地震波，Kern 地震波的谱加速度较大，其产生的结构位移响应更大。

表 8-14 给出了 SCRB 框架在不同地震波下一、二层层间位移及残余变形响应。《建筑抗震设计规范》规定了小震及罕遇地震的层间位移角限值，即 1/550 和 1/50，对应于本试验框架，则层间位移限值分别为 3.27mm、36mm。由表可知，SCRB 框架满足《建筑抗震设计规范》规定的水准要求。从表 8-14 可以发现，框架二层的层间位移大于一层的层间位移，结构变形呈弯曲型。当地震波 PGA 高于罕遇地震烈度时，结构的位移需求仍然没有剧烈增大，始终保持平稳增长。

结构的残余变形是衡量震后修复难度的重要指标。在整个试验中，SCRB 框架最大残余变形值为 1.48mm，层间残余变形角为 0.82%，结构的自定心能力显著。对比分析两种框架的残余变形可知，SCRB 框架残余变形整体大于 SCPB 框架的残余变形，这主要是由 SCRB 框架柱底塑性变形导致的。由此可知，SCPB 框架自定心能力更加优越。

图 8-19(b) 给出了 SCRB 和 SCPB 两种框架的顶点位移随 PGA 的变化曲线图。从图中可以看出，在地震波 PGA 较小时，预应力节点均未张开，两种框架都可以看成整体现浇框架，整体刚度相当，因此两种框架的位移需求大致相当；当地震波 PGA 到达 0.2g 时，SCPB 框架柱底截面及梁柱截面开始张开/闭合，SCPB 框架的位移需求开始大于 SCRB 框架的位移需求。整体而言，在预应力节点张开后，自定心结构整体刚度下降，位移需求增加较快。

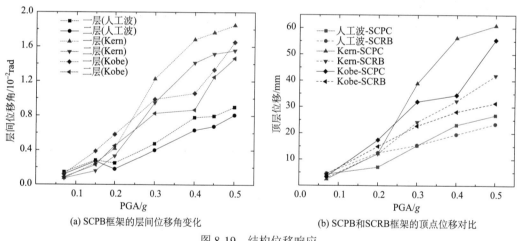

(a) SCPB框架的层间位移角变化　　　　(b) SCPB和SCRB框架的顶点位移对比

图 8-19　结构位移响应

4. 楼板相对滑移

图 8-20 给出了两种框架的楼板相对滑移位移随 PGA 的变化曲线，由于安装于 SCPB 框架二层楼板处的位移传感器失效，所以未获得 SCPB 框架的二层楼板相对滑移位移。从图中可以看出预应力梁柱节点未张开之前，楼板相对滑移位移很小；当地震动强度增大并使梁柱节点张开时，楼板滑移值增幅变大，SCPB 框架楼板最大滑移位移为 3.49mm，SCRB 框架楼板最大滑移值为 2.76mm。允许楼板相对滑移是自定心结构梁柱节点张开/闭合的必然要求，但是楼板的相对滑移所产生的摩擦力影响梁的内力分布，对梁的受力性能造成影响；同时过大的相对滑移也会影响人的居住舒适度，因此合理的楼板连接措施十分重要。

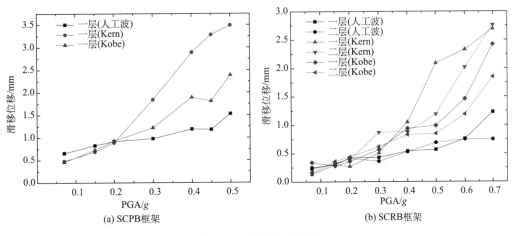

图 8-20　楼板相对滑移

5. 结构滞回曲线

钢绞线预应力由压力传感器测得。因为钢绞线位于截面中央，因此钢绞线伸长量可以用预应力节点截面张开值的一半来代替。图 8-21(a)给出了 SCPB 框架柱 5 在 0.50g Kern 地震波下预应力与层间位移角的关系曲线。由该图可知，当层间位移角趋于 0，钢绞线预应力变化缓慢，预应力的变化主要由结构自身的弹性变形引起。节点张开后，钢绞线预应力随层间位移角线性增加。此外，由图可以发现在卸载和加载过程中钢绞线预应力不同，这主要受摩擦耗能件的影响。

图 8-21(b)、(c)、(d)给出了框架预应力变化曲线，从图中可以知道，预应力损失最大达到 20.39%。造成预应力损失的原因有两方面：一是由于安装过程中截面未完全接触；二是振动过程中锚具及钢绞线应力松弛。

8.5.4　滞回性能

图 8-22(a)给出的是 SCRB 框架顶层位移角、柱 3 底部弯矩以及基底总剪力的时程曲线，由图可知三条曲线的变化趋势基本一致，但三条曲线的峰值出现时刻不一致。图 8-22(b)给出了柱 3 底部弯矩-顶层位移角曲线，从图中曲线包围的面积可以看出柱底发生塑性变形。

8.5.5　结构局部响应分析

1. 节点响应

表 8-15 和表 8-16 给出了 SCPB 和 SCRB 框架的节点张开角。表中的梁端张开角通过设置在梁端上下两侧的位移传感器差值除以位移传感器间距得到，柱底抬升张开角通过安置在柱底东西两侧的位移传感器差值除以位移计间距得到。从表中可以知道，SCPB 框架节点张开角在 0.50g Kern 地震动作用下达到最大，最大柱底抬升张开角为 0.0241 rad，

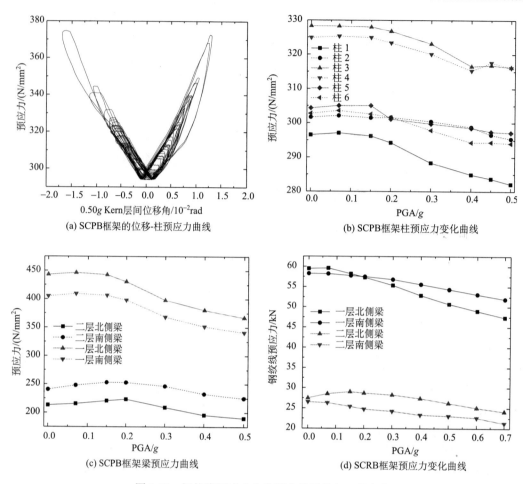

(a) SCPB框架的位移-柱预应力曲线

(b) SCPB框架柱预应力变化曲线

(c) SCPB框架梁预应力曲线

(d) SCRB框架预应力变化曲线

图 8-21　钢绞线预应力在各强度地震输入下的变化

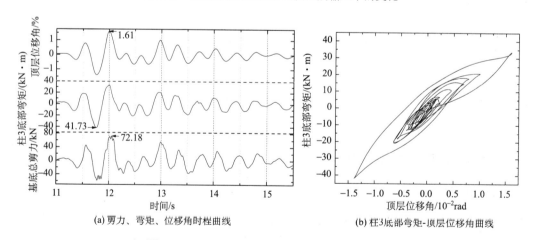

(a) 剪力、弯矩、位移角时程曲线

(b) 柱3底部弯矩-顶层位移角曲线

图 8-22　0.70g Kobe 地震波作用下 SCRB 的响应

表 8-15　梁端节点张开角

地震波	PGA/g	SCRB		SCPB	
		$\theta_1/10^{-2}$rad	$\theta_2/10^{-2}$rad	$\theta_1/10^{-2}$rad	$\theta_2/10^{-2}$rad
人工波	0.07	0.06	0.08	0.07	0.04
	0.15	0.12	0.27	0.14	0.07
	0.20	0.15	0.40	0.12	0.06
	0.30	0.17	0.53	0.32	0.13
	0.40	0.22	0.72	0.48	0.22
	0.50	0.28	0.85	0.55	0.25
	0.60	0.34	1.01	—	—
	0.70	0.46	1.23	—	—
Kern	0.07	0.03	0.02	0.02	0.03
	0.15	0.13	0.23	0.10	0.05
	0.20	0.18	0.33	0.23	0.09
	0.30	0.38	0.84	0.73	0.41
	0.40	0.57	1.22	1.06	0.46
	0.50	0.83	1.45	1.16	0.89
	0.60	1.02	1.77	—	—
	0.70	1.07	2.44	—	—
Kobe	0.07	0.05	0.04	0.03	0.04
	0.15	0.16	0.30	0.15	0.08
	0.20	0.23	0.60	0.33	0.15
	0.30	0.35	0.82	0.59	0.36
	0.40	0.47	1.21	0.67	0.40
	0.50	0.54	1.55	1.12	0.74
	0.60	0.81	1.69	—	—
	0.70	1.08	2.38	—	—

注: θ_1 表示一层内节点张开角; θ_2 表示二层内节点张开角。

表 8-16　SCPB 框架节点响应

地震波	PGA/g	节点张开角			
		$\theta_{c,max}/10^{-2}$rad	K_θ	$\theta_{b,max}/10^{-2}$rad	K_θ
人工波	0.07	0.018	0.123	0.076	0.526
	0.15	0.320	1.136	0.280	0.994
	0.20	0.220	0.882	0.150	0.601
	0.30	0.540	1.136	0.360	0.757
	0.40	0.930	1.192	0.540	0.692
	0.45	0.960	1.207	0.560	0.704
	0.50	1.140	1.266	0.610	0.677

续表

地震波	PGA/g	节点张开角			
		$\theta_{c,max}/10^{-2}$rad	K_{θ}	$\theta_{b,max}/10^{-2}$rad	K_{θ}
Kern	0.07	0.014	0.181	0.043	0.582
	0.15	0.220	0.882	0.210	0.842
	0.20	0.420	1.005	0.260	0.622
	0.30	1.690	1.374	1.110	0.906
	0.40	2.260	1.344	1.180	0.702
	0.45	2.360	1.339	1.260	0.715
	0.50	2.410	1.305	1.280	0.693
Kobe	0.07	0.018	0.145	0.071	0.577
	0.15	0.400	1.030	0.420	1.082
	0.20	0.750	1.289	0.380	0.653
	0.30	1.350	1.365	0.690	0.698
	0.40	1.330	1.255	0.760	0.717
	0.45	1.710	1.284	1.040	0.781
	0.50	2.110	1.277	1.200	0.726

注:$\theta_{c,max}$ 表示柱底截面最大张开角;$\theta_{b,max}$ 表示梁柱截面最大张开角;K_{θ} 为截面张开角与层间位移角的比值。

最大梁端张开角为 0.0128 rad。SCRB 框架梁端张开角在 0.70g Kern 地震动作用下达到最大值 0.0244 rad。对于 SCPB 和 SCRB 框架,当地震动 PGA 为 0.07~0.20g 时,结构的节点张开角很小。当地震动 PGA 为 0.20g 时,结构节点均有张开。取 PGA 为 0.30~0.50g 的地震动产生的结构响应进行分析,对于 SCPB 框架,梁端转角约为最大层间位移角的 0.7 倍,而柱底转角约为最大层间位移角的 1.3 倍。

图 8-23(a)给出了 SCRB 框架首层梁内端和外端截面张开角随输入地震动加速度的变化曲线。由该图可知,梁外端截面张开角大于梁内端截面张开角,这是由于楼板与中梁是用螺栓固定,而楼板其他边与梁未进行任何连接,结构发生摆动时,靠近中梁的梁内端受到更多板的约束,限制了梁内端的张开。由图 8-23(b)可知,一层梁内端截面张开角小于二层梁内端截面张开角。

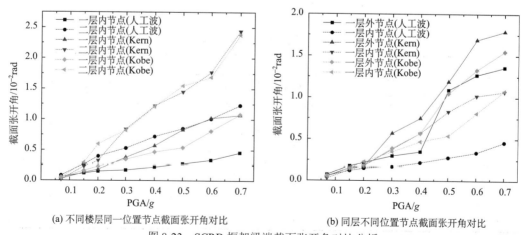

(a) 不同楼层同一位置节点截面张开角对比　　　　(b) 同层不同位置节点截面张开角对比

图 8-23　SCRB 框架梁端截面张开角对比分析

一层内节点为节点 A;二层内节点为节点 B;一层外节点为节点 C;见图 8-9(b)

图 8-24(a)给出了 SCPB 框架一、二层梁内端截面张开角随输入地震动加速度的变化曲线。从图中可以看出,一层梁内端截面张开角大于二层梁内端截面张开角。图 8-24(b)给出了 SCPB 框架边柱和中柱的节点响应,从图中可以看出边柱与中柱的抬升响应基本一致,这说明结构底层整体发生刚体转动,间接可以看出柱保持弹性,未发生塑性损伤。

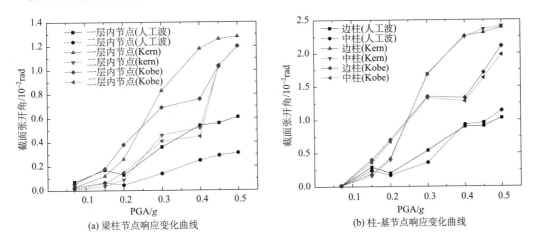

(a) 梁柱节点响应变化曲线　　　　　　(b) 柱-基节点响应变化曲线

图 8-24　SCPB 框架节点张开角

一层内节点为节点 A；二层内节点为节点 B；边柱为柱 2,中柱为柱 4,见图 8-8(f)

2. 钢套筒应变分析

为了研究 SCPB 框架梁端和柱端钢套筒在试验中的性能,在钢套筒上沿梁、柱中线依次粘贴 7 个电阻应变片。图 8-25(a)为 SCPB 中柱钢套筒在 0.50g Kobe 波作用下的应变时程。图 8-25(b)和图 8-25(c)给出了 SCPB 梁、柱在 Kobe 地震动作用下的应变最大值。由图 8-25(b)可知,SCPB 框架中柱钢套筒上应变片 1、2 随地震动强度的增加而迅速增加(呈非线性趋势),而应变片 3~7 的应变增长则较为平缓。由于 PGA 为 0.30~0.50g 时柱底张开角增幅低,因此柱底应变增加也平缓;由于柱底东西两侧垫的钢板宽度为 30mm,在柱转动时与垫板接触面过大,因此套筒应变变化不明显。由图 8-25(c)可知,SCPB 框架梁西侧钢套筒最大应变大于柱钢套筒应变,这是由于柱只有一个节点张开/闭合,而梁有 4 个节点张开/闭合,梁内钢绞线应变大于柱内钢绞线应变。

图 8-25(d)和图 8-25(e)给出了 SCPB 框架在 Kobe 地震波作用下梁端、柱端钢套筒的应变响应。由图 8-25(d)可知,当中柱(柱 3)西侧张开时,柱端钢套筒上应变-层间位移角基本呈平滑变化,应变随层间位移角变化不明显,套筒上有微小拉应变;当中柱(柱 3)东侧张开时,应变随层间位移角增大而增大,并且曲线存在一定滞回环;随着层间位移角增加,柱转动处与垫板接触长度增加,应变量增加变缓。由图 8-25(e)可知,梁上钢套筒有拉应变,主要是由于节点张开之后,梁端槽钢的摩擦力水平分量会产生一部分拉应力。

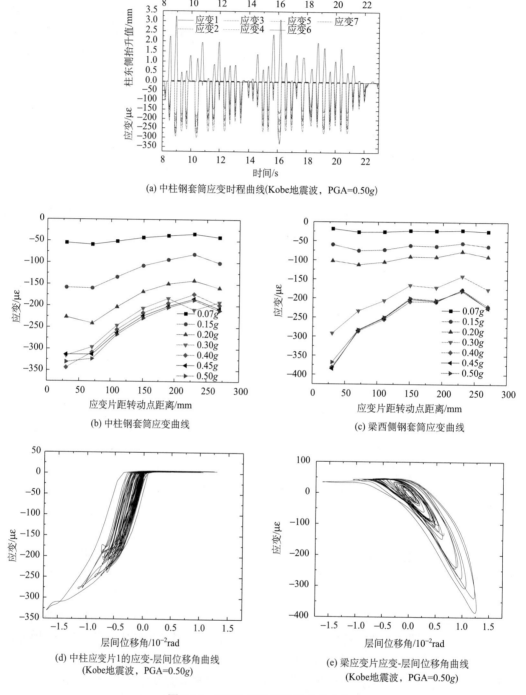

(a) 中柱钢套筒应变时程曲线(Kobe地震波，PGA=0.50g)

(b) 中柱钢套筒应变曲线

(c) 梁西侧钢套筒应变曲线

(d) 中柱应片1的应变-层间位移角曲线
(Kobe地震波，PGA=0.50g)

(e) 梁应变片应变-层间位移角曲线
(Kobe地震波，PGA=0.50g)

图 8-25 SCPB 框架钢套筒应变响应

图 8-26 给出了钢套筒在 Kobe 地震动作用下的应变响应。由图 8-26(a)可知，SCRB 框架梁钢套筒上应变片 1～3 随地震动强度增加而迅速增加(呈非线性趋势)，而应变片 4～6 的应变增长则较为平缓，由于梁端转动位置垫板宽度为 30mm，在截面转角不明显

时，套筒上各位置应变相差不大。图 8-26(b)给出了节点 D 处钢套筒上应变片 1 的应变随顶层位移角的变化曲线。

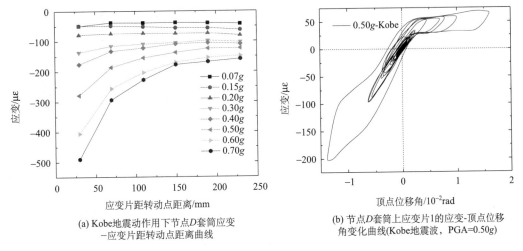

(a) Kobe地震动作用下节点 D 套筒应变
—应变片距转动点距离曲线

(b) 节点 D 套筒上应变片1的应变-顶点位移
角变化曲线(Kobe地震波，PGA=0.50g)

图 8-26　SCRB 梁端套筒应变

3. 钢筋和混凝土应变分析

柱-基固结处的塑性损伤可以通过应变变化来体现。本试验中在柱底纵筋粘贴有钢筋应变片，在柱摇摆两侧粘贴有混凝土应变片。

图 8-27(a)对比了边柱和中柱东西两侧 4 个混凝土应变片的应变变化。由图可知，中柱(柱 4)东西两侧混凝土压应变最大值基本一致，但边柱(柱 2)东西两侧压应变最大值相差很大，这是由于边柱西侧粘贴应变片处后补了一些水泥浆，应变片测得的是水泥浆的压应变。在 0.40g Kern 地震动作用下，边柱西侧混凝土压应变达到极限压应变，但试验构件并未有柱底压碎现象出现。图 8-27(b)对比了边柱和中柱柱底纵筋应变，从图中可以知道，边柱柱底纵筋应变小于中柱纵筋应变，在 0.60g Kern 地震动作用下，中柱纵筋发生屈服；图中给出的比例系数 K 为中柱纵筋应变与边柱应变比值，在整个地震波输入过程中呈下降趋势。

4. 设计参数对结构响应的影响

本章还研究了初始预应力及摩擦力对节点及结构响应的影响，相关测试均在 PGA=0.45g 的 Kobe 地震波下进行。图 8-28(a)给出了框架一、二层的层间位移角随结构参数改变的变化情况。工况 38 和工况 29 相比，仅增加了柱钢绞线的初始预应力，而工况 41 和工况 38 相比，仅增加了节点摩擦力。由图可知，随着预应力和摩擦力的增大，结构的整体响应呈下降趋势。在柱预应力钢绞线初始预应力增大后，结构整体抗侧刚度增加，因此结构层间位移响应下降；在梁端摩擦耗能件初始摩擦力增大后，结构整体刚度继续上升，层间位移响应持续下降。

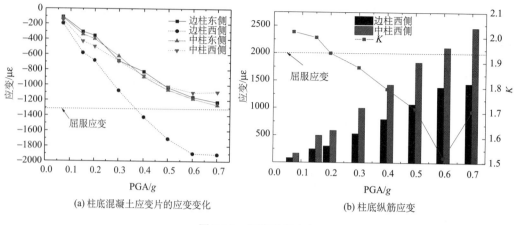

(a) 柱底混凝土应变片的应变变化

(b) 柱底纵筋应变

图 8-27　钢筋应变响应

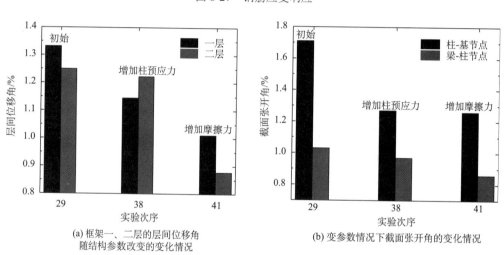

(a) 框架一、二层的层间位移角
随结构参数改变的变化情况

(b) 变参数情况下截面张开角的变化情况

图 8-28　参数对结构响应的影响

图 8-28(b)给出了变参数情况下截面张开角的变化情况。柱底截面张开响应与柱底截面弯矩及柱钢绞线初始预应力有关，柱钢绞线初始预应力的增大，降低了结构整体响应，从而也减少了柱底弯矩值，这是工况 29 和工况 38 存在差异的原因；在梁端摩擦力增大后，柱底截面张开响应继续降低，梁端钢绞线初始预应力的减少使得结构所受约束降低，结构响应变大，截面响应也随之增大。

8.6　本章小结

本章通过振动台试验，研究了 SCPB 框架和 SCRB 框架在不同强度的地震动作用下的抗震性能，主要工作及结论如下：

(1) SCPB 框架在两阶段加载过程中性能表现良好，只有 Y 向梁在梁柱相互转动过程中出现少量压碎现象，主体构件保持弹性状态，震后残余变形微小，抗震性能良好；SCRB 框架在试验过程中主要的塑性损伤出现在柱底裂缝，震后残余变形较小。

(2)两种框架初始刚度大致相当,节点张开后,SCPB 框架的位移需求显著增大,高于 SCRB 框架的位移需求,但在地震动作用下的变形需求均满足规范要求。

(3)钢绞线中初始预应力是决定结构初始刚度的关键因素,但由于钢绞线松弛效应以及地震过程中预应力损失效应,在每次地震过后需要及时地补张拉,以保证结构具有预期的性能。

(4)提高初始预应力及摩擦力,能够提高结构的初始水平侧向刚度,并减小结构在地震动作用下的响应。

参 考 文 献

[1]　郝要文. 腹板摩擦式自定心混凝土框架的振动台试验研究[D]. 南京: 东南大学, 2018.

第9章

自定心混凝土框架的抗震性能评估

本章对自定心预应力混凝土框架进行了非线性的静力分析和动力时程分析[1,2]。采用有限元软件 OpenSees[3]建立了自定心预应力混凝土框架的数值模拟方法，对自定心预应力混凝土框架在多遇地震和罕遇地震动作用下的抗震性能进行了研究，并和传统现浇节点钢筋混凝土框架的抗震性能进行了比较。

9.1　框架分析模型

9.1.1　原型结构

基于本书第 7 章提出的自定心预应力混凝土框架的性能化设计方法，设计 1 榀 4 跨 6 层的自定心预应力抗弯（SCPC20）框架，设计节点能量耗散系数 β_E=0.20。保持自定心框架梁柱节点张开弯矩（M_{IGO}）大小不变，改变节点能量耗散系数，设计 1 榀 4 跨 6 层的自定心预应力混凝土（SCPC40）框架，设计节点能量耗散系数 β_E=0.40。为与传统现浇节点钢筋混凝土框架的抗震性能进行比较，另外设计 1 榀 4 跨 6 层的现浇钢筋混凝土（RC）框架，设计基底剪力值和自定心预应力混凝土框架相同（V_{des}=1410kN）。

所有框架梁柱尺寸和柱截面配筋均相同，梁柱尺寸、配筋和节点设计参数如表 9-1 所示，其中，$A_{sc,R}$ 和 $A_{sc,S}$ 分别表示现浇混凝土框架和自定心预应力混凝土框架的梁内纵筋面积（单侧），A_{sc} 表示现浇混凝土框架和自定心预应力混凝土框架的柱截面纵筋面积。T_0 为自定心框架梁中所有预应力筋的初始预应力之和（预应力筋沿梁中轴线布置），A_{PT} 为所有预应力筋截面面积之和，F_f 为腹板摩擦装置上摩擦力的大小。

表 9-1　原型框架设计参数

楼层	框架梁/m	框架柱/m	$A_{sb,R}$ /mm²	$A_{sc,S}$ /mm²	A_{sc} /mm²	A_{PT} /mm²	T_0/kN		F_f/kN	
							SCPC20	SCPC40	SCPC20	SCPC40
6	0.40×0.60	0.55×0.55	912	680	2455	834	366	413	140	106
5	0.40×0.60	0.55×0.55	1596	680	2946	973	638	718	245	184
4	0.40×0.60	0.55×0.55	2166	680	3437	973	870	980	334	251
3	0.40×0.65	0.60×0.60	2470	737	3437	1112	1005	1131	398	299
2	0.40×0.65	0.60×0.60	2660	737	3928	1112	1074	1209	425	319
1	0.40×0.70	0.65×0.65	2660	794	3928	1251	1068	1202	434	326

9.1.2   数值模型

根据表 9-1 中的结构设计参数,采用有限元软件 OpenSees 建立自定心预应力混凝土框架和传统现浇混凝土框架的二维数值模型。如图 9-1 所示,模型中框架首层柱底按照完全刚接进行考虑。为了考虑结构中重力框架所产生的 P-Δ 效应,在抗弯框架模型的右侧设置一个 P-Δ 柱单元,单元采用弹性梁柱单元(elastic beam column element)来模拟,单元的轴向刚度设为无穷大,抗弯刚度设为无穷小。P-Δ 柱单元和抗弯框架模型采用刚性的桁架单元来连接,该 P-Δ 柱单元主要承受原型结构中由重力荷载所产生的轴向压力。

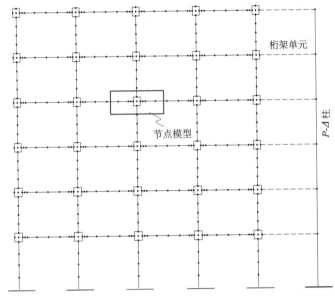

图 9-1   自定心预应力混凝土框架和传统现浇混凝土框架的数值模型

自定心节点的数值模拟方法参见本书第 5 章。为验证现浇框架数值模型的正确性,选择清华大学于 2011 年完成的一组现浇钢筋混凝土框架的拟静力试验[4]进行数值模拟,如图 9-2 所示。其中,梁柱构件采用非线性梁柱单元模拟,单元材料属性定义如第 5 章

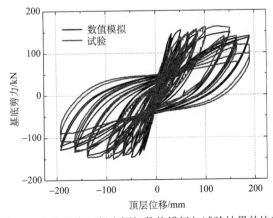

图 9-2   传统现浇混凝土框架数值模拟与试验结果的比较

所述，节点核心区的零长度转动弹簧的本构关系采用 OpenSees 中的 pinching4 材料来模拟，该材料模型可以模拟循环荷载作用下的捏拢效应和刚度强度的退化效应。图 9-2 为数值模拟结果和试验数据的对比图，由图可知，数值模拟结果和试验数据吻合良好，验证了数值模型的准确性。

9.2 非线性静力分析

首先，分别对现浇框架和自定心框架进行非线性静力低周反复分析，加载过程采用顶层侧移角为控制参数，顶层侧移角幅值依次为 0.005、0.010、0.015 和 0.020。其中，侧向荷载沿框架高度的分布模式如图 7-4(b)所示。图 9-3(a)～(c)给出了自定心框架和现浇框架的标准化基底剪力(基底剪力除以框架设计基底剪力 V_{des})与顶层侧移角关系曲线，图中的圆点表示框架的"屈服"基底剪力值(对应于框架的侧向刚度出现明显降低点)。

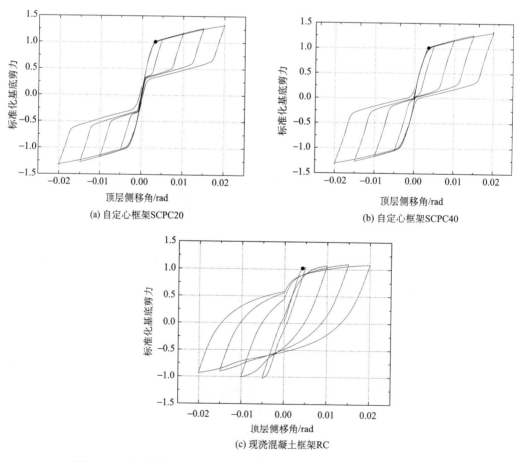

图 9-3 自定心框架和现浇框架的标准化基底剪力与顶层侧移角关系曲线

由图 9-3(a)和(b)可知,由于设计基底剪力相同,SCPC20 框架和 SCPC40 框架的标准化基底剪力-顶层侧移角关系的骨架曲线基本相同;两个自定心框架滞回曲线均为典型的"双旗帜形",并且正反加载时的滞回曲线基本对称,在顶层侧移角达到 2%时仍然保持了良好的自定心能力;由于 SCPC40 框架比 SCPC20 框架采用了更大的设计节点能量耗散系数,因此 SCPC40 框架的滞回曲线更加饱满。由图 9-3(c)可知,现浇 RC 框架在 3 个框架中耗能能力最好,但是 RC 框架的自复位能力最弱,最大残余顶层侧移角已达 1.5%,并且出现了明显的强度和刚度退化现象。现浇 RC 框架和自定心框架的"屈服"基底剪力值基本相同,和设计基底剪力值吻合良好;自定心框架具有更大的初始侧向刚度,在基底剪力达到"屈服"基底剪力值之前,SCPC20 框架和 SCPC40 框架具有相同的初始侧向刚度(3.1×10^4kN/m),而现浇 RC 框架的初始侧向刚度仅为 1.7×10^4kN/m。

图 9-4 给出了 SCPC20 框架各个楼层的节点弯矩-相对转角关系曲线(第 2 跨右边节点)。由图可知,框架在各个楼层的节点弯矩-相对转角关系曲线稳定,节点能量耗散系数平均值为 0.18,与设计节点能量耗散系数(0.20)吻合良好。

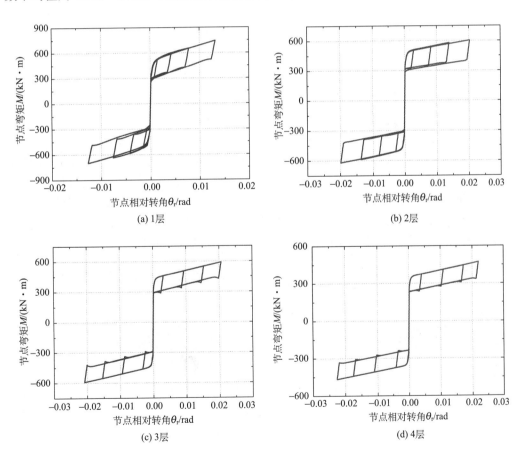

(a) 1层

(b) 2层

(c) 3层

(d) 4层

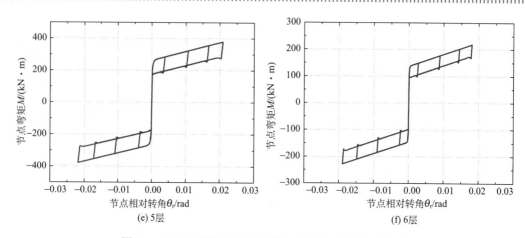

(e) 5层   (f) 6层

图 9-4　SCPC20 框架的节点弯矩-节点相对转角关系曲线

9.3　非线性动力时程分析

非线性时程分析所选用地震波如表 7-4 所示，将所选地震波分别调至多遇地震和罕遇地震动强度。结构阻尼比取为 0.05，标准层和顶层的抗震质量平均分布于各楼层梁柱节点区的中心节点处。为了计算结构的残余变形，每条地震波作用后继续对结构进行持时 20s 的自由振动分析。

9.3.1　结构整体响应

在多遇地震动作用下，SCPC20 框架和现浇 RC 框架的顶层侧移角时程的对比如图 9-5 所示。由该图可知，SCPC20 框架在所有地震动作用下的顶层侧移角峰值均要小于现浇 RC 框架的顶层侧移角峰值，这是由于在多遇地震动作用下，两框架基本处于弹性工作状态，SCPC20 框架的节点基本未张开，初始弹性刚度要大于现浇 RC 框架，因而 SCPC20 框架在多遇地震动作用下的变形需求要小于现浇 RC 框架。

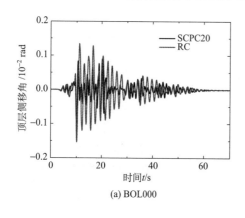

(a) BOL000

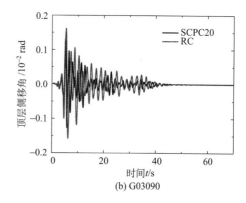

(b) G03090

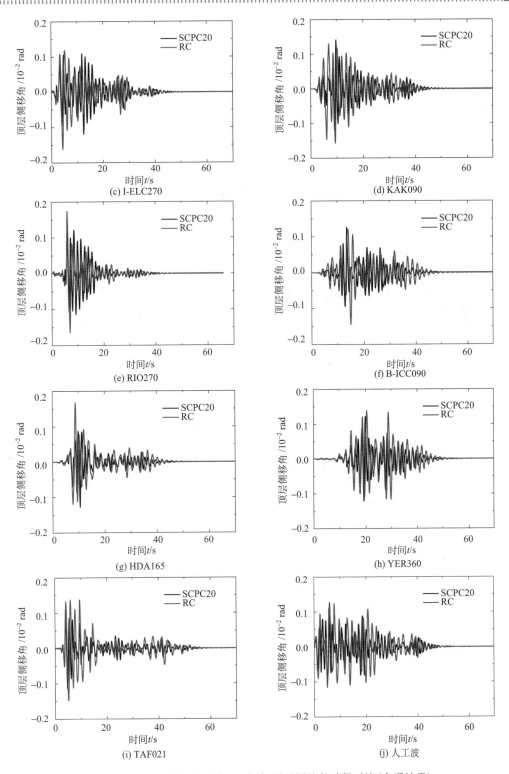

图 9-5　SCPC20 框架和现浇 RC 框架顶层侧移角时程对比(多遇地震)

图 9-6 给出了 SCPC20 框架和现浇 RC 框架在各个多遇地震动作用下的最大层间侧移角和残余层间侧移角。由该图可知，在多遇地震动作用下，SCPC20 框架和现浇 RC 框架的残余层间侧移角均很小，且两框架均在各个地震动作用下的残余层间侧移角基本相同，残余层间侧移角的平均值分别为 0.003×10^{-2}rad 和 0.015×10^{-2}rad。SCPC20 框架的最大层间侧移角的平均值为 0.157×10^{-2}rad，满足多遇地震动的层间侧移规范限值[5]（1/550），而现浇 RC 框架的最大层间侧移角的平均值为 0.191×10^{-2}rad。

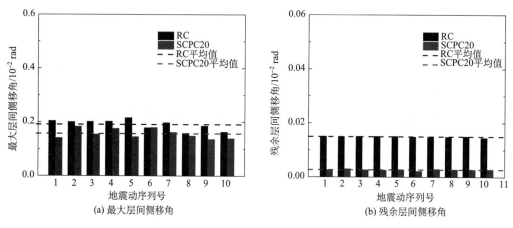

(a) 最大层间侧移角   (b) 残余层间侧移角

图 9-6　SCPC20 框架和现浇 RC 框架的在各个多遇地震动
作用下的最大层间侧移角和残余层间侧移角

图 9-7 给出了 SCPC20 框架和现浇 RC 框架在多遇地震动作用下各楼层的最大层间侧移角平均值。由该图可知，两框架的最大层间侧移角在首层基本相同，最大层间侧移角均出现在 4 层，但是现浇 RC 框架在 2~6 层的最大层间侧移角均大于 SCPC20 框架。另外，两框架在 2~5 层的最大层间侧移角基本相同。

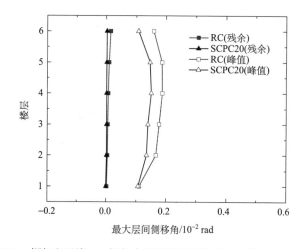

图 9-7　SCPC20 框架和现浇 RC 框架在多遇地震动作用下各楼层的最大层间侧移角

在罕遇地震动作用下，SCPC20 框架和现浇 RC 框架的顶层侧移角时程的对比如图 9-8 所示。由该图可知，SCPC20 框架在所有地震动作用下的顶层侧移角峰值均要大于现浇 RC 框架的顶层侧移角峰值，这是由于在罕遇地震动作用下，SCPC20 框架的梁柱节点已张开，节点抗弯刚度明显减小，因而 SCPC20 框架在罕遇地震动作用下的变形需求要大于现浇 RC 框架。另外，SCPC20 框架在所有地震动作用后均能够恢复到原先的竖向位置，具有优越的震后复位能力，而现浇 RC 框架在大多数地震动作用后，均明显偏离了原先的竖向位置，具有较大的残余变形。

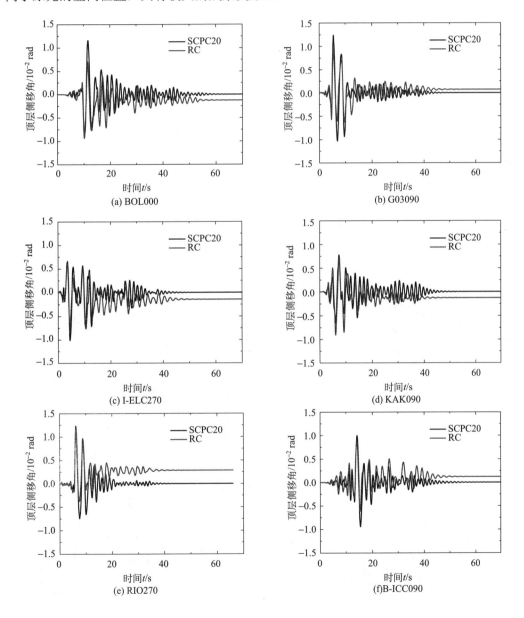

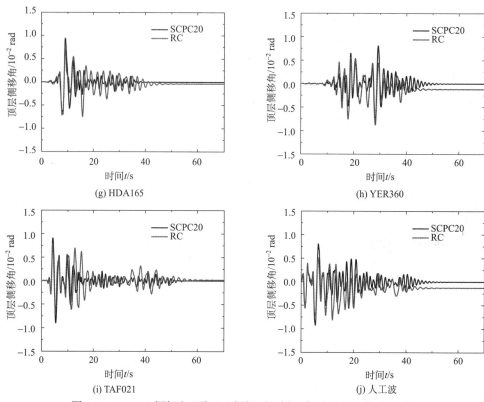

图 9-8　SCPC20 框架和现浇 RC 框架顶层侧移角时程对比(罕遇地震)

　　图 9-9 给出了 SCPC20 框架和现浇 RC 框架在各个罕遇地震动作用下的最大层间侧移角和残余层间侧移角。由该图可知，在罕遇地震动作用下，SCPC20 框架在所有地震动作用下的残余层间侧移角均很小，残余层间侧移角的平均值为 0.01×10^{-2} rad，最大值为 0.025×10^{-2}rad(HDA165 地震动)。现浇 RC 框架的残余层间侧移角的平均值为 0.168×10^{-2}rad，最大值为 0.365×10^{-2}rad(RIO270 地震动)。SCPC20 框架和现浇 RC 框架的最大层间侧移角的平均值分别为 1.40×10^{-2}rad 和 1.20×10^{-2}rad，均满足罕遇地震动的层间侧移角规范限值[5](1/50)。

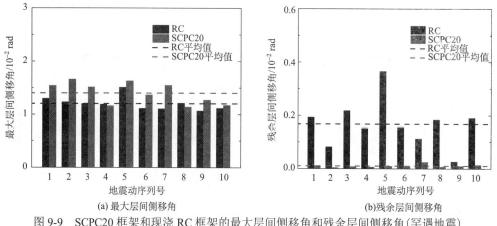

图 9-9　SCPC20 框架和现浇 RC 框架的最大层间侧移角和残余层间侧移角(罕遇地震)

图 9-10 给出了 SCPC20 框架和现浇 RC 框架在罕遇地震动作用下各楼层的最大层间侧移角平均值。由该图可知，两框架的最大层间侧移角在首层基本相同，最大层间侧移角均出现在 4 层，但是现浇 RC 框架在 2～6 层的最大层间侧移角均大于 SCPC20 框架。两框架在 1～4 层的最大层间侧移角均随着楼层高度的增加而增加，在 4～6 层均随着楼层高度的增加而减小。SCPC20 框架在首层的残余层间侧移角最大(0.01×10^{-2} rad)，而其余各层的残余层间侧移角均很小。现浇 RC 框架在首层的残余层间侧移角最小(0.07×10^{-2}rad)，残余层间侧移角最大值(0.155×10^{-2}rad)出现在 4 层，和最大层间侧移角出现的层数相一致。

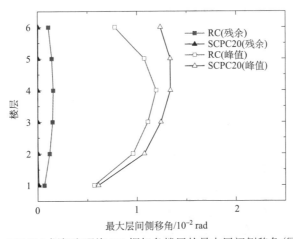

图 9-10　SCPC20 框架和现浇 RC 框架各楼层的最大层间侧移角(罕遇地震)

图 9-11 给出了多遇地震和罕遇地震动作用下，SCPC20 框架和现浇 RC 框架在各个地震动作用下层间侧移角与顶层侧移角的比值。在本书第 7 章中，层间侧移角与顶层侧移角的比值被定义为转换系数 C_θ。由图可知，SCPC20 框架和现浇 RC 框架的 C_θ 值相差不大，两框架的 C_θ 值均随着地震动强度的增大而有所增大。在多遇地震动作用下，SCPC20 框架和现浇 RC 框架的 C_θ 平均值分别为 1.23 和 1.28。在罕遇地震动作用下，SCPC20 框架和现浇 RC 框架的 C_θ 平均值分别为 1.36 和 1.41。

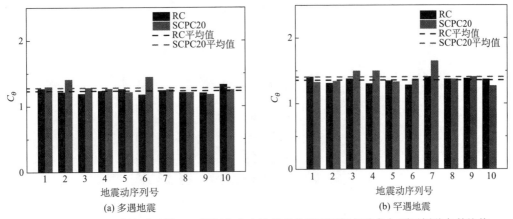

图 9-11　SCPC20 框架和现浇 RC 框架在各个地震动作用下层间侧移角与顶层侧移角的比值

9.3.2　结构局部响应

图 9-12(a)给出了 SCPC20 框架在各个多遇和罕遇地震动作用下的最大节点相对转角。由该图可知，SCPC20 框架在所有多遇地震动作用下的最大节点相对转角均很小，最大节点相对转角的平均值为 0.02×10^{-2}rad，表明 SCPC20 框架在多遇地震动作用下梁柱接触面基本未张开。在罕遇地震动作用下，SCPC20 框架的最大节点相对转角的平均值为 1.25×10^{-2}rad，最大值为 1.54×10^{-2}rad(G03090 地震动)。

图 9-12(b)给出了在多遇地震和罕遇地震动作用下，SCPC20 框架的最大节点相对转角沿楼层分布图。由该图可知，在多遇地震动作用下，SCPC20 框架各楼层的最大节点相对转角均很小，最大值为 0.017×10^{-2}rad。在罕遇地震动作用下，最大节点相对转角在 1~4 层随着楼层增大逐渐变大，在 4~6 层基本保持不变。

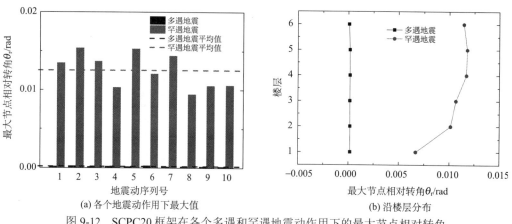

(a) 各个地震动作用下最大值　　　　　(b) 沿楼层分布

图 9-12　SCPC20 框架在各个多遇和罕遇地震动作用下的最大节点相对转角

图 9-13 给出了在罕遇地震动作用下，SCPC20 框架的节点相对转角与层间侧移角的比值。在第 7 章中，节点相对转角与层间侧移角的比值被定义为转换系数 C_θ。由图 9-13 可知，SCPC20 框架的 C_θ 值在各个地震动作用下相差不大。在罕遇地震动作用下，SCPC20 框架的 C_θ 平均值为 0.89。

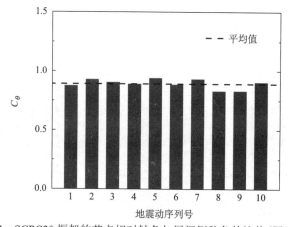

图 9-13　SCPC20 框架的节点相对转角与层间侧移角的比值(罕遇地震)

表 9-2 列出了 SCPC20 框架和 SCPC40 框架及现浇 RC 框架在多遇地震和罕遇地震动作用下的结构峰值响应。由该表可知，在罕遇地震动作用下，SCPC40 框架的顶层侧移角、层间侧移角和节点相对转角峰值均小于 SCPC20 框架的变形需求，表明了增加节点能量耗散率具有减小框架位移需求的作用。

表 9-2　SCPC20 框架和 SCPC40 框架及现浇 RC 框架的结构峰值响应

地震动	框架类型	顶层侧移角 /10^{-2} rad	层间侧移角 /10^{-2} rad	节点相对转角 /10^{-2} rad	残余层间侧移角 /10^{-2} rad
多遇地震	SCPC20	0.122	0.157	0.020	0.003
	SCPC40	0.125	0.166	0.011	0.003
	RC	0.155	0.191	—	0.015
罕遇地震	SCPC20	1.000	1.400	1.251	0.010
	SCPC40	0.966	1.357	1.182	0.014
	RC	0.816	1.204	—	0.168

图 9-14 给出了在多遇地震和罕遇地震动作用下，SCPC20 框架的标准化预应力筋力峰值(预应力筋拉力与预应力筋屈服力的比值)沿楼层分布。由该图可知，在多遇地震动作用下，SCPC20 框架各楼层的标准化预应力筋力峰值与初始状态基本相同；在罕遇地震动作用下，各楼层的标准化预应力筋力峰值均明显变大，和初始状态相比，各层的变化幅度较均匀，标准化预应力筋力峰值在第 2 层达到最大值(0.76)，表明 SCPC20 框架在罕遇地震动作用下，预应力筋仍处于弹性。

图 9-15 给出了 SCPC20 框架在地震波 I-ELC270(罕遇地震)作用下标准化预应力筋力与节点相对转角关系曲线(第 2 跨、第 2 层右边节点)。由图可知，该节点的标准化预应力筋力与节点相对转角关系曲线左右基本对称，预应力筋力基本随着节点相对转角的增大而线性增加。

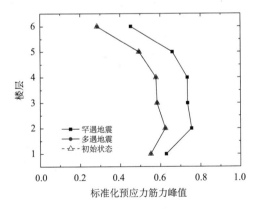

图 9-14　SCPC20 框架标准化预应力
筋力峰值沿楼层分布

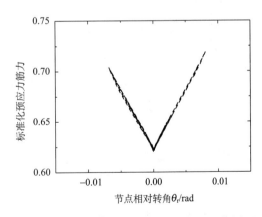

图 9-15　SCPC20 框架在地震波 I-ELC270 作用下
标准化预应力筋力与节点相对转角关系曲线

图 9-16 给出了 SCPC20 框架在地震波 I-ELC270(罕遇地震)作用下梁端弯矩-节点相对转角关系(M-θ_r)曲线(第 2 跨左边节点)。由图可知,弯矩-节点相对转角关系曲线稳定,结构具有良好的自定心能力和一定的耗能能力。图 9-16 还给出了现浇 RC 框架同一节点的梁端弯矩-节点塑性转角关系(M-θ_p)曲线图,由图可知,现浇 RC 框架的梁端最大弯矩比自定心框架稍大,但是节点相对转角需求要比 SCPC20 框架小很多。

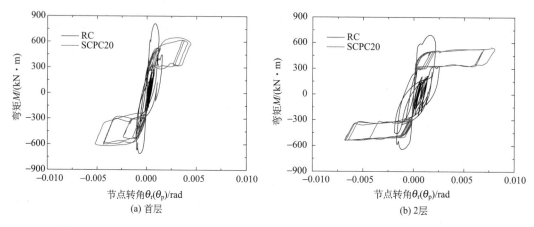

图 9-16   SCPC20 框架在地震波 I-ELC270 作用下梁端弯矩-节点相对转角关系曲线

图 9-17 给出了 SCPC20 框架和现浇 RC 框架在地震波 I-ELC270(罕遇地震)作用下柱底弯矩-塑性转角关系(M-θ_p)曲线。由图可知,两框架在首层中柱柱底均有明显的塑性变形,现浇 RC 框架首层中柱柱底的最大转角比 SCPC20 框架稍大。SCPC20 框架的首层中柱柱底塑性转角最大值为 0.18×10^{-2}rad,而现浇 RC 框架的最大塑性转角仅 0.23×10^{-2}rad。SCPC20 框架和现浇 RC 框架在 2 层中柱柱底的塑性转角均很小,最大塑性转角分别为 0.006×10^{-2}rad 和 0.009×10^{-2}rad。

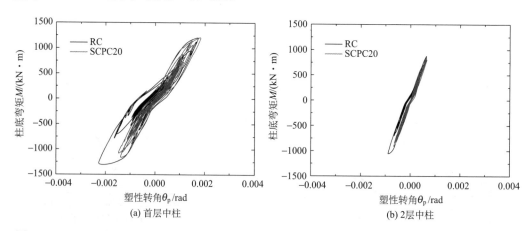

图 9-17   SCPC20 框架和现浇 RC 框架在地震波 I-ELC270 作用下柱底弯矩-塑性转角关系(M-θ_p)曲线

9.4　本章小结

本章采用自定心预应力混凝土框架的性能化设计方法，保持节点张开弯矩（M_{IGO}）大小不变，通过改变节点能量耗散系数，分别设计了 2 榀 4 跨 6 层的 SCPC20 框架（设计节点能量耗散系数 $\beta_E=0.20$）和 SCPC40 框架（设计节点能量耗散系数 $\beta_E=0.40$）。基于有限元软件 OpenSees 建立了自定心预应力混凝土框架的数值模型，对自定心预应力混凝土框架进行了非线性的静力分析和动力时程分析，评估了自定心框架在多遇地震和罕遇地震动作用下的抗震性能，并和传统现浇混凝土框架的抗震性能进行了比较，得到如下结论：

（1）在多遇地震动作用下，自定心框架和现浇框架基本处于弹性工作状态，自定心框架的节点基本未张开，初始弹性刚度要大于现浇框架，因而自定心框架在多遇地震动作用下的变形需求要小于现浇框架。在多遇地震动作用下，SCPC20 框架和 SCPC40 框架的最大层间侧移角的平均值为 0.157×10^{-2}rad 和 0.166×10^{-2}rad，满足多遇地震动的层间侧移规范限值（1/550），而现浇 RC 框架的最大层间侧移角的平均值为 0.191×10^{-2}rad。

（2）在罕遇地震动作用下，SCPC20 框架在所有地震动作用下的顶层侧移角峰值均要大于现浇 RC 框架的顶层侧移角峰值。在罕遇地震动作用下，SCPC20 框架和现浇 RC 框架的最大层间侧移角的平均值分别为 1.40×10^{-2}rad 和 1.20×10^{-2}rad，均满足罕遇地震动的层间侧移角规范限值（1/50）。

（3）SCPC20 框架在所有地震动作用后均能够恢复到原先的竖向位置，具有优越的震后复位能力，残余层间侧移角最大值为 0.01×10^{-2}rad。而现浇 RC 框架在大多数地震动作用后，均明显偏离了原先的竖向位置，具有较大的残余变形。在罕遇地震动作用下，SCPC20 框架在首层的残余层间侧移角最大（0.01×10^{-2}rad），而其余各层的残余层间侧移角均很小。现浇 RC 框架在首层的残余层间侧移角最小（0.07×10^{-2}rad），残余层间侧移角最大值（0.155×10^{-2}rad）出现在 4 层，和最大层间侧移角出现的层数相一致。

（4）在多遇地震和罕遇地震动作用下，SCPC20 框架和现浇 RC 框架的 C_θ 值相差不大，两框架的 C_θ 值均随着地震动强度的增大而有所增大。在多遇地震动作用下，SCPC20 框架和现浇 RC 框架的 C_θ 平均值分别为 1.23 和 1.28。在罕遇地震动作用下，SCPC20 框架和现浇 RC 框架的 C_θ 平均值分别为 1.36 和 1.41。

（5）在罕遇地震动作用下，SCPC20 框架的 C_θ 值在各个地震动作用下相差不大，C_θ 的平均值为 0.89。

（6）在罕遇地震动作用下，SCPC40 框架的顶层侧移角、层间侧移角和节点相对转角峰值均小于 SCPC20 框架的变形需求，表明了增加节点能量耗散率具有减小框架位移需求的作用。

（7）在罕遇地震动作用下，自定心框架节点弯矩-相对转角关系曲线稳定，结构具有良好的自定心能力和一定的耗能能力。现浇框架的梁端最大弯矩比自定心框架稍大，但是节点转角需求要比自定心框架小。

（8）在罕遇地震作用下，SCPC20 框架和现浇 RC 框架首层柱底均有明显的塑性变形，现浇 RC 框架首层中柱柱底的最大塑性转角比 SCPC20 框架稍大。SCPC20 框架和现浇

RC 框架在二层中柱柱底的塑性转角均较小。

参 考 文 献

[1] 宋良龙. 自定心混凝土框架的抗震性能与设计方法研究[D]. 南京: 东南大学, 2016.

[2] 宋良龙, 郭彤. 腹板摩擦式自定心预应力混凝土框架的抗震性能研究[J]. 工程力学, 2014, 31(12): 47-56.

[3] McKenna F, Fenves G L, Scott M H. Open system for earthquake engineering simulation [D]. California: University of California, Berkeley, 2000.

[4] 清华大学. 整体框架拟静力倒塌试验发布试验数据[EB/OL]. http://www. collapse-prevention. net/show. asp?ID=10&adID=3, 2011.

[5] 中华人民共和国住房和城乡建设部. 建筑抗震设计规范 [S]. GB 50011—2010. 北京:中国建筑工业出版社, 2010.

第 10 章
自定心混凝土框架的抗震风险评估

本章采用概率分析方法对自定心预应力混凝土框架的抗震性能进行了研究[1,2]，考虑了地震动和结构响应的随机性。对自定心预应力混凝土框架进行了增量动力分析以获得结构响应，并通过回归分析建立了结构响应和地震动强度之间的关系。基于易损性函数和增量动力分析结果，建立了自定心预应力混凝土框架不同性能水准的易损性曲线。将易损性分析和地震风险分析结合，对自定心预应力混凝土框架进行了抗震风险分析。

10.1 基于概率的抗震性能评估理论

10.1.1 结构易损性

结构的地震易损性可以定义为结构在一定的地震动强度作用下达到或超过某个极限状态或性能水准的概率。利用结构的地震易损性分析结果可以评估结构在不同概率地震动作用下的抗震性能，为合理地进行抗震设计、抗震安全评价等提供科学依据。根据结构地震易损性的定义，它可以用式(10-1)表示[3]

$$F(x) = \sum_x P\left[\text{LS}|\text{SI}=x\right] \tag{10-1}$$

其中，F 为结构的地震易损性；$P[]$ 为失效概率；LS 为结构的某个破坏极限状态(limit state)或性能水准；SI 为地震动强度指标，如地震动峰值加速度、地震动谱加速度(spectral acceleration)等，本书选取 5%阻尼比结构的基本周期 T_1 对应的谱加速度 $S_a(T_1,5\%)$ 作为地震动强度指标；x 为一定条件下的地震动强度。

结构的易损性函数通常可以采用对数正态模型来描述，如式(10-2)所示[3]：

$$F(x) = \Phi\left[\frac{\ln x - \ln m_R}{\beta_R}\right] \tag{10-2}$$

其中，$\Phi[\cdot]$ 为标准正态分布函数；m_R 为易损性函数的中位值；β_R 为易损性函数的对数标准差，可由式(10-3)确定：

$$\beta_R = \sqrt{\beta_{D|SI}^2 + \beta_c^2} \tag{10-3}$$

其中，β_c 为结构能力的对数标准差，参考文献[4]，本书取 $\beta_c=0.3$；$\beta_{D|SI}$ 为结构需求的对数标准差，可通过对结构在不同地震动强度下的结构响应进行统计分析得到。根据文献[5]，结构需求 D 和地震动强度指标 SI 存在下列关系：

$$D = a(\text{SI})^b \varepsilon \tag{10-4}$$

其中，a 和 b 为回归系数；ε 为对数正态分布随机变量，中位值为 1.0，对数标准差为 $\beta_{D|\text{SI}}$。

10.1.2　地震危险性

地震危险性函数 $H(x)$ 表征了某一场地的某一地震动强度的年超越概率。根据文献[5]，地震危险性概率模型与地震震级、震中距和地震动衰减规律有关。对于场地地震危险性较小的情况，可以采用式(10-5)所示的简化的设计场地地震危险性概率模型[5]

$$H(x) = P[\text{SI} > x] = k_0 x^{-k} \tag{10-5}$$

其中，k 和 k_0 为地震危险性曲线的形状系数；SI 为地震动强度指标；x 为一定条件下的地震动强度。

由上述地震危险性概率模型，结合我国抗震规范规定的"小震"、"中震"和"大震"的年超越概率，可建立第 9 章中的 SCPC20 框架所对应的地震危险性曲线，如图 10-1 所示。

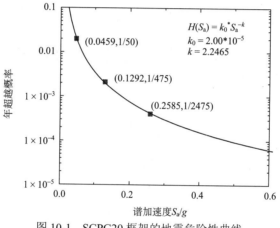

图 10-1　SCPC20 框架的地震危险性曲线

10.1.3　结构抗震风险

结构的抗震风险可用结构的某个极限状态或性能水准的年超越概率(或 50 年超越概率)来表述。结构年平均超越某一极限状态的概率 P_{LS} 可由式(10-6)计算：

$$P_{\text{LS}} = \int F(x)\mathrm{d}H(x) \tag{10-6}$$

其中，$F(x)$ 为结构的易损性函数；$H(x)$ 为地震危险性函数。将式(10-1)和式(10-2)代入式(10-6)，式(10-6)又可以写为下列形式[3]：

$$P_{\text{LS}} = (k_0 m_{\text{R}}{}^k) \exp\left[\frac{(k\beta_{\text{R}})^2}{2}\right] \tag{10-7}$$

根据年超越概率 P_{LS}，可由式(10-8)求得结构的某个极限状态或性能水准的 50 年超越概率为

$$P_{\text{LS/50}} = 1 - (1 - P_{\text{LS}})^{50} \tag{10-8}$$

10.2　增量动力分析

本书通过增量动力分析[6](incremental dynamic analysis, IDA)建立结构需求和地震动强度之间的关系。增量动力分析是指向结构模型输入一条(或多条)地震动记录通过设定一系列单调递增的地震动强度指标 SI，并对结构进行每个地震动强度指标下的非线性动力时程分析，得到相应的具有代表性的结构需求 D。这里 SI 取 5%阻尼比结构基本周期 T_1 对应的谱加速度 $S_a(T_1, 5\%)$，D 取框架的最大层间侧移角和残余层间侧移角。

本章算例采用本书第 9 章中的 SCPC20 框架，结构位于 II 类场地。参考 FEMA P695[7]，从 PEER Strong Motion Database[8]中选取了 26 条满足设计场地要求的地震动记录，如表 10-1 所示。所选地震动记录的反应谱及其平均谱如图 10-2 所示。

表 10-1　所选地震动特性

序号	年份	地震名	地震动分量	震级	震中距/km	PGA/g	持时/s
1	1994	Northridge	MUL009	6.7	13.3	0.42	30
2	1994	Northridge	MUL279	6.7	14.3	0.52	30
3	1994	Northridge	LOS270	6.7	26.5	0.48	20
4	1999	Duzce, Turkey	BOL000	7.1	41.3	0.73	56
5	1999	Hector Mine	HEC000	7.1	26.5	0.27	45
6	1999	Hector Mine	HEC091	7.1	27.5	0.34	45
7	1979	Imperial Valley	H-DLT353	6.5	34.7	0.35	100
8	1979	Imperial Valley	H-E11140	6.5	29.4	0.36	39
9	1979	Imperial Valley	H-E11230	6.5	30.4	0.38	39
10	1995	Kobe, Japan	SHI000	6.9	46.0	0.24	41
11	1995	Kobe, Japan	SHI091	6.9	47.0	0.21	41
12	1999	Kocaeli, Turkey	DZC271	7.5	99.2	0.36	27
13	1999	Kocaeli, Turkey	ARC000	7.5	53.7	0.22	30
14	1992	Landers	YER270	7.3	86.0	0.24	44
15	1992	Landers	YER361	7.3	87.0	0.15	44
16	1989	Loma Prieta	CAP000	6.9	9.8	0.53	40
17	1989	Loma Prieta	CAP091	6.9	10.8	0.44	40
18	1989	Loma Prieta	G03091	6.9	32.4	0.37	40
19	1990	Manjil, Iran	ABBAR--T	7.4	41.4	0.50	46
20	1987	Superstition Hills	B-ICC000	6.5	35.8	0.36	40
21	1987	Superstition Hills	B-POE270	6.5	11.2	0.45	22
22	1987	Superstition Hills	B-POE361	6.5	12.2	0.30	22
23	1992	Cape Mendocino	RIO270	7.0	22.7	0.39	36
24	1992	Cape Mendocino	RIO361	7.0	23.7	0.55	36
25	1971	San Fernando	PEL090	6.6	39.5	0.21	28
26	1976	Friuli, Italy	A-TMZ000	6.5	20.2	0.35	36

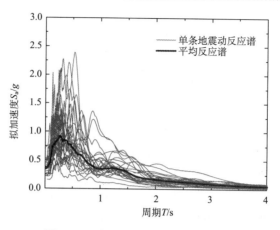

图 10-2   所选地震动反应谱与平均谱

10.3   结构响应的概率分析

采用增量动力分析方法，将 5%阻尼比结构的基本周期 T_1 对应的谱加速度 $S_a(T_1,5\%)$ 按照 0.05g 的间隔，由 0.05g 依次增幅至 1.2g，对 SCPC20 框架进行非线性动力时程分析，记录每条地震动作用下结构的最大层间侧移角和残余层间侧移角，获得 SCPC20 框架的结构需求 D 和地震动强度 $S_a(T_1,5\%)$ 的关系，如图 10-3 所示。由图可知，在各个地震动强度作用下，结构的最大层间侧移角和残余层间侧移角均具有一定的离散性，且随着地震动强度的增大，离散性也逐渐增大。

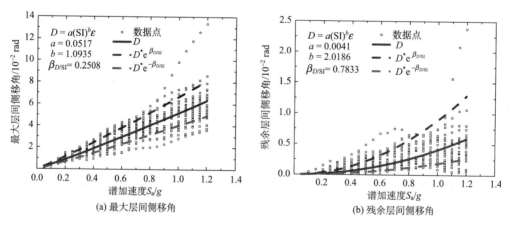

图 10-3   SCPC20 框架的增量动力分析结果

根据式(10-4)对数据进行回归分析，得到的回归曲线如图 10-3 所示，图中还给出了 16%（$D^*\mathrm{e}^{\beta_{D/SI}}$）和 84%（$D^*\mathrm{e}^{-\beta_{D/SI}}$）分位曲线。由回归曲线可知，结构的最大层间侧移角均值随着地震动强度的增大近似线性增加，最大层间侧移角的对数标准差为 0.2508。而残余层间侧移角的变化呈现非线性增长的特点，随着地震动强度的增大，残余层间侧移角增加的速度加快，残余层间侧移角的对数标准差为 0.7833。

10.4　结构易损性分析

由第 7 章可知，对于自定心预应力混凝土框架，其 IO 和 RE 两个性能水准可采用最大层间侧移角和残余层间侧移角作为量化指标。IO 和 RE 性能水准所对应的最大层间侧移角限值分别为 1/100 和 1/50，所对应的残余层间侧移角限值分别为 1/500 和 1/200。

根据本章 10.1 节的结构易损性理论和 SCPC20 框架结构响应的概率统计分析结果，可以得到 SCPC20 框架的易损性曲线如图 10-4 所示。从图 10-4(a)可看出，随着结构从 IO 性能水准发展到 RE 性能水准，结构的易损性曲线变得平缓，在各个地震动强度下的性能水准的超越概率也相应变小。

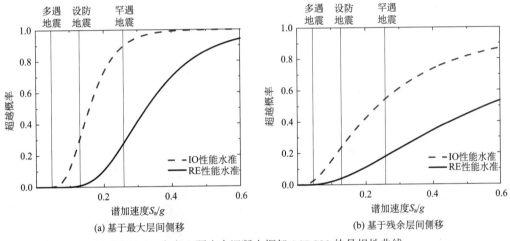

图 10-4　自定心预应力混凝土框架 SCPC20 的易损性曲线

SCPC20 框架在多遇地震、设防地震和罕遇地震三个地震动强度作用下各个性能水准的超越概率如表 10-2 所示。由表可知，当采用最大层间侧移作为量化指标，$S_a(T_1,5\%)=0.13g$(设防地震)时，结构超越 IO 性能水准的概率是 30.7%，超越 RE 性能水准的概率是 0.90%。由图 10-4(b)可知，当采用残余层间侧移作为量化指标，$S_a(T_1,5\%)=0.13g$(设防地震)时，结构超越 IO 性能水准的概率为 6.18%，超越 RE 性能水准的概率是 0.51%。

表 10-2　SCPC20 框架各个性能水准的超越概率

地震水平	超越概率/%(基于最大层间侧移)		超越概率/%(基于残余层间侧移)	
	IO 性能水准	RE 性能水准	IO 性能水准	RE 性能水准
多遇地震	0.082	2.72×10^{-5}	0.277	0.007
设防地震	30.705	0.901	6.180	0.506
罕遇地震	89.786	27.703	23.792	4.049

10.5 结构抗震风险分析

利用结构易损性分析和本章 10.1 节的地震危险性分析理论，可得到 SCPC20 框架的各个性能水准的年超越概率和 50 年超越概率，如图 10-5 所示。

由本书第 7 章可知，自定心预应力混凝土框架的抗震设计目标为：

(1) 在设防地震动作用下，结构应满足 IO 性能水准的要求，即中震不坏。

(2) 在罕遇地震动作用下，结构应满足 RE 性能水准的要求，即大震可修。

由于我国抗震设计规范中的设防地震和罕遇地震所对应的 50 年超越概率分别为 10%和 2%，且规范并没有考虑结构不确定性的影响，因此从概率的角度可以将自定心预应力混凝土框架的设计目标表述为：结构在 50 年内发生轻微破坏的概率不超过 10%，发生可修复破坏的概率不超过 2%[9]。由图 10-5 可知，当采用最大层间侧移作为量化指标时，SCPC20 框架的 IO 和 RE 性能水准的 50 年超越概率分别为 7.20%和 1.45%。当采用残余层间侧移作为量化指标时，SCPC20 框架的 IO 和 RE 性能水准的 50 年超越概率分别为 2.53%和 0.37%。因此，按照本书提出的性能化设计方法所设计的 SCPC20 框架满足"中震不坏"和"大震可修"的要求是有把握的。

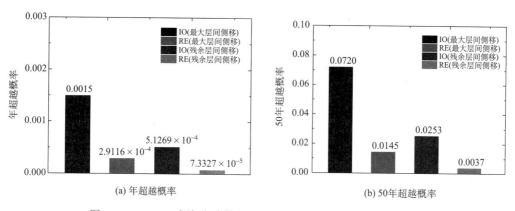

图 10-5 SCPC20 框架各个性能水准的年超越概率和 50 年超越概率

10.6 本章小结

本章在基于性能的抗震理论框架下，对自定心预应力混凝土框架的抗震性能进行了概率评估，为今后的震害预测提供了参考。主要工作和结论如下：

(1) 选取 5%阻尼比结构的基本周期 T_1 对应的谱加速度 $S_a(T_1,5\%)$ 作为地震动强度指标，选取最大层间侧移角和残余层间侧移角作为结构需求指标，通过增量动力分析方法，建立了自定心预应力混凝土框架的结构需求和地震动强度之间的关系，并对结构的响应进行了概率统计分析。

(2) 基于结构易损性分析理论，建立了自定心预应力混凝土框架的 IO 和 RE 两种性能水准的易损性曲线。

(3)基于结构易损性和地震危险性分析理论,对自定心预应力混凝土框架进行了抗震风险分析,得到了结构的 IO 和 RE 两种性能水准的年超越概率和 50 年超越概率。研究结果表明,按照本书提出的性能化设计方法所设计的 SCPC20 框架满足"中震不坏"和"大震可修"的要求是有把握的。

参 考 文 献

[1] 宋良龙. 自定心混凝土框架的抗震性能与设计方法研究[D]. 南京: 东南大学, 2016.

[2] Song L L, Guo T. Probabilistic seismic performance assessment of self-centering prestressed concrete frame with web friction devices [J]. Earthquakes and Structures, 2017, 12(1): 109-118.

[3] Ellingwood B R, Kinali K. Quantifying and communicating uncertainty in seismic risk assessment [J]. Structural Safety, 2009, 31(2): 179-187.

[4] Wen Y K, Ellingwood B, Veneziano D, et al. Uncertainty modeling in earthquake engineering [R]. Urbana: Mid-America Earthquake Center, 2003.

[5] Cornell C A, Jalayer F, Hamburger R O, et al. Probabilistic basis for 2000 SAC federal emergency management agency steel moment frame guidelines [J]. Journal of Structural Engineering, 2002, 128(4): 526-533.

[6] Vamvatsikos D, Cornell C A. Applied incremental dynamic analysis [J]. Earthquake Spectra, 2004, 20(2): 523-553.

[7] FEMA P695. Quantification of building seismic performance factors [R]. Washington: Federal Emergency Management Agency, 2009.

[8] Pacific Earthquake Engineering Research Center. PEER NGA database [DB/OL]. http://peer. berkeley.edu/nga/, 2016.

[9] 于晓辉. 钢筋混凝土框架结构的概率地震易损性与风险分析 [D]. 哈尔滨:哈尔滨工业大学, 2012.

第11章

自定心混凝土框架的长期性能研究

11.1 自定心混凝土框架的长期性能试验

11.1.1 试验概况

1. 试件设计

试验框架为 1 榀 1 层 1 跨的自定心混凝土框架试件，缩尺比例为 0.5，梁长 2.65m，柱高 2.3m。梁截面为 200mm×350mm，柱截面为 350mm×350mm，试验框架的总体构造示意图及梁柱截面如图 11-1 所示。

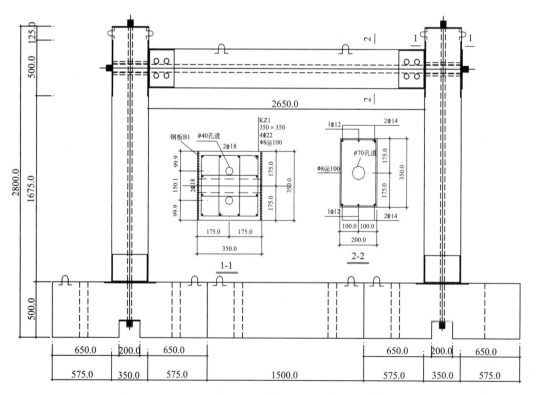

图 11-1　试验框架的总体构造示意图及梁柱截面(单位：mm)

自定心混凝土框架梁柱构件采用无黏结预应力筋连接，沿着梁轴心方向预留了 $\phi70mm$ 的孔道用来放置预应力钢绞线；柱与基础的连接同样采用预应力钢绞线，在柱中预埋了 2 个 $\phi40mm$ 的孔道。为防止梁柱节点发生相对转动时，接触面混凝土因局部压应力过大导致破坏，在梁柱接触面的两侧，分别预埋了一块 500mm×350mm×8mm 的钢板，钢板与混凝土之间设置栓钉来增强协同工作能力；在柱端 250mm 范围和梁端 250mm 范围内设置了钢套（钢板的厚度均为 8mm），同样钢套与混凝土接触的部分设有抗剪栓钉，如图 11-2(c) 所示。在梁端垂直于梁柱的平面方向，预埋了 4 个 $\phi20mm$ 的预应力螺栓孔道。在基础梁中，预埋了 2 个 $\phi80mm$ 的孔道，然后用地锚穿过基础梁孔道将其固定在地面的槽道内。

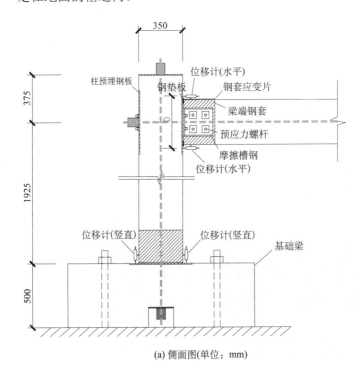

(a) 侧面图(单位：mm)

(b) 摩擦槽钢

(c) 梁端钢套

图 11-2 自定心框架梁柱连接细部构造

试验中，首先进行结构构件拼装，将基础梁固定在试验室的刚性地面上，将预应力钢绞线穿过预留孔道，然后起吊柱子同时将钢绞线穿过柱内孔道，调整位置后使用穿心千斤顶施加预应力，使柱跟基础连接在一起；将梁顶升至预定位置，使得其跟柱预留的横向孔道一致，同时穿过预应力钢绞线，之后施加预应力。基本结构搭建结束后进行摩擦装置的安装，首先将 $\phi25mm$ 的对拉高强螺杆穿过两片 22mm 槽钢和 $\phi50mm$ 的孔道，通过扭矩扳手对其施加预应力，让槽钢跟梁紧密贴合。槽钢内侧贴有 2mm 厚的黄铜板作为摩擦片。槽钢与框架柱的连接则使用 $\phi18mm$ 的高强螺栓，将其对准孔道穿过槽钢端板，连同柱内 $\phi20mm$ 孔道，最后使用扭矩扳手施加预应力。全部拧紧后，当梁柱发生相对转角时，槽钢内的黄铜片将和梁端预埋钢套发生相对位移，从而实现摩擦耗能。

由于对拉高强螺杆的直径远小于梁内螺杆孔道的直径，可保证梁柱在发生一定量的相对转动时不会碰到孔道壁。为保证梁柱之间和柱与基础梁之间保持良好的接触，并在梁柱发生相对转动时有明确的接触点，在梁端和柱接触部分别加设两块 10mm 厚、40mm 高的钢垫板（如图 11-2(a) 所示）。如前所述，梁柱接触面通过预应力产生的摩擦力将承担梁端剪力。

2. 试验仪器及布置

本试验中采用锚杆测力计对梁两端的张拉力进行测量，通过所测得的频率换算为有效预应力值。试验现场图如图 11-3 所示，在试验张拉阶段，通过千斤顶读数来控制张拉力，再通过测力计读数计算出实际的预应力大小。后续长期观测期间，前三个月每天观测一次，三个月以后每两天观测一次。梁柱的收缩变形通过在关键部位设置百分表和千分表进行测量。梁顶放置 60 块铁块，每块铁块重 0.2kN，在梁上均匀布置。

图 11-3　试验现场图

本试验采用的振弦式锚杆测力计如图 11-4 所示。自定心混凝土框架梁端与柱端锚杆测力计的安装如图 11-5 所示，由于梁柱连接采用两根预应力钢绞线，所选测力计较大，并穿过两根预应力筋，最终装置如图 11-6 所示。柱中同样采取两根预应力钢绞线，由于两根预应力筋距离较远，故选取两个相同的小型测力计，其位置编号如图 11-7 所示。

摩擦耗能装置中的高强螺栓则是通过扭力扳手施加预应力，为研究对拉高强预应力螺杆的预应力损失状况，选取相同的一根梁进行对比试验，两个对比试验中所施加的力分别为 20kN 和 40kN。高强预应力螺杆试验布置如图 11-8 所示。

图 11-4 振弦式锚杆测力计

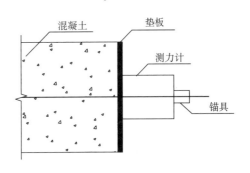

图 11-5 自定心混凝土框架梁端与柱端锚杆
测力计安装图

图 11-6 梁内钢绞线测力计布置图

图 11-7 柱内钢绞线测力计布置图(俯视)

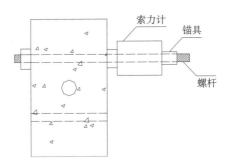

图 11-8 高强预应力螺杆试验布置示意图

梁跨中和梁端、柱顶分别设置百分表和千分表，以采集各个点的位移情况。在梁跨中设置一个千分表，同时沿纵向轴线放置两个百分表，沿纵向梁边部位各设置一个百分表，梁端跟柱顶同样设置一个百分表，总体测点布置如图 11-9 所示。

3. 试验参数及测量

框架梁采用两根预应力筋，共用一个锚杆测力计。两根柱同样施加两根预应力筋，每根预应力筋单独使用一个锚杆测力计进行测量。各预应力钢绞线所施加有效预应力大小如表 11-1 所示。

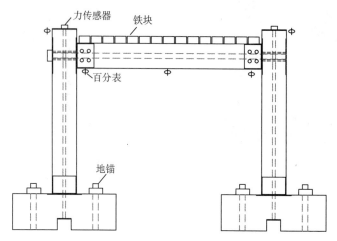

(a) 测点布置平视图

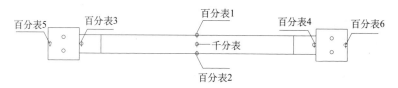

(b) 测点布置仰视图

图 11-9　梁柱仪器测点布置

表 11-1　各预应力钢绞线所施加有效预应力大小

构件	振弦式锚杆测力计编号	预应力/kN
梁	B1	255
柱 1	C1	130
	C2	133
柱 2	C3	129
	C4	134
高强螺杆	S1	25
	S2	41

　　钢绞线安装完成后，为使钢绞线持力，必须先根据规范要求将钢绞线张拉至初始张拉应力。结合实际情况，试验中将初始张拉力定为 10% 的控制张拉应力。其测量方法可参照下述步骤[1]：

　　(1) 记录振弦式锚杆测力计的出场原始值。

　　(2) 通过千斤顶表盘读数控制张拉应力，为减少预应力损失，采用逐级张拉，当表盘读数达到控制张拉力的 10% 时，停止张拉，将锚具夹好，测量测力计数据并记录。

　　(3) 为减少预应力筋钢绞线的瞬时损失，采取分级张拉手段，依次将张拉力加载到

40%、70%、100%、105%，记录测力计读数。

(4) 张拉完成后，前 3 个月每天测量一次，3 个月以后每 2 天测量一次。测量内容包括混凝土的徐变收缩、预应力损失。

11.1.2　试验结果与分析

1. 环境因素分析

结构所处环境温度的大小对混凝土的徐变影响较大，相反对收缩影响较小。介质温度对徐变的影响主要表现在以下两个方面：在环境湿度相对稳定的情况中，温度越高则徐变会有比较明显的增大，即徐变速率会随着温度的变大而变大，经研究发现，20～90℃之间，当温度达到 71℃时徐变速率达到最大值，紧接着会随着温度的升高而降低；另一面，随着温度的升高，而周围的空气介质又比较干燥，则混凝土内部的水会逐渐挥发，这样同样会增加徐变[2]。

本试验属于长期性试验，由于混凝土的收缩徐变受温度影响比较大，因此有必要对试验环境的温度跟湿度进行实时检测。在测试的 700 天时间内，测试地点的温度从 0～32℃变化不等，湿度从 48%～93%变化不等，试验构件所处的环境介质在不断变化，混凝土的收缩徐变会随着温度湿度的变化而变化，很能会出现试验数据的异常。

考虑到徐变发展、预应力损失在加载初期比较快，本试验前期每天测量一次，持续3 个月后根据实际情况每 2 天测量一次，试验所在结构试验室内的环境温度变化曲线如图 11-10 所示(图中第 308～333 天值寒假期间，故不能按时测量)。可以看出前 3 个月温度处于上升状态，温度变化范围为 10～30℃，接下来的 4 个月温度逐步下降，从 30℃下降至 0℃，温度最低的一段时间处于冬天，随后温度开始回升，第二年变化规律与第一年相似。

测试期间的环境湿度变化如图 11-11 所示，前 3 个月湿度大部分处于下降状态，湿度变化范围为 90%～45%，接下来的 3 个月湿度相对平稳，处于相对较高状态，此时处于梅雨季节到夏季，湿度比较大；接下来的 6 个月湿度逐步下降，从 90%下降至 50%。此后湿度变化呈现出一种平稳但不断波动的情况，第二年变化规律与第一年相似。

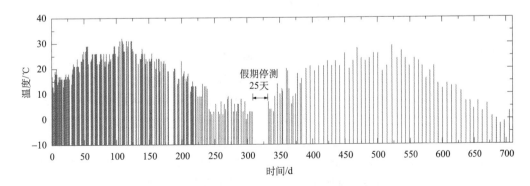

图 11-10　试验所在结构试验室内的环境温度时程图

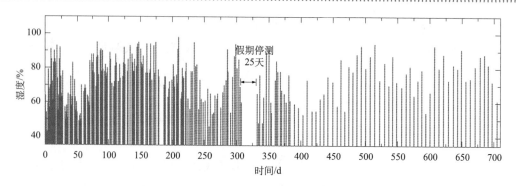

图 11-11   测试期间的环境湿度时程图

2. 应力测试结果与分析

预应力装配式结构在实践中面临的问题之一是预应力的损失，这给结构的抗震性能带来很大的影响。对于预应力损失，主要包括预应力钢绞线与锚具温差引起的损失、预应力筋摩擦损失、锚具变形、预应力筋内索损失、预应力筋松弛损失、混凝土收缩徐变损失等。这些影响因素中，收缩徐变是最不确定的一项，至今还没有得到一致认可的理论公式。本书采用直接测量钢绞线应力值的方式，来分析预应力损失的变化状况。试验中，梁预应力筋测量时间总约为 708 天，其具体损失情况如图 11-12 所示。

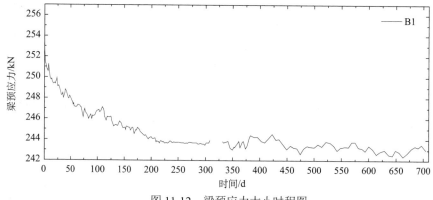

图 11-12   梁预应力大小时程图

从图 11-12 可以看出，预应力钢绞线在放张后测得的最终预应力大小为 243kN，产生的瞬间预应力损失为 3kN，损失率为 1.16%。纵观前 3 个月的观测，钢绞线总的预应力损失值达到 11kN，损失率为 3.63%，到试验结束，总损失率为 4.92%，前 3 个月损失所占比例为 74%。对比长期损失和瞬时损失可以看出，瞬时损失在整个损失中所占的比重较大，约占 26%。另外从图中可以看到，从第 208 天开始，梁预应力筋预应力损失有减小的趋势，作者认为是温度在此期间降低所致。第二年开始，预应力损失逐渐减缓，每星期定期观测一次。由图可知，在测量时间内，预应力钢绞线的预应力损失总体的发展规律和现有的理论或者试验研究比较一致，可以分为瞬时损失和长期损失两个阶段，长期损失随着时间的推移而不断变大，其损失速率则越来越慢，直到一定的时间基本趋于不变。

柱 1 中的预应力筋 C1 测量时间总计约为 708 天。通过图 11-13 可看出，柱预应力筋 C1 张拉至初始应力到张拉结束，最终预应力大小为 124.9kN，产生的瞬时损失为 1.5kN，损失率达到 1.14%。通过 3 个月的长期观测，预应力在前两天急剧下降，后期慢慢地趋于平缓，前 3 个月的预应力损失值达到 4.5kN，损失率为 3.17%，最终总损失率为 3.7%，可看出前 3 个月预应力损失比较大。

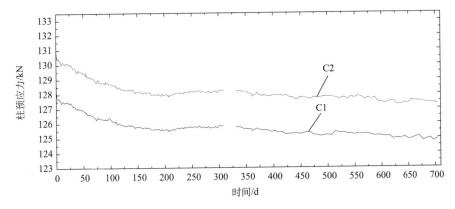

图 11-13　柱 1 预应力大小时程图

通过图 11-13 可看出，柱 1 中的预应力筋 C2 在张拉结束时，最终预应力大小为 127.3kN，产生的瞬时损失为 2kN，损失率达到 1.5%。前 3 个月预应力在前两天急剧下降，后期慢慢地趋于平缓，总的预应力损失值达到 5kN，损失率为 3.73%。预应力筋 C1 跟预应力筋 C2 都在同一个柱子里面，两者的预应力损失跟变化曲线形状非常接近。由于预应力筋 C1 所施加的初始预应力要大一点，因此预应力筋 C1 相对于预应力筋 C2 损失率会更大。

通过图 11-14 可以看出，柱 2 中的预应力筋 C3 从张拉至初始应力到张拉结束，最终预应力大小为 122.9kN，产生的瞬间预应力损失为 1.35kN，损失率为 1.05%。前 3 个月中，预应力在前两天急剧下降，后期慢慢地趋于平缓，期间预应力损失值达到 4.2kN，损失率为 3.16%，最终总损失率达 3.87%。柱 2 中的预应力筋 C4 从张拉至初始应力到张

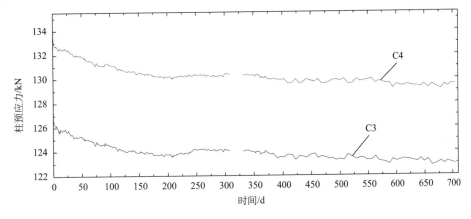

图 11-14　柱 2 预应力大小时程图

拉结束,最终预应力大小为 129.53kN,产生的瞬间预应力损失为 1.5kN,损失率为 1.10%。预应力在前两天急剧下降,后期趋于平缓,总的预应力损失值达到 5.47kN,损失率为 4.05%。预应力筋 C3 跟预应力筋 C4 位于同一个柱内,从图中可以看到,两者的预应力损失跟增长率随时间的变化非常接近。

高强螺杆 S1 的应力测量时间总约为 636 天。通过图 11-15 可看出,螺杆 S1 张拉至初始应力到张拉结束,最终螺杆中预应力大小为 22.07kN,产生的瞬时损失为 1.07kN,损失率为 4.14%。通过 3 个月的长期观测,预应力在前两天急剧下降,后期趋于平缓,期间预应力损失值达到 2.76kN,损失率为 10.92%,最终预应力损失率为 15.87%,与预应力钢绞线相似,前 3 个月预应力损失比较大。螺杆 S2 从张拉至初始应力到张拉结束,预应力最终大小为 32.84kN,产生的瞬时损失为 3.29kN,损失率为 8.09%,总损失率为 19.39%。

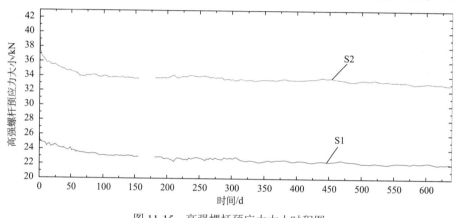

图 11-15　高强螺杆预应力大小时程图

3. 位移测试结果与分析

试验对混凝土长期变形的测量跟预应力筋的测量同步进行,主要包括各测点的挠度,其中梁跨中布置一个千分表和两个百分表,梁端跟柱顶分别布置一个百分表。自定心混凝土框架梁跨中位移随时间变化如图 11-16～图 11-18 所示。

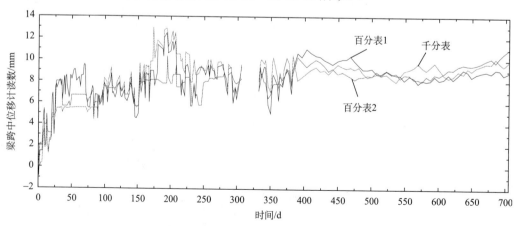

图 11-16　梁跨中位移计读数时程图

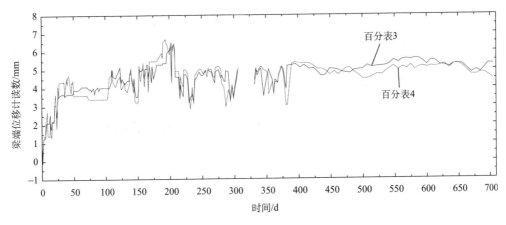

图 11-17　梁端位移计读数时程图

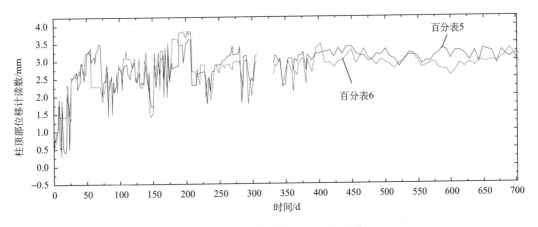

图 11-18　柱顶端位移计读数时程图

从图 11-16～图 11-18 可以看出，自定心梁柱的测点位移总体是不断增加的，这主要是由混凝土的收缩徐变增长所致，且与预应力钢绞线的预应力损失变化曲线非常相似；测试后期，收缩徐变的增长率逐渐减缓，与此前同类收缩和徐变试验中的发展规律相似。

本次试验中的梁柱构件各个测点的位移随着时间的推移不断增加，但从图中可以看出每天的数据是成锯齿形变化的，考虑试验期间框架周边环境温度和湿度的变化，可以认为该跳跃性的变化受温度和湿度的影响。从温度时程图 11-10 可以看到，从观测开始到 190 天时，此时正处于炎热的夏季，试验室内温度相对比较高，对比湿度时程图 11-11，同样在 190 天内，环境的相对湿度也比较大。190 天后，从温度跟湿度时程图来看，都在不断地降低，这段时间内位移反而有恢复的趋势，但是从第 250 天之后，位移又有所增大，这是因为相对湿度和温度明显增大，从而引起弹性变形和徐变收缩增大。第二年开始，观测频率减小，每星期一测，位移变化趋于平缓，仍显示出逐渐上升的趋势。另外，由于试验场地限制原因，试验室空间局限，不能保证本试验构件绝对不受外界影响，比如，试验场地放置或运送构件时，均会发现试验测量数据的波动。

对于混凝土的收缩，研究中一般将其分为两个部分，干燥引起的收缩和自身的收缩，其中第一种收缩是因为混凝土本身水分不断流失所引起的；而第二种自身收缩是因为随着时间的推移，混凝土仍在不断水化，使得其体积慢慢变小。通过大量研究发现，这两种收缩类型中，干燥收缩受周边介质因素变化影响较大，如前面所提到的温度、湿度，因此作者推断在本书的试验中，引起混凝土收缩的原因主要是干燥。

11.2　自定心混凝土框架长期性能的数值模拟

前面的章节已通过 OpenSees 软件对自定心混凝土框架的抗震性能进行了研究，但考虑到 OpenSees 软件无法考虑时变效应，本节利用有限元分析软件 DIANA[3]对自定心混凝土框架的长期性能进行数值模拟。

11.2.1　混凝土徐变收缩模型

各国学者对混凝土的收缩模型都有所研究，如 CEB-FIP 系列模型、BP 系列模型、AASHTO 系列模型、ACI 系列模型等[4]。本次建模中，对于混凝土材料的模拟，选取欧洲规范推荐的 CEB-FIP 模型[5]进行混凝土的徐变收缩模拟，具体计算公式通过 $J(t,t_0)$ 函数来计算，如式(11-1)所示：

$$J(t,t_0) = \frac{1}{E_c(t_0)} + \frac{\varphi(t,t_0)}{E_{c28}} \tag{11-1a}$$

其中，$E_c(t_0)$ 表示混凝土在龄期 t_0 时的弹性模量；E_{c28} 对应于龄期 28 天时的混凝土弹性模量；$\varphi(t,t_0)$ 为徐变系数，可由式(11-1b)确定：

$$\varphi(t,t_0) = \left[1 + \frac{1 - RH/RH_0}{0.46(h/100)^{1/3}}\right]\left(\frac{5.3}{\sqrt{0.1f_{cm28}}}\right)\left(\frac{1}{0.1 + t_0^{1/5}}\right)\left[\frac{t - t_0}{\beta_H + (t - t_0)}\right]^{0.3} \tag{11-1b}$$

其中，RH 为相对环境湿度，$RH_0 = 100\%$；h 为构件的名义尺寸，计算公式为 $h = 2A_c/u$，A_c 和 u 代表相应混凝土构件的截面面积和与大气接触的周长；f_{cm28} 代表龄期 28 天时的混凝土抗压强度。其中系数 β_H 为

$$\beta_H = \min\left\{1500; 150\left[1 + (1.2RH)^{18}\right]\frac{h}{100} + 250\right\} \tag{11-1c}$$

当混凝土结构龄期到 t(天)时，其收缩应变 $\varepsilon_s(t,t_s)$ 计算方法如式(11-2a)所示：

$$\varepsilon_s(t,t_s) = \left[160 + 10\beta(9 - 0.1f_{cm28})\right] \times 10^{-6}\beta_{RH}\sqrt{\frac{t - t_s}{350(h/100)^2 + (t - t_s)}} \tag{11-2a}$$

其中，β 为收缩系数，与水泥的种类相关；t_s 为收缩开始后的天数；β_{RH} 则表示混凝土所处周边环境的湿度 RH 的计算系数：

$$\beta_{RH} = \begin{cases} -1.55\left[1 - (RH/100\%)^3\right], & 40\% \leqslant RH \leqslant 99\% \\ 0.5, & RH > 99\% \end{cases} \tag{11-2b}$$

随着时间的推移，混凝土自身的抗压强度也在不断变化，具体衰减公式可由式

(11-3a)确定:

$$f_{cm}(t) = \beta_{cc}(t) f_{cm28} \tag{11-3a}$$

其中时变系数 $\beta_{cc}(t)$ 为

$$\beta_{cc}(t) = \exp\left[s\left(1 - \sqrt{28/t_{eq}}\right)\right] \tag{11-3b}$$

其中，系数 s 与水泥种类有关，结合本次试验所用的水泥等级，取值定为 0.25。混凝土的等效龄期 t_{eq} 定义为

$$t_{eq} = \int_0^t 4000\left[1/273 - 1/T(\tau)\right]d\tau \tag{11-3c}$$

其中，$T(\tau)$ 为混凝土在时间 τ 的温度。

最后，混凝土结构长期应变发展模型为

$$\varepsilon(t, t_0) = \sigma(t_0)\left[\frac{1}{E_c(t_0)} + \frac{\varphi(t, t_0)}{E_{c28}}\right] + \int\left[\frac{1}{E_c(\tau)} + \frac{\varphi(t, \tau)}{E_{c28}}\right]d\sigma(\tau) + \varepsilon_s(t, t_s) \tag{11-4}$$

11.2.2　应力松弛模型

在一般情况下，预应力钢绞线在持续拉力下，若钢绞线的长度不变，预应力钢绞线中的应力将会逐渐减小，这种现象即称为松弛。在软件 DIANA 中，对于预应力钢绞线应力松弛的模拟，是将松弛函数结合广义 Maxwell 模型[3]来描述，此模型可由一系列并联的弹簧和阻尼器 (Maxwell 单元)来描述，如图 11-19 所示。其中，E_i 和 η_i 分别表示弹簧和阻尼器的刚度。

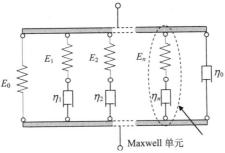

图 11-19　广义 Maxwell 模型

广义上的 Maxwell 模型的应力-应变关系可通过式(11-5a)来描述:

$$\sigma(t) = \int_{-\infty}^t E(t, \tau)\varepsilon d\tau \tag{11-5a}$$

其中，$E(t, \tau)$ 为松弛函数，可以展开为一个 Dirichlet 序列:

$$E(t, \tau) = \sum_{i=0}^n E_i(\tau)e^{-\frac{t-\tau}{\lambda_i}} \tag{11-5b}$$

其中，$E_i(\tau)$ 为 Maxwell 单元的时变刚度。而 Maxwell 单元的松弛时间则为

$$\lambda_i = \eta_i / E_i \tag{11-5c}$$

当时间增加 Δt 时，将式 (11-5b) 代入式 (11-5a)，然后进行相应换算，得出此时的应力增量为

$$\Delta\sigma = \sum_{i=0}^{n}\left(1 - e^{-\frac{\Delta t}{\lambda_i}}\right)\left[\frac{E(t^*)\lambda_i}{\Delta t}\bar{D}\Delta\varepsilon - \sigma_i(t)\right] \tag{11-6}$$

其中，t^* 为时间增量的中点，即 $t + \Delta t / 2$。

以上所说的混凝土徐变、收缩、强度时变特性以及应力松弛模型可嵌入到有限元分析软件 DIANA 中，通过将这些模型特性嵌入到相关的建模单元，如混凝土龄期、构件的配箍率、预应力形式等因素，在计算混凝土徐变收缩时会将这些因素都考虑在内。

11.2.3 预应力混凝土简支梁长期性能试验的数值模拟

为验证本章徐变收缩模拟的准确性，本节结合英国利兹大学 Chouman[6]所做的一组预应力混凝土梁的长期性能试验，对其进行数值模拟。该试验一共包含 20 个预应力混凝土梁，每个梁的几何尺寸基本一致，其有效跨度为 2.7m、梁高 180mm。试验的主要目的是研究不同预应力大小下和不同配筋下预应力混凝土梁的时变行为，总测试时间一年多。本书从该 20 个试验梁中选取了 5 根具有代表性的梁，具体尺寸见图 11-20，其中梁编号说明如下：R 表示矩形截面，第一个数字表示预应力筋的根数，第二个数字则表示梁的配筋率。

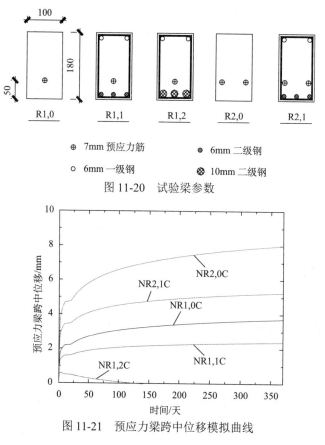

图 11-20　试验梁参数

图 11-21　预应力梁跨中位移模拟曲线

在软件 DIANA 中，通过定义相关混凝土参数、预应力筋以及钢筋的材性参数和徐变模型参数，对 5 根梁进行建模分析，跨中徐变随时间的变化如图 11-21 和表 11-2 所示。

表 11-2　试验梁计算结果对比

编号	试验		模拟	
	初始起拱/mm	一年/mm	初始起拱/mm	一年/mm
NR1,0	0.99	3.80	1.20	3.74
NR1,1	0.86	2.41	0.95	2.39
NR1,2	0.67	−0.47	0.61	−0.43
NR2,0	2.33	7.46	2.58	8.03
NR2,1	2.19	5.06	2.05	5.28

从表 11-2 可以看出，模拟跟试验数据具有一定的符合度，说明一定程度上，此模拟能够反映出试验构件收缩徐变的大致情况，所采用的模拟方法和理论参数是可行的，因此，以下试验也将在本试验的基础上进一步模拟，研究自定心框架结构的长期性能表现。

11.2.4　自定心框架长期性能试验的数值模拟

1. 数值模型

基于软件 DIANA 建立自定心混凝土框架的数值分析模型，如图 11-22 所示。其中梁柱采用梁单元 L7BEN 单元模拟。混凝土的力学模型采用 Thorenfeldt 模型[7]，混凝土的开裂采用弥散裂缝模型。混凝土的受拉应力-应变关系采用 Hordijk 模型[8]，初始为弹性关系，到达一定的受拉强度后变为非线性软化关系。在软件 DIANA 中，钢筋单元可以直接嵌入梁单元中，然后通过钢筋单元与梁单元节点位移的耦合，根据梁单元的节点位移求出钢筋单元节点的应变。

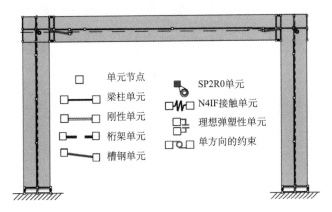

图 11-22　基于软件 DIANA 建立的自定心混凝土框架的数值分析模型

预应力的模拟采用具有初始应力的桁架单元(L4TRU)来实现。在软件 DIANA 中，预应力筋单元在进行长期性能分析时，可以自动将混凝土的徐变、预应力筋的应力松弛、混凝土的收缩以及相关环境因素考虑在内。

预应力梁-柱节点和柱-基础节点的张开和闭合采用 N4IF 单元模拟，单元长度设置为零(零长度接触单元)，单元的材料属性定义为只能受压不能受拉的力-变形关系。梁-柱和柱-基础接触面采用两对梁单元(L7BEN)模拟，单元的抗弯刚度近似定义为刚性，刚性单元的末端延伸至梁柱接触区域的外边界。节点核心区的剪切变形采用一个零长度转动弹簧单元(SP2RO)来模拟。通过将节点处的梁单元跟柱单元在水平方向和竖直方向的自由度进行耦合，以模拟剪力的传递。

摩擦耗能构件采用 L7BEN 单元模拟，单元的输入参数根据槽钢的截面属性确定。摩擦耗能构件上的摩擦力采用一个零长度单元(N4IF)来模拟，单元的材料属性(力-变形关系)采用理想弹塑性模型。

2. 长期变形的数值模拟

基于软件 DIANA 建立自定心混凝土框架的有限元分析模型，通过定义相关参数，对试验框架进行长期性能模拟分析，得到 SCPB 构件的梁柱各测点的位移时程如图 11-23 和图 11-24 所示。从图中可以看出，数值模拟结果趋势大体符合，跨中千分表所测量的

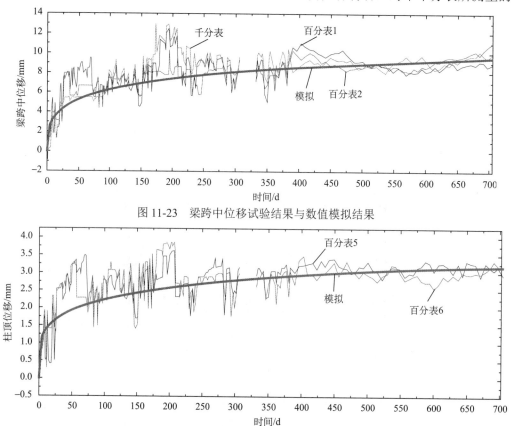

图 11-23　梁跨中位移试验结果与数值模拟结果

图 11-24　柱顶位移试验结果与数值模拟结果

结果相对于两个百分表更加接近数值模拟结果，作者认为这是由于千分表对数据的变化相比百分表更加灵敏。在前 3 个月中，数值模拟要小于试验所测得的结果，作者认为前 3 个月试验室温度从 10℃变化到 30℃，湿度也相应地增长，这些使得框架梁的徐变较大，而在数值模拟分析中，则是假设常温，因此不会发生起伏的变化。同样，270 天后的变化，模拟结果反而比测量的结果偏大，观察 270 天后的温度，此时处于冬季，温度从 10℃变化到 0℃，湿度也相应地降低，温度越低，徐变收缩则比较慢，而在数值模拟分析中，则是假设常温，因此不会发生起伏的变化。第二年观测期间，数值模拟与试验数据吻合度较好。

3. 梁柱预应力损失的数值模拟

通过定义软件 DIANA 中预应力钢筋相关参数，在试验框架数值模型的基础上进行预应力损失分析，如图 11-25～图 11-27 所示。由图可知，本次自定心混凝土框架长期性数值模拟结果趋势大体符合。试验研究表明，预应力损失在前 3 个月中较大，后期趋于缓慢。从图中可以看到，对于前 250 天，模拟跟试验差距较大，作者认为前 250 天内，温度跨度比较大，而模拟则处于恒定的环境变量。但从 250 天开始，梁预应力筋有所回落，作者认为观察 250 天后的温度，此时处于冬季，温度从 10℃变化到 0℃，湿度也相

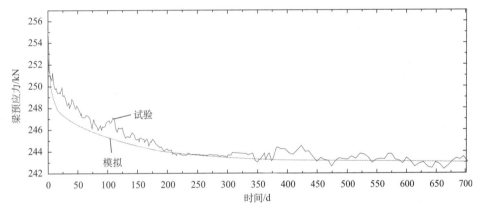

图 11-25　梁预应力损失数值模拟结果与试验结果

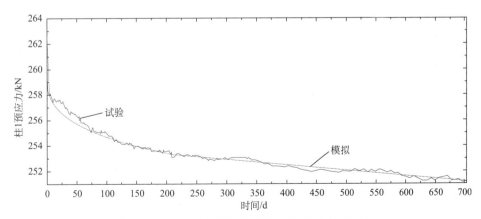

图 11-26　柱 1 预应力损失数值模拟结果与试验结果

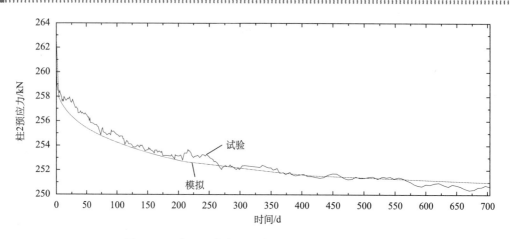

图 11-27　柱 2 预应力损失数值模拟结果与试验结果

应地降低，温度越低，徐变收缩则比较慢，而在数值模拟分析中，则是假设常温，因此不会发生起伏的变化。另外由于试验框架附近有其余试验在进行，试验框架预应力柱是固定在地基上的，其余的试验可能对地基产生变形，进一步影响框架，因而从图中可以看出梁、柱预应力筋受到干扰，数据有时呈不规律变化。与位移变化类似，第二年观测期间，数值模拟与试验数据吻合度较好。

4. 高强螺杆预应力损失的数值模拟

基于试验框架的 DIANA 数值模型，对高强螺杆进行预应力损失分析。从图 11-28 和图 11-29 可以看出，高强螺杆 1 数值模拟结果趋势大体符合，但略小于试验结果，高强螺杆 2 数值模拟结果则比试验结果略小。这主要是由于试验所用的高强螺杆是通过高强螺帽进行约束的。对于此种约束，有限元软件目前还难以精确模拟，其次对于此种约束方式，其约束的可靠程度并不如梁柱中的预应力筋所采用的锚固方式，因此此种高强螺杆前期的预应力损失比梁柱中预应力筋的预应力损失大。

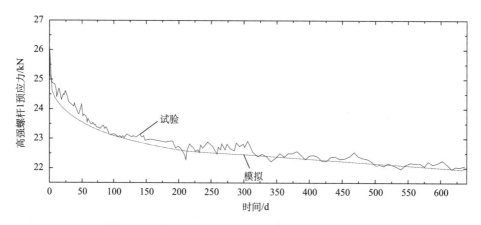

图 11-28　高强螺杆 1 预应力损失数值模拟与试验结果

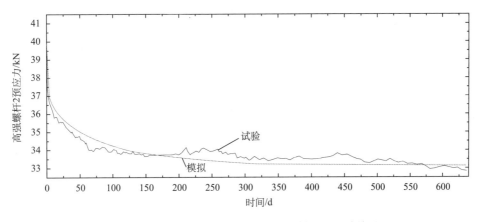

图 11-29　高强螺杆 2 预应力损失数值模拟与试验结果

11.3　自定心混凝土框架的时变抗震性能评估

自定心结构体系的自定心功能主要是通过无黏结的后张法预应力构件实现的，在结构的生命周期内，其抗震性能必然会受到预应力筋应力松弛、摩擦耗能装置锈蚀而出现的耗能能力损失、混凝土的徐变收缩等因素的影响。因此，对自定心结构体系的抗震性能进行时变研究，具有重要的意义。

11.3.1　自定心混凝土框架设计

分析框架的原型结构为 3 跨 4 层的 RC 框架，如图 11-30 所示，该 RC 框架的设计参数见文献[9]。为了与 RC 框架梁具有相近的抗弯承载力，故设定自定心混凝土框架梁端设计弯矩与 RC 框架梁的抗弯承载力相同。自定心节点的能量耗散系数 β_E=0.24。根据自定心混凝土框架的梁端设计弯矩和节点能量耗散系数可以确定初始预应力(假定预应力筋沿梁中轴线布置)和摩擦力。预应力筋采用低松弛高强预应力钢绞线，其直径为 15.2mm，

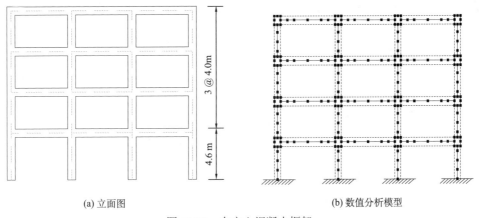

(a) 立面图　　　　　　　　　　　　(b) 数值分析模型

图 11-30　自定心混凝土框架

公称截面积为 140mm²，预应力筋的屈服强度标准值为 1675MPa，极限强度标准值为 1860MPa。自定心混凝土框架的设计参数如表 11-3 所示，表中 N_s 为预应力钢筋的数目，T_0 为初始预应力大小，F_f 为翼缘摩擦装置最大摩擦力大小。

表 11-3   自定心混凝土框架设计参数

楼层	柱截面/(mm×mm)		柱配筋率/%		梁截面/(mm×mm)	N_s	T_0/kN	F_f/kN
	内柱	边柱	内柱	边柱				
1	813×762	813×965	2.1	1.6	813×610	27	2074	1915
2	813×762	813×965	1.0	1.0	813×610	25	1945	1795
3	813×762	813×965	1.0	1.0	813×610	24	1823	1683
4	813×762	813×965	1.0	1.0	813×610	14	1042	962

11.3.2   自定心混凝土框架长期性能

为了研究温度和湿度变化的影响，本节分析了不同的温度和湿度组合的工况下，自定心混凝土框架的结构响应。根据中国气象局的数据，我国主要城市的年平均气温的最高值和最低值分别为 24.90℃ 和 4.80℃，年平均湿度的最高值和最低值分别为 80% 和 42%。考虑了五种工况：工况 1(最高温度和最低湿度)、工况 2(最低温度和最低湿度)、工况 3(最高温度和最高湿度)、工况 4(最低温度和最高湿度)、工况 5(平均温度和平均湿度)。

基于 11.3.1 节的试验框架的数值模型，建立自定心混凝土框架的数值分析模型，如图 11-30 所示。分析得到 50 年内框架第二层梁内预应力筋的应力和腹板摩擦装置中螺杆预应力的变化时程如图 11-31 所示。由图可知，梁内预应力损失在前 15 年内最为严重。此外，梁内预应力损失在工况 1 中最大，而在工况 4 中的损失最小。表明在高温和干燥环境下更容易出现预应力损失。由图 11-31(a) 可知，在工况 1 中，50 年内的梁内预应力由开始的 925.9MPa 降低为 703.4MPa，预应力损失率为 24%。类似地，在工况 1 中，50 年内的梁端摩擦装置中的摩擦力的损失率为 30%。表 11-4 给出工况 1 和工况 5 中，自定心混凝土框架各楼层在 50 年后的梁内预应力和摩擦力损失的数值模拟结果。

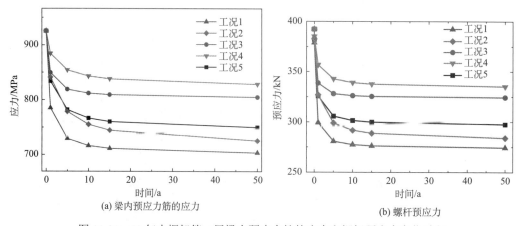

(a) 梁内预应力筋的应力

(b) 螺杆预应力

图 11-31   50 年内框架第二层梁内预应力筋的应力和螺杆预应力变化时程

表 11-4 50 年后自定心混凝土框架的梁内预应力和摩擦力

	工况	楼层			
		第二层	第三层	第四层	第五层
预应力	工况 1	1576	1439	1358	774
/kN	工况 5	1680	1544	1455	829
摩擦力	工况 1	670	647	593	355
/kN	工况 5	726	696	642	371

11.3.3 地震动选取

参考 FEMA P695[10]的地震波选取原则，从 PEER Strong Motion Database[11]中选取了 10 条满足本章的自定心混凝土框架的设计场地要求(坚硬土壤场地类型)的地震动记录 (表 11-5)，并基于 ASCE 7-02 规范[12]，将所选地震波分别调至 DBE 和 MCE 强度，如 图 11-32 所示。

表 11-5 所选地震动特性

序号	地震名	地震动分量	震级	PGA/g	持时/s
1	Imperial Valley	BRA315	6.53	0.153	38
2	Imperial Valley	B-ELC000	6.53	0.219	38
3	Superstition Hills	C-ELC090	6.54	0.403	40
4	Superstition Hills	B-PLS045	6.54	0.706	22
5	Northridge	B-WLF225	6.69	0.785	40
6	Northridge	PIC090	6.69	0.421	40
7	Northridge	PIC180	6.69	0.699	40
8	Kocaeli- Turkey	BLD090	7.51	0.473	125
9	Northern Calif	HCH271	5.20	0.010	61
10	San Fernando	PVE155	6.61	0.020	70

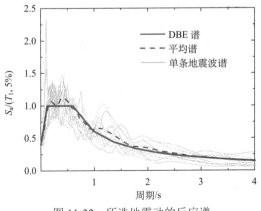

图 11-32 所选地震动的反应谱

11.3.4 时变抗震性能评估

参考文献[13]，将自定心混凝土框架在 DBE 和 MCE 地震动作用下的最大层间侧移限值定义为 2% 和 3%。参考文献[14]和[15]，将自定心混凝土框架在 DBE 和 MCE 地震动作用下的残余层间侧移限值定义为 0.2% 和 0.5%。

图 11-33(a)给出了在 PIC090 地震动作用下的自定心混凝土框架的第三楼层的位移时程。由图可知，在工况 1 中的自定心混凝土框架在 50 年后的性能出现了退化，其在地震动作用下的最大位移比原始自定心混凝土框架(性能未退化)的最大位移大 16.53mm。在地震动作用后，性能退化后的自定心混凝土框架和原始自定心混凝土框架的残余变形分别为 0.60mm 和 6.17mm。因此，随着时间的推移，预应力和摩擦力的损失将会导致自定心混凝土框架在地震动作用下的峰值位移和残余变形的增加。

图 11-33(b)为自定心混凝土框架第三层预应力筋拉力的时程响应。原始自定心混凝土框架(性能未退化)的第三层预应力筋的初始应力为 901.0MPa，而工况 1 中的自定心混凝土框架(性能出现退化)在 50 年后的预应力筋的初始应力已减少为 666.6MPa。由图可知，在 PIC090 地震动作用下，原始框架的预应力峰值为 1386.8MPa，出现在 8.94s；而性能退化后的自定心混凝土框架的预应力峰值为 1202.08MPa，出现在 7.27s。

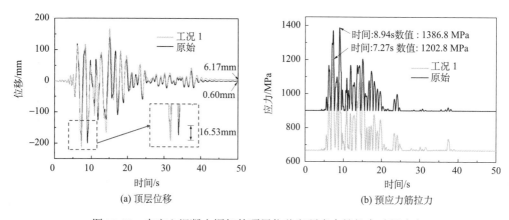

图 11-33 自定心混凝土框架的顶层位移和预应力筋拉力时程响应

图 11-34 给出了原始框架和性能退化框架的最大层间侧移和残余层间侧移沿楼层的分布。由图 11-34(a)和(b)可知，原始框架在 DBE 和 MCE 地震动作用下的最大层间侧移均分别小于 2% 和 3%，满足自定心混凝土框架在 DBE 和 MCE 地震动作用下的最大层间侧移限值。而 50 年后的性能退化框架在 DBE 和 MCE 地震动作用下的最大层间侧移均出现增大。例如，在 PIC090(DBE)地震动作用下，性能退化自定心混凝土框架在工况 1 和工况 5 中的最大层间侧移分别为 2.13% 和 2.12%，在 B-ELC000(MCE)和 PIC090(MCE)地震动作用下，性能退化自定心混凝土框架的最大层间侧移均超过 3%。由图 11-34(c)可知，原始框架在 DBE 地震动作用下的残余层间侧移均小于 0.2%；而 50 年后的性能退化框架的残余层间侧移均出现减小，这可能是由于摩擦力减小比预应力减小要快，而摩擦力的减小对框架的震后复位能力有利。由图 11-34(d)可知，原始框架在

MCE 地震动作用下的残余层间侧移和性能退化框架在 MCE 地震动作用下的残余层间侧移类似。因此，预应力和摩擦力的时变损失对最大层间侧移影响较大，而对残余层间侧移影响较小。

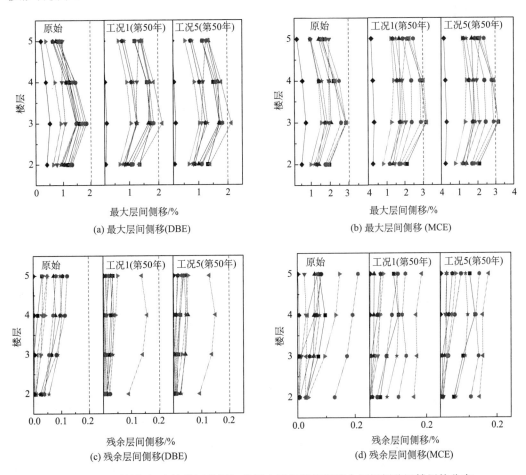

图 11-34　原始框架和性能退化框架的最大层间侧移和残余层间侧移沿楼层的分布

11.4　本 章 小 结

本章对自定心混凝土框架的时变抗震性能进行了研究。基于有限元软件 DIANA 建立了自定心混凝土框架的数值分析模型，可考虑混凝土徐变/收缩和预应力损失对框架抗震性能的影响。基于自定心混凝土框架的长期性能试验对有限元模型进行了验证。主要工作和结论如下：

（1）自定心混凝土框架的预应力在加载初期损失较大，随着时间推移，预应力损失率慢慢地趋于平缓。在试验期间，自定心混凝土框架的梁柱预应力的最大总损失率为 4.92% 和 4.05%。对于柱中的预应力筋，较高初始预应力产生较大的预应力损失。对于摩擦耗能装置中的预拉螺杆，其预应力损失率比梁柱中的预应力损失率更大。

（2）所提出的有限元模型可以模拟自定心混凝土框架的时变性能。基于有限元模型的参数化分析发现，在高温度和低湿度环境下，自定心混凝土框架的预应力损失率最大，50年后的梁内预应力和梁端摩擦耗能装置中的螺杆的预应力损失率分别为24%和30%。

（3）由于预应力和摩擦力的损失，50年后性能退化的自定心混凝土框架在 DBE 和 MCE 地震动作用下的最大层间侧移可能超过层间侧移限值。而预应力和摩擦力的损失对自定心混凝土框架的残余层间侧移影响较小，50年后性能退化的自定心混凝土框架的残余层间侧移均减小，这可能是由于摩擦力减小比预应力减小要快，而摩擦力的减小对框架的震后复位能力有利。

参 考 文 献

[1] 卢硕. 腹板摩擦式自定心预应力混凝土框架的长期性能研究[D]. 南京: 东南大学, 2016.

[2] 林波. 混凝土收缩徐变及其效应的计算分析和试验研究 [D]. 南京:东南大学, 2006.

[3] DIANA user's manual—Element library, release 9.3. TNO Building and Construction Research, Holland, 2008.

[4] Bazant Z P, Xi Y P, Baweja S. Improved predieation model for time-dependent deformations of conerete: Part7-short form of BP-KX model, statistics and extrapolation of short-time data [J]. Materials and Struetures, 1993, 26:567-574.

[5] Salvatore G M, Claudio M. Preflex beams: A method of caleulation of creep and shinkage effeets [J]. Journal of Bridge Engineering, 2006, 11（l）: 48-58.

[6] Chouman M. Initial and long term deflection of partially prestressed concrete [C]. The 4th International Symposium on Uncertainty Modeling and Analysis, College Park, 2003.

[7] Thorenfeldt E, Thomaszewic A, Jensen J J. Mechanical properties of high-strength concrete and applications in design [C]. // Proceedings of the Symposium on Utilization of High-Strength Concrete, Stavanger, 1987.

[8] Hordijk DA. Local approach to fatigue of concrete [D]. Delft: Delft University of Technology, 1991.

[9] Haselton C B. Assessing seismic collapse safety of modern reinforced concrete moment frame buildings [D]. Palo Alto: Stanford University, 2006.

[10] FEMA P695. Quantification of building seismic performance factors [R]. Washington: Federal Emergency Management Agency, 2009.

[11] Pacific Earthquake Engineering Research Center. PEER NGA database [DB/OL]. http://peer.berkeley.edu/nga/, 2016.

[12] American society of Civil Engineers. Minimum Design Loads for Buildings and Other Structure[M]. Reston: American Society of Civil Engineers, 2002.

[13] Morgen B G, Kurama Y C. Seismic response evaluation of posttensioned precast concrete frames with friction dampers [J]. Journal of Structural Engineering, 2008, 134（1）: 132-145.

[14] Applied Technology Council. Guidelines for seismic performance assessment of buildings: ATC-58 50% draft [R]. Washington: Department of Horneland Security, 2009.

[15] McCormick J, Aburano H, Ikenaga M, et al. Permissible residual deformation levels for building structures considering both safety and human elements [C]. // Proceedings of the 14th World Conference on Earthquake Engineering, Beijing, 2008.

第二篇　自定心混凝土墙

第 12 章

绪论——自定心墙

12.1 研究背景和意义

地震是最具破坏力的自然灾害之一，而人类抵御或降低震害的手段之一便是设计出具有更好抗震性能的房屋建筑。其中，框架结构和剪力墙结构作为常见的抗震结构体系被广泛地应用于抗震设防区的建筑结构中，但由于框架结构自身的抗侧刚度较小，在地震中的位移需求通常较大；同时，按照现代抗震设计理念，性能优良的抗震结构通常需要具有多道抗震防线。因此，目前在中高层建筑中，通常将框架与剪力墙结合形成框架-剪力墙结构。一方面，剪力墙可以控制结构的水平侧向位移；另一方面，剪力墙作为第一道抗震防线也有利于保证框架和整体结构的安全。

历年来的多次地震充分验证了混凝土剪力墙在控制结构或非结构构件震害方面的有效性。例如，在 1960 年的智利地震中，虽然剪力墙也出现了不同程度的破坏(如混凝土碎裂、钢筋外露等，图 12-1)，但多数框架-剪力墙结构在震后的完整性尚好[1]。再以 1963 年的马其顿斯科普里地震为例，如图 12-2(a) 所示，该房屋是由混凝土框架和素混凝土剪力墙组成的框筒结构。在震后，尽管其内部混凝土墙出现了较为严重的剪切、崩裂破坏，如图 12-2(b) 所示，但混凝土墙的存在有效地控制了房屋的层间变形，防止了房屋的倒塌，因此整体结构并未出现严重的震害[1]。

(a) 墙体受剪破坏　　　　　　　　　　　　(b) 混凝土压溃、钢筋屈服

图 12-1　传统钢筋混凝土剪力墙的破坏形式

(a) 房屋外观

(b) 墙体崩裂

图 12-2　斯科普里地震后的房屋

剪力墙对于结构抗震的重要意义使其在近几十年来得到了广泛的关注和发展。但随着社会的发展进步，防止建筑物在地震中倒塌已经不能作为结构抗震的唯一目标，人们更多地希望将地震带来的经济损失减至最低，其中一个重要的方面就是尽量降低房屋震害及震后修复工作量。然而，传统剪力墙在地震中的损伤较为普遍，常见震害包括：弯/剪破坏、混凝土压溃、钢筋屈服、面外屈曲以及较大的残余变形等[2,3]，且其震后修复的难度和工作量均较大。

为了提高传统钢筋混凝土剪力墙的抗震性能并减少其震害，国内外学者先后提出了多种改进形式，如采用设置边缘约束构件[4]、交叉钢筋暗支撑[5,6]、内藏人字形钢板支撑[7,8]、叠合钢板[9,10]、钢管混凝土边框及内藏桁架[11]或在关键部位使用高性能材料[12]等手段对墙体进行加强。在这些改进形式中，其主要思路是通过增加附属元件或提高材料性能来增强墙体的抗震性能，对于墙体的抗震机理和耗能方式并没有太多的改变，即始终依靠抗震墙本身的强度和刚度来抵抗地震作用，此类结构形式仍通过墙体自身在地震中产生塑性损伤以达到耗散地震能量的效果。

与上述"构件加强"的思路不同，近些年来提出并发展起来的自定心(self-centering)抗震墙改变了传统抗震墙的抗震理念。在该新型结构中，工厂预制的墙体通过无黏结预应力筋与基础连接在一起。当地震作用超过一定幅值，混凝土墙与基础之间的间隙张开，墙体发生转动；地震过后，墙体在预应力作用下重新回到其原先的竖直位置，从而实现自定心(或自复位)。若不加入附加耗能装置，地震能主要通过墙底与基础之间的撞击或墙体自身的塑性损伤来耗散；若设置附加耗能构件(如墙底与基础之间预埋软钢，墙与基础之间增设黏滞流体阻尼器等)，墙体自身的损伤和残余变形将显著地减少。近些年来，国内外许多学者加入了自定心抗震墙的研究中，并先后提出了多种不同形式的自定心抗震墙，其核心在于不同耗能元件的开发。基于目前自定心结构的发展现状以及其中的若干关键问题，本书提出了一种摩擦耗能式自定心预应力混凝土抗震墙结构，该结构通过改变变形形态和耗能机制以实现结构在设防地震下的无损，减少结构在地震作用后的残余变形，从而避免或减少震后修复工作和成本。

12.2 国内外相关领域的研究发展和现状

12.2.1 传统钢筋混凝土剪力墙及其改进

如前所述，为提高钢筋混凝土剪力墙的抗震性能，传统的思路是采用各类"构件加强"的方法。在我国抗震规范中[4]，要求根据抗震等级(或烈度)和轴压比，设置约束边缘构件或构造边缘构件对抗震墙端部进行不同程度的加强。龚治国等[13]对不同边缘构件(暗柱、明柱、翼缘)约束的混凝土剪力墙的抗震性能进行了试验研究，分析了边缘构件约束作用的强弱对于剪力墙承载力、平面外稳定、延性系数及耗能能力的影响。《高层民用建筑钢结构技术规程》(JGJ 99—98)[7]中也提到，可通过内藏人字形钢板支撑或由交叉斜筋构成的暗支撑来提高墙体的抗震能力。我国学者曹万林等[5,6]通过低周反复加载试验，分析了不同暗支撑形式对结构承载力、延性、耗能、用钢量和破坏特征等的影响，并建立了带暗支撑剪力墙的力学模型、承载力计算公式。Eom 等[9]在混凝土抗震墙之外增设两片钢板并通过对拉螺栓加强钢板与混凝土的共同工作，该叠合墙可减小抗震墙尺寸并提高施工效率(钢板可兼作模板)；所完成的低周反复加载试验结果表明，结构的破坏主要集中于墙底焊缝和连梁的拉裂以及钢板的局部屈曲。Zhao 和 Astaneh-Asl[10]还对几种钢板混凝土叠合墙进行了试验对比，表明混凝墙与钢板之间的剪力螺栓可以有效地防止钢板的整体屈曲，其最大层间转角超过 5%且结构延性较好，并基于试验结果对其抗震设计给出了建议。Hung 和 El-Tawil[12]利用高性能纤维增强混凝土(high performance fiber reinforced concrete，HPFRC)，对双肢剪力墙易出铰部位进行了加强，所进行的数值分析表明，高性能材料的使用简化了塑性铰部位的钢筋设置，并在延性和开裂控制方面得到显著改善。我国学者梁兴文等通过试验研究，探讨了高性能混凝土用于剪力墙所需的构造措施[13]。

为实现剪力墙的建筑工业化，国内外学者对装配式剪力墙也进行了多年的研究[14-18]，其重点是竖向钢筋的连接。其中，钱稼茹等[18]对竖向钢筋采用不同连接方法的预制墙进行了拟静力测试，试验结果表明:套筒浆锚连接能有效传递钢筋应力，而套箍连接试件的预制墙与底部现浇部分发生一定的面内错动，其极限位移角和耗能能力相对较小。此外，文献[19]介绍了一种叠合板式剪力墙结构体系的试验和理论分析结果，其中预制墙板由两层预制板与格构梁钢筋制作而成，现场安装就位后，在两层板中间浇筑混凝土，共同承受竖向荷载与水平力作用。由于上述墙体与基础的连接均为仿固结，因此预制墙与现浇墙的破坏形态类似，此处不再一一赘述。

12.2.2 无黏结预应力混凝土墙

为控制传统抗震墙的残余变形，国外学者利用无黏结预应力技术，将预制的混凝土墙进行拼装和预压，形成无黏结预应力混凝土抗震墙(unbonded post-tensioned concrete shear wall，UPT 墙)。其中，墙体与基础不再固结，因此在水平力作用下可以绕墙脚发生一定程度的旋转，并且在震后可通过预应力实现复位。按照是否设有附加耗能装置，

Restrepo 和 Rahman[20]将 UPT 墙分为两类，一类仅具有转动和自定心能力，没有附加耗能装置(滞回曲线如图 12-3(b)所示)；第二类是在自定心墙的结构中加入耗能装置(滞回曲线如图 12-3(c)所示)，作为对比，图 12-3(a)作出了传统剪力墙(底部固结)的滞回曲线。

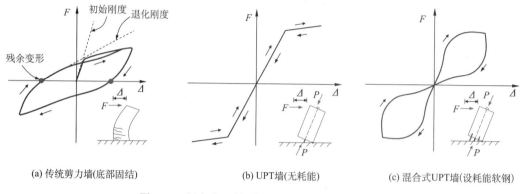

(a) 传统剪力墙(底部固结)　　　(b) UPT墙(无耗能)　　　(c) 混合式UPT墙(设耗能软钢)

图 12-3　侧向力-顶部位移(F-Δ)的理论关系曲线

Priestley 等[21]通过研究指出，UPT 墙可以在高烈度区作为主要抗侧体系。在其缩尺比例为 0.6 的五层预制混凝土框架-剪力墙模型试验中，沿墙体抗侧方向仅出现了很小的非结构性损伤，当最大顶点侧移角达到 1.8%时，结构的残余侧移角仅为 0.06%。此外，墙体的顶点水平侧移主要由两部分构成，即墙体水平拼缝(包括每片墙体之间的拼缝和墙底与基础之间的拼缝)的张开和剪切滑移所产生的顶点侧移量,这两种侧移可分别视为弯曲变形和剪切变形,如图 12-4 所示。由于拼缝张开所带来的侧移可在震后通过预应力的作用加以消除,因此是一种可控、可接受的侧移模式;而水平拼缝处的剪切滑移则难以在震后恢复,因此应尽量避免。

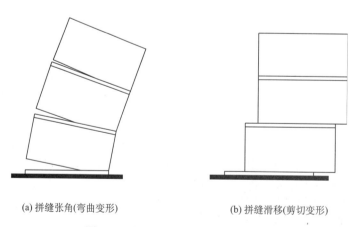

(a) 拼缝张角(弯曲变形)　　　　(b) 拼缝滑移(剪切变形)

图 12-4　侧向力作用下的墙体变形图

Kurama[22]定义了 UPT 墙可能存在的极限状态，如图 12-5 所示，其中基底剪力-墙顶转角的关系曲线为三折线式，对应的极限状态包括：墙底间隙张开、墙体的抗侧刚度线弹性极限，即刚度开始退化点、预应力筋屈服、墙底剪力承载极限、循环荷载下预应力筋中预应力的减少、约束混凝土压碎(crushing of confined concrete，CCC)和预应力筋拉断。

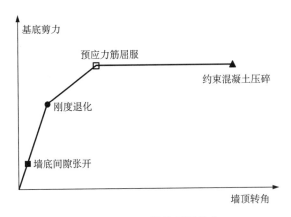

图 12-5　UPT 墙的极限状态

Perez[23]对未设耗能装置的 UPT 墙进行了抗震试验研究，如图 12-6 所示。试验研究表明，这种 UPT 墙有很好的自定心能力，但是耗能能力较小。试验中，墙体脚部出现了保护层混凝土剥离、崩脱、螺旋箍筋裸露以及局部混凝土的压溃破坏。试验中最大顶点侧移角达到 3.7%，但是试验后残余位移及变形很小，说明该墙体实现了预期的自定心效果。

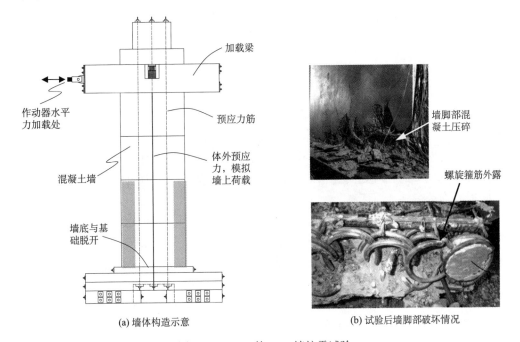

(a) 墙体构造示意　　　　　　　　　(b) 试验后墙脚部破坏情况

图 12-6　Perez 的 UPT 墙抗震试验

在 Perez 此后的数值模拟研究中[23]，采用有限元软件 DRAIN-2DX 中的纤维型梁柱单元模拟抗震墙，如图 12-7 所示，每个纤维只考虑轴向的拉压材料本构、面积及其所处横截面的几何位置。墙体内的分布钢筋并未直接建模，而是通过修正混凝土的材料本构以考虑钢筋对于混凝土的约束作用。根据配筋量的不同，考虑了三类混凝土本构关系，即无约束混凝土、部分约束混凝土和约束混凝土。由数值模拟与试验结果的对比可知，这种数值模拟方法是可行的。

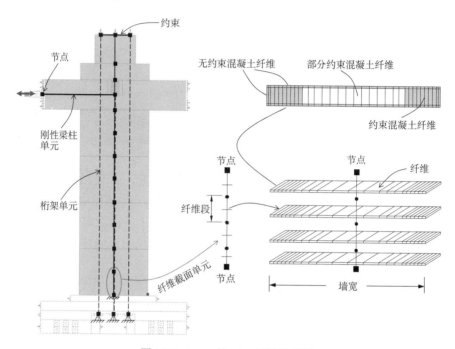

图 12-7   Perez 的 UPT 墙数值模拟

Perez 等[24,25]随后又进一步提出了一种组合式的混合 UPT 墙结构，该结构由多片 UPT 墙组成，其竖向拼缝处设有耗能元件。其中竖向耗能连接件可以容许相邻两片墙体之间发生一定小范围内的水平相对位移，以使组合墙的转动得以实现，而通过相邻两片墙体之间在转动过程中的相对竖向位移来耗能。组合墙的自定心能力通过施加于每片墙体上的竖向预应力获得。

Kurama 等[26-29]先后提出了无耗能装置的 UPT 墙和采用耗能软钢的混合式 UPT 墙，如图 12-8(a)、(b)所示，并分别对其进行了试验、理论和有限元模拟方面的研究，初步建立了 UPT 墙的设计理论和实用设计方法。对于无耗能装置的 UPT 墙，15 条地震波下的时程分析结果表明，由于耗能较小，UPT 墙的最大侧向位移比传统整片现浇混凝土墙（墙底固结）高出约 40%；由于混合式 UPT 墙在墙体水平拼缝之间设置了软钢，不仅提高了 UPT 墙和整体结构的抗侧刚度，而且通过附加耗能也降低了 UPT 墙在地震中的位移需求，另外也增大了结构的自振周期，有助于减小结构所受到的地震作用。

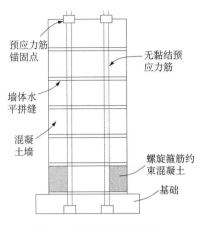

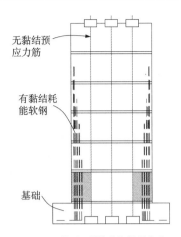

(a) Kurama的无耗能装置的UPT墙　　　　　　(b) Kurama的采用耗能软钢的混合式UPT墙

图 12-8　Kurama 等先后提出的 UPT 墙的示意图

此后，Smith 和 Kurama[30]对设有软钢的混合式 UPT 墙进行了参数分析，该 UPT 墙类似于图 12-8(b)中的形式，但耗能软钢只设置在墙底间隙处，涉及的参数包括：软钢和预应力筋的相对用量、墙的高宽比以及约束混凝土的箍筋用量，并结合当时的美国规范给出了设计建议。随后 Smith 和 Kurama[31,32]又进行了 0.4 比例的混合式 UPT 墙的试验研究和有限元研究，进一步研究了这种结构的力学特性。试验中在耗能软钢附近的混凝土由于应力集中出现了崩裂，墙脚部混凝土出现压碎的破坏，同时，上部墙面板也出现了较为明显的裂缝，如图 12-9 所示。

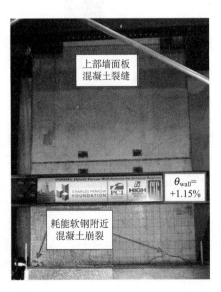

图 12-9　Smith 和 Kurama 的混合式 UPT 墙试验中墙体破坏情况

Walsh 和 Kurama[33,34]还对 UPT 墙中预应力筋的端部锚固措施进行了研究，以保证在设防地震下预应力筋不出现屈服，并且在罕遇地震动作用下预应力筋的屈服强度可得到较为充分的发展。

Holden 等[35]采用碳纤维预应力筋取代常用的钢绞线，并采用墙底预埋软钢作为耗能元件，如图 12-10 所示。其中，碳纤维预应力筋具有如下优点：①在拉断之前始终表现为弹性；②耐腐蚀，对于侵蚀环境中的结构有较好的适应性。耗能软钢采用直径 20mm 的 430 级钢筋，中间一段直径减小为 16mm 以控制软钢在试验中的破坏位置。通过与传统现浇混凝土剪力墙的试验对比可知，传统现浇墙的耗能明显大于混合式 UPT 墙，但是传统墙塑性铰的产生导致了较大的残余变形，而混合式 UPT 墙则可实现自定心。

Marriott 等[36]将此前墙体内预埋的耗能装置移至墙体外部，以便于耗能件的震后修复，如图 12-11 所示。试验中采用了多种耗能件，如黏滞阻尼器、耗能软钢、黏滞流体阻尼器和耗能软钢的组合，并与不含任何耗能装置的 UPT 墙进行了对比。16 组振动台试验表明，经过基于抗震性能设计的 UPT 墙可以满足设计规范的要求，并且速度型和位移型耗能装置的组合可以很好地保护结构在地震中免受破坏。

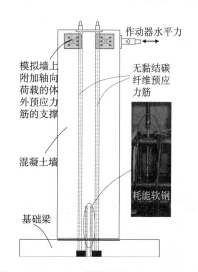

图 12-10　Holden 等的混合式 UPT 墙

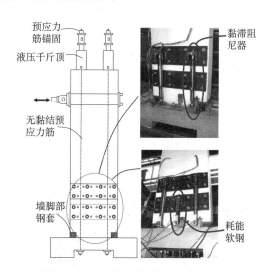

图 12-11　Marriott 等的混合式 UPT 墙

除上述国内外学者的一些研究进展外，还有许多学者在 UPT 墙方面也开展了积极的研究工作：Erkmen 和 Schultz[37]研究了将预应力筋沿 UPT 墙宽度方向均匀布置的情况，得出如下结论：预应力筋的分布对 UPT 墙自定心能力的影响不大，主要影响 UPT 墙的抗侧刚度的大小。Ajrab 等[38]还提出了一种带有斜交钢绞线的 UPT 墙结构体系，并针对设有阻尼器的框架-UPT 墙结构体系进行了基于性能的设计方法研究和参数敏感性分析。Shen 等[39-41]采用后张预应力，将连梁装配在其两端的剪力墙上，形成双肢剪力墙结构。在连梁与剪力墙之间，还放置了角钢作为耗能元件。通过试验和有限元模拟，研究了这种结构的抗震性能。

在应用方面，2009 年建成的 David Brower Center[42]位于美国加州伯克利市，在其主结构中的混凝土墙中采用混合式 UPT 墙理念，应用后张无黏结预应力和耗能装置，旨在实现其在地震中的优越的自定心能力及震后修复代价小的特点，另外，在其中的两榀框架中应用横向无黏结预应力实现了自定心混凝土框架的设计理念。

参 考 文 献

[1] Fintel M. Performance of buildings with shear walls in earthquakes of the last thirty years [J]. PCI Journal, 1995, 40(3): 62-80.

[2] Lew M, Naeim F, Carpenter L D, et al. The significance of the 27 February 2010 offshore Maule Chile earthquake [J]. Structural Design of Tall and Special Buildings, 2010, 19(8): 826-837.

[3] 周颖，吕西林. 智利地震钢筋混凝土高层建筑震害对我国高层结构设计的启示 [J]. 建筑结构学报, 2011, 32(5): 3-23.

[4] 中华人民共和国住房和城乡建设部. 建筑抗震设计规范 [S]. GB 50011—2010. 北京: 中国建筑工业出版社, 2010.

[5] 曹万林，张建伟，田宝发，等. 钢筋混凝土带暗支撑中高剪力墙抗震性能试验研究 [J]. 建筑结构学报, 2002, 23(6): 26-32.

[6] 曹万林，张建伟，田宝发，等. 带暗支撑低矮剪力墙抗震性能试验及承载力计算 [J]. 土木工程学报, 2004, 37(3): 44-51.

[7] 中国建筑技术研究院. 高层民用建筑钢结构技术规程 [S]. JGJ 99—98. 北京: 中国建筑工业出版社, 1998.

[8] 丁玉坤，张耀春，赵俊贤. 人字形无黏结内藏钢板支撑剪力墙拟静力试验研究 [J]. 土木工程学报, 2008, 41(11): 23-30.

[9] Eom T S, Park H G, Lee C H, et al. Behavior of double skin composite wall subjected to in-plane cyclic loading [J]. Journal of Structural Engineering, 2009, 135(10): 1239-1249.

[10] Zhao Q H, Astaneh-Asl A. Cyclic behavior of traditional and innovative composite shear walls [J]. Journal of Structural Engineering, 2004, 130(2): 271-284.

[11] 曹万林，杨亚彬，张建伟，等. 圆钢管混凝土边框内藏桁架剪力墙抗震性能 [J]. 东南大学学报, 2009, 39(6): 1187-1192.

[12] Hung C C, El-Tawil S. Seismic behavior of a coupled wall system with HPFRC materials in critical regions [J]. Journal of Structural Engineering, 2011, 137(12): 1499-1507.

[13] 梁兴文，邓明科，张兴虎，等. 高性能混凝土剪力墙性能设计理论的试验研究 [J]. 建筑结构学报, 2007, 28(5): 80-88.

[14] 龚治国，吕西林，姬守中. 不同边缘构件约束剪力墙抗震性能试验研究 [J]. 结构工程师, 2006, 22(1): 56-61.

[15] Soudkl K A, West J S, Rizkalla S, et al. Horizontal connections for precast concrete shear wall panels under cyclic shear loading [J]. PCI Journal, 1996, 41(3): 64-80.

[16] 陆建忠，郭正兴，董年才，等. 全预制装配整体式剪力墙结构抗震性能研究 [J]. 施工技术, 2011, 40(342): 16-19.

[17] 姜洪斌，陈再现，张家齐，等. 预制钢筋混凝土剪力墙结构拟静力试验研究 [J]. 建筑结构学报, 2011, 32(6): 34-40.

[18] 钱稼茹，杨新科，秦珩，等. 竖向钢筋采用不同连接方法的预制钢筋混凝土剪力墙抗震性能试验 [J]. 建筑结构学报, 2011, 32(6): 51-59.

[19] 蒋庆，叶献国，种迅. 叠合板式剪力墙的力学计算模型 [J]. 土木工程学报, 2012, 45(1): 8-12.

[20] Restrepo J I, Rahman A. Seismic performance of self-centering structural walls incorporating energy dissipators [J]. Journal of Structural Engineering, 2007, 133(11): 1560-1570.

[21] Priestley M, Sritharan S, Conley J R, et al. Preliminary results and conclusions from the PRESSS five-story precast concrete test building [J]. PCI Journal, 1999, 44(6): 42-67.

[22] Kurama Y C. Seismic analysis, behavior, and design of unbonded post-tensioned precast concrete walls[D]. Bethlehem: Lehigh University, 1997.

[23] Perez F J. Design, experimental and analytical lateral load response of unbonded post-tensioned precast concrete walls [D]. Bethlehem: Lehigh University, 2004.

[24] Perez F J, Pessiki S, Sause R. Seismic design of unbonded post-tensioned precast concrete walls with vertical joint connectors [J]. PCI Journal, 2004, 49(1): 58-79.

[25] Perez F J, Pessiki S, Sause R. Lateral load behavior of unbonded post-tensioned precast concrete walls with vertical joints [J]. PCI Journal, 2004, 49(2): 48-64.

[26] Kurama Y C, Sause R, Pessiki S, et al. Lateral load behavior and seismic design of unbonded post-tensioned precast concrete walls [J]. ACI Structural Journal, 1999, 96(4): 622-632.

[27] Kurama Y C, Pessiki S, Sause R, et al. Seismic behavior and design of unbonded post-tensioned precast concrete walls [J]. PCI Journal, 1999, 44(3): 72-80.

[28] Kurama Y C. Hybrid post-tensioned precast concrete walls for use in seismic regions [J]. PCI Journal, 2002, 47(5): 36-59.

[29] Kurama Y C. Seismic design of partially post-tensioned precast concrete walls [J]. PCI Journal, 2005, 50(4):100-125.

[30] Smith B J, Kurama Y C. Design of hybrid precast concrete walls for seismic regions [C]. Proceedings of the ASCE Structures Congres, Austin, 2009.

[31] Smith B J, Kurama Y C. Comparison of hybrid and emulative precast concrete shear walls for seismic regions [C]. Proceedings of the ASCE Structures Congress, Las Vegas, 2011.

[32] Smith B J, Kurama Y C. Design and measured behavior of a hybrid precast concrete wall specimen for seismic regions [J]. Journal of Structural Engineering, 2011, 137(10): 1052-1062.

[33] Walsh K Q, Kurama Y C. Behavior and design of anchorages for unbonded post-tensioning strands in seismic regions [C]. Proceedings of the ASCE Structures Congress, Vancouver, 2008.

[34] Walsh K Q, Kurama Y C. Effects of loading parameters on the behavior of unbonded post-tensioning strand/anchorage systems in seismic regions [C]. Proceedings of the ASCE Structures Congress, Austin, 2009.

[35] Holden T, Restrepo J, Mander J B. Seismic performance of precast reinforced and prestressed concrete walls [J]. Journal of Structural Engineering, 2003, 129(3): 286-296.

[36] Marriott D, Pampanin S, Bull D, et al. Dynamic testing of precast, post-tensioned rocking wall systems with alternative dissipating solutions [J]. Bulletin of the New Zealand Society for Earthquake Engineering, 2008, 41(2): 90-103.

[37] Erkmen B, Schultz A E. Self-centering behavior of unbonded, post-tensioned precast concrete shear walls [J]. Journal of Earthquake Engineering, 2009, 13(7):1047-1064.

[38] Ajrab J J, Pekcan G, Mander J B. Rocking wall-frame structures with supplemental tendon systems [J]. Journal of Structural Engineering, 2004, 130(6): 895-903.

[39] Shen Q, Kurama Y C. Nonlinear behavior of posttensioned hybrid coupled wall subassemblages [J]. Journal of Structural Engineering, 2002, 128(10): 1290-1300.

[40] Kurama Y C, Shen Q. Posttensioned hybrid coupled walls under lateral loads [J]. Journal of Structural Engineering, 2004, 130: 297-309.

[41] Kurama Y C, Weldon B, Shen Q. Experimental evaluation of posttensioned hybrid coupled wall subassemblages [J]. Journal of Structural Engineering, 2006, 132(7): 1017-1029.

[42] Stevenson M, Panian L, Korolyk M, et al. Post-tensioned concrete walls and frames for seismic-resistance-a case study of the David Brower Center [C]. SEAOC 2008 Convention Proceedings, Berkeley, 2008.

第13章

自定心混凝土墙的理论研究

本章主要介绍了摩擦耗能式自定心预应力混凝土墙的构造及其在地震中可能存在的极限状态与临界状态；给出了自定心预应力混凝土墙在水平侧向力作用下的理论分析模型；推导了墙体在循环侧向荷载作用下的各阶段受力变形计算公式[1]。

13.1 结构的基本构造及工作机理

本书提出的摩擦耗能式自定心预应力混凝土抗震墙可在工厂分段或整片预制，然后在现场通过竖向无黏结预应力钢绞线与基础相连，墙体底部与基础之间脱开。同时，在墙体的两侧(或一侧)，通常可布置一跨(或多跨)框架结构，从而形成框架-抗震墙体系，如图 13-1(a)所示。混凝土墙所在跨的楼板固结在混凝土墙上，其他各跨框架中的楼板照常连接于框架梁。另外，与墙体直接相连的两根柱子底部为铰接，其他框架柱的柱底一般为刚接(亦可为铰接)。墙体与铰接柱之间在每一层半层高的位置处设有摩擦耗能件，该摩擦耗能件由两片角钢和一片 T 形件组成，如图 13-2(a)和(b)所示，且均通过螺栓(或预埋螺栓)与邻近柱进行固定。角钢与 T 形钢的接触面处贴有摩擦片(黄铜片)，并由摩擦螺栓提供预压力(可通过扭矩扳手为螺栓施加预应力)。此外，T 形件的腹板开有狭长的槽道，使得摩擦螺栓可沿槽道方向运动(图 13-2(a))，即角钢和 T 形件在水平方向无相对位移，但在竖向可发生一定的相对运动并由此实现摩擦耗能。在较小的地震动作用下，由于预应力的存在，墙体和基础的接触面保持闭合；当地震动作用超过一定幅值时，墙底接触面张开，墙体与邻近柱发生相对错动(图 13-1(c))。震后，在预应力的作用下，墙体恢复至原先的竖直位置(自定心)。为避免墙体在转动时出现混凝土的局压破坏，在抗震墙的两个墙脚处预埋了钢套，并通过对拉螺栓实现对混凝土的三向约束，如图 13-3 所示。

上述带有摩擦耗能件的自定心预应力混凝土墙主要具有以下优点：

(1)具有自定心(自复位)能力，消除(或显著减小了)震后的残余变形；同时，墙体和所连柱子保持弹性，避免或减少了震后修复的工作量。

(2)大部分构件可以在工厂预制，然后现场组装，有利于加快施工进度，保证质量和减少人工成本。

(3)采用预应力技术，结构的初始抗侧刚度大。

(4)与混凝土墙底部仅采用箍筋加密形式来延缓混凝土局压破坏的自定心剪力墙[2]相比，脚部钢套的使用大大提高了此处混凝土的抗压强度，使得脚部混凝土压碎这一脆性破坏模式得以有效避免。

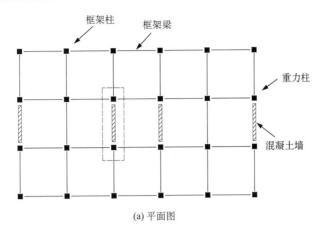

(a) 平面图

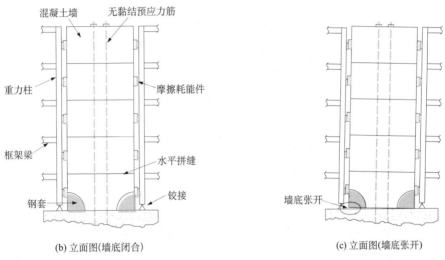

(b) 立面图(墙底闭合)　　　　　　　　　　(c) 立面图(墙底张开)

图 13-1　自定心框架-抗震墙结构体系

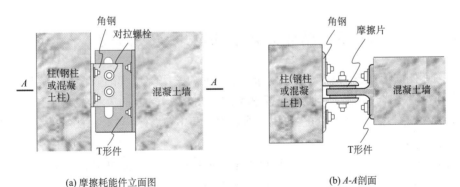

(a) 摩擦耗能件立面图　　　　　　　　　(b) A-A剖面

图 13-2　摩擦耗能件示意图

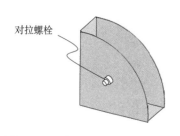

对拉螺栓

图 13-3　混凝土墙脚处钢套示意图

（5）与不含耗能装置的自定心剪力墙[2]相比，摩擦耗能件提高了结构的耗能能力；与采用墙体与基础之间预埋耗能软钢作为耗能元件的自定心剪力墙[2]相比，摩擦耗能件更易于检修和更换，对于震后修复更加容易。

（6）耗能件为分布式，避免了集中设置耗能软钢[3]而导致的应力集中；耗能件设置于半层高处，避免了与楼板的相互影响，不影响外观和正常使用。

13.2　理论分析中的前提假设

在本章的理论研究中，采用以下假设[4]：

（1）混凝土墙只承受平面内的轴向变形、弯曲变形和剪切变形，而不考虑墙体的扭转及面外的变形。

（2）假定楼面板的面内刚度无穷大，且水平力（如地震作用）通过楼面板能可靠地传递到混凝土墙。

（3）预应力筋中的初始预应力没有使预应力筋达到其屈服强度。

（4）在混凝土墙的受力过程中，预应力筋两端的锚固认为是始终有效的。

（5）不考虑混凝土墙下基础或基础梁的弹性及非弹性变形。

（6）混凝土墙在其平面外具有可靠的支撑，不发生面外失稳。

（7）认为剪力墙及其所连框架结构在各层处的质量和刚度变化不明显，即没有质量及刚度突变的楼层。

此外，本章提出的理论分析模型未考虑由于施工误差带来的结构受力的影响，例如，相邻两片墙体之间的拼缝不平整或存在间隙，墙体两侧钢柱柱铰处的非理想铰接，系统内部各组件之间存在摩擦，由于锚具变形，钢绞线应力松弛等因素产生的预应力减少等。

13.3　循环荷载下的弯矩-转角关系

在循环侧向荷载下，混凝土墙顶点侧移角（θ_{roof}）与墙体所受的倾覆弯矩（M_{OT}）之间的关系曲线如图 13-4(a)所示，倾覆弯矩和墙底张角（θ_{gap}）之间的关系曲线如图 13-4(b)所示。图 13-4(a)与图 13-4(b)的区别在于顶点侧移角中包含了墙体自身弹性变形，而墙底转角则未包含。

如图 13-4(a)、(b)所示，在循环荷载下，墙体的 M_{OT}-θ_{roof} 和 M_{OT}-θ_{gap} 关系曲线为双旗帜形。在 0 点到 1 点之间，当倾覆弯矩由零逐步增大时，墙底间隙在最初并未张开，即墙底张角为零，此时顶点侧移角全部由墙体自身弹性变形产生；加载至 1 点时，墙底远离旋转点的另一端点开始消压，M_D 为相应的消压弯矩（考虑到墙脚部钢套的存在，使得墙脚处局部刚度增大，在墙体转动时，墙脚处与基础接触的范围较小，为了分析简便，这里忽略了墙脚与基础之间的接触长度，近似认为墙体转动时与基础仅墙脚一个点接触，所以在墙底消压的临界状态 M_D 的前后时刻墙底的受力状态可以用图 13-5(a)、(b)来表示)，此时摩擦耗能件中尚未产生摩擦力。

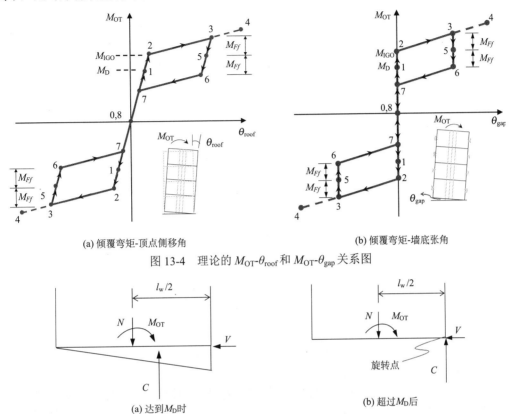

(a) 倾覆弯矩-顶点侧移角　　　　　　　　　　(b) 倾覆弯矩-墙底张角

图 13-4　理论的 M_{OT}-θ_{roof} 和 M_{OT}-θ_{gap} 关系图

(a) 达到 M_D 时　　　　　　　　　　(b) 超过 M_D 后

图 13-5　墙底反力分布示意图

从 1 点开始，摩擦耗能件中摩擦力由零逐渐增大，摩擦力承担的抗倾覆弯矩也逐渐增大，到 2 点时，摩擦耗能件中摩擦力增至最大静摩擦力，摩擦耗能件中的摩擦面处于即将滑动状态。

达到 2 点时，所有摩擦耗能件中摩擦力全部达到最大静摩擦力，此时倾覆弯矩为 M_{IGO}，从 2 点开始，墙底间隙开始张开，结构的抗侧刚度发生改变，2 点到 3 点之间结构受到的倾覆弯矩增量全部由预应力筋中的应力增量来平衡。

若在 3 点开始卸载，则从 3 点到 5 点，摩擦耗能件中的摩擦力由最大静摩擦力减小到零，从 5 点到 6 点之间，摩擦耗能件中摩擦力再由零反向增大到最大静摩擦力。从 3 点到 6 点的过程中，墙底转角 θ_{gap} 保持不变，顶点侧移角 θ_{roof} 的减小量由墙体自身的回缩变形产生。

从 6 点到 7 点，墙底张角 θ_{gap} 逐渐闭合。在 7 点，θ_{gap} 减小到零，从 7 点到 8 点，墙体自身弹性变形逐渐减小为零，即 θ_{roof} 减小为零。

13.4　摩擦耗能件的力-变形关系

根据经典库仑摩擦理论，摩擦耗能件在循环荷载下的理论力-变形关系 (F_f-θ_{gap}) 可由理想刚塑性模型描述，其中 F_f 为摩擦耗能件上的摩擦力，θ_{gap} 为墙底面张角，如图 13-6 所示。

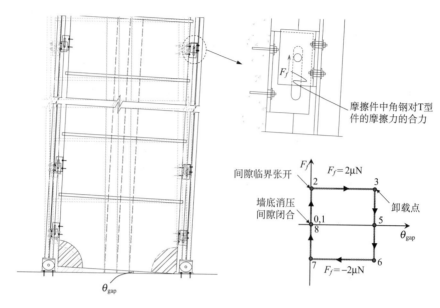

图 13-6　摩擦力 F_f 与 θ_{gap} 的关系

以混凝土墙承受自左向右施加的水平力为例，从 0 点到倾覆弯矩达到消压弯矩值(点 1)之前，摩擦耗能件中 T 形件和角钢之间没有相对滑动的趋势，摩擦耗能件上的摩擦力为零。在 1 点之后，随着倾覆弯矩的继续加大，摩擦耗能件和钢套之间产生相对滑动的趋势，静摩擦力开始形成并逐渐增大至最大值，混凝土墙的转动受到摩擦耗能件上摩擦力的制约。在 1 点到 2 点之间，摩擦耗能件的力-变形关系的初始刚度认为是无限大。当加载至 1 点时，墙底间隙即将张开，开始产生张角 θ_{gap}。

从 2 点和 3 点之间，摩擦耗能件上的摩擦力 F_f 保持不变，摩擦耗能件的变形刚度近似为零，如图 13-6 所示。在 3 点，墙底产生最大张角。从 3 点卸载到 5 点之间摩擦力由最大值 F_f 逐渐减小为零，在 5 点到 6 点之间摩擦力改变方向并逐渐增大至最大值 F_f。在 6 点和 7 点之间，节点张开间隙逐渐减小为零并且摩擦力保持不变。在 7 点到 8 点之间，墙底间隙完全闭合，墙底张角减小为零，摩擦力逐渐减小为零。在 8 点，混凝土墙恢复其初始状态。

13.5　结构的临界和极限状态

由上述加载、卸载时间历程的受力分析可知，结构可能存在的临界状态包括：①墙底一端消压临界状态，即对应于图 13-4 中的 1 点 M_D；②墙底间隙张开临界状态，对应于图 13-4 中的 2 点 M_{IGO}；③第一根钢绞线屈服，对应于图 13-4 中的 4 点。

参照文献[4]中对于预压装配式混凝土墙的分析，本书的摩擦耗能式预应力混凝土抗震墙可能存在以下几种极限状态：①预应力钢绞线屈服；②混凝土墙角部混凝土压碎；

③预应力钢绞线拉断；④墙体屈曲失稳。其中，由于抗震墙的角部设置了钢套，故该部位抵抗局压的能力大大提高，出现第②种失效模式的可能性不大；同时，由于楼板的存在，墙体屈曲失稳的可能性也相对较小。由于钢绞线拉断属于脆性破坏且对结构安全性影响较大，应尽量避免这种失效模式的出现，Lin 等[5]在其自定心钢框架的抗震试验中采用了一种"压力保险丝"来避免预应力钢绞线的拉断。这种"压力保险丝"包括一个钢管，内放入若干木质垫片，钢绞线穿过钢管进行锚固，从而控制钢绞线中预应力的大小不超过一定值，可避免钢绞线的拉断。总之，对于这种抗震体系，其主旨是实现在设计地震下的自定心和无损(或损伤可控)，因此需通过设计和构造措施尽可能地避免上述失效模式的出现。因此，本章后续分析主要针对上述几种临界状态。

13.6　各阶段的受力分析模型

如图 13-7 所示，结构在循环荷载下的滞回曲线主要由五部分组成，即第一部分为墙底间隙尚没有张开(图 13-7 中：0 点到 2 点)，结构的抗侧刚度和传统的底部固结剪力墙类似，墙顶侧移主要是由墙体自身的弹性变形产生；第二部分为墙底间隙张开到开始卸载点(图 13-7 中：2 点到 3 点)，这时墙体的抗侧刚度主要由钢绞线中预应力提供，刚度较第一部分时的刚度明显减小；第三部分为初始卸载点到墙体运动开始反向(图 13-7 中：3 点到 6 点)，这时的刚度和墙体弹性变形刚度近似；第四部分为墙体反向运动到墙底间隙重新闭合(图 13-7 中：6 点到 7 点)；第五部分为墙体弹性变形的恢复，墙顶侧移逐渐减小为零(图 13-7 中：7 点到 8 点)。

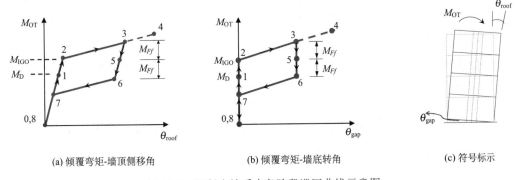

(a) 倾覆弯矩-墙顶侧移角　　　　(b) 倾覆弯矩-墙底转角　　　　(c) 符号标示

图 13-7　混凝土墙受力各阶段滞回曲线示意图

这里，主要分析结构在这几个特征阶段的受力及变形特征，对这些阶段的指示点或特征点做详细的分析。理论分析及试验中都以控制顶点侧移为加载制度。

13.6.1　墙底的消压弯矩

在水平力作用下，墙底一端出现消压的临界状态如图 13-8 所示。

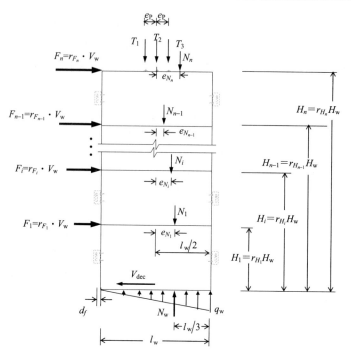

图 13-8　墙底消压临界状态下的受力简图

图 13-8 中，r_{H_i}（$i=1,2,\cdots,n$）为各楼层高度占总高的比值（$r_{H_n}=1$）；r_{F_i}（$i=1,2,\cdots,n$）为各楼层所受侧向力占总的水平外力的比值；e_{N_i}（$i=1,2,\cdots,n$）为各楼层荷载作用点偏离墙体中心线的距离（以偏向右为正）；e_P 为预应力钢绞线上端锚固点与混凝土墙中心线的距离。此时，墙脚旋转点处的应力为 q_w，易知 $N_w=(1/2)\cdot q_w t_w l_w$（$t_w$ 为混凝土墙的厚度）。需要说明的是，在上述分析中，假定混凝土墙在这一临界状态的弯曲变形较小，包括顶端摩擦耗能件在内的所有摩擦耗能件处尚未出现端柱与墙体的相对运动趋势，即摩擦耗能件中尚未产生摩擦力。对于墙底消压（decompression）临界状态，以下标 dec 简记之。

对于消压临界状态，将所有墙段上的外力对旋转点取矩，可得此时的基底剪力 V_{dec}[4]：

$$V_{dec}=\left[T_1(l_w/2+e_P)+(T_2+N)\cdot l_w/2+T_3(l_w/2-e_P)-M_N-N_w\cdot l_w/3\right]\Big/\left[H_w\cdot\sum_{i=1}^n(r_{H_i}\cdot r_{F_i})\right]$$

$$(13\text{-}1)$$

其中，

$$N=\sum_{i=1}^n N_i \tag{13-2a}$$

$$N_w=T_1+T_2+T_3+N \tag{13-2b}$$

$$M_N=\sum_{i=1}^n M_{N_i} \tag{13-2c}$$

$$M_{N_i} = N_i \cdot e_{N_i}, \quad i = 1, 2, \cdots, n \tag{13-2d}$$

T_1、T_2、T_3 为初始预应力。以上各式中忽略了墙体自身弹性变形导致的钢绞线中预应力 T_1、T_2、T_3 的大小及方向的改变。

该状态对应的顶层侧移 Δ_{dec} 为

$$\Delta_{\text{dec}} = \Delta_{\text{FM,dec}} + \Delta_{\text{FS,dec}} + \Delta_{\text{NM,dec}} + \Delta_{\text{PM,dec}} \tag{13-3}$$

其中，$\Delta_{\text{FM,dec}}$、$\Delta_{\text{FS,dec}}$ 分别为侧向力下混凝土墙的弯曲变形、剪切变形引起的顶点位移；$\Delta_{\text{NM,dec}}$ 为楼层偏心荷载下墙体弯曲变形引起的顶点位移；$\Delta_{\text{PM,dec}}$ 表示预应力钢绞线中预应力分布不对称时，其弯矩效应所导致的顶点位移，r_{fi} ($i=1,2,\cdots,n$) 为各楼层摩擦力合力点到地面的距离与混凝土墙总高度的比值。根据结构变形的叠加原理及虚力原理，可得到如下表达式：

$$\Delta_{\text{FM,dec}} = \sum_{i=1}^{n} \frac{1}{2E_c \cdot I_w} (r_{F_i} \cdot V_{\text{dec}}) \cdot r_{H_i}^2 \cdot H_w^3 \left(r_{H_n} - \frac{r_{H_i}}{3} \right) \tag{13-4a}$$

$$\Delta_{\text{FS,dec}} = \sum_{i=1}^{n} \frac{6}{5G_c \cdot A_w} (r_{F_i} \cdot V_{\text{dec}}) \cdot r_{H_i} H_w \tag{13-4b}$$

$$\Delta_{\text{NM,dec}} = \sum_{i=1}^{n} \frac{1}{E_c \cdot I_w} (N_i \cdot e_{N_i}) \cdot r_{H_i} \cdot H_w^2 \left(r_{H_n} - \frac{r_{H_i}}{2} \right) \tag{13-4c}$$

$$\Delta_{\text{PM,dec}} = \frac{1}{2E_c \cdot I_w} (T_3 - T_1) \cdot e_P \cdot r_{H_n}^2 \cdot H_w^2 \tag{13-4d}$$

其中，E_c 和 G_c 分别为混凝土墙的弹性模量和剪切模量；A_w 和 I_w 分别为混凝土墙的等效截面面积和等效强轴惯性矩。（注：等效截面面积是将墙内配置的纵向钢筋也考虑在内，钢筋增加的截面积按照实际钢筋截面面积乘上转换系数 E_s/E_c 考虑，增加面积的中心位置和原钢筋的中心位置相同，等效强轴惯性矩亦然）

此时，墙体的顶点侧移转角可表示为

$$\theta_{\text{roof,dec}} = \frac{\Delta_{\text{dec}}}{H_w} \tag{13-5}$$

而墙体的整体倾覆弯矩可表示为

$$M_{\text{OT,dec}} = V_{\text{dec}} \cdot H_w \cdot \sum_{i=1}^{n} (r_{H_i} \cdot r_{F_i}) \tag{13-6}$$

13.6.2 墙底张开临界状态

随着水平力的增加，墙体底面与基础之间的间隙将达到张开的临界状态，此时的受力状态如图 13-9 所示。其中，d_f 为摩擦耗能件中的摩擦力作用点距混凝土墙边缘的距离；其他符号的含义如前所述。对于墙底张开临界状态 (imminent gap opening)，以下标 IGO 简记之。

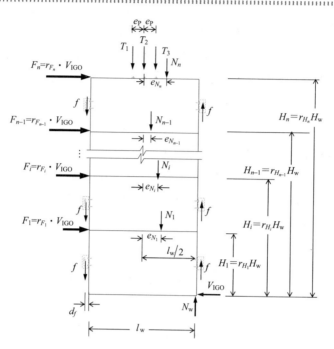

图 13-9 墙底间隙张开临界状态下的受力简图

间隙张开的临界状态发生时，将所有外力对旋转点取矩，可得此时的基底剪力 V_{IGO}：

$$V_{\text{IGO}} = \left[T_1(l_w/2 + e_P) + (T_2 + N)\cdot l_w/2 + T_3(l_w/2 - e_P) - M_N + M_f \right] \Big/ \left[H_w \cdot \sum_{i=1}^{n}(r_{H_i} \cdot r_{F_i}) \right]$$

(13-7)

其中，

$$N = \sum_{i=1}^{n} N_i \tag{13-8a}$$

$$N_w = T_1 + T_2 + T_3 + N \tag{13-8b}$$

$$M_N = \sum_{i=1}^{n} M_{N_i} \tag{13-8c}$$

$$M_{N_i} = N_i \cdot e_{N_i}, \quad i = 1, 2, \cdots, n \tag{13-8d}$$

$$M_f = n \cdot f(l_w + 2d_f) \tag{13-8e}$$

其中，T_1、T_2、T_3 为初始预应力。以上各式中忽略了墙体自身弹性变形导致的钢绞线中预应力 T_1、T_2、T_3 的大小及方向的改变。

该状态对应的墙顶水平侧移 Δ_{IGO} 为

$$\Delta_{\text{IGO}} = \Delta_{\text{FM,IGO}} + \Delta_{\text{FS,IGO}} + \Delta_{\text{NM,IGO}} + \Delta_{\text{PM,IGO}} + \Delta_{\text{IM,IGO}} \tag{13-9}$$

其中，$\Delta_{\text{FM,IGO}}$、$\Delta_{\text{FS,IGO}}$ 分别为侧向力下混凝土墙弯曲变形、剪切变形引起的顶点位移；$\Delta_{\text{NM,IGO}}$ 为楼层偏心荷载下墙体弯曲变形引起的顶点位移；$\Delta_{\text{PM,IGO}}$ 表示预应力钢绞线不对称布置时，其弯矩效应所导致的顶点位移；$\Delta_{\mathrm{fM,IGO}}$ 为摩擦力合力矩引起的墙体顶点位移（r_{f_i} 为各楼层处摩擦耗能件中摩擦力合力点到地面的距离占混凝土墙总高度的比值）。根据结构变形的叠加原理及虚力原理，可得到如下表达式：

$$\Delta_{\mathrm{FM,IGO}} = \sum_{i=1}^{n} \frac{1}{2E_{\mathrm{c}} \cdot I_{\mathrm{w}}} (r_{F_i} \cdot V_{\mathrm{IGO}}) \cdot r_{H_i}^2 \cdot H_{\mathrm{w}}^3 \left(r_{H_n} - \frac{r_{H_i}}{3} \right) \tag{13-10a}$$

$$\Delta_{\mathrm{FS,IGO}} = \sum_{i=1}^{n} \frac{6}{5G_{\mathrm{c}} \cdot A_{\mathrm{w}}} (r_{F_i} \cdot V_{\mathrm{IGO}}) \cdot r_{H_i} H_{\mathrm{w}} \tag{13-10b}$$

$$\Delta_{\mathrm{NM,IGO}} = \sum_{i=1}^{n} \frac{1}{E_{\mathrm{c}} \cdot I_{\mathrm{w}}} (N_i \cdot e_{Ni}) \cdot r_{H_i} \cdot H_{\mathrm{w}}^2 \left(r_{H_n} - \frac{r_{H_i}}{2} \right) \tag{13-10c}$$

$$\Delta_{\mathrm{PM,IGO}} = \frac{1}{2E_{\mathrm{c}} \cdot I_{\mathrm{w}}} (T_3 - T_1) \cdot e_{\mathrm{P}} \cdot r_{H_n}^2 \cdot H_{\mathrm{w}}^2 \tag{13-10d}$$

$$\Delta_{\mathrm{fM,IGO}} = -\sum_{i=1}^{n} \frac{1}{E_{\mathrm{c}} \cdot I_{\mathrm{w}}} \cdot f \cdot (l_{\mathrm{w}} + 2d_f) \cdot r_{fi} H_{\mathrm{w}}^2 \cdot \left(r_{H_n} - \frac{r_{fi}}{2} \right) \tag{13-10e}$$

其中，各符号含义如 13.6.1 节中所述。

此时，墙体的顶点位移转角可表示为

$$\theta_{\mathrm{IGO}} = \frac{\Delta_{\mathrm{IGO}}}{H_{\mathrm{w}}} \tag{13-11}$$

而墙体的整体倾覆弯矩可表示为

$$M_{\mathrm{OT,IGO}} = V_{\mathrm{IGO}} \cdot H_{\mathrm{w}} \cdot \sum_{i=1}^{n} (r_{H_i} \cdot r_{F_i}) \tag{13-12}$$

13.6.3　墙底间隙张开（第一根钢绞线尚未屈服）

这一阶段对应于图 13-7 中 2 点到 3 点之间（包括 3 点）的结构受力情况，此时，墙底间隙已经张开，结构的抗侧刚度较之前一阶段（间隙尚未张开之前）明显减小。在该阶段，结构的力学特征主要关注在给定的墙顶侧移下结构承受的倾覆弯矩（或者水平侧向力）的大小及结构的抗侧刚度值，以下分别介绍这两方面的内容。

1. 给定墙顶侧移下的结构受力分析

在本阶段（图 13-7 中 2 点到 3 点之间的任何一点），墙体的受力简图和分析方法都是相同的，故这里以卸载点（图 13-7 中的 3 点）为例进行分析。假定墙顶发生水平侧移 $\Delta_{\mathrm{roof,3}}$，这时，欲求墙体所受水平外力，则需知此时钢绞线中预应力大小，而此时预应力的数值需要墙底转角 $\theta_{\mathrm{gap,3}}$ 才能求得，而 $\theta_{\mathrm{gap,3}}$ 的获得可从墙顶水平侧移角 $\theta_{\mathrm{roof,3}} = \Delta_{\mathrm{roof,3}}/H_{\mathrm{w}}$ 中减去由墙体自身弹性变形产生的那一部分顶点侧移角，而墙体弹性变形的大小需要通过墙体水平外力方可求得。从上述分析中可以看出是无法顺序地显式求出上述各未知量的，作为隐式方程虽然理论上可解，但是较为复杂，这里主要以适用于计算机编程计算的迭代法介绍求解过程，如图 13-10 所示。这样，对于给定的墙顶水平侧移 $\Delta_{\mathrm{roof,3}}$，可求得墙体底面的转角及墙体所受的水平外力(或倾覆弯矩)。下面详述各个过程中的计算方法。

设墙体中三根钢绞线的初始长度(指当钢绞线两锚固点之间的部分处于无预应力状态下的长度)分别为 l_{P1}、l_{P2} 和 l_{P3};预应力钢绞线上下两个锚固点之间的距离为 L_P;初始预应力分别为 T_1、T_2 和 T_3,由材料力学可知:

$$\frac{L_P - l_{Pi}}{l_{Pi}} \cdot E_P A_P = T_i, \quad i = 1,2,3 \tag{13-13a}$$

其中,E_P、A_P 分别为单束钢绞线的弹性模量和截面面积。

由式(13-13a)可得

$$l_{Pi} = \frac{L_P E_P A_P}{E_P A_P + T_i}, \quad i = 1,2,3 \tag{13-13b}$$

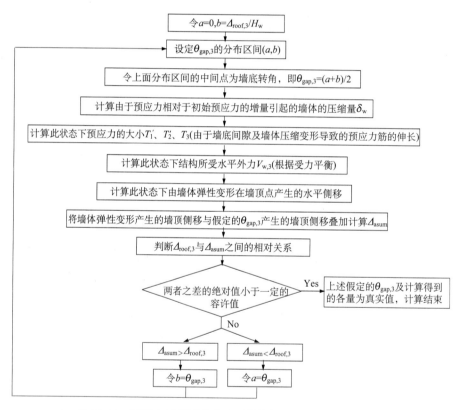

图 13-10 混凝土墙底间隙张开后的结构受力分析计算流程图

如图 13-11 所示,由于墙底转角 $\theta_{gap,3}$,三根钢绞线的伸长量分别为 Δ_{gapP1}、Δ_{gapP2} 和 Δ_{gapP3}(此处忽略由于墙体自身变形所带来的钢绞线的伸长量),其表达式为

$$\begin{cases} \Delta_{gapP1} = (l_w/2 + e_P) \cdot \theta_{gap,3} \\ \Delta_{gapP2} = (l_w/2) \cdot \theta_{gap,3} \\ \Delta_{gapP3} = (l_w/2 - e_P) \cdot \theta_{gap,3} \end{cases} \tag{13-14}$$

钢绞线由于墙底间隙张开导致伸长而产生的预应力增量为

$$\Delta T_i = (\Delta_{\text{gapP}i} - \delta_{\text{w}}) \cdot k_{\text{P}i} = (\Delta_{\text{gapP}i} - \delta_{\text{w}}) \cdot \frac{E_{\text{P}} A_{\text{P}}}{l_{\text{P}i}}, \quad i = 1, 2, 3 \tag{13-15}$$

其中，$k_{\text{P}i}$ 为第 i 根钢绞线的轴线拉伸刚度；δ_{w} 为由于预应力增量而在墙体上产生压力增量，从而导致墙体发生的压缩变形量，如图 13-11(b) 所示。因此，钢绞线施加在混凝土墙上的压力增量为

$$\Delta T_{\text{sum}} = \sum_{i=1}^{3} \Delta T_i = \sum_{i=1}^{3} \left[(\Delta_{\text{gapP}i} - \delta_{\text{w}}) \cdot k_{\text{P}i} \right] = \sum_{i=1}^{3} \left[(\Delta_{\text{gapP}i} - \delta_{\text{w}}) \frac{E_{\text{P}} A_{\text{P}}}{l_{\text{P}i}} \right], \quad i = 1, 2, 3 \tag{13-16}$$

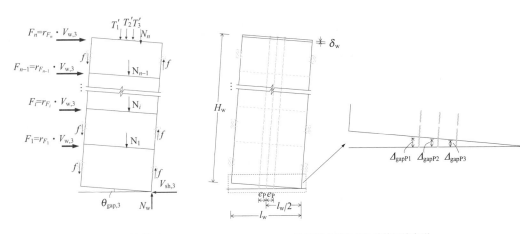

(a) 墙底间隙张开后受力简图　　　　　　　(b) 预应力筋伸长及墙体压缩变形

图 13-11　混凝土墙底部间隙张开后受力分析图

另一方面，根据混凝土墙的受力变形可知：

$$\Delta T_{\text{sum}} = \delta_{\text{w}} \cdot k_{\text{w}} = \delta_{\text{w}} \cdot \frac{E_{\text{c}} A_{\text{w}}}{H_{\text{w}}} \tag{13-17}$$

其中，k_{w} 为墙体的轴向压缩刚度。

联合式 (13-16) 及式 (13-17) 可得

$$\sum_{i=1}^{3} \left[(\Delta_{\text{gapP}i} - \delta_{\text{w}}) \cdot k_{\text{P}i} \right] = \delta_{\text{w}} \cdot k_{\text{w}} \tag{13-18a}$$

或记为

$$E_{\text{P}} A_{\text{P}} \cdot \sum_{i=1}^{3} \frac{\Delta_{\text{gapP}i} - \delta_{\text{w}}}{l_{\text{P}i}} = \frac{\delta_{\text{w}}}{H_{\text{w}}} \cdot E_{\text{c}} A_{\text{w}} \tag{13-18b}$$

从式 (13-18a) 中可求得 δ_{w}，其表达式为

$$\delta_{\text{w}} = \frac{\sum_{i=1}^{3} (k_{\text{P}i} \cdot \Delta_{\text{gapP}i})}{k_{\text{w}} + \sum_{i=1}^{3} k_{\text{P}i}} \tag{13-19a}$$

其展开形式为

$$\delta_{\mathrm{w}} = \frac{\left[l_{\mathrm{P2}} \cdot l_{\mathrm{P3}} \cdot (l_{\mathrm{w}}/2 + e_{\mathrm{P}}) + l_{\mathrm{P1}} \cdot l_{\mathrm{P3}} \cdot (l_{\mathrm{w}}/2) + l_{\mathrm{P1}} \cdot l_{\mathrm{P2}} \cdot (l_{\mathrm{w}}/2 - e_{\mathrm{P}})\right] \cdot \theta_{\mathrm{gap},3}}{E_{\mathrm{c}} A_{\mathrm{w}}/(H_{\mathrm{w}} E_{\mathrm{P}} A_{\mathrm{P}}) \cdot l_{\mathrm{P1}} \cdot l_{\mathrm{P2}} \cdot l_{\mathrm{P3}} + l_{\mathrm{P2}} \cdot l_{\mathrm{P3}} + l_{\mathrm{P1}} \cdot l_{\mathrm{P3}} + l_{\mathrm{P1}} \cdot l_{\mathrm{P2}}} \tag{13-19b}$$

进而根据式 (13-15) 可求得 ΔT_i ($i = 1, 2, 3$)，则此状态 (图 13-11 (a)) 下钢绞线中的应力为

$$T_i' = T_i + \Delta T_i, \quad i = 1, 2, 3 \tag{13-20}$$

根据结构的受力平衡，所有外力对于墙体旋转点取力矩之和为零，可得墙体所受总的水平外力 $V_{\mathrm{w},3}$，即

$$V_{\mathrm{w},3} = \frac{T_1'(l_{\mathrm{w}}/2 + e_{\mathrm{P}}) + (T_2' + N) \cdot l_{\mathrm{w}}/2 + T_3'(l_{\mathrm{w}}/2 - e_{\mathrm{P}}) - M_N + M_{N\theta} + M_f}{H_{\mathrm{w}} \sum\limits_{i=1}^{n} (r_{F_i} \cdot r_{H_i})} \tag{13-21}$$

其中，

$$N = \sum_{i=1}^{n} N_i \tag{13-22a}$$

$$M_N = \sum_{i=1}^{n} M_{N_i} \tag{13-22b}$$

$$M_{N_i} = N_i \cdot e_{N_i}, \quad i = 1, 2, \cdots, n \tag{13-22c}$$

$$M_{N\theta} = \sum_{i=1}^{n} N_i \cdot \theta_{\mathrm{gap},3} r_{H_i} H_{\mathrm{w}} \tag{13-22d}$$

$$M_f = n \cdot f(l_{\mathrm{w}} + 2d_f) \tag{13-22e}$$

式 (13-22a) ~ 式 (13-22c) 及式 (13-22e) 的含义已在 13.6.1 节中说明。在墙体转动过程中，各楼层处的恒载对于旋转点处的力臂将减小，导致抗倾覆力矩的减小，该变化量通过式 (13-22d) 中的 $M_{N\theta}$ 加以考虑。详述如下。

以第 i 楼层处恒载 N_i 在墙底转角为 $\theta_{\mathrm{gap},3}$ 时的受力为例，如图 13-12 所示，由于楼层上恒载的方向始终为竖直方向，故其距离旋转点之间的力臂变小，减小量为 $\Delta_{N_i,\mathrm{change}}$，根据几何关系可知：

$$\Delta_{N_i,\mathrm{change}} = \theta_{\mathrm{gap},3} \cdot r_{H_i} H_{\mathrm{w}} \tag{13-23}$$

此时恒载抗倾覆弯矩的减少量可由式 (13-22d) 计算得到。

此外，混凝土墙在水平外荷载 $V_{\mathrm{w},3}$、预应力 T_i'、楼层恒载 N_i 及摩擦力 f 的作用下，因墙体自身弹性变形将在顶点产生水平侧移 $\Delta_{\mathrm{el},3}$：

$$\Delta_{\mathrm{el},3} = \Delta_{\mathrm{FM},3} + \Delta_{\mathrm{FS},3} + \Delta_{\mathrm{NM},3} + \Delta_{\mathrm{PM},3} + \Delta_{\mathrm{fM},3} \tag{13-24}$$

其中，

$$\Delta_{\mathrm{FM},3} = \sum_{i=1}^{n} \frac{1}{2E_{\mathrm{c}} \cdot I_{\mathrm{w}}} (r_{F_i} \cdot V_{\mathrm{w},3}) \cdot r_{H_i}^2 \cdot H_{\mathrm{w}}^3 \left(r_{H_n} - \frac{r_{H_i}}{3}\right) \tag{13-25a}$$

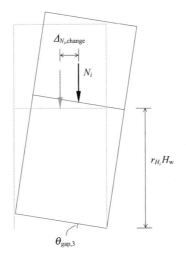

$$\text{图 13-12} \quad \text{混凝土墙上楼层恒载抗倾覆弯矩减小示意图}$$

$$\Delta_{\text{FS},3} = \sum_{i=1}^{n} \frac{6}{5G_{\text{c}} \cdot A_{\text{w}}} (r_{F_i} \cdot V_{\text{w},3}) \cdot r_{H_i} H_{\text{w}} \tag{13-25b}$$

$$\Delta_{\text{NM},3} = \sum_{i=1}^{n} \frac{1}{E_{\text{c}} \cdot I_{\text{w}}} (N_i \cdot e_{N_i}) \cdot r_{H_i} \cdot H_{\text{w}}^2 \left(r_{H_n} - \frac{r_{H_i}}{2} \right) \tag{13-25c}$$

$$\Delta_{\text{PM},3} = \frac{1}{2E_{\text{c}} \cdot I_{\text{w}}} (T_3' - T_1') \cdot e_{\text{P}} \cdot r_{H_n}^2 \cdot H_{\text{w}}^2 \tag{13-25d}$$

$$\Delta_{\text{fM},3} = -\sum_{i=1}^{n} \frac{1}{E_{\text{c}} \cdot I_{\text{w}}} \cdot f \cdot (l_{\text{w}} + 2d_f) \cdot r_{fi} H_{\text{w}}^2 \cdot \left(r_{H_n} - \frac{r_{fi}}{2} \right) \tag{13-25e}$$

由上述分析可知,在预先设定的墙底转角 $\theta_{\text{gap},3}$ 下,墙顶发生的水平侧移 Δ_{asum} 为

$$\Delta_{\text{asum}} = \Delta_{\text{el},3} + \theta_{\text{gap},3} \cdot H_{\text{w}} \tag{13-26}$$

若实际的墙顶水平侧移 $\Delta_{\text{roof},3}$ 和计算得到的 Δ_{asum} 相等(或者其差值小于一定的容许值 ε,如 0.01),则认为开始假定的 $\theta_{\text{gap},3}$ 也是真实的,那么中间过程中计算得到的各量(如墙体所受水平外力 $V_{\text{w},3}$,钢绞线中预应力 T_i' 及墙体自身的弹性变形 $\Delta_{\text{el},3}$ 等)都是真实的;如果 $\Delta_{\text{roof},3}$ 和 Δ_{asum} 二者之间相差较大,则认为预先假定的 $\theta_{\text{gap},3}$ 并非真实解,需要重新假设 $\theta_{\text{gap},3}$ 重复上述计算过程。

当 $\left| \Delta_{\text{roof},3} - \Delta_{\text{asum}} \right| > \varepsilon$ 时,尚需分两种情况进行讨论:第一种情况, $\Delta_{\text{asum}} < \Delta_{\text{roof},3}$,说明预先假定的 $\theta_{\text{gap},3}$ 偏小,则 $\theta_{\text{gap},3}$ 应该位于区间 (a,b) 的后一半区间,故令区间左端点 $a = \theta_{\text{gap},3}$,然后重复流程图 13-10 中第二步一直到最后;第二种情况, $\Delta_{\text{asum}} > \Delta_{\text{roof},3}$,说明预先假定的 $\theta_{\text{gap},3}$ 偏大,则 $\theta_{\text{gap},3}$ 应该位于区间 (a,b) 的前一半区间,故令区间右端点 $b = \theta_{\text{gap},3}$,然后重复流程图 13-10 中第二步一直到最后。上述过程可通过计算机编程中的判断语句及循环语句实现。

在求得各参数的真实值之后,墙体的整体倾覆弯矩可表示为

$$M_{\mathrm{OT},3} = V_{\mathrm{w},3} \cdot H_{\mathrm{w}} \cdot \sum_{i=1}^{n}(r_{H_i} \cdot r_{F_i}) \tag{13-27}$$

2. 抗侧刚度

在墙底间隙张开之后，由于滑动摩擦力为常数，结构的抗侧刚度主要由钢绞线中预应力增量提供，即墙底间隙张开后，结构承受的倾覆弯矩的增量主要由钢绞线中预应力增量产生的抗倾覆弯矩提供。虽然墙体在水平力增量作用下，自身弹性刚度对结构整体的抗侧刚度有所影响，但这种影响较小，一旦墙底间隙张开后，墙顶水平侧移主要是由墙体的刚体转动产生。上述现象也在第14章中的试验结果中观察到，因此墙体倾覆弯矩相对于墙底转角的张开后刚度和倾覆弯矩相对于墙顶侧移角的张开后刚度相差不大。由于墙顶侧移角尚需考虑墙体的弹性变形，分析较为烦琐，故这里仅分析倾覆弯矩相对于墙底转角的张开后刚度。

为推导公式的方便，这里引入符号 $d_{\mathrm{P}i}$ ($i=1,2,3$) 来表示三根钢绞线到旋转点之间的距离，显然有

$$\begin{cases} d_{\mathrm{P}1} = l_{\mathrm{w}}/2 + e_{\mathrm{P}} \\ d_{\mathrm{P}2} = l_{\mathrm{w}}/2 \\ d_{\mathrm{P}3} = l_{\mathrm{w}}/2 - e_{\mathrm{P}} \end{cases} \tag{13-28}$$

由于墙底张开后的抗侧刚度由钢绞线中预应力提供，故有

$$\Delta M_{\mathrm{OT}} = \sum_{i=1}^{3}(\Delta T_i \cdot d_i) \tag{13-29}$$

将式(13-15)、式(13-19a)及式(13-28)代入式(13-29)，经化简可得

$$\Delta M_{\mathrm{OT}} = \theta_{\mathrm{gap}} \cdot \sum_{i=1}^{3}\left[\left(d_i - \frac{\sum_{i=1}^{3}(k_{\mathrm{P}i} \cdot d_i)}{k_{\mathrm{w}} + \sum_{i=1}^{3}k_{\mathrm{P}i}}\right) \cdot k_{\mathrm{P}i} \cdot d_i\right] = K_{\mathrm{gap}}^{\theta}\theta_{\mathrm{gap}} \tag{13-30}$$

其中，$K_{\mathrm{gap}}^{\theta} = \sum_{i=1}^{3}\left[\left(d_i - \frac{\sum_{i=1}^{3}(k_{\mathrm{P}i} \cdot d_i)}{k_{\mathrm{w}} + \sum_{i=1}^{3}k_{\mathrm{P}i}}\right) \cdot k_{\mathrm{P}i} \cdot d_i\right]$ 为墙底张开后的倾覆弯矩相对于墙底转角的刚度。

13.6.4　卸载阶段（包括墙底闭合临界状态）

在本阶段（即图13-7中3点到5点再到8点），其主要特征点为图13-7中的5~8点。这些特征点处的受力分析基本相同，仅墙底转角 θ_{gap} 和摩擦耗能件中摩擦力 f 的取值存在差异。现以6点为例进行分析，详述如下。

由于从3点到6点，墙底转角 θ_{gap} 不变，仅摩擦力由 f 变为 $-f$，故图13-19同样适

用于这里的受力分析，且 13.6.3 节第一部分中已求得 3 点处的墙底转角 $\theta_{gap,3}$、预应力 T_i' ($i=1,2,3$) 和墙体压缩量 δ_w，这些参数与 6 点相同，故仍可通过式(13-21)求得 $V_{w,6}$，通过式(13-24)、式(13-25a)～式(13-25e)求得 $\Delta_{el,6}$，通过式(13-27)求得 $M_{OT,6}$。

对于图 13-7 中的 5 点处的结构受力分析，只需将上述 6 点处的摩擦力改为零即可；对于图 13-7 中的 7 点处的受力分析，只需在上述 6 点处的受力分析中将墙底转角修改为零，即 $\theta_{gap,7}=0$（在 7 点处墙底间隙重新闭合）。

13.6.5 混凝土墙内第一根钢绞线屈服的临界状态

在水平外力加载的过程中，当第一根钢绞线达到屈服的临界状态时，其分析方法和 13.6.3 节第一部分中的类似，有所区别的是：这里的墙底转角 $\theta_{gap,Y}$ 是可以一步显式地求出来的，不需要图 13-10 中流程图所示的迭代法，其求解方法如下：

$$\begin{cases} \dfrac{\theta_{gap,Yi} \cdot d_i}{l_{Pi}} \cdot E_P A_P = f_{yp} A_P - T_i, & i=1,2,3 \\ \theta_{gap,Y} = \min\left\{\theta_{gap,Y1}, \theta_{gap,Y2}, \theta_{gap,Y2}\right\} \end{cases} \tag{13-31}$$

其中，$\theta_{gap,Yi}$ 表示第 i 根钢绞线屈服时墙底的转角大小；f_{yp} 为钢绞线的屈服应力。

当求出此时的墙底转角 $\theta_{gap,Y}$ 之后，就可根据 13.6.3 节第一部分中的公式一步步地将此时结构的各参数求解出来(如墙体的压缩变形 $\delta_{w,Y}$、各钢绞线中预应力的大小 T_i'、墙体所受水平外力 $V_{w,Y}$、整体倾覆力矩 $M_{OT,Y}$ 以及墙顶水平侧移 $\Delta_{roof,Y}$ 等)，其主要步骤如下：

(1) 根据式(13-19a)或式(13-19b)计算此时墙体的压缩变形 $\delta_{w,Y}$；

(2) 根据式(13-20)计算此时钢绞线中的预应力 T_i' ($i=1,2,3$)；

(3) 根据式(13-21)计算此时墙体所受的水平外力 $V_{w,Y}$；

(4) 根据式(13-24)计算此时墙体自身变形在墙顶产生的水平侧移 $\Delta_{el,Y}$；

(5) 根据式(13-26)计算此时墙顶总的水平侧移 $\Delta_{roof,f}$；

(6) 根据式(13-27)计算此时墙体所受的倾覆力矩。

13.7 本 章 小 结

本章介绍了摩擦耗能式自定心预应力混凝土墙的基本构造、工作机理，并对结构在循环荷载下的受力特性进行了研究，所完成的主要工作以及结论如下：

(1) 介绍了自定心预应力混凝土墙在循环荷载下的倾覆力矩-墙顶侧移角和倾覆力矩-墙底转角的滞回曲线，和其他自定心结构类似，其滞回曲线形式也为双旗帜形。

(2) 分析了结构在各个阶段的相应特点：在墙底间隙张开前，结构受力变形特点和传统底部固结的剪力墙类似，主要发生墙体自身的弹性变形；在墙底间隙张开后，结构的抗侧刚度主要由钢绞线中的预应力提供并推导了此时的结构抗侧刚度表达式。

(3)推导了结构在循环荷载下各个阶段(包括各临界状态点)时的倾覆力矩、墙顶侧移、墙底转角的表达式。

参 考 文 献

[1] 张国栋. 摩擦耗能式自定心预应力混凝土墙的抗震性能研究[D]. 南京: 东南大学, 2013.

[2] Perez F J. Design, experimental and analytical lateral load response of unbonded post-tensioned precast concrete walls [D]. Bethlehem: Lehigh University, 2004.

[3] Smith B J, Kurama Y C. Comparison of hybrid and emulative precast concrete shear walls for seismic regions[C]. Proceedings of the ASCE Structures Congress, Las Vegas, 2011.

[4] Perez F J, Pessiki S, Sause R. Experimental and analytical lateral load response of unbonded post-tensioned precast concrete walls[R]. Bethlehem: Advanced Technology for Large Structural Systems Center (ATLSS), 2004.

[5] Lin Y C, Sause R, Ricles J M. Seismic performance of a large-scale steel self-centering moment-resisting frame: MCE hybrid simulations and quasi-static pushover tests [J]. Journal of Structural Engineering, 2012, 139(7): 1227-1236.

第 14 章

自定心混凝土墙的低周反复加载试验（Ⅰ）

本章主要介绍了摩擦耗能式自定心预应力混凝土墙的低周反复加载试验情况[1]。同时，根据本书第 13 章所给出的理论分析模型，对试验中的 $M_{OT}\text{-}\theta_{roof}$ 和 $M_{OT}\text{-}\theta_{gap}$（整体倾覆力矩-墙底转角和倾覆力矩-墙顶侧移角）关系进行了计算，并与实测结果进行了比较[2]。

14.1 试 验 概 况

根据摩擦耗能式自定心预应力混凝土墙的工作机理以及实验室的测试条件，设计了一个 4 层装配式钢柱-混凝土墙试验结构，缩尺比例为 0.24，如图 14-1 所示。该墙体由 4 片钢筋混凝土墙板拼接而成，并通过无黏结的竖向钢绞线预压在基础梁上。墙体两侧

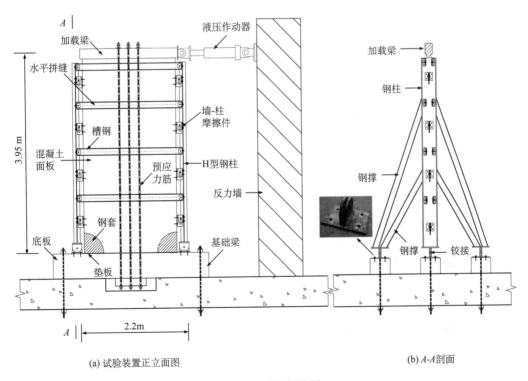

(a) 试验装置正立面图　　　　　　　　　　(b) A-A剖面

图 14-1　试验概览图

各设一根底部铰接的钢柱，并通过设置在每层半层层高处的摩擦耗能件与墙体连接。该摩擦耗能件由两个角钢和一个 T 形件组成，如图 14-2 所示。角钢和 T 形件分别固定于钢柱和混凝土墙上，角钢贴紧 T 形件腹板的一肢内侧贴有摩擦片(本试验中选用黄铜片)，T 形件开有竖向狭槽，该槽道使得钢柱和墙体在此处具有相同的水平向位移但在竖直方向存在相对位移。两个角钢通过高强预应力螺栓夹紧 T 形件的腹板。

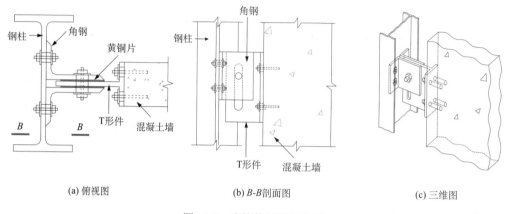

(a) 俯视图　　　　　　　　(b) B-B剖面图　　　　　　　　(c) 三维图

图 14-2　摩擦件耗能构造图

在实际结构中，由于混凝土楼板的存在，墙体出现面外失稳的可能性较小，但本试验中的墙体不含混凝土楼板。为此，在每层楼面标高位置处设置两根槽钢夹住墙体，槽钢的两端与工字型钢柱采用铰接连接。此外，由于钢柱底部与基础仅为铰支，为保证整个系统在平面外的稳定性，在钢柱两侧焊接斜撑，如图 14-1 所示，斜撑底部与基础亦为铰接，从而斜撑与钢柱可以在墙体平面内同步转动。

在墙体顶部加载梁处，通过 MTS 作动器施加水平推力和拉力。当水平力增至一定幅值，墙体发生转动，钢柱随墙体运动。在墙的左右两个脚部，采用外包钢套保护以防止脚部混凝土压碎。

14.2　试　件　设　计

14.2.1　钢筋混凝土墙板

该试验结构的缩尺比例为 0.24。其中，每片墙厚 100mm，宽 1900mm。底层混凝土墙板高 1090mm，其余各层混凝土面板高均为 920mm，顶层墙面板与加载梁(1900mm×200mm×150mm)整浇，如图 14-3(d)所示。上下层墙体之间采用 6 根 φ8mm 插筋(插入长度 120mm)和孔道灌胶的方式锚固(本次试验中孔道未灌胶)，锚固长度为 300mm。墙体内部预埋有 3 根直径 30mm 的预应力筋孔道，如图 14-3(c)所示。各层混凝土墙配筋相同。每片混凝土墙在其两侧各预埋 4 根 φ18mm 的螺栓，如图 14-3(a)所示，用来固定 T 形件。底层墙面板脚部套有钢套，其上开有 4 个孔洞以便通过对拉螺栓夹紧钢套并为其中的混凝土提供三向约束，如图 14-3(f)所示。

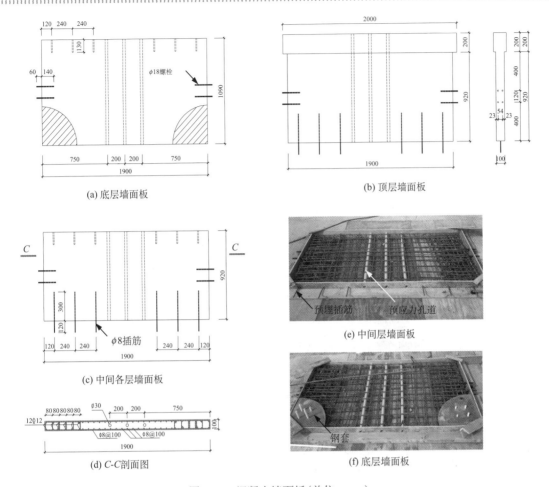

图 14-3　混凝土墙面板(单位：mm)

14.2.2　摩擦耗能件

摩擦耗能件中的 T 形件由两块 10mm 厚的钢板焊接而成，腹板上开有狭长孔道，如图 14-4(a)所示。摩擦耗能件中的角钢采用 L100mm×10mm，在与 T 形件腹板相接触的一个侧面贴有摩擦片(黄铜片)，具体尺寸如图 14-4(b)所示。在组装摩擦耗能件时，两个角钢和一个 T 形件通过 M18mm 高强螺栓夹紧并施加预应力。

14.2.3　钢套

图 14-5 给出了底层墙体脚部的预埋钢套的三维图，该钢套采用 6mm 厚钢板焊接形成半径 400mm 的 1/4 圆弧形，在前后两块板上开有直径 16mm 的 4 个孔，用于预留孔道，待浇筑好混凝土墙后用螺栓穿过孔道夹紧，以对其中混凝土产生三向受压，提高混凝土的抗压强度，增大混凝土极限压应变。

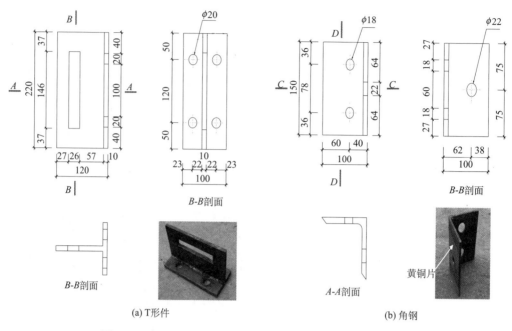

(a) T形件　　　　　　　　　　　　　　(b) 角钢

图 14-4　摩擦耗能件中 T 形件和角钢的细部构造（单位：mm）

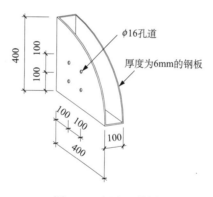

图 14-5　钢套三维图

14.2.4　混凝土墙体面外支撑系统

试验中为保证混凝土墙体的面外稳定，在每两片混凝土墙面板拼缝处采用一对槽钢夹住墙体，槽钢两端用角钢铰接于墙两端的钢柱上，如图 14-6(a) 和(b) 所示。因此，混凝土墙被夹于钢柱及槽钢形成的系统中，但这样仍保证不了钢柱、槽钢及墙作为一个整体的面外稳定，故在两侧钢柱的面外方向采用焊接斜向支撑来保证垂直墙面方向的稳定，如图 14-1(b) 所示。至此，整个系统的面外稳定可以得到保证。另一方面，为减少槽钢与墙面之间摩擦带来的影响，在槽钢背面焊有两条槽道，内置若干滚珠，如图 14-6(b) 和(c) 所示。面外支撑系统中的槽钢采用[12 型，其两端通过 L90mm×56mm×8mm 角钢和 M22mm 螺栓与钢柱铰接，如图 14-6(a) 所示。

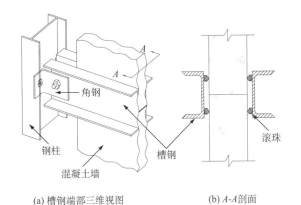
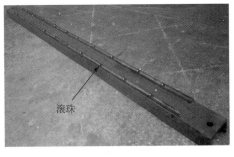

(a) 槽钢端部三维视图   (b) A-A 剖面   (c) 试验安装墙槽钢试件照片

图 14-6 墙体平面外支撑系统

14.3 材 性 参 数

本试验采用的混凝土为 C35 级，两组（共 6 个）混凝土立方体试块的抗压强度平均值为 41.68MPa，方差为 0.16MPa。

钢绞线采用低松弛高强预应力钢绞线，其公称直径为 15.2mm，公称截面面积为 139mm^2，强度标准值为 1860MPa，弹性模量为 1.95×10^5MPa，实测屈服强度为 1497MPa，极限抗拉强度为 1914MPa。

摩擦耗能件中 T 形件的腹板与黄铜片之间的摩擦系数实测值为 0.3。

墙内竖向钢筋采用 HRB335，其屈服强度标准值为 335MPa，水平钢筋及边缘加强箍筋采用 HPB235，其屈服强度标准值为 235MPa。

摩擦耗能件中 T 形件、角钢、混凝土墙脚部钢套、H 型钢柱、墙体面外支撑系统中的槽钢和斜向支撑所用的钢材均为 Q345 级，其屈服强度标准值为 345MPa。

14.4 测 点 布 置

试验中的测点布置如图 14-7 所示，共有 6 个位移计，其中两个竖向布置在混凝土墙脚部，用来测量由于墙体转动在两个脚部张开的间隙大小。若两个位移计的读数分别为 Δ_{gap1} 和 Δ_{gap2}，则混凝土墙墙底转角为 $(\Delta_{gap1} - \Delta_{gap2})/1900$，其中，1900mm 为墙宽。另外 4 个位移计水平布置于各楼层标高处，并固定于反力架上，位移计的测针后端用线引出，线的另一端固定于墙上测点，用以测量楼层标高处的水平位移。同时，MTS 作动器其本身也能够测量所施加的水平位移及力。

在混凝土墙顶端穿过预应力筋安装有振弦式压力传感器，如图 14-7 所示，用于测量钢绞线中预应力的大小。

混凝土墙的两个脚部钢套上贴有应变片，如图 14-7 左侧放大图所示，用以测量钢套上应变的分布。为相互检验，在钢套的正面和背面的相应位置处均贴应变片。

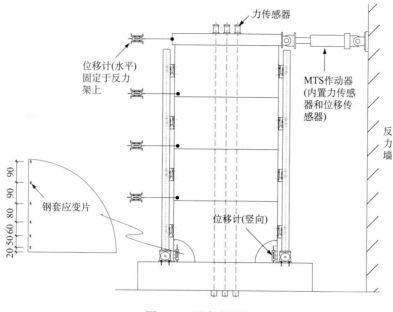

图 14-7　测点布置图

14.5　试验参数及加载制度

14.5.1　试验参数

尽管本次试验只涉及一个构件,但由于该结构旨在实现主体结构的无损且墙体脚部已通过钢套加以保护,因此试验过程中主体结构未出现明显损伤,故可重复进行多次试验,共计 10 组。表 14-1 给出了各组试验的总预应力、摩擦力以及试验特点。其中,总预应力为 3 根钢绞线中的预应力之和,摩擦力则为每个摩擦耗能件中的滑动摩擦力的大小。

表 14-1　各组试验的总预应力、摩擦力以及试验特点

试验编号	总预应力 P_0/kN	摩擦力 f_0/kN	试验特点
1	147.21	0	初始拼装顺序 1
2	160.62	0	低预应力,零摩擦
3	142.54	9.1	低预应力,中摩擦
4	142.95	14.6	低预应力,高摩擦
5	305.43	0	高预应力,零摩擦
6	259.39	10.4	高预应力,中摩擦
7	257.32	15.2	高预应力,高摩擦
8	255.44	15.2	高摩擦,预应力测试
9	249.32	0	零摩擦,预应力测试
10	251.05	0	钢套应力测试

注:1. 表中第二列总预应力 P_0 为三根预应力钢绞线中预应力之和;

2. 表中第三列摩擦力 f_0 为每个摩擦耗能件中的滑动摩擦力的大小。

试验 1 用来比较试件拼装顺序对于整个结构的影响。在试验 1 中,首先将两侧钢柱定位,然后将第一片(底层)墙体及其上的摩擦耗能件安装好(此时摩擦耗能件的对拉螺栓均未施加预拉力),如图 14-8(a)所示,然后安装第二片墙体及其上的摩擦耗能件。按此方式逐片向上拼装直到顶层墙体安装就位,然后对钢绞线施加预应力,至此,结构拼装完成,如图 14-8(b)所示,然后开始试验 1 的加载测试。试验 1 过后,钢绞线中预应力保持不变,只将所有摩擦耗能件都拆下来,待所有都拆卸后再重新安装上,然后进行后续试验 2～试验 10 的试验。

(a) 拼装第一片墙体　　　　　　　　　　(b) 拼装完成

图 14-8　试验 1 中墙体的拼装

试验 2～试验 4 为一个对比组,其总的预应力基本相同,而摩擦耗能件中摩擦力由 0 逐渐增大。试验 5～试验 7 为一个对比组,其预应力相差也较小,但是较试验 2～试验 4 要大近一倍,其中摩擦力也是由 0 逐渐增大。试验 8、试验 9 用来考察钢绞线中预应力在试验过程中的变化情况。试验 10 用来考察混凝土墙脚部钢套上的应变情况。

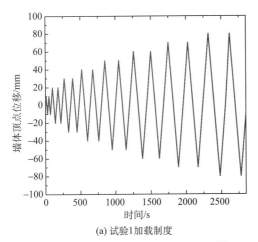
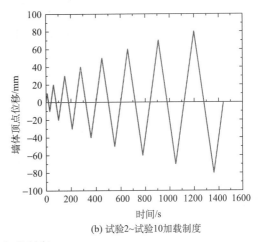

(a) 试验1加载制度　　　　　　　　　　(b) 试验2～试验10加载制度

图 14-9　加载制度

14.5.2 加载制度

本次试验采用位移控制加载制度，控制墙顶点(加载梁上下中心处)位移进行加载，其中，试验 1 的加载制度如图 14-9(a)所示，每一位移幅值循环加载两周，而后续的各次试验在每一位移幅值内只循环加载一周，如图 14-9(b)所示。

14.6   试验结果与分析

14.6.1   拼装顺序对于结构力学行为的影响

图 14-10(a)、(b)分别给出了试验 1 和试验 2 的整体倾覆弯矩-墙底转角($M_{OT} - \theta_{gap}$)关系。其中，M_{OT} 和 θ_{gap} 的定义参见图 14-10(a)的右下角的示意图。如前所述，试验 1 和试验 2 拼装顺序的差别，其主要在于安装摩擦耗能件和施加预应力之间的先后顺序。试验 1 为先安装摩擦耗能件后施加预应力，试验 2 为先施加预应力后安装摩擦耗能件。从图 14-10(a)、(b)两个滞回曲线的比较可以看出，试验 1 中系统的耗能较多，而试验 2 中系统耗能明显较小。在试验 1 和试验 2 中，由于摩擦耗能件中未施加摩擦力，理论上体系的耗能应为零。造成试验 1 与试验 2 差别的主要原因在于试件加工的误差(例如，墙体上下左右面不平整，每片墙体尺寸上的误差，摩擦耗能件中 T 形件的腹板与翼缘不是绝对垂直等)若先用摩擦耗能件将墙体拼装好，由于加工或安装误差(例如，T 形件腹板倾斜导致角钢在安装时不能平整地贴紧钢柱的腹板，为了安装的需要，通过上紧角钢与钢柱连接的螺栓可以使得角钢就位，这是墙体中尚未施加预应力，墙体的位置可以发生微小调整的缘故)，这样，即使摩擦耗能件中没有人为的施加摩擦力，在摩擦耗能件的接触面上也存在了垂直方向的正压力，导致摩擦力的产生，引起试验 1 中系统耗能的增加。在试验 2 之前，将摩擦耗能件全部卸除之后可观察到墙体产生微小位移，也验证了上述的分析。因此，在试验 2 中，摩擦耗能件在墙体施加预应力再进行安装，使得摩擦耗能件中的正压力大大减小，从而减小了系统摩擦。

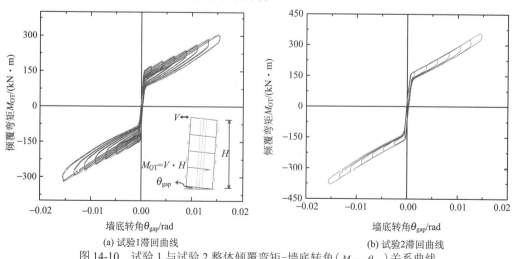

(a) 试验1滞回曲线   (b) 试验2滞回曲线

图 14-10   试验 1 与试验 2 整体倾覆弯矩-墙底转角($M_{OT} - \theta_{gap}$)关系曲线

需要说明的是，在墙板拼装的时候，仍有必要同时进行摩擦耗能件的安装，否则墙体难以稳定地准确就位，而且施加预应力时墙体的稳定性也难以保证。因此，建议实际拼装时按照先安装摩擦耗能件，后施加预应力，再拆卸摩擦耗能件，然后重新安装摩擦耗能件。这样既保证了施工时结构安装的需要，同时又可避免由于过多系统摩擦的存在影响结构的自定心能力。

14.6.2 墙体自身弹性刚度对于结构抗侧刚度的影响

对于传统的现浇钢筋混凝土剪力墙或者墙底固结的装配式剪力墙而言，其抗侧刚度主要由墙体自身的弯曲刚度和剪切刚度所决定，而为了提高结构的抗侧刚度，通常可采用高强度混凝土、提高混凝土墙内配筋率、增大剪力墙横截面尺寸等。对于自定心剪力墙而言，墙体自身的变形刚度对结构的抗侧刚度影响较小，主要影响墙底间隙张开前的结构变形和侧移，而当墙底间隙张开后，结构的抗侧刚度主要由钢绞线中预应力提供。图 14-11(a)、(b) 分别给出了试验 2 和试验 5 中的倾覆弯矩–墙底转角和倾覆弯矩–墙顶侧移角两个滞回曲线的对比图，可以看出，在墙底间隙张开前，墙顶侧移角比墙底转角大了 $\Delta\theta_{w,I}$（$\Delta\theta_{w,I}$ 为墙体自身变形在墙顶产生的侧移角），而当结构继续加载至最大位移处时，墙顶侧移角比墙底转角大了 $\Delta\theta_{w,II}$（$\Delta\theta_{w,II}$ 表示结构从零位置加载到最大位移处这一过程中墙体自身变形在墙顶产生的侧移角），且易知，$\Delta\theta_{w,II} > \Delta\theta_{w,I}$，说明在墙底间隙张开之后，墙体的自身变形随着所受水平外力的增大而增大，进而说明墙体自身的变形对于墙顶侧移仍有一定的贡献。从图 14-11(a)、(b) 的对比中，可以看出两个试验(试验 2 和试验 5)中，墙体自身变形产生的墙顶侧移在总的侧移中所占比例不是相同的，试验 2 中的 $(\Delta\theta_{w,II} - \Delta\theta_{w,I})/\theta_{roof}$ 比试验 5 中 $(\Delta\theta_{w,II} - \Delta\theta_{w,I})/\theta_{roof}$ 明显大，这是由于试验 5 中预应力较大，在较大预应力的作用下，墙体的整体变形刚度增大，故在试验 5 中，墙底间隙张开之后，墙顶的侧移主要来自墙体的刚体运动，而墙体自身变形的来源较小。此外，试验 5 中 $M_{OT}-\theta_{gap}$ 与 $M_{OT}-\theta_{roof}$ 滞回曲线的张开后刚度 k_{gap} 和 k_{roof} 近似相等，也进一步验证了第 12 章中关于墙底间隙张开后结构抗侧刚度的计算方法。

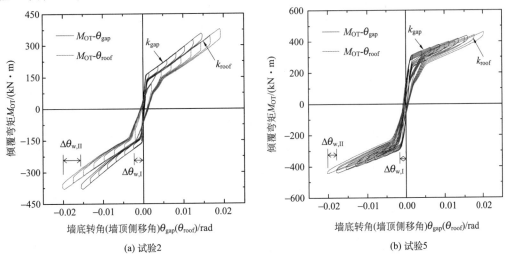

(a) 试验2　　　　　　　　　　　　　(b) 试验5

图 14-11　试验 2 与试验 5 中倾覆弯矩—墙底转角与倾覆弯矩—墙顶侧移角滞回曲线比较图

14.6.3 摩擦力对于结构耗能的影响

由于预应力筋端部锚具变形，预应力筋回缩及应力松弛等的影响，即使不卸载预应力，在进行试验的过程中，预应力也会逐渐减少，但数值上变化不大。如前所述，试验2～试验4中总的预应力近似相等，而试验5～试验7中预应力接近。故通过图 14-12(a)、(b)、(c)、(d)的对比，可以了解在相同预应力度下摩擦力对于结构耗能的影响。由该图可知，摩擦力越大，结构体系在相同的低周反复荷载作用下的滞回曲线越饱满，即体系耗能越大。

图 14-12(a)标出了墙体脚部端点的临界消压弯矩 M_D，在 M_D 点处，墙体的一个脚点承受压力为零，另一个脚点(旋转点)承受了所有预应力产生的压力。前面第 2 章理论分析中已介绍过，在 M_D 点，所有摩擦耗能件中摩擦力提供的抗倾覆弯矩为零(即摩擦力为零)，此时体系的抗倾覆弯矩全部由钢绞线中预应力提供，如图 14-12(a)所示。当超

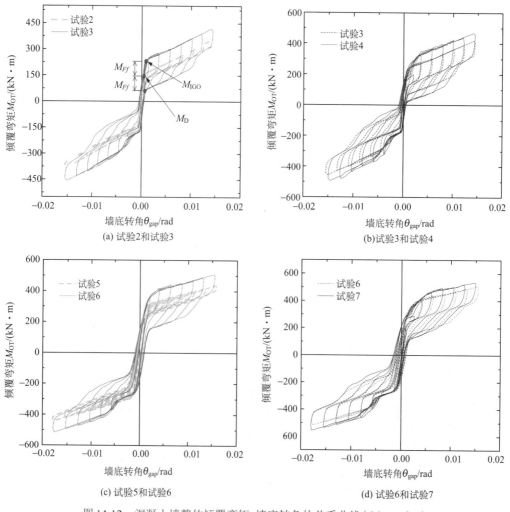

(a) 试验2和试验3

(b)试验3和试验4

(c) 试验5和试验6

(d) 试验6和试验7

图 14-12　混凝土墙整体倾覆弯矩-墙底转角的关系曲线($M_{OT}-\theta_{gap}$)

过 M_D 点时, 试验 3 摩擦耗能件的摩擦力逐渐由零增大, 到 M_{IGO} 点时, 所有摩擦耗能件中摩擦力增大到最大静摩擦力, 此时墙底处于转动的临界状态, 超过 M_{IGO} 点, 墙底间隙张开, 墙体发生转动。由上述可知, 摩擦力越大, 结构体系转动过程中克服摩擦力做功就越多, 所以耗能越大。

14.6.4　预应力对于结构自定心能力及抗侧刚度的影响

理论上, 结构的抗倾覆能力主要来源于两部分, 即预应力钢绞线提供的抗倾覆弯矩以及各摩擦耗能件中摩擦力提供的抗倾覆弯矩, 前者是自定心结构抗侧能力的主要因素。

图 14-13(a)、(b)分别给出了试验 3 和试验 6 及试验 4 和试验 7 的倾覆弯矩-墙顶侧移角关系滞回曲线的对比图, 从中可以看出, 预应力的增加对于减小墙顶残余侧移具有明显的作用。需要说明的是, 即使采用高预应力的试验 4 和试验 7, 仍然观察到了墙顶的残余位移, 这主要是由于施工中的误差所致, 在后续 14.6.5 节~14.6.7 节中将对试验中的各类误差做详细的介绍。在本试验中, 残余位移主要是由各片墙体之间的拼缝处不平整及间隙所致。从试验 4 和试验 7 的对比图可以看出, 墙底转角的残余量很小, 而墙顶侧移角的残余量较为明显, 这也说明了残余变形主要是墙体自身的变形所致。由图 14-13(b)和图 14-14(a)还可知, 增加预应力可以有效地抑制墙体变形。在试验 2 和试验 5 中, 虽然墙体顶点位移的控制加载制度一样, 但两次试验中的墙底转角却不相同, 试验 5 中的墙底转角比试验 2 的要大一些, 如图中标出的 $\Delta\theta_{gap}$, 这是因为试验 5 中的预应力较试验 2 要大一些, 在预应力的作用下, 墙体自身变形(弯曲变形、剪切变形等)受到抑制, 所以在墙顶点侧移角中, 墙底转角产生的侧移角所占份额加大, 导致在相同的顶点侧移角下, 试验 5 的墙底转角较试验 2 的要大一些。

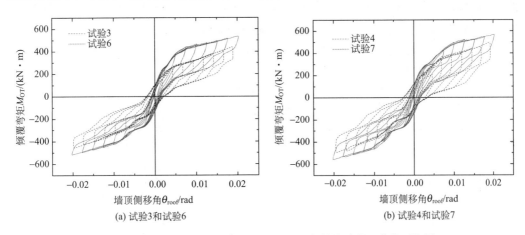

(a) 试验3和试验6　　　　　　　(b) 试验4和试验7

图 14-13　混凝土墙体倾覆弯矩-墙顶侧移角的关系滞回曲线对比图

预应力对于结构自定心能力的重要意义也可通过图 14-14(a)做进一步的阐述。在试验 7 和试验 4 中, 两者的摩擦力接近, 但前者的预应力较高。从倾覆弯矩-墙底转角的滞回曲线可以看出, 两个试验在荷载循环一周下的耗能近似相等。由于试验 4 中的预应力较低, 其滞回曲线中的两个旗帜, 与试验 7 中的相比, 更趋于向中间靠近, 可以看出,试验 4 中结构近乎处于刚好实现自定心的临界状态，如果摩擦力进一步增大，即 M_{Ff} 超过临界值：$M_{Ff} > M_D$，则结构无法实现自定心，残余转角不为零。而试验 7 中由于预应力相对较大，可以看出，其在保证自定心的前提下尚容许一定的摩擦力增加。上述分析可以看出，预应力对于结构的自定心能力有着决定性的积极作用。

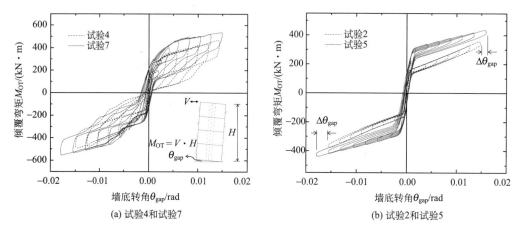

(a) 试验4和试验7   (b) 试验2和试验5

图 14-14   混凝土墙体倾覆弯矩-墙底转角的关系滞回曲线对比图

14.6.5   试验中滞回曲线与理论模型的差别

试验中得到的滞回曲线和第 13 章中理论分析得到的双旗帜图形总体而言是一致的，但是存在两个较为明显的区别：①试验中的滞回曲线，除零摩擦的情况，有明显摩擦耗能的滞回曲线中都存在一个"缺口"，如图 14-15 所示；②试验中的滞回曲线在达到 M_{IGO} 之前出现较明显的刚度退化，如图 14-15 中的试验 4 所示。

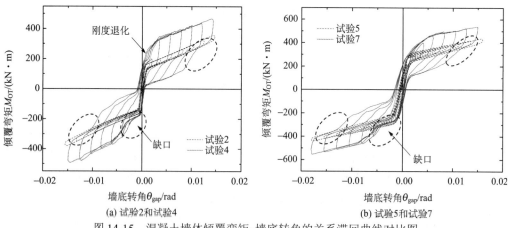

(a) 试验2和试验4   (b) 试验5和试验7

图 14-15   混凝土墙体倾覆弯矩-墙底转角的关系滞回曲线对比图

滞回曲线的"缺口"可通过图 14-16 加以解释。为避免因施工误差而无法安装，孔道的尺寸设计一般要比螺杆的直径稍大，因此钢柱柱脚的铰接装置的转动轴与孔道之间存在不可避免的间隙，但是由于施工误差，右侧柱铰装置所开孔比实际需要大较多，而左侧柱铰间隙适中,这就使得墙体受到自右向左的水平力且发生一段较小转动时(对应于 θ_{gap} 为负值),在摩擦力的作用下,右侧钢柱随同墙体一起运动(即钢柱和墙体之间不发生相对竖向位移),此时摩擦耗能件基本不耗能,即此时 $M_{Ff} = 0$,只有当转角达到一定数值,铰接转动轴与孔壁顶紧,钢柱与混凝土墙之间才发生相对竖向位移,出现摩擦耗能,而摩擦力所产生的抗倾覆弯矩(M_{Ff})使得结构的抗倾覆能力明显提高。在卸载过程中,也存在类似的影响,可以看出卸载时同样出现的"缺口",与右侧柱相比,左柱铰接装置的开孔误差较小,因此滞回曲线中正向加载时的"缺口"效应不明显。

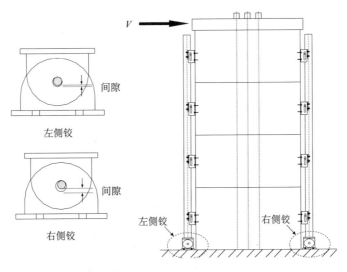

图 14-16　钢柱柱脚装置

　　对于滞回曲线中刚度退化现象,主要是由于混凝土受压所表现出的非线性及摩擦耗能件中摩擦力增长相对于墙底转角的滞后性。对于后者,一方面,摩擦耗能件本身不是绝对刚性,在摩擦力增加的过程中,摩擦耗能件会发生剪切变形;另一方面,如前所述,虽然左柱脚转动轴处的间隙较小,但由于转动轴(试验中采用 $\phi 30mm$ 的螺栓)本身具有一定的剪切刚度,受剪切后可发生一定的弹性变形,随着墙底转角的加大,钢柱竖向位移在转动轴和摩擦耗能件的弹性变形范围内不断加大,摩擦耗能件中的静摩擦力不断加大,而受到剪切的转动轴中的剪力也随着摩擦力同步在增大,当摩擦耗能件中摩擦力增大到最大静摩擦力而无法继续增大时,摩擦面开始滑动,这时转动轴的剪力也增加到最大,根据力的平衡关系可知,柱铰接处转动轴的剪力等于这一个钢柱上所连摩擦耗能件中摩擦力的合力。在这一过程中,墙底转角的增大同步于摩擦耗能件和转动轴的剪切变形,导致刚度退化现象的出现。

14.6.6　钢绞线中预应力与墙顶侧移角及墙底转角之间的关系

　　试验 8、试验 9 主要研究低周反复加载试验过程中三根钢绞线中的预应力和墙体顶点位移角/墙底转角之间的关系,如图 14-17 所示。其中,试验 8 采用高摩擦力,而试验 9 中的摩擦力为零。

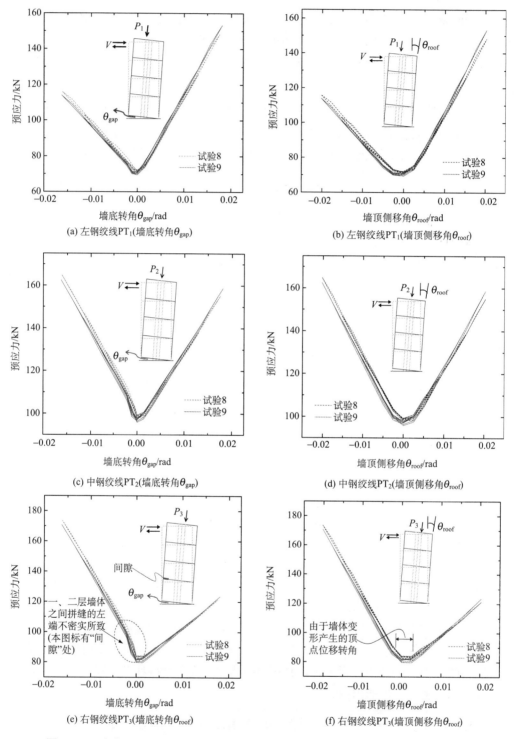

图 14-17 试验 8、试验 9 中钢绞线预应力-墙顶侧移角关系和预应力-墙底转角关系

　　由于两组试验的初始预应力略有不同，因此两组试验数据并不完全一致，但其变化规律完全相同。摩擦力的影响总体而言并不明显，预应力在试验过程中的变化仅与墙体的变形与转动有关，这与理论分析相符。由于钢绞线中预应力的变化主要与其伸长量的变化有关，而钢绞线的伸长量又主要由墙体的自身变形和整体转动决定(其中，墙体的自身变形较整体转动的影响又是相对微小的)，所以摩擦力的变化带来的影响可忽略不计。对于左右两侧的钢绞线而言，其预应力-墙体顶点位移和预应力-墙底转角曲线为不对称形状，而对于布置在墙体中间的钢绞线，其预应力-墙体顶点位移角和预应力-墙底转角关系呈现对称性。

　　此外，图 14-17(e) 中在墙底转角靠近 0 的负方向一侧，较小的转角带来了较大的预应力增大，其主要原因是由于施工误差，导致第一、二层墙体在拼接缝处的左端存在较明显的空隙，为此，在试验中采取垫入若干层铁片来试图减小其影响，但仍未能完全消除。试验中当墙体向左转动时，由于间隙的存在，上面 3 层墙体相对于底层墙体发生相对转动，钢绞线伸长，而这时墙底间隙张开很小(近乎为 0)，导致图 14-17(e) 中曲线的斜率较大。

　　另一方面，图 14-17(f) 中在墙顶点侧移角为零附近的曲线变化较缓和，这是由于试验中的墙体高度较高，墙底张开前整个墙体已产生一定量的弹性变形并引起墙顶点位移，而该弹性变形引起的钢绞线应力增量很小。墙体底面张开后，钢绞线应力增量随着顶点转角近似按线性增长。

14.6.7　侧向荷载作用下的墙体变形

　　墙体在侧向荷载作用下的变形可通过布置在各楼层处的位移计得到，如图 14-18 所示。总体而言，墙体的面内刚度较大，自上而下的变形较小且基本在高度范围内呈线性分布。然而，在 13.6.4 节已述及，一、二层墙体在左侧的接触面因施工偏差存在一些间隙，尽管试验中通过插入铁片予以垫实，但从图 14-18 中可明显看出，接触面的间隙对于墙体的变形分布仍然有所影响。

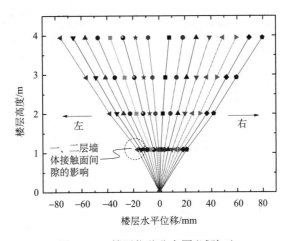

图 14-18　楼层位移分布图(试验 3)

14.6.8　钢套边缘应力分布

为研究钢套在墙体转动过程中的应力增量及其变化规律,在试验 10 中沿钢套最外侧粘贴 1 列(6 片)应变片,如图 14-19 所示。由于混凝土墙两个脚点处垫有钢板,所以混凝土墙实际上只有左右两个脚点与基础梁接触,故只在钢套的最外边缘贴有应变片,通过测量这几处的应变情况,来确定钢套的合理布置高度。由于此应变片只能测量在试验过程中的应变变化情况(即相对量),因此无法测得此处实际的应变大小。但从这些点处的应变随墙体转角的变化情况仍可得到一些重要的信息,详述如下。

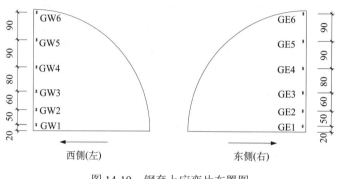

图 14-19　钢套上应变片布置图

如果不考虑试验中钢套的变形等因素,认为墙底为两个钢套的脚点接触,则根据受力分析可知,钢套上压应变随墙底转角的增加而产生的增量是预应力钢绞线中应力随墙底转角增长的结果。当墙底转角在一定的范围内时(忽略钢套中压应力传递路径发生的改变),钢套外边缘应变片处的应变增量理论上应该与钢绞线中总的应力增量成正比,由图 14-17(a)、(c)、(e)中预应力-墙底转角的关系曲线可知,总的预应力随着墙底转角的增加大致呈线性增大,所以这里钢套外边缘应变片处应变增量随墙底转角增量应该也是线性变化,但是试验中实际测得的结果如图 14-20(a)、(b)所示,其原因详述如下。

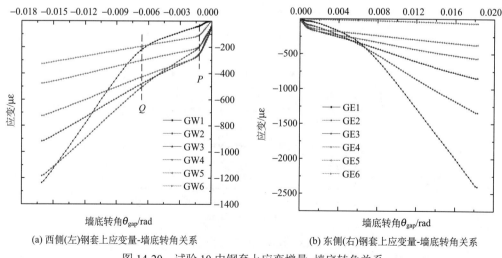

(a) 西侧(左)钢套上应变量-墙底转角关系　　(b) 东侧(右)钢套上应变量-墙底转角关系

图 14-20　试验 10 中钢套上应变增量-墙底转角关系

从图 14-20(a)可知，西侧钢套的应变增量-墙底转角关系存在两个拐点，即 P 点和 Q 点。在 P 点之前，上边 5 个测点处的压应变增量数值和增速大于最下边的 GW1 测点；但在 Q 点之后，GW1 处的压应变增量数值和增速显著加大。造成这一现象的主要原因如图 14-21 所示，由于试验 10 之前已进行多次试验，使得钢套角点处存在少量的塑性变形。在墙体转动的初始阶段，旋转点并不在最外边的角点处。此时，若应力近似按45°角传递（图 14-21 中虚线所示为压应力传递路径），GW1 所受影响较小，而其他 5 个测点受到的影响较大。但随着墙底转角的增大，旋转点逐渐外移，GW1 处的压应力加大。同时，随着转角的增大，钢绞线中因拉长而产生更大的应力增量，使得所有测点的应变均有显著增加。

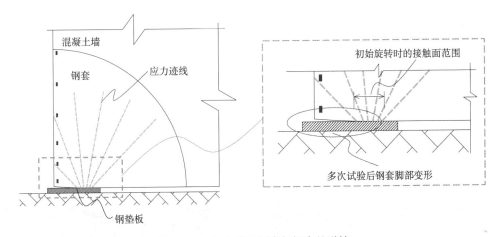

图 14-21   剪力墙西侧脚部钢套处详情

从图 14-20(b)可以看出，其应变分布规律和图 4-20(a)中相似，但是可以看出东侧（右）钢套的接触面变形较小。另外，还有一点明显不同，就是在近乎相同的最大转角处，东侧钢上最下面的应变 GE1 明显比西侧相对应的 GW1 大很多（接近两倍），这主要是由于东侧钢套的变形（图 14-21 中所示的变形）较小，故再达到较小的转角时，旋转点已位于最外边角点，这样 GW1 受到的集中应力的影响就要明显许多。

以 GE1 测点为例，当转角为 0.0145rad 时，其应变增量已达到 Q345 钢材的屈服应变（1725με），如果计及初始应变，则实际上，东侧钢套角点处早已处于局部屈服状态，而脚部的钢套内混凝土则由于三向受压状态而抗压强度、弹性模量、极限压应变均有所提高，试验中没有发现脚部混凝土压碎的情况，说明钢套的存在较好地避免了混凝土墙脚部的混凝土压碎。

图 14-22 为在不同墙底转角下钢套上的应变沿竖向的分布情况，其中，东侧钢套可以看成在开始（钢套变形较小）时，应变的分布情况，西侧钢套可以看成在进行了多次试验后钢套出现明显的塑性变形情况下应变的分布，可以看出，由于钢套具备塑性变形，可以使得钢套上应力重分布，从而有效地缓和了应力集中效应。

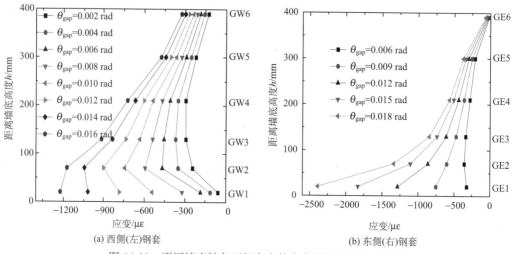

(a) 西侧(左)钢套   (b) 东侧(右)钢套

图 14-22 不同墙底转角下钢套上的应变沿竖向的分布情况

14.6.9 试验过程中结构的损伤情况

在 10 组试验过程中，混凝土墙主体没有发生破坏，但由于 10 组试验的反复加载和卸载，各片墙的保护层混凝土出现少量裂缝甚至剥落，见图 14-23。钢柱、摩擦耗能件等都未出现损伤。

(a) 混凝土墙南立面及后续详图标示   (b) 部位1   (c) 部位2   (d) 部位3   (e) 部位4

图 14-23 试验中混凝土墙保护层破坏情况

14.7　理论分析和试验结果的比较

按照第 13 章中的理论分析模型,本章中的试验结果与理论分析结果之间仍存在一定的差异。在第 13 章中,假定墙底与基础之间为全截面接触,而在试验中,考虑到混凝土墙底部与基础梁顶面接触面难以做到完全平整且紧密接触,将导致墙体转动过程中的旋转点不明确。为此,在试验中将墙体两个脚点用两块钢板(150mm×150mm×8mm)垫高,使得墙体与基础梁之间为两点接触。尽管此时结构的受力形式有所改变,但相对而言影响不大,第 13 章中介绍的受力分析方法仍然有效。设置垫板仅对墙底消压之前的受力分析有一定影响,主要体现在计算消压弯矩时,由于墙底反力合力的作用点位置改变,在 V_{dec} 的求解中需将式中的 $N_w \cdot l_w / 3$ 这一项去掉。

选取试验 3 和试验 4 作为理论和试验对比的两组试验,计算本次试验中混凝土墙的各参数如下。

混凝土弹性模量:$E_c=3.15\times10^4\text{N/mm}^2$

混凝土剪切模量:$G_c=E_c/[2(1+\nu)]=1.21\times10^4\text{N/mm}^2$(其中,泊松比取 $\nu=0.3$)

混凝土墙的等效横截面积:$A_w'=215976\text{mm}^2$(等效横截面积中考虑了混凝土墙中纵向钢筋,其采用折减系数 E_s/E_c 考虑钢筋的面积,其中,E_s 为钢筋的弹性模量)

混凝土墙的等效强轴惯性矩:$I_x'=6.735\times10^{10}\text{mm}^4$(同上面等效横截面积一样考虑了纵向钢筋的作用)

混凝土墙高:$H_w=3950\text{mm}$(说明:这里的墙高指的是加载梁中心位置到墙底面之间的距离)

混凝土墙横截面尺寸:$1900\text{mm}\times100\text{mm}$(墙宽 l_w × 墙厚 t_w)

钢绞线弹性模量:$E_P=1.95\times10^5\text{N/mm}^2$

钢绞线横截面积:$A_P=139\text{mm}^2$

钢绞线之间间距:$e_P=200\text{mm}$

摩擦耗能件竖直方向的分布高度为:585mm、1585mm、2505mm、3425mm(距离墙底面的高度)

摩擦耗能件中摩擦力合力点到墙外边缘的距离:d_f=80mm(摩擦力合力点近似认为在对拉螺栓中心处)

试验中墙上未施加楼层荷载,即 $N_i=0$($i=1,2,3,$),不考虑墙自重,水平外力只作用在加载梁中心处。

两组试验中初始预应力的分配情况(两组试验相同)如下。

试验 3、试验 4:$T_1=3.1\times10^4\text{N}$,$T_2=7.0\times10^4\text{N}$,$T_3=4.1\times10^4\text{N}$

图 14-24(a)、(b)分别给出了试验 3 和试验 4 的理论分析和试验结果的倾覆弯矩-墙底转角关系滞回曲线对比图。其中,理论分析采取和试验中一致的加载制度,即控制墙顶点位移加载,并按第 13 章所述流程进行分析:先后求出一周循环内的墙底消压弯矩 M_D,临界张开弯矩 M_{IGO},卸载点处的弯矩及墙底转角,摩擦力由正向滑动摩擦力减小

至零处的弯矩，摩擦力由零反向增大到最大静摩擦力处的弯矩，间隙重新闭合处的弯矩及墙底转角，恢复到结构原始位置。从图 14-24 可以看出，理论分析计算得到的临界张开弯矩 M_{IGO} 以及张开后刚度和试验中基本相等，但是理论分析得到的墙底转角比实际试验中的墙底转角要明显偏大，说明理论分析对于墙体变形计算的误差较大，这主要是由于理论分析中认为各片墙之间的拼接为理想情况，即接触紧密，而实际中存在前面已述及的施工误差导致的墙体之间拼缝存在较大的间隙，使得墙顶侧移中由于墙体自身变形产生的侧移所占比例增大，所以墙底转角相应减小，使得与理论值出现偏差。但理论分析对于墙底转角、墙顶侧移和墙体自身变形的计算仍然具有现实意义。此外实际工程中，剪力墙通常是整浇的或者通过提高装配墙板的预制精度，可以使得试验中的误差大幅度减小，使得理论分析结果与实测结果更为接近。

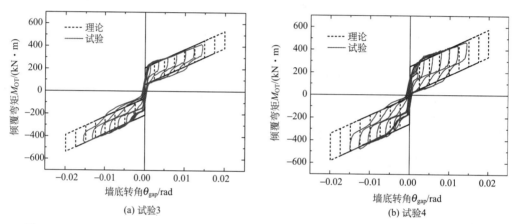

图 14-24　控制墙顶侧移下的理论与试验倾覆弯矩–墙底转角（$M_{OT} - \theta_{gap}$）关系滞回曲线对比图

图 14-25（a）、（b）给出了另一种理论分析方式：在理论分析中控制墙底转角与试验中的试验转角一致（主要是控制每一周卸载点处的墙底转角一致），即在按照第 13 章计

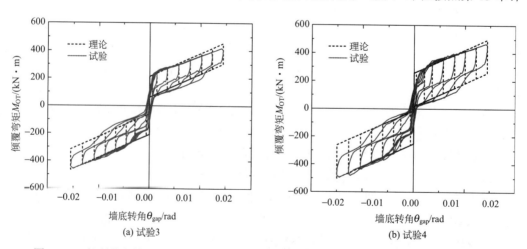

图 14-25　控制墙底转角的理论与试验倾覆弯矩–墙底转角（$M_{OT} - \theta_{gap}$）关系滞回曲线对比图

算时，不需要迭代，因为墙底转角是已知的，而未知量变为了墙顶侧移，可以看出这时理论分析和试验结果吻合较好，说明倾覆弯矩-墙底转角的滞回曲线对于结构中各种误差不敏感，也间接说明了理论分析中张开后刚度计算的准确性，即墙底张开后结构的抗侧刚度主要由钢绞线中预应力提供。

14.8　本 章 小 结

本章主要介绍了摩擦耗能式自定心预应力混凝土墙的低周反复加载试验情况，并将试验结果与第 13 章中给出的理论分析结果进行了对比，从中可以得到以下结论：

(1)试验中结构的拼装顺序表明，在实际应用时，为保证摩擦耗能件中摩擦力设计的准确性(避免因系统内部摩擦过大而影响结构的自定心能力)同时又保证施工过程中的安全性和易于实现，建议先安装摩擦耗能件后张拉预应力筋，待预应力筋张拉完成后，拆除摩擦耗能件，再重新安装摩擦耗能件，以减少由于施工误差带来的系统内摩擦的影响。

(2)预应力筋中的预应力对于结构的自定心能力和抗侧刚度起着决定性的作用，在一定范围内，预应力越大，结构的自定心能力越高，抗侧刚度越大。

(3)摩擦耗能件中摩擦力的存在增大了结构的阻尼，有利于耗散地震能量，从而保护主体结构不受损伤。试验表明，摩擦力越大，结构的滞回曲线越饱满，说明结构的耗能越大。但是，当摩擦力超过一定范围时，会影响到结构的自定心能力。

(4)理论分析和试验结果都表明，自定心预应力混凝土墙的张开后刚度主要来源于钢绞线中预应力，故保证预应力筋在地震全过程中的有效性对于自定心预应力混凝土墙结构非常重要。

(5)混凝土墙脚部钢套的存在有效地避免了脚部混凝土的压碎。实际结构设计中钢套的具体尺寸需求根据具体计算确定(钢套的长宽确定准则：对于钢套边缘没有受到钢套保护的混凝土应变小于混凝土的极限压应变。钢套所用钢板的厚度确定准则：控制钢套的压应力小于或等于钢材的屈服应力)。

(6)钢绞线中预应力随着墙底转角的增大基本上呈线性增大，设计时需根据结构地震中的位移需求保证预应力筋在地震中的有效性(避免全部钢绞线的屈服及拉断)或为其设置"保险丝"。

参 考 文 献

[1] Guo T, Zhang G, Chen C. Experimental study on self-centering concrete wall with distributed friction devices [J]. Journal of Earthquake Engineering, 2014, 18(2): 214-230.

[2] 张国栋. 摩擦耗能式自定心预应力混凝土墙的抗震性能研究[D]. 南京:东南大学, 2013.

第15章

自定心混凝土墙的低周反复加载试验（Ⅱ）

本章主要介绍了摩擦耗能自定心混凝土墙(双片墙)的试件构造、试验参数与试验结果，分析了摩擦耗能自定心混凝土墙在低周反复加载下的性能，并对摩擦耗能自定心混凝土墙的基底剪力-顶点位移和钢绞线预应力-墙底转角等关系进行了分析[1,2]。

15.1 试 验 概 况

根据摩擦耗能自定心混凝土墙(以下简称自定心混凝土墙)的工作原理，主体构件在工厂预制，试验构件的缩尺比例为 0.24，最后在试验室现场通过竖向无黏结预应力钢绞线与基础相连，试验构件布置如图 15-1 所示。整个试验结构构件由左右两片混凝土墙通过 4 个竖向摩擦耗能件连接而成，每片混凝土墙又由上下两片预制钢筋混凝土墙面板拼接而成，并通过无黏结的竖向钢绞线将其预压在基础梁上。矩形加载梁与上层两块墙面板一同现浇，并且通过中间的钢绞线连接起来以便传递剪力与协同变形。

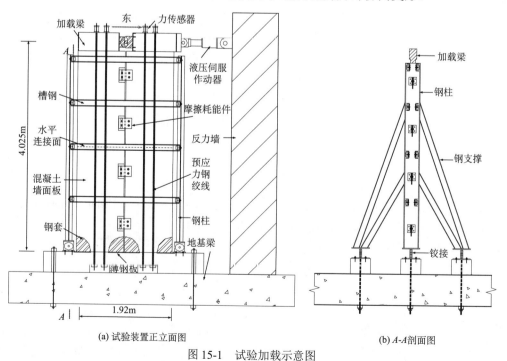

(a) 试验装置正立面图   (b) A-A剖面图

图 15-1 试验加载示意图

在本试验中,由于不存在混凝土楼板,为了防止试验过程中墙体出现面外失稳,沿层高方向设置 4 组槽钢,每组槽钢有两根,分别布置在混凝土墙的前后,并与混凝土墙面板有一定间隙,不限制墙体的面内运动。槽钢与两端的钢柱采用铰接连接。此外,钢柱底部与基础采用铰接连接,并在钢柱的两侧焊接斜撑以保证整个系统在平面外的稳定性,钢柱支撑构造如图 15-1(b)所示。

15.2　试件设计

15.2.1　预制混凝土墙面板

本试验主要研究由摩擦耗能件连接的两片自定心混凝土墙抗震性能。每片混凝土墙由上下两片混凝土墙面板拼接而成。其中,每片墙厚 100mm,宽 950mm。底层混凝土墙面板高 2010mm,上层混凝土墙面板高 2190mm(包括加载梁的梁高 350mm)。上层墙面板预埋 4 根 ϕ12mm 的插筋,埋置长度 300mm,外伸长度 120mm;下层墙面板相应位置处预留直径 30mm 的孔洞,深度 150mm。上下层墙面板即通过 4 根插筋及孔道灌胶(环氧树脂结构胶)的方式锚固连接。在墙面板内部预埋 2 个直径 30mm 的预应力筋孔道,定位如图 15-2(a)、(b)所示。钢绞线穿过预留孔道从而把上下两片混凝土墙面板连接起来,并通过施加预应力预压到基础梁上。在西边的上下墙面板上预埋槽型钢套,同时在东边的上下墙面板相应位置预留直径 30mm 孔洞以便对拉螺栓连接形成整套摩擦耗能件。

图 15-2(c)、(d)和(e)给出了墙面板的细部构造。竖向受力筋和横向分布筋均为 HRB400 级钢筋。为了保护墙面板四个角部在试验中不被过早压坏,分别在上下墙面板水平结合处的角部布置 8 个小角钢,其厚度为 8mm、边长为 100mm。

15.2.2　摩擦耗能件

摩擦耗能件由两块钢板和一个槽型钢套组成。槽型钢套预埋在混凝土墙面板中,试验时将黄铜片(摩擦片)贴在槽钢钢套的两个外侧,并用 8.8 级高强六角头螺栓对拉连接形成整体。槽型钢套开有椭圆形竖向狭槽,该槽道使得左右两片混凝土墙在此处具　有相同的水平向位移但在竖直方向可以发生相对位移,从而使得摩擦耗能件可以进行摩擦耗能。

摩擦耗能件的尺寸及构造如图 15-3(b)所示。钢板上预留 4 个孔洞,左边两个孔洞的直径为 26mm,以安装直径为 24mm 的高强螺栓;右边孔洞的直径为 28mm,以安装直径为 27mm 的高强螺栓。在槽型钢套上开有狭长孔道,以便对拉螺栓可以在墙体发生相对位移时在狭长孔道内上下滑动。

15.2.3　墙底钢套

为保证混凝土墙在地震中不至于因局部受压而发生墙底混凝土压溃,在墙体底部预埋了保护钢套。该钢套由 8mm 厚钢板焊接而成,具体尺寸构造见图 15-4 所示。墙底钢套与墙面板同厚，试件支模时把墙底钢套预置在墙角位置处。前后面板预留 20mm 的孔洞用于混凝土浇筑后对拉螺栓的安装，墙底钢套可以使得混凝土处于三向受压状态从而提高混凝土的抗压强度，并保护墙底混凝土避免局部受压下的压碎破坏。

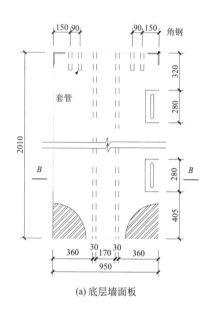

(a) 底层墙面板

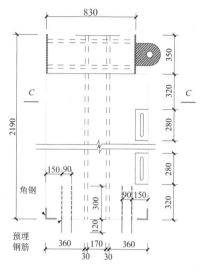

(b) 上层墙面板

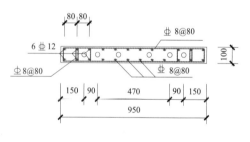

(c) B-B 剖面图

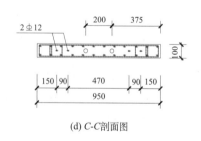

(d) C-C 剖面图

(e) 现场墙面板实况

图 15-2　预制混凝土墙面板(单位：mm)

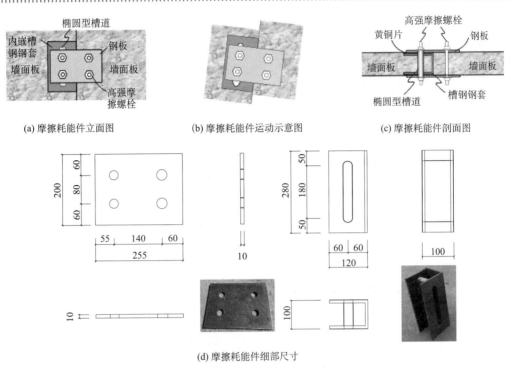

(a) 摩擦耗能件立面图　　　　(b) 摩擦耗能件运动示意图　　　　(c) 摩擦耗能件剖面图

(d) 摩擦耗能件细部尺寸

图 15-3　摩擦耗能件的尺寸及构造(单位：mm)

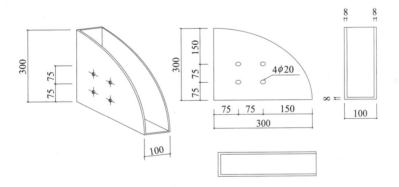

图 15-4　钢套的尺寸及构造(单位：mm)

15.3　材　料　参　数

本试验采用 C40 混凝土，一组三个标准混凝土立方体试块的抗压强度分别为 57.42 MPa、55.64MPa 和 45.29MPa。其中，45.29MPa 超过中间值 55.64MPa 的 15%，因此以中间值 55.64MPa 作为这组试件抗压强度代表值。钢绞线采用公称直径为 15.2mm，截面面积为 139mm² 的低松弛高强预应力钢绞线。极限强度标准值为 1860MPa，其弹性模量为 1.95×10^5MPa，实测屈服强度为 1497MPa。钢板采用 Q345 级，强度标准值为 345MPa。混凝土墙受力主筋采用 HRB400 级，箍筋采用 HRB335 级，屈服强度标准值分别为

400MPa 和 335MPa,其弹性模量为 2.0×10^5 N/mm^2。摩擦耗能件中黄铜片与钢板之间的摩擦系数实测值为 0.3。

15.4　测点布置、试验参数及加载制度

15.4.1　测点布置

本试验中的各测点及仪器布置如图 15-5 所示。共有 12 个位移计,其中 8 个竖向布置在下层混凝土墙面板的墙底钢套上,用来测量墙体转动时产生的转角量。若两个位移计的读数分别为 Δ_{gap1} 和 Δ_{gap2},则混凝土墙的墙底转角为 $(\Delta_{gap1}-\Delta_{gap2})/L$,其中,$L$ 为两个位移计之间的距离。另外 4 个位移计水平布置于各楼层标高处,用以测量楼层标高处的水平位移。同时,液压伺服作动器也能够测量其加载点处所施加的水平位移及力。

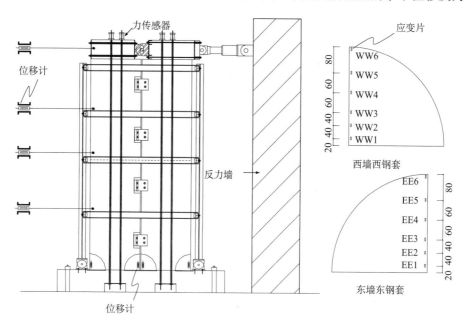

图 15-5　各测点及仪器布置图

在加载梁顶面的预应力筋端部安装有振弦式压力传感器,用于测量钢绞线中预应力的大小,如图 15-5 所示。在混凝土墙的每个墙底钢套上,分别贴有 6 个应变片,其位置如图 15-5 右侧的墙底钢套放大图所示,用以测量墙体转动过程中墙底钢套上应变的变化。

此外,为获取整体结构更多的点信息,本试验还采用了三维激光扫描仪(3D 扫描仪)对墙体的面内外变形进行测量。3D 扫描仪通过对试件表面的几何外观进行扫描以创建点云,这些点云数据可用来插补成试件的表面形状,越密集的点云可以创建越精确的模型。采用立体视觉技术,3D 扫描仪能够采集试验过程中试件在面内及面外的坐标位置数据,以此分析整体结构在试验中的变形及运动情况。如图 15-6 所示,3D 扫描仪支撑于三脚架上,置于试件南面的正前方 3m 距离处。根据 3D 扫描仪的工作原理,此处距离可以测定试件表面两点之间的最小距离为 0.9mm,即测量结果的精度达到 0.1mm。为了利用 3D 扫描仪研究

自定心混凝土墙的整体变形,还需要在试件表面标定靶点,以便 3D 扫描仪能够识别并测量记录点数据。在每片混凝土墙面板的一边选取 3 个点作为靶点,共计 36 个点,同时在基础梁上的对应位置选取 6 个点,用以测量墙底张开/闭合的变化。靶点位置如图 15-6 所示。

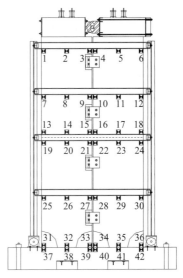

图 15-6   三维激光扫描测量系统:3D 扫描仪及靶点标记

15.4.2   试验参数

自定心混凝土墙旨在实现震后主体结构无损(或者损伤很小),且其残余变形可忽略,以便实现降低建筑结构的地震损失及震后修复成本等目标。该试验共进行 9 组,其试验参数及试验特点如表 15-1 所示。其中,应力比为预应力钢绞线初始张拉产生的初始预应力与实测钢绞线的屈服强度(即 1497MPa)的比值。考虑到实验过程中墙底角张开,预应力筋会随之伸长,钢绞线中的预应力在墙体转动到最大墙底角时达到最大值。因此 R_T 取值 0.35~0.58。

表 15-1   试验参数及试验特点

试验编号	总预应力 F_0/kN	应力比 R_T	摩擦力 f_0/kN	试验特点
1	289.87	0.346	0	低预应力,零摩擦
2	295.38	0.352	8	低预应力,中摩擦
3	298.34	0.356	16	低预应力,高摩擦
4	410.60	0.489	0	中预应力,零摩擦
5	400.16	0.477	16	中预应力,中摩擦
6	420.66	0.501	24	中预应力,高摩擦
7	495.62	0.591	0	高预应力,零摩擦
8	487.51	0.581	16	高预应力,中摩擦
9	493.31	0.588	24	高预应力,高摩擦

注:1. 表中第二列总预应力 F_0 为四根预应力钢绞线预应力之和;

2. 表中第三列的应力比 R_T 为预应力钢绞线中初始应力与实测屈服应力的比值;

3. 表中第四列的摩擦力 f_0 为每个摩擦耗能件中的滑动摩擦力的大小。

为保证结构能有足够的安全储备,避免主体结构在罕遇地震动作用下发生预应力筋屈服乃至拉断的情况,同时也保证自定心混凝土墙能在震后实现自定心能力,该比值 R_T 建议取值 0.4~0.6。

本试验分别考察了预应力和摩擦力的不同组合对自定心混凝土墙抗震性能的影响。预应力分低、中、高三等;摩擦力分零、中、高摩擦。试验 1~试验 3、4~试验 6、7~试验 9 考察了同等预应力度、不同摩擦力下的自定心混凝土墙的抗震性能。试验 1、试验 4、试验 7 和试验 3、试验 5、试验 8 以及试验 6、试验 9 考察了同等摩擦力、不同预应力下自定心混凝土墙的抗震性能。此外,试验 7、试验 9 过程中对预应力钢绞线中的预应力值进行实时测量记录,用以考察预应力大小与墙底转角之间的关系。同时,为考察自定心混凝土墙在试验过程中面内及面外的变形情况,针对试验 7、试验 9 采用 3D 扫描仪附加测试。在试验 7、试验 9 的墙体顶点位移至 0、±10mm、±20mm、±40mm、±60mm 和±80mm 处,暂停作动器,以便 3D 扫描仪扫描试件,记录点数据。

15.4.3 加载制度

本试验的低周反复加载制度采用位移控制模式,加载制度如图 15-7 所示。通过液压伺服作动器控制墙体顶点位移(即加载梁截面中心,也是液压伺服作动器作用点位置)。加载顶点位移幅值控制为±10mm、±20mm、±40mm、±60mm、±80mm、±100mm 和±120mm,每一位移幅值循环加载一周。试验 1~试验 6 最大顶点位移可达 120mm,位移比 3%;试验 7~试验 9 的最大顶点位移达 80mm,位移比 2%。

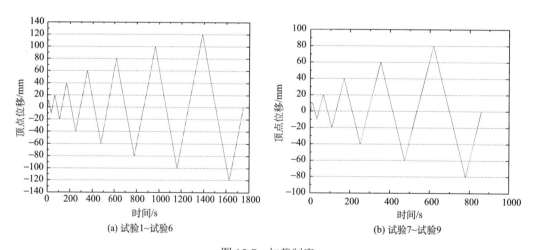

(a) 试验1~试验6   (b) 试验7~试验9

图 15-7 加载制度

按照表 15-1 中的试验编号依次进行摩擦耗能自定心混凝土墙的试验。加载梁右端与 MTS 液压伺服作动器通过四根螺杆相连,施力作用点为加载梁截面中心。液压伺服作动器以位移加载控制,加载制度见图 15-7。随着顶点位移逐渐增大,倾覆弯矩从零逐步增大,墙底间隙尚未张开。当墙体所受倾覆弯矩超过预应力及摩擦耗能件提供的抗倾弯矩,墙底角开始张开,结构的抗侧刚度发生改变(主要由随墙底转角而逐步伸长的预应力筋提供)。如图 15-8 所示,当位移加载至最大时,墙底角张开达到最大。继而结构进入卸载阶段，墙底间隙随着顶点位移减小而开始慢慢闭合，直至墙底角减小到零。之后结构进入反向加载阶段，与正向加载过程相同。试验过程中 MTS 液压伺服作动器可以记录墙体顶点所受的作用力以及发生的顶点位移值，墙体侧面和墙角处的位移计以及墙底钢套应变片同时进行数据记录。

(a)向西推至最大位移处

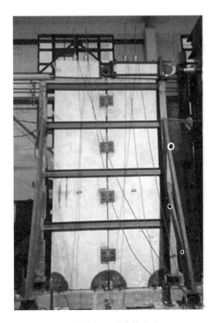
(b)向东拉至最大位移处

图 15-8　试验加载过程

15.5　试验结果与分析

15.5.1　摩擦力对自定心混凝土墙结构耗能的影响

由于试验中通过穿心液压千斤顶对预应力筋施加预应力，且加压后预应力筋不可避免地有一定的回缩，导致每三组的总预应力只能近似相等而无法精确相同；尽管如此，通过对比总预应力近似相等而摩擦力不同的试验组，仍然可以研究摩擦耗能件对自定心混凝土墙的滞回性能和耗能能力的影响。通过试验 1 与试验 2、试验 2 与试验 3、试验 4 与试验 5、试验 5 与试验 6 的结果对比可知，如图 15-9(a)～(d)所示，在低预应力、中预应力、高预应力作用下，中摩擦与高摩擦对于结构体系的耗能影响程度是不同的，同等预应力作用下摩擦力越大，自定心混凝土墙转动过程中克服摩擦力做功就越大，耗能也就越大。

从图中可以看出，在相同的低周反复加载下，摩擦力越大的试验组有着更加饱满的滞回曲线，说明高摩擦能增加体系耗散地震能量的能力。以试验 4～试验 6 为例，摩擦力从 0 增至 24kN，基底剪力-顶点位移曲线的面积逐步增大，滞回曲线也从双线性变成双旗帜型，这表明外置摩擦耗能装置的自定心混凝土墙有着稳定而可调的耗能能力。由图可知，本书提出的外置式摩擦耗能装置在耗散地震能量上是有效的。此外，临界张开基底剪力 F_{IGO} 随着摩擦力增大也逐渐变大。以试验 1～试验 3 为例，其 F_{IGO} 在正向加载时的数值分别为 27.82kN、36.11kN 和 42.75kN。然而更高的摩擦力也略微增加了残余变形，例如，试验 1～试验 3 顶点位移的残余变形值分别为 3.21mm、4.96mm 和 5.82mm。

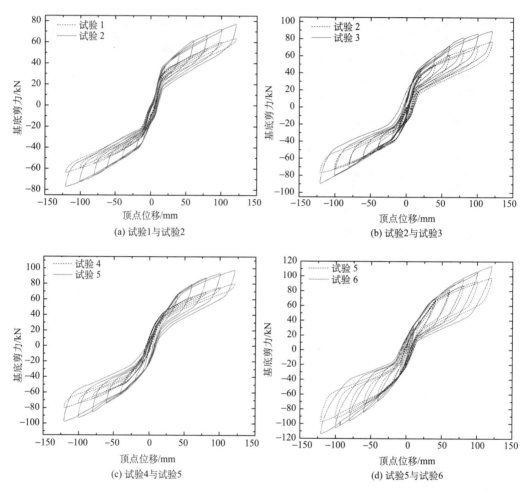

图 15-9　自定心混凝土墙基底剪力-顶点位移的关系曲线

从滞回曲线中可以观察到，在加载和卸载过程中存在着刚度退化现象，如图 15-9(b) 所示。通过对比试验前后的预应力记录得知：无黏结预应力筋在试验中存在预应力损失。例如，试验 3 中，初始总预应力为 298.34kN，而试验结束时记录的预应力总值为 285.31kN，在整个加载卸载过程中总共有 13kN 的预应力损失。而预应力的损失导致了墙底间隙张开后的墙体抗侧刚度的退化。

15.5.2　预应力对自定心结构抗倾覆能力及残余变形的影响

传统剪力墙的底部与基础现浇，剪力墙结构的抗倾覆能力主要依靠于剪力墙自身抗侧刚度。而自定心混凝土墙结构的抗倾覆能力主要来源于摩擦耗能件中摩擦力提供的抗倾覆弯矩以及预应力钢绞线提供的抗倾覆弯矩。虽然自定心混凝土墙在水平力增量下，自身的弹性刚度也会对结构整体的抗侧刚度有所影响，但是这种影响很小。尤其在墙底间隙张开后，由于摩擦耗能件中的摩擦力为定值，自定心混凝土墙呈现近似刚体转动，因此预应力是自定心混凝土墙结构抗倾覆能力的主要来源。

由试验 1 与试验 4、试验 4 与试验 7、试验 3 与试验 5、试验 5 与试验 8 的对比可知，如图 15-10(a)～(d) 所示，预应力对于提高自定心结构的抗倾覆能力有积极作用。预应力越大，结构体系的抗倾覆能力越强。以试验 1 与试验 4 对比为例，两次试验的摩擦力相等，但后者的预应力较高。从基底剪力-顶点位移的滞回曲线可以看出，两次试验的耗能近似相等。由于试验 1 的预应力较小，在最大位移 120mm 时，基底剪力大约 63.8kN，而试验 4 的预应力较大，在同样 120mm 位移时，基底剪力大约 80.1kN。这说明了施加更高预应力的自定心结构侧移至相同位置时需要更大的外部水平力，即适度地增大钢绞线中预应力数值，可以明显提高结构的抗倾覆能力。

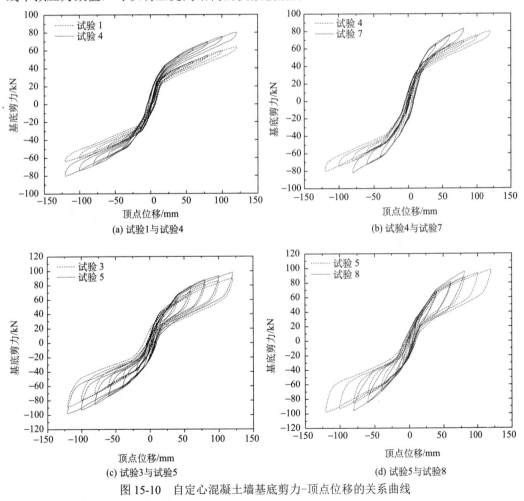

图 15-10　自定心混凝土墙基底剪力-顶点位移的关系曲线

自定心混凝土墙所受外力达到 F_{IGO}(即墙底间隙临界张开基底剪力)后，墙底间隙开始张开，混凝土墙以墙脚为旋转点开始转动，低周反复加载完毕后墙体回归原竖直位置。

如图 15-10 所示。所有的对比试验组均表明，更高的初始预应力可以提高临界张开基底剪力。以试验 1、试验 4、试验 7 为例，对比试验组 1、4、7 摩擦力相同为零而初始预应力不同，其 F_{IGO} 分别为 27.82kN、34.03kN 和 42.59kN。

此外，本试验中的零摩擦组其滞回曲线理论上应该是双线性的三段折线，但是试验结果中三组零摩擦试验仍观察到耗能现象。如前文所述，为保障试验中自定心混凝土墙的面外稳定性，试验采用了面外钢架支撑体系。在实际试验中，自定心混凝土墙不仅发生面内转动，还有面外旋转，具体会在 15.5.6 节详细介绍。自定心混凝土墙面外转动导致墙面板会触碰到面外支撑的槽钢，其条状接触面会产生一定的摩擦耗能，所以最终在三组零摩擦试验中观察到纤细的滞回环而不是双线性折线。

15.5.3   预应力与墙底转角的关系

试验 7、试验 9 主要研究低周反复加载过程中四根钢绞线中的预应力和墙底转角之间的关系，如图 15-11 所示，其中试验 7 是零摩擦组，试验 9 是高摩擦组。

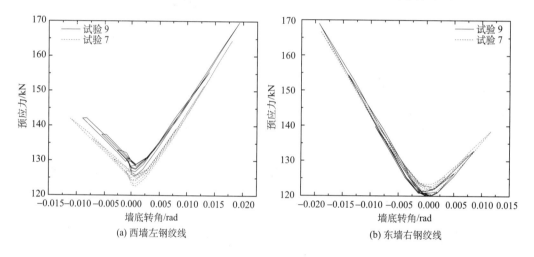

图 15-11   自定心混凝土墙预应力-墙底转角的关系曲线

两组试验的初始预应力略有不同，但是由图可知预应力与墙底转角的变化规律是完全相同的。对比试验 7 与试验 9 的关系图，两者摩擦力不同，但是关系曲线相似，这说明摩擦力对于预应力-墙底转角的关系并无影响。钢绞线中预应力的增量与其伸长量的变化有关，而钢绞线的伸长量取决于墙体的自身变形和墙体转动量。其中，墙体的自身变形与墙体转动量相比又是相对微小的，且从图 15-11 可以看出，预应力与墙底转角呈线性关系，证明预应力的增量仅与墙体的转动有关。

预应力-墙底转角关系并不对称。以液压伺服作动器把自定心混凝土墙向西推为例，即图 15-10 中墙底转角为负的区段。此时西边的混凝土墙作为主动墙，东边的混凝土墙作为从动墙，根据相关文献理论，同一过程中，从动墙以其旋转角转动的角度比主动墙转动的角度大。因此，东边的自定心混凝土墙底转角较大，相应地导致预应力筋伸长量增加，继而其预应力数值要大于西边自定心混凝土墙的预应力。

图 15-11(a)中试验 9 的数据在试验 7 之上是因为：试验 7 与试验 9 的左钢绞线初始预应力大小分别为 126.44kN 和 128.09kN；且经查证西边自定心混凝土墙左钢绞线的预应力筋在试验前后预应力分别从 126.44kN 损失至 111.45kN(试验 7)及 128.09kN 至 126.41kN(试验 9)，因为试验 7 的预应力在整个试验加载中损失较多，试验 9 的预应力数据一直比试验 7 大，所以试验 9 的数据会整体略高于试验 7。而图 15-11(b)中，东墙的右钢绞线其初始预应力分别为 123.4kN 和 121.36kN，而在试验结束后测得预应力数值分别为 121.33kN 和 121.01kN，整个试验过程中预应力几乎没有损失，所以并未出现图 15-11(a)中的现象。

15.5.4　墙底钢套边缘的应变分布

在试验中两片混凝土墙的墙底钢套最外侧粘贴 6 片应变片，如图 15-12 所示，用以研究墙底钢套在墙体转动过程中的应变增量及其变化规律。在混凝土墙各墙角底下铺垫有钢板，使得混凝土墙实际上只有左右两个角部与基础梁接触，所以只在墙底钢套的最外边缘贴有应变片。通过测量钢套的应变情况，可以确定墙底钢套的合理布置高度。

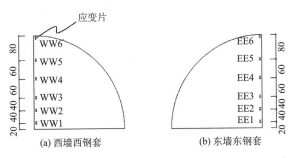

图 15-12　墙底钢套上应变片分布图

下面以西墙右墙底钢套和东墙左墙底钢套为例，阐明应变增量以及墙底钢套的必要性。从图 15-13 中可以观察到墙底钢套的应变从低到高是不断衰减的，而且最大的应变值达到 1819 με，表明墙底钢套对于避免混凝土在此应力强度下被压碎是有效且必要的。此外，在距离墙角约 150mm 距离的范围内，应变数值大且衰减速度极快；而在 150~300mm 应变的数值基本保持在某一水平而无较大幅度的增减，这表明墙底钢套初设 300mm 的高度是合理且合适的。

值得一提的是，在图 15-13(a)中应变随墙底转角变化关系中有一平台段，直到墙底转角超过 0.007rad 之后应变才随墙底转角变化而变化。这个现象仅仅出现在西墙的右墙底钢套而其他三个钢套并没有。经查证，由于本试验仅有一个试件，在经历多组循环加载试验后，西墙右墙底钢套的左下角已经发生一定的局部塑性变形。故此，西墙右墙底钢套的左下角与基础梁上的钢垫板之间已经有一小段很小的间隙。当墙体转动很小角度时(如小于 0.007rad)，墙底钢套还未能闭合这条间隙，因此这时的应变并不会随墙底转角增加而变化，直至墙底转角超过此间隙角，间隙闭合之后墙底钢套中的应变才随墙底转角而开始正常的变化。

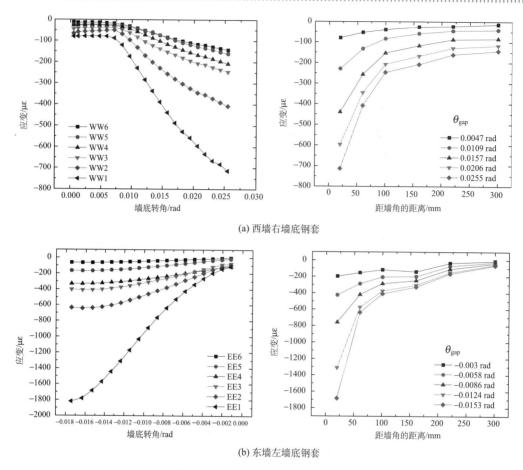

(a) 西墙右墙底钢套

(b) 东墙左墙底钢套

图 15-13 自定心混凝土墙应变–墙底转角和应变–距墙角的距离的关系曲线

15.5.5 侧向荷载下自定心混凝土墙的变形

自定心混凝土墙的变形曲线可以由沿高度方向布置的 4 个位移计测得。位移数据由位移计自动测量、记录，整理得到高度与侧向位移之间的关系。以试验 3 的数据为例，如图 15-14，侧向位移的分布表明自定心混凝土墙遵循剪力墙在水平荷载下的弯曲变形，其层间水平位移上大下小。与下部测点相比，上部测点的数据呈非线性增长趋势，随着顶点位移逐渐增大，变形形状的曲率变得更大。此外，沿着高度方向的变形变化较为平缓，说明墙面板在水平拼接缝处并没有滑移或者破坏发生。

15.5.6 自定心混凝土墙的整体变形

试验中利用液压伺服作动器对试件施加面内作用力，以使其保持面内运动。为了更全面地了解自定心混凝土墙在试验过程中的整体变形情况，采用 3D 扫描仪对试件进行整体空间扫描，根据 3D 扫描仪记录的空间点云位置数据测算试件在试验过程中的位移变形。从图 15-15 可以看出，自定心混凝土墙在试验中存在面外位移变形。

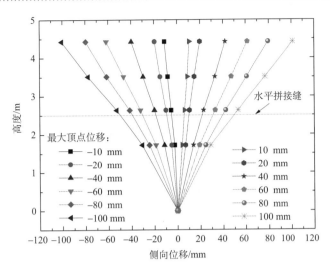

图 15-14　楼层水平位移分布图

(a) 试验7向西推80mm　　　　　　　　(b) 试验7向东拉80mm

图 15-15　3D 扫描仪测量下的墙体整体转动图

以图 15-15(a)的试验 7 为例，墙体向西转动，运动至最大顶点位移–80mm 处。除了面内位移，墙体还经历了面外转动：左下角点向面外的南方发生位移，右上角点向面外的北方发生位移。图 15-15(a)揭示了 3D 扫描仪测量得到的面外转动位移。以向面外的南方为正，墙体左下角点最大正位移为 5mm，相反，右上角点最大负位移为–20mm。这是由于当墙体转动至墙底间隙最大张角时，左下角点作为旋转点，且处于受压状态，限制了左下角点的面外位移；而右上角点仅仅通过螺杆与液压伺服作动器相连，面外约束远远弱于左下角点，因而其面外位移量较大。而另一方面，如图 15-15（b）所示，当墙体被向东拉至 80mm 时，墙体的右上角和右下角有着很小的正向位移值而墙体其他部分是反向位移（即向面外的北方，数值不超过–10mm）。图 15-15（a）、（b）的差异可能是因为：比起试件向西推，当试件被向东拉时墙体的旋转中心更加靠近作动器。因此，当墙体受推时其反向的面外变形要大于墙体受拉时的反向面外变形。

东西两片自定心混凝土墙通过外置摩擦装置拼装时，两墙之间的竖向间隙为 20 mm。为了考察此竖向间隙在试验过程中是否增大或者减小，利用 3D 扫描仪的光学测量原理，在两片混凝土墙的竖向间隙左右两侧均设置了 6 个靶点。对所有靶点进行 1～42 编号，西墙上竖向间隙旁的靶点编号从上至下依次为 3、9、15、21、27 和 33；同理，东墙编号依次为 4、10、16、22、28 和 34。如表 15-2 所示，以试验 7 为例，利用 3D 扫描仪测得的数据，把上述靶点在试验前后的 X 方向坐标列于表中。初始位置是试件未经加载时的静止位置，极限位置是试件向西推至 80mm 时的最大顶点位移位置处。可以看出竖向间隙之间的距离在试验前后的增减范围为 0.3～2.6mm。

表 15-2　测量靶点位置数据

试验 7	初始位置		极限位置		变化量
靶点编号 i	X 坐标 X_i	$D_1=X_{i+1}-X_i$/m	X 坐标 X_i	$D_2=X_{i+1}-X_i$/m	$\Delta=D_1-D_2$/m
3	0.0873	0.1499	0.0176	0.1525	0.0026
4	0.2372		0.1701		
9	0.0949	0.1429	0.0410	0.1439	0.0010
10	0.2378		0.1849		
15	0.0979	0.1399	0.0580	0.1402	0.0003
16	0.2378		0.1982		
21	0.0981	0.1400	0.0628	0.1412	0.0012
22	0.2381		0.2040		
27	0.1028	0.1324	0.0842	0.1336	0.0012
28	0.2352		0.2178		
33	0.1352	0.0594	0.1332	0.0613	0.0019
34	0.1946		0.1945		

考虑到实际施工过程中可能存在的误差，为了便于试验拼装墙体时能够定位拼装完成，因此在试验设计时，针对摩擦耗能装置的钢板开洞和墙体预留孔洞分别进行了一定的扩大。摩擦耗能装置的钢板开有直径 26mm 和 28mm 的孔洞，以使得拼装时能分别穿过直径 24mm 和 27mm 的高强螺栓。所以螺栓和钢板之间实际存在 3mm 的富余距离可以滑动。对于上述竖向间隙之间距离的变化量来说，0.3～2.6mm 均在富余滑动范围内，可以认为竖向间隙在试验过程中并未发生增大或者减小状况，说明本试验提出的外置式摩擦耗能装置在应用过程中是稳定的。

15.5.7　自定心混凝土墙的损伤情况

总体而言，在 9 组试验中自定心混凝土墙展现了较为理想的弹性性能。然而，试件经历了多次重复加载，可以观察到混凝土在摩擦耗能件处有开裂状况的出现。如图15-16(a)所示，在试验 3 结束后，第一个摩擦耗能件(即最上面的摩擦耗能件)处的混凝土有轻微肉眼可见的裂缝出现；而在试验 5 结束后第一个摩擦耗能件位置的混凝土裂缝张开更大。9 组试验完毕后，卸下摩擦钢板，东墙上的混凝土裂缝开展情况见图15-16(c)～(f)，依次代表第一、二、三和四个摩擦耗能件处。

(a) 第一个摩擦耗能件(试验 3 结束)　(b) 第一个摩擦耗能件(试验 5 结束)　(c) 第一个摩擦耗能件(9 组试验结束)

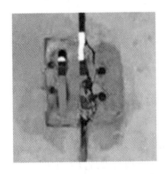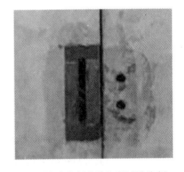

(d) 第二个摩擦耗能件(9 组试验结束)　(e) 第三个摩擦耗能件(9 组试验结束)　(f) 第四个摩擦耗能件(9 组试验结束)

图 15-16　摩擦耗能件处的混凝土损伤情况

从图 15-16 中可以看出，越高处的摩擦耗能件，其混凝土开裂情况越严重，说明在试验中上部摩擦耗能件承受更大的作用力。需要注意的是，混凝土裂缝主要是由在反复加载中高强螺栓中的应力传递到相接触的混凝土上而造成的。因而，在今后的应用中应注意加强此处，例如，使用钢板或者更多的加强筋。此外，由于在自定心混凝土墙两侧布置了竖向受力钢筋并设置了箍筋加密区，因此混凝土开裂仅仅发生在螺栓孔洞的西侧，而并未在螺栓孔洞的东侧。除了墙体的保护层混凝土出现裂缝剥落，混凝土墙主体并没有发生破坏，展现了自定心混凝土墙在减小结构损伤破坏方面的优越性。

15.6 本 章 小 结

本章针对摩擦耗能自定心混凝土墙进行了低周反复加载试验，所完成的主要工作和主要结论如下：

(1)在所有9组试验后，摩擦耗能自定心混凝土墙结构并无结构性损伤与破坏发生，而且结构构件均保持弹性状态，试验后自定心混凝土墙残余变形极小。表明本书提出的结构如果应用于实际工程中，可以在震后减小残余变形、降低结构损伤程度等方面表现出较好的性能。

(2)摩擦耗能装置利用钢板与黄铜之间的竖向相对滑移产生的摩擦力来耗散地震能量。试验结果证实了本书提出的外置式摩擦耗能装置具有能量耗散可控可调，而且便于震后损坏后的更换修复。由于本试验受制于试验条件的制约，沿高度方向仅能每层布置一个摩擦耗能件。建议实际工程应用中每层增设两个摩擦耗能装置，以取得更好的抗震效果。

(3)无黏结预应力筋中的预应力对于自定心混凝土墙结构的自定心能力和抗侧刚度有着决定性作用，特别是在墙底间隙张开后的结构抗侧刚度。预应力的大小应基于自定心结构在设防地震下的位移需求来确定。同时需要注意的是需避免自定心结构在地震作用下的预应力筋屈服。

(4)墙底钢套的存在解决了混凝土在局部受压下的压碎破坏等问题，证明了墙底钢套的存在是必要的。鉴于墙底钢套已有小区域屈服，实际工程中应对钢套的尺寸进行具体计算，计算原则是确保墙底钢套的最远边缘未受到保护的混凝土压应变小于混凝土的极限压应变，钢板所用强度等级以及厚度能确保最大受压时钢套中的压应力小于等于钢材的屈服压应力。

(5)墙体的面外支撑系统保证了试件在试验过程中的面外稳定性。然而，由于没有楼板的作用，自定心混凝土墙不可避免地出现了面外转动。在未来的设计或者应用中，应该充分考虑楼板对于保证自定心混凝土墙的面外稳定及横向约束等作用。此外，楼板系统与自定心混凝土墙体之间的连接部位尚需进一步的研究，以确保自定心结构的协调变形等问题。

参 考 文 献

[1] 王磊. 摩擦耗能自定心混凝土墙的地震易损性与生命周期成本研究[D]. 南京:东南大学, 2017.

[2] Guo T, Wang L, Xu Z K, et al. Experimental and numerical investigation of jointed self-centering concrete walls with friction connectors [J]. Engineering Structures, 2018, 161: 192-206.

第 16 章

自定心混凝土墙的数值模拟

在此前的理论分析与试验研究基础上，本章基于开源有限元分析软件 OpenSees[1]，对该新型结构的数值分析方法进行研究，并将有限元分析结果与试验结果进行比较和分析[2]，从而为后续的结构倒塌模拟及增量动力分析提供依据。

16.1　自定心混凝土墙的数值分析模型

以第 14 章的试验结构为例，建立其数值分析模型，如图 16-1 所示。其中，混凝土墙基于纤维模型，并选用基于位移的梁柱单元(displacement based beam column element)模拟。墙底间隙及相邻两片墙体之间拼缝处的闭合/张开采用零长度单元模拟。加载梁、混凝土墙竖向梁柱单元外伸刚臂都采用刚性(刚度取极大值)的弹性梁柱单元模拟。左右两侧钢柱采用基于位移的梁柱单元模拟，并赋予其真实的截面属性。预应力钢绞线采用

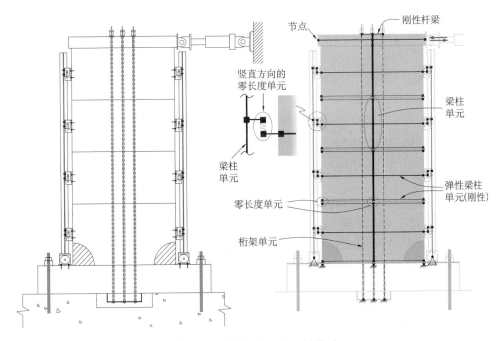

图 16-1　试验结构数值分析模型

桁架单元模拟，摩擦耗能件中的 T 形件及角钢分别采用基于位移的梁柱单元，而摩擦效应则采用零长度单元模拟。该零长度单元的两个节点在水平方向的自由度相互耦合，但在竖直方向可以发生相对位移。

16.1.1 混凝土墙体的模拟

混凝土墙体采用基于位移的梁柱单元模拟，其截面为纤维截面(fiber section)。图 16-2(a)、(b)分别给出了底层下半部分(带有钢套)和以上各层墙体的单元截面纤维划分情况。需要说明的是，上述纤维截面只考虑了轴向变形，就整个单元而言只考虑了单元的轴向拉压和弯曲变形；为了考虑混凝土墙的剪切变形，采用组合截面(aggregator section)的方式，在上述纤维截面的基础上再组合一种弹性材料(elastic material)。

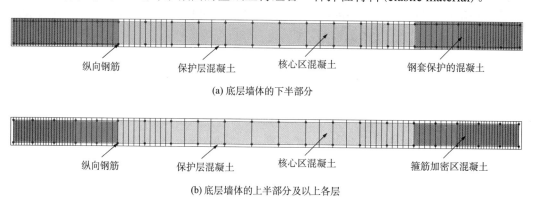

纵向钢筋　保护层混凝土　核心区混凝土　钢套保护的混凝土

(a) 底层墙体的下半部分

纵向钢筋　保护层混凝土　核心区混凝土　箍筋加密区混凝土

(b) 底层墙体的上半部分及以上各层

图 16-2　各层混凝土墙横截面纤维划分示意图

在混凝土材料属性的定义中，考虑了以下四种情况：①保护层的混凝土(无任何箍筋约束)；②核心区混凝土(位于水平分布筋和两端暗柱的箍筋内侧，为受约束混凝土)；③墙体左右两端暗柱处的混凝土(箍筋加密区，受到较强的约束)；④底层钢套内的混凝土(钢套等效为约束的箍筋来考虑)。对于以上这四种材料，除了保护层的混凝土采用 Concrete01 材料模拟，其他部分的混凝土都采用 Concrete02 材料来模拟。Concrete01 和 Concrete02 材料模型在受压时的本构关系相同，但 Concrete01 材料没有考虑混凝土的抗拉强度，它们都是基于单轴的 Kent-Park 材料模型[3]，能够模拟典型的混凝土压碎和残余强度等力学行为。

对于无约束混凝土，即保护层混凝土，采用 Kent 和 Park[3]所提出的无约束混凝土应力-应变关系。对于约束混凝土，使用修正的 Kent-Park 混凝土应力-应变关系[4]。对于保护层混凝土，不考虑其抗拉强度，而核心区混凝土抗拉强度 f_t 根据 Carrasquillo 等提出的公式确定[5]。混凝土受拉时的应力-应变关系采用 Kaklauskas 和 Ghaboussi[6]提出的本构模型描述，考虑了由于混凝土和钢筋之间的黏结作用而引起的受拉硬化特性。

混凝土墙内钢筋采用 OpenSees 中的 Reinforcing Steel 材料，它可以考虑钢筋的疲劳效应和受压屈曲等效应，本章中介绍的数值模型由于在试验中各构件尚处于弹性，所以不考虑钢筋的疲劳等效应。这种材料本构关系的骨架曲线如图 16-3 所示。

16.1.2　两侧钢柱的模拟

钢柱的模拟采用赋予纤维截面的梁柱单元,对于纤维截面的定义关键是局部坐标轴的正确选取。本次试验中钢柱绕着其弱轴转动(图 16-2),根据 OpenSees 中关于局部坐标的定义可知,对于二维模型,其局部坐标轴 x 轴和 y 轴是位于 X-Y 平面内的,其中 X 轴和 Y 轴是整体坐标轴,由于局部坐标轴 x 轴由单元两端节点的连线所确定,而且局部坐标轴 x 轴、y 轴、z 轴符合右手螺旋规则,所以对于钢柱横截面的局部坐标轴应如图 16-4 所示。纤维所用材料为 steel01 单轴材料模型,纤维划分见图 16-4。和 16.1.1 节中一样,这里也在纤维截面上组合了剪切材料来近似考虑其剪切变形。

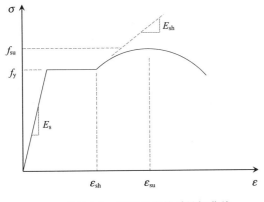

图 16-3　钢筋本构关系骨架曲线

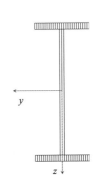

图 16-4　钢柱横截面局部坐标轴

16.1.3　耗能元件(摩擦耗能件)的模拟

如前所述,本书中的摩擦耗能件由两个固定于钢柱上的角钢和一个固定于墙体的 T 形件组成,T 形件的竖向槽道使得墙体与钢柱只能发生竖向相对运动,进而耗能。这里两个角钢和 T 形件都用梁柱单元来模拟,并赋予其纤维截面,同时在纤维截面基础上组合了剪切材料来考虑剪切变形。摩擦耗能效应的模拟如图 16-5 所示,T 形件单元的左端节点和角钢的右端节点位于同一坐标位置,两个节点在水平方向的自由度采用 OpenSees

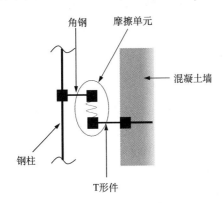

图 16-5　摩擦耗能单元的模拟

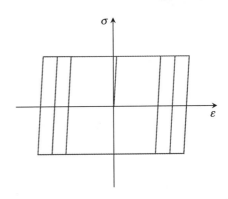

图 16-6　摩擦材料 steel01 材料本构关系图

中的 equal DOF 命令进行耦合，两个节点的竖直方向用一个零长度单元连接，赋予零长度单元 steel01 材料，其弹性刚度定义为一个大值来近似考虑静摩擦力的模拟，塑性刚度定义为零来考虑滑动摩擦力的效果，如图 16-6 所示。

16.1.4　预应力的模拟

预应力的模拟采用桁架单元，其面积的定义与实际钢绞线相同，单元的两个节点和实际试验中预应力筋的两端锚固点位于同一位置,单元的材料本构为双线性(采用弹性材料 Elastic 和理想弹塑性材料 ElasticPP 的叠加)，如图 16-7 所示。预应力的施加通过在 ElasticPP 材料中设置初始应变来实现。

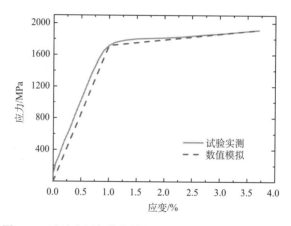

图 16-7　试验实测与数值模拟中预应力筋本构关系对比图

16.1.5　预应力钢绞线拉断的模拟

尽管本书中研究的自定心混凝土墙旨在实现设计地震动作用下的主体结构无损伤，但在较大的地震动作用下，预应力钢绞线仍有可能会出现超过其极限强度(钢绞线拉断)的情况。虽然本次试验中钢绞线尚处于弹性阶段，但是作为一种破坏模式，本书在数值模型中进行了考虑。通过赋予预应力筋桁架单元材料失效可以模拟钢绞线的拉断，故这里通过 OpenSees 中 Minmax 材料来指定桁架单元材料的极限拉应变，当桁架单元的材料极限拉应变超过指定值时，材料失效，进而达到模拟钢绞线拉断的效果。

16.1.6　试验中各种误差的模拟

对于土木工程试验，不可避免地存在着各类误差。精确地模拟试验误差通常是困难的，一方面是误差种类的繁多，另一方面是误差定量化的困难。对于前者，一般只考虑对结构性能影响较大的主要误差，而对于后者，目前尚没有较为有效的办法。本书在第13 章试验部分介绍了在本次试验中存在的一些主要的施工误差(如钢柱柱脚铰接转动轴与孔道之间的间隙过大、相邻两片墙体之间拼缝的间隙过大、混凝土墙脚部钢套的变形等)，本书中的数值模型也只考虑这些主要的误差，详述如下。

1. 钢柱柱脚铰接处转动轴与孔道之间的间隙模拟

钢柱柱脚铰接处转动轴与孔道之间的间隙主要影响在钢柱竖直方向的运动，第 13 章试验部分已经介绍了这里间隙的影响(延迟了墙体与钢柱竖向的相对运动)，故这里的模拟方式如图 16-8 所示，钢柱柱底的节点与地面上同一位置处的固定点之间不再是两个方向的铰接约束，而是只有水平方向的自由度耦合，竖直方向采用一个零长度单元来约束，这个零长度单元的材料属性如图 16-8 所示为三种材料(分别为 Elastic，正方向间隙的 ElasticPPGap，负方向间隙的 ElasticPPGap)的叠加，其中 Elastic 材料考虑钢柱的自重效果及其他一些可能带来弹性刚度的因素，ElasticPPGap 中的间隙考虑试验中存在的误差，这里间隙大小的确定是通过试验后的测量得到的，ElasticPPGap 的弹性刚度 G_{bolt} 为铰接转动轴的抗剪刚度、屈服强度及屈服后强度根据转动轴所用螺栓的材料及几何尺寸确定。

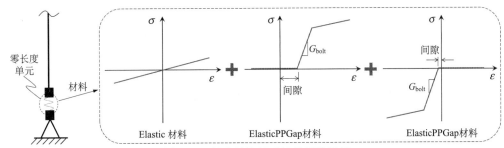

图 16-8　柱底铰接转动轴处间隙模拟

2. 墙体拼缝处间隙及墙底钢套塑性变形的模拟

墙体拼缝处间隙及墙底钢套塑性变形的模拟方法是一样的，这里以墙底钢套变形的模拟为例进行说明。如图 16-9 所示，由于钢套的变形实际反映的是接触点的内移，所以这里通过墙脚节点的下移来近似考虑墙底与基础接触点的内移效果。这里模拟方式和上

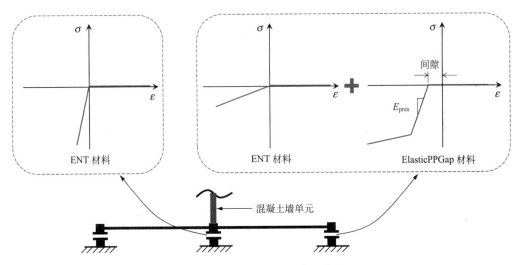

图 16-9　墙底钢套塑性变形模拟

面 16.1.6 节第一部分的相似,都是采用零长度单元,单元的材料属性如图 16-9 所示,采用两种材料(分别为 ENT 和 ElasticPPGap 材料)叠加而成,这里的间隙取值很难通过试验得到,故只能通过试算进行估计,抗压刚度 E_{pres} 通过取大值来模拟理想的刚性效果。墙底中间节点处抗压刚度同样考虑理想刚性且抗拉刚度为零。需要说明的是,图 16-9 中所示的三对节点(左、中、右),左右两对节点水平方向的自由度没有任何关联,只在竖向用零长度单元连接,中间的一对节点在水平方向的自由度是耦合的,即通过这两个节点之间水平位移相同的约束来考虑墙底剪力的传递。

16.2　试　验　验　证

按照上述数值模拟方法,对第 13 章的各试验进行了数值模拟,其结果如图 16-10 所示。图 16-10 给出了墙体倾覆弯矩-墙顶侧移角和墙体倾覆弯矩-墙底转角的滞回曲线,从中可以看出,数值模拟结果与实测结果总体上吻合良好,但是摩擦耗能比实测值要小,这主要是试验时系统内部存在摩擦的缘故,而在数值模型中没有将这一部分摩擦考虑在内。此外还可以看出,16.1.6 节第一部分中介绍的模拟钢柱柱脚铰接转动轴处间隙的方法是有效的,数值模型中滞回曲线上的缺口得到了一定的体现。

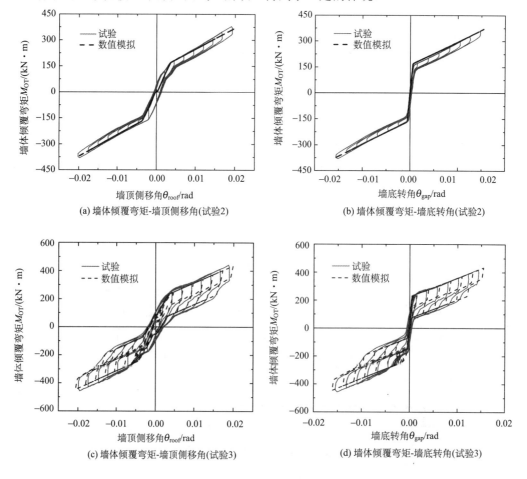

(a) 墙体倾覆弯矩-墙顶侧移角(试验2)

(b) 墙体倾覆弯矩-墙底转角(试验2)

(c) 墙体倾覆弯矩-墙顶侧移角(试验3)

(d) 墙体倾覆弯矩-墙底转角(试验3)

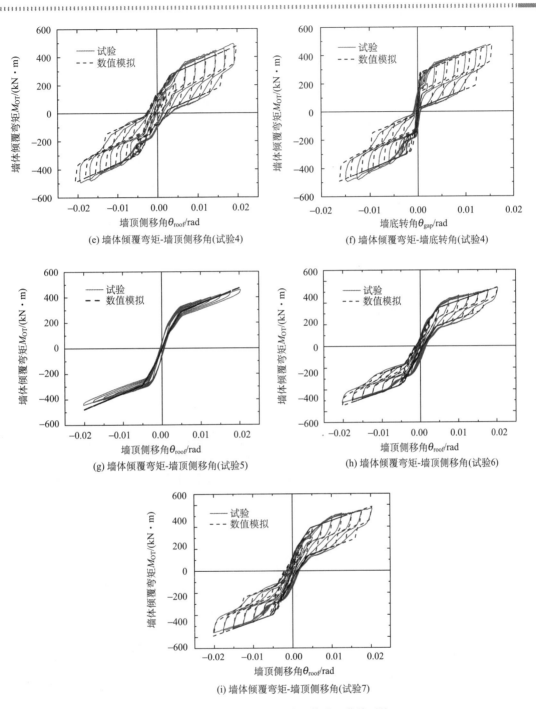

(e) 墙体倾覆弯矩-墙顶侧移角(试验4)

(f) 墙体倾覆弯矩-墙底转角(试验4)

(g) 墙体倾覆弯矩-墙顶侧移角(试验5)

(h) 墙体倾覆弯矩-墙顶侧移角(试验6)

(i) 墙体倾覆弯矩-墙顶侧移角(试验7)

图 16-10　数值模拟与试验结果的滞回曲线对比

16.3　本章小结

本章利用开源有限元分析软件 OpenSees 对试验中的自定心混凝土墙进行了有限元

分析，所完成的主要工作和结论如下：

（1）介绍了摩擦耗能式自定心混凝土墙的数值模拟策略及具体方法，主要包括以下内容，即墙体单元及钢柱单元的选取及其截面属性的定义、混凝土及钢筋等材料本构模型的选取和定义、摩擦耗能件的模拟方法、预应力筋单元及材料本构的选取、数值模型中初始预应力输入数值的计算方法、墙底间隙张开与闭合的模拟以及试验中三种主要误差的模拟等。

（2）数值模拟的结果与试验数据吻合良好，表明本书建议的数值模拟方法可以有效地描述自定心混凝土墙在低周反复荷载作用下的力学行为，为后续框架-抗震墙结构体系的整体力学性能研究提供了分析工具。

（3）需要指出的是，由于试验中构件基本处于弹性阶段，对于本书数值模型中弹塑性阶段的模拟效果尚需做进一步的试验验证。

参 考 文 献

[1] McKenna F, Fenves G L, Scott M H. Open system for earthquake engineering simulation [D]. California: University of California, Berkeley, 2000.

[2] 张国栋. 摩擦耗能式自定心预应力混凝土墙的抗震性能研究[D]. 南京: 东南大学, 2013.

[3] Kent D C, Park R. Flexural members with confined concrete [J]. Structural Division Journal, 1971, 97(7): 1969-1990.

[4] Scott B D, Park R, Priestley M J N. Stress-strain behavior concrete confined by overlapping hoops at low and high strain rates [J]. ACI Journal, 1982, 79(1): 13-27.

[5] Carrasquillo R L, Nilson A H, Slate F O. Properties of high strength concrete subjected to short term loads [J]. ACI Structural Journal, 1981, 78(3): 171-178.

[6] Kaklauskas G, Ghaboussi J. Stress-strain relations for cracked tensile concrete from RC beam tests [J]. Journal of Structural Engineering, 2001, 127(1): 64-73.

第 17 章

自定心混凝土墙的抗震设计方法

本章主要介绍摩擦耗能自定心混凝土抗震墙的构造及其工作原理,建立摩擦耗能混凝土抗震墙的设计方法,并对摩擦耗能自定心混凝土抗震墙进行基于性能的设计[1]。在 OpenSees 中建立有限元模型,并结合非线性动力时程分析对设计方法的有效性进行验证。

17.1　结构的基本构造及其工作原理

摩擦耗能自定心混凝土抗震墙(以下简称自定心抗震墙)的主体构件在工厂预制,在施工现场通过竖向无黏结预应力钢绞线与基础相连(墙底与基础之间不再通过钢筋连接)。在自定心抗震墙的两侧(或一侧),设置一跨(或多跨)框架结构形成自定心抗震墙体系,如图 17-1 所示。与自定心抗震墙墙体直接相连的两根柱子底部一般可为铰接,其他框架柱的柱底为刚接(也可为铰接)。自定心抗震墙与铰接柱之间在每一层层高的位置处设置摩擦耗能件,摩擦耗能件由两片角钢和一片 T 型件组成,如图 17-2 所示,通过预埋螺栓将摩擦耗能件固定在自定心抗震墙和铰接柱上。在角钢与 T 型件的接触面处贴有摩擦片(如铜板或铝板),由高强螺栓提供预拉力,以获得稳定的摩擦效果。T 型件的腹板上开有狭长的槽道,使得高强螺栓仅沿槽道方向运动(图 17-2(b)),角钢和 T 型件在竖向发生相对运动并由此实现摩擦耗能,同时约束住水平方向的位移。在较小的地震动作用下,由于预应力的存在,自定心抗震墙和基础的接触面基本闭合;当地震动作用超过

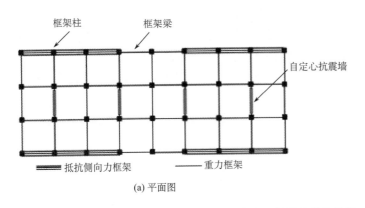

(a) 平面图

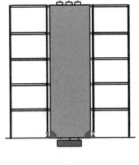

(b) 立面图

图 17-1　自定心抗震墙结构体系

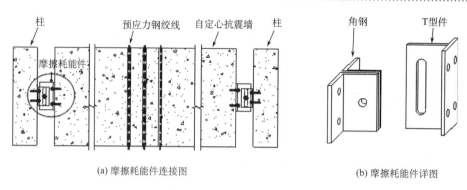

(a) 摩擦耗能件连接图   (b) 摩擦耗能件详图

图 17-2   摩擦耗能件示意图

一定幅值时，墙底角张开，墙体与邻近柱发生相对运动。震后，在预应力和重力的作用下，自定心抗震墙恢复到原来的位置(自定心)。为避免墙体在转动过程中出现墙体底部混凝土的局部破坏，在抗震墙的两个墙角处预埋了钢套，并通过对拉螺栓以实现对混凝土的三向约束，如图 17-3 所示。

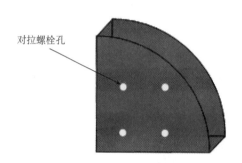

图 17-3   墙角处钢套示意图

17.2   设计中的前提假设

在自定心抗震墙的设计过程中，采用以下假设[2]：

(1)自定心抗震墙只承受平面内的轴向变形、弯曲变形和剪切变形，其平面外具有可靠的支撑，不会发生面外失稳，因此不考虑墙体的扭转及面外的变形。

(2)假定楼板的面内刚度无限大，且水平力(如地震动作用)通过楼板能可靠地传递到自定心抗震墙。

(3)自定心抗震墙承担所有的水平地震动作用，不考虑竖向地震动作用和风荷载，框架只承受竖向荷载(即重力框架)。

(4)在自定心抗震墙结构的受力过程中，预应力筋两端的锚固是始终有效的。

(5)不考虑自定心抗震墙下基础或基础梁的弹性及非弹性变形。

本章提出的设计分析模型不考虑施工误差带来的结构受力影响，例如，相邻两片墙体之间拼缝的不平整或存在的间隙、墙体两侧柱铰处的非理想铰接、系统内部组件之间存在的摩擦以及由于锚具变形、钢绞线应力松弛等因素产生的预应力减少等。

17.3　自定心抗震墙基于性能的抗震设计

17.3.1　设计目标

基于性能的抗震设计是根据结构的重要性和地震设防水准来确定结构的抗震目标，使结构在未来的地震动作用下具有预期的抗震性能，从而将损失控制在合理的范围内。

参考我国的抗震设计规范[3]及国际上关于自定心结构性能分析的惯例，定义以下两类地震作用水准：设计地震和罕遇地震。定义设计地震动作用下的水平地震影响系数 α_D 为罕遇地震动作用下水平地震影响系数 α_M 的 0.5 倍，如图 17-4 所示。

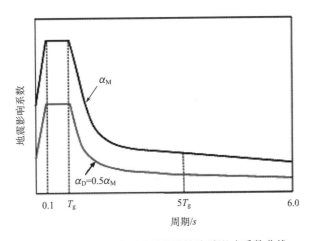

图 17-4　设计地震和罕遇地震的地震影响系数曲线

抗震性能指结构在地震作用后的状态以及构件损坏情况，参考 FEMA 450[4]的规定，自定心抗震墙结构体系采用以下两种抗震性能水准：

(1) 立即使用 (IO)：结构主体完好，非结构轻微损坏，基本使用功能连续，稍微修复即可继续使用；

(2) 生命安全 (life safety, LS)：建筑的基本功能受到影响，主体结构有较重破坏但不影响承重，生命安全得到保障。

此外，根据自定心抗震墙结构的受力特点，结构在不同抗震性能水准下所允许的结构极限状态如表 17-1 所示。

表 17-1　各性能水准所对应的结构极限状态

符合 IO 水准	不符合 IO 水准但符合 LS 水准	不符合 LS 水准
墙底消压	非结构构件破坏，且预应力筋未屈服	预应力筋屈服
墙底角张开		剪力墙出现滑移
变形不超过 IO 水准限值	变形超过 IO 水准限值，但不超过 LS 水准限值	墙底部钢套筒严重变形，变形超过 LS 水准限值

根据表 17-1，自定心抗震墙结构的设计目标可用图 17-5 描述，具体表述为：

（1）在设计地震动作用下，结构应满足 IO 性能水准的要求，其中结构的最大层间侧移角不超过容许限值（可按罕遇地震的 0.5 倍确定，即 1/100）。

（2）在罕遇地震动作用下，结构应满足 LS 性能水准的要求，其中结构的最大层间侧移角不超过容许限值（即 1/50）[3]。

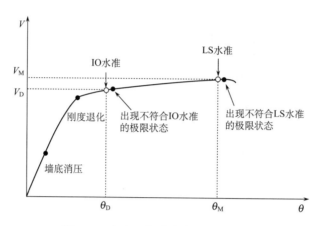

图 17-5   自定心抗震墙结构的设计目标

17.3.2   设计步骤

根据图 17-5 的设计目标并参考相关文献[2,5]，自定心抗震墙结构基于性能的抗震设计步骤如下。

（1）根据场地类别、设防烈度等基本的设计条件，初步确定整体结构的布置形式和结构构件的截面尺寸，使之满足规范要求。

（2）计算结构在设计地震动作用下的基底剪力。根据自定心抗震墙结构的构件布置、场地类别、地震分组和结构所在地的设防烈度等基本设计参数计算结构在设计地震动作用下的基底剪力 V_d。计算公式如下：

$$V_d = \frac{\alpha_d(0.05, T_1)G_{eq}}{R} \tag{17-1}$$

其中，$\alpha_d(0.05, T_1)$ 是阻尼比为 0.05，基本周期为 T_1 时设计地震反应谱的水平地震影响系数；G_{eq} 为结构的等效重力荷载代表值；R 为强度折减系数，根据规范 FEMA 450[4] 取 5.5。

（3）确定结构中的预应力大小和摩擦耗能件中的摩擦力大小。

以在墙体中间布置三束预应力筋的自定心抗震墙结构为例，在水平地震作用下，自定心墙底消压的临界状态如图 17-6 所示。

图 17-6 中，H_w 为墙体总高度；$r_{H_i}(i=1,2,\cdots,n)$ 为各楼层高度占总高的比值（$r_{H_n}=1$）；V_w 为总的水平力；$r_{F_i}(i=1,2,\cdots,n)$ 为各楼层所受侧向力占总的水平外力的比值；$N_i(i=1,2,\cdots,n)$ 为各楼层竖向荷载；$e_{N_i}(i=1,2,\cdots,n)$ 为各楼层竖向荷载作用点偏离墙体中

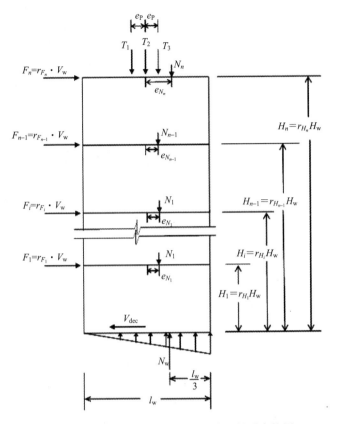

图 17-6　自定心墙底消压临界状态下的受力简图

心线的距离(以偏右为正)；T_1、T_2、T_3 为预应力筋中的初始预应力；e_P 为预应力钢绞线上端锚固点与混凝土墙中心线的距离；N_w 为墙底竖向反力；l_w 为墙体长度。在上述分析中，假定混凝土墙在墙底消压临界状态的弯曲变形较小，包括顶端摩擦耗能件在内的所有摩擦耗能件处尚未出现墙体与柱的相对运动趋势，即摩擦耗能件中尚未产生摩擦力。对旋转点取矩，得基底剪力 V_{dec}、倾覆弯矩 M_{dec}：

$$V_{dec} = \frac{T_1 \cdot (l_w/2 + e_P) + (T_2 + N) \cdot l_w/2 + T_3 \cdot (l_w/2 - e_p) - M_N - N_w \cdot l_w/3}{H_w \cdot \sum_{i=1}^{n} (r_{H_i} \cdot r_{F_i})} \quad (17\text{-}2a)$$

$$M_{dec} = \sum_{i=1}^{n} (r_{F_i} \cdot V_{dec}) \cdot (r_{H_i} \cdot H_w) \quad (17\text{-}2b)$$

$$N = \sum_{i=1}^{n} N_i \quad (17\text{-}2c)$$

$$N_w = T_1 + T_2 + T_3 + N \quad (17\text{-}2d)$$

$$M_N = \sum_{i=1}^{n} N_i \cdot e_{N_i} \quad (17\text{-}2e)$$

其中，N 为楼层竖向荷载总和；M_N 为楼层竖向荷载对墙体中心的力矩。以上各式中忽略了墙体自身弹性变形导致的钢绞线中预应力大小和方向的改变。

自定心墙体底部混凝土的非线性及墙体底角张开都有可能引起图 17-7 中结构刚度退化。图 17-7(a) 给出了因墙体底部混凝土的非线性引起结构刚度退化时的受力简图，图 17-7(b) 表示对墙角底部受压情况的简化。f 表示摩擦耗能件中的滑动摩擦力大小；d_f 为摩擦耗能件中的摩擦力作用点距墙体边缘的距离；M_f 为摩擦力对墙体右底角的力矩；a 表示墙底角受力简化后的受压长度；f_c' 表示墙底底部混凝土的等效受压强度。对墙体右底角取矩，得到因墙底混凝土非线性引起结构刚度退化时的基底剪力 $V_{\text{IGO-1}}$、倾覆弯矩 $M_{\text{IGO-1}}$：

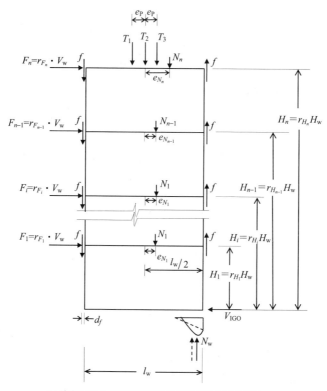

(a) 墙底混凝土非线性引起的结构刚度退化受力简图

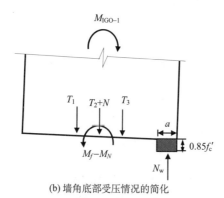

(b) 墙角底部受压情况的简化

图 17-7   墙底混凝土非线性引起的结构刚度退化受力图

$$V_{\text{IGO-1}} = \cfrac{T_1 \cdot \left(l_{\text{w}}/2 + e_{\text{P}}\right) + \left(T_2 + N\right) \cdot l_{\text{w}}/2 + T_3 \cdot \left(l_{\text{w}}/2 - e_{\text{P}}\right) + M_f - M_N - N_{\text{w}} \cdot \cfrac{a}{2}}{H_{\text{w}} \cdot \sum\limits_{i=1}^{n}\left(r_{H_i} \cdot r_{F_i}\right)} \tag{17-3a}$$

$$M_{\text{IGO-1}} = \sum_{i=1}\left(r_{F_i} \cdot V_{\text{IGO-1}}\right) \cdot \left(r_{H_i} \cdot H_{\text{w}}\right) \tag{17-3b}$$

$$M_f = n \cdot f \cdot \left(l_{\text{w}} + 2d_f\right) \tag{17-3c}$$

$$a = \frac{N_{\text{w}}}{0.85 f_{\text{c}}' \cdot t_{\text{w}}} \tag{17-3d}$$

其中，t_{w} 代表墙体的厚度，其余字符的含义与前述相同。墙底角张开引起的结构刚度退化时的基底剪力 $V_{\text{IGO-2}}$、倾覆弯矩 $M_{\text{IGO-2}}$ 为

$$V_{\text{IGO-2}} = 2.5 V_{\text{dec}} \tag{17-4a}$$

$$M_{\text{IGO-2}} = 2.5 M_{\text{dec}} \tag{17-4b}$$

因此，结构刚度退化时的基底剪力 V_{IGO}、倾覆弯矩 M_{IGO} 为

$$V_{\text{IGO}} = \min \begin{Bmatrix} V_{\text{IGO-1}} \\ V_{\text{IGO-2}} \end{Bmatrix} \tag{17-5a}$$

$$M_{\text{IGO}} = \min \begin{Bmatrix} M_{\text{IGO-1}} \\ M_{\text{IGO-2}} \end{Bmatrix} \tag{17-5b}$$

此时墙顶水平侧移 Δ_{IGO} 为

$$\Delta_{\text{IGO}} = \Delta_{\text{FM,IGO}} + \Delta_{\text{FS,IGO}} + \Delta_{\text{NM,IGO}} + \Delta_{\text{PM,IGO}} + \Delta_{\text{fM,IGO}} \tag{17-6}$$

其中，$\Delta_{\text{FM,IGO}}$ 和 $\Delta_{\text{FS,IGO}}$ 分别为在侧向力下墙体弯曲变形、剪切变形引起的顶点位移；$\Delta_{\text{NM,IGO}}$ 为楼层偏心荷载作用下墙体弯曲变形引起的顶点位移；$\Delta_{\text{PM,IGO}}$ 表示预应力不对称布置时，其弯矩效应导致的顶点位移；$\Delta_{\text{fM,IGO}}$ 表示摩擦力的弯矩效应引起的顶点位移。

$$\Delta_{\text{FM,IGO}} = \sum_{i=1}^{n} \frac{1}{2 E_{\text{c}} \cdot I_{\text{w}}} \cdot \left(r_{F_i} \cdot V_{\text{IGO}}\right) \cdot r_{H_i}^2 \cdot H_{\text{w}}^3 \cdot \left(r_{H_n} - \frac{r_{H_i}}{3}\right) \tag{17-7a}$$

$$\Delta_{\text{FS,IGO}} = \sum_{i=1}^{n} \frac{1}{G_{\text{c}} \cdot A_{\text{w}}} \cdot r_{F_i} \cdot V_{\text{IGO}} \cdot r_{H_i} \cdot H_{\text{w}} \tag{17-7b}$$

$$\Delta_{\text{NM,IGO}} = \sum_{i=1}^{n} \frac{1}{E_{\text{c}} \cdot I_{\text{w}}} \cdot \left(N_i \cdot e_{N_i}\right) \cdot r_{H_i} \cdot H_{\text{w}}^2 \cdot \left(r_{H_n} - \frac{r_{H_i}}{2}\right) \tag{17-7c}$$

$$\Delta_{\text{PM,IGO}} = \frac{1}{2 E_{\text{c}} \cdot I_{\text{w}}} \cdot \left(T_3 - T_1\right) \cdot e_{\text{P}} \cdot H_{\text{w}}^2 \tag{17-7d}$$

$$\Delta_{\text{fM,IGO}} = -\sum_{i=1}^{n} \frac{1}{E_{\text{c}} \cdot I_{\text{w}}} \cdot f \cdot \left(l_{\text{w}} + 2d_f\right) \cdot r_{H_i} \cdot H_{\text{w}}^2 \cdot \left(r_{H_n} - \frac{r_{H_i}}{2}\right) \tag{17-7e}$$

其中，E_{c} 和 G_{c} 分别为混凝土墙的弹性模量和剪切模量；A_{w} 和 I_{w} 分别为混凝土墙的等效截面面积和强轴的等效惯性矩。（等效截面面积是将墙内配置的纵向钢筋也考虑在内，

钢筋增加的截面积按照实际钢筋截面面积乘上转换系数 E_s / E_c 考虑，增加面积的中心位置和原钢筋的中心位置相同，强轴的等效惯性矩亦然）。

结构刚度退化时的基底剪力、摩擦力和预应力需满足以下条件：

$$V_{IGO} \geqslant V_d \tag{17-8a}$$

$$T_1 \cdot \left(l_w/2 + e_P\right) + \left(T_2 + N\right) \cdot l_w/2 + T_3 \cdot \left(l_w/2 - e_P\right) - M_N \geqslant M_f \tag{17-8b}$$

$$M_f = \beta_E M_{IGO} \tag{17-8c}$$

$$\frac{F_{PT}}{A_{PT}} = \alpha \sigma_{py} \tag{17-8d}$$

根据式(17-8)可确定摩擦力和预应力的大小。其中，β_E 表示能量耗散率，为结构实际滞回环中耗散的能量与具有同样承载力的双线性弹塑性系统在达到同样变形峰值时耗散的能量的比值，M_f 和 M_{IGO} 的关系如图 17-8 所示。增大摩擦耗能件中的摩擦力可以增大耗能，减小主体结构的损伤，但会使结构产生较大的残余变形。为保证摩擦耗能自定心结构有足够的耗能能力，同时控制结构的残余变形，β_E 的取值建议为 0.15~0.4。F_{PT} 为单根预应力筋中的初始预应力，A_{PT} 为单根预应力筋的横截面积，σ_{Py} 为预应力筋的屈服强度，为保证结构有足够的安全储备，预应力筋在罕遇地震动作用下不屈服，使结构有较大的承载力，α 的取值建议为 0.4~0.6。

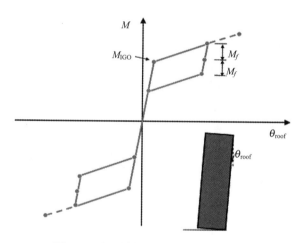

图 17-8　倾覆弯矩与顶点侧移角关系图

(4)在设计地震动作用下计算结构的结构需求，此时结构的层间位移角 θ_d、顶点位移角 θ_d 为

$$\theta_{d_j} = \frac{C_d \cdot \left(\Delta_j - \Delta_{j-1}\right)}{\lambda \cdot h_j} \tag{17-9a}$$

$$\Delta_j = \Delta_{FM,j} + \Delta_{FS,j} + \Delta_{NM,j} + \Delta_{PM,j} + \Delta_{fM,j} \tag{17-9b}$$

$$\Delta_{FM,j} = \sum_{i=1}^{j} \frac{r_{F_i} \cdot V_d}{2E_c \cdot I_w} \cdot r_{H_i}^2 H_w^3 \left(r_{H_j} - \frac{r_{H_i}}{3}\right) + \sum_{i=j+1}^{n} \frac{r_{F_i} \cdot V_d}{2E_c \cdot I_w} \cdot r_{H_j}^2 H_w^3 \left(r_{H_i} - \frac{r_{H_j}}{3}\right) \tag{17-9c}$$

$$\Delta_{\text{FS},j} = \sum_{i=1}^{j} \frac{r_{F_i} \cdot V_{\text{d}} \cdot r_{H_i} H_{\text{w}}}{G_{\text{c}} \cdot A_{\text{w}}} + \sum_{i=j+1}^{n} \frac{r_{F_i} \cdot V_{\text{d}} \cdot r_{H_j} H_{\text{w}}}{G_{\text{c}} \cdot A_{\text{w}}} \tag{17-9d}$$

$$\Delta_{\text{NM},j} = \sum_{i=1}^{j} \frac{N_i \cdot e_{N_i}}{E_{\text{c}} \cdot I_{\text{w}}} r_{H_i} H_{\text{w}}^2 \left(r_{H_j} - \frac{r_{H_i}}{2} \right) + \sum_{i=j+1}^{n} \frac{N_i \cdot e_{N_i}}{2 E_{\text{c}} \cdot I_{\text{w}}} r_{H_j}^2 H_{\text{w}}^2 \tag{17-9e}$$

$$\Delta_{\text{PM},j} = \frac{1}{2 E_{\text{c}} \cdot I_{\text{w}}} (T_3 - T_1) \cdot e_{\text{P}} \cdot r_{H_j}^2 H_{\text{w}}^2 \tag{17-9f}$$

$$\Delta_{\text{fM},j} = -\sum_{i=1}^{j} \frac{f \cdot (l_{\text{w}} + 2d_f)}{E_{\text{c}} \cdot I_{\text{w}}} r_{H_i} H_{\text{w}}^2 \left(r_{H_j} - \frac{r_{H_i}}{2} \right) + \sum_{i=j+1}^{n} \frac{f \cdot (l_{\text{w}} + 2d_f)}{2 E_{\text{c}} \cdot I_{\text{w}}} r_{H_j}^2 H_{\text{w}}^2 \tag{17-9g}$$

$$\theta_{\text{d}} = V_{\text{d}} \cdot R \cdot \frac{\Delta_{\text{IGO}}}{H_{\text{w}} \cdot V_{\text{IGO}}} \tag{17-9h}$$

其中，θ_{d_j} 为结构在设计地震动作用下第 j 层层间位移角；C_{d} 为变形放大系数，建议取 5；λ 为结构的重要性系数；h_j 为第 j 楼层层高；$\Delta_{\text{FM},j}$ 和 $\Delta_{\text{FS},j}$ 分别为在设计地震动作用下弯矩和剪力引起的墙体第 j 层侧移；$\Delta_{\text{NM},j}$ 为楼层偏心荷载作用下弯曲变形引起的墙体第 j 层侧移；$\Delta_{\text{PM},j}$ 表示预应力不对称布置产生的弯矩效应引起的墙体第 j 层侧移；$\Delta_{\text{fM},j}$ 表示摩擦力产生的弯矩效应引起的墙体第 j 层侧移。

计算了结构在设计地震动作用下的结构需求，为对比结构的变形能力和结构需求，预应力筋屈服时结构变形能力的计算如下。

①假设预应力筋屈服时的墙底受压长度 a'：

$$a' = \frac{\sigma_{\text{Py}} \cdot (A_{\text{PT1}} + A_{\text{PT2}} + A_{\text{PT3}}) + N}{0.9 f_{\text{c}}' \cdot t_{\text{w}}} \tag{17-10}$$

其中，A_{PT1}、A_{PT2} 和 A_{PT3} 分别为各束预应力筋的面积。

②计算第一根预应力筋屈服时预应力筋中的预应力

$$l_1 = \frac{l_{\text{w}}}{2} - a' + e_{\text{P}} \tag{17-11a}$$

$$l_2 = \frac{l_{\text{w}}}{2} - a' \tag{17-11b}$$

$$l_3 = \frac{l_{\text{w}}}{2} - a' - e_{\text{P}} \tag{17-11c}$$

其中，l_1、l_2 和 l_3 分别表示每束墙底预应力筋截面中心距墙底角旋转点的距离。

$$T_1' = \sigma_{\text{Py}} \cdot A_{\text{PT1}} \tag{17-12a}$$

$$T_2' = T_2 + \frac{(\sigma_{\text{Py}} - \sigma_{\text{P1}}) \cdot l_2}{l_1} \cdot A_{\text{PT2}} \tag{17-12b}$$

$$T_3' = T_2 + \frac{(\sigma_{\text{Py}} - \sigma_{\text{P1}}) \cdot l_3}{l_1} \cdot A_{\text{PT3}} \tag{17-12c}$$

其中，T_1' 为第一束预应力筋屈服时的预应力；T_2' 为第一束预应力筋屈服时第二束预应力筋中的预应力；T_3' 为第一束预应力筋屈服时第三束预应力筋中的预应力。

③计算此时的墙底受压长度

$$a' = \frac{T_1' + T_2' + T_3' + N}{0.9 f_c' \cdot t_w} \tag{17-13}$$

重复①～③步，直至前后两次计算的墙底受压长度之间的差值在容许范围内。第一束预应力筋屈服时的基底剪力 V_y 为

$$V_y = \frac{T_1' \cdot (l_1 + a'/2) + (T_2' + N) \cdot (l_2 + a'/2) + T_3' \cdot (l_3 + a'/2) + M_f - M_N}{H_w \cdot \sum_{i=1}^{n} \left(r_{H_i} \cdot r_{F_i} \right)} \tag{17-14}$$

此时，墙顶点侧移 Δ_y 为

$$\Delta_y = \Delta_{FM,y} + \Delta_{FS,y} + \Delta_{NM,y} + \Delta_{PM,y} + \Delta_{fM,y} + \Delta_{G,y} \tag{17-15a}$$

$$\Delta_{FM,y} = \sum_{i=1}^{n} \frac{1}{2E_c \cdot I_w} \left(r_{F_i} \cdot V_y \right) \cdot r_{H_i}^2 H_w^3 \left(r_{H_n} - \frac{r_{H_i}}{3} \right) \tag{17-15b}$$

$$\Delta_{FS,y} = \sum_{i=1}^{n} \frac{1}{G_c \cdot A_w} r_{F_i} \cdot V_y \cdot r_{H_i} H_w \tag{17-15c}$$

$$\Delta_{NM,y} = \sum_{i=1}^{n} \frac{1}{E_c \cdot I_w} \left(N_i \cdot e_{N_i} \right) \cdot r_{H_i} H_w^2 \left(r_{H_n} - \frac{r_{H_i}}{2} \right) \tag{17-15d}$$

$$\Delta_{PM,y} = \frac{1}{2E_c \cdot I_w} (T_3 - T_1) \cdot e_P \cdot H_w^2 \tag{17-15e}$$

$$\Delta_{fM,y} = -\sum_{i=1}^{n} \frac{1}{E_c \cdot I_w} \cdot f \cdot (l_w + 2d_f) \cdot r_{H_i} H_w^2 \left(r_{H_n} - \frac{r_{H_i}}{2} \right) \tag{17-15f}$$

$$\Delta_{G,y} = \frac{\sigma_{Py} - \sigma_{P1}}{E_P \cdot l_1} \cdot L_{PT} \cdot H_w \tag{17-15g}$$

其中，$\Delta_{FM,y}$ 和 $\Delta_{FS,y}$ 分别为第一束预应力筋屈服时墙体弯曲变形、剪切变形引起的顶点侧移；$\Delta_{NM,y}$ 为第一束预应力筋屈服时楼层偏心荷载作用下墙体弯曲变形引起的顶点侧移；$\Delta_{PM,y}$ 表示第一束预应力筋屈服时预应力不对称布置引起的弯矩效应导致的顶点侧移；$\Delta_{fM,y}$ 表示第一束预应力筋屈服时摩擦力引起的弯矩效应导致的顶点侧移；$\Delta_{G,y}$ 表示第一束预应力筋屈服时墙底转角引起的墙体顶点侧移；E_P 为预应力筋的弹性模量；L_{PT} 为预应力筋两个锚固点之间的距离。此时墙顶点位移角 Θ_y 为

$$\Theta_y = \frac{\Delta_y}{H_w} \tag{17-16}$$

结构的变形能力和结构需求需满足以下条件：

$$\theta_d \leqslant 1/100 \tag{17-17a}$$

$$\alpha_m \cdot \Theta_d \leqslant \Theta_g \tag{17-17b}$$

$$\Theta_y \geqslant \Theta_g \tag{17-17c}$$

其中，α_m 为调整系数，建议取值 2.0；Θ_g 为框架结构倒塌时的顶点位移，建议取值 2.5%。如果不满足要求可以通过增加抗震墙的数量以及抗震墙的截面尺寸或增大摩擦力使结构变形满足要求。

(5)结构的配筋设计。自定心抗震墙结构的配筋设计与普通抗震墙结构的配筋设计相同，应符合我国规范。

(6)通过非线性时程分析来评估结构需求。建立自定心抗震墙结构的非线性有限元模型，计算自定心抗震墙在设计地震和罕遇地震动作用下的结构响应，并和步骤(4)中的结构变形能力进行比较，如果大于结构变形能力，则需重新调整配筋、预应力大小或摩擦力大小，直至满足要求。

上述设计流程如图 17-9 所示。

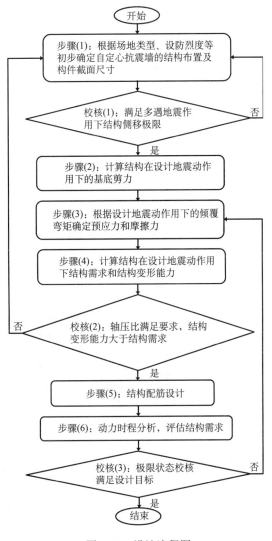

图 17-9　设计流程图

17.4　有限元模拟

17.4.1　模型概况

基于有限元分析软件 OpenSees[6]建立自定心抗震墙结构的分析模型。采用基于位移的梁柱单元来模拟自定心抗震墙，其截面是纤维截面，并以组合截面的方式组合一种弹性剪切材料来考虑墙体的剪切变形；采用刚度较大的弹性梁柱单元来模拟自定心抗震墙的外伸刚臂；采用桁架单元来模拟预应力钢绞线；采用竖向零长度单元来模拟摩擦耗能件中的摩擦效应；采用零长度单元来模拟自定心墙体和基础之间的接触情况。采用 Concrete01

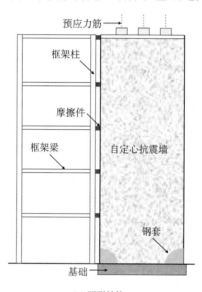

(a) 原型结构

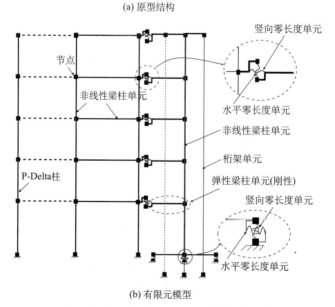

(b) 有限元模型

图 17-10　自定心抗震墙原型及其有限元模型

材料来模拟保护层混凝土，采用 Concrete02 材料来模拟受约束混凝土，采用 ReinforcingSteel 材料来模拟钢筋。在此基础上，本书采用水平零长度单元来模拟摩擦耗能件中的角钢和 T 型件；采用基于位移的梁柱单元和纤维截面来模拟混凝土框架柱和框架梁，并建立 Lean-on Column 来考虑 P-Delta 效应。以简单的自定心抗震墙结构为例来说明上述结构建模原则，图 17-10(a) 表示自定心抗震墙的原型结构，图 17-10(b) 表示相应的有限元模型。

17.4.2　模型验证

本章分别对单片和双片自定心抗震墙结构进行了试验，并根据上述建模原则建立有限元模型对试验进行数值模拟，结果如图 17-11 所示。从图中看出数值模拟和试验结果吻合较好，证明采用上述原则建立的有限元模型能反映自定心抗震墙结构的主要特性。

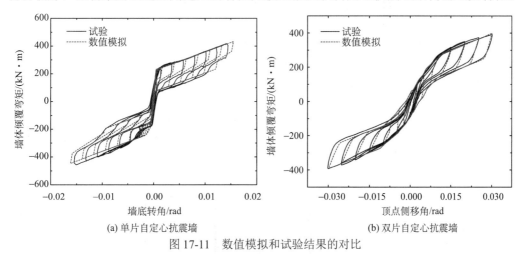

(a) 单片自定心抗震墙　　　　　　　　(b) 双片自定心抗震墙

图 17-11　数值模拟和试验结果的对比

17.5　设 计 实 例

原型结构的平面、立面布置如图 17-12 所示。其中，结构在 x、y 方向的跨度分别为 52.8m、20.1m，首层高为 4.2m，标准层层高为 3.6m，总高度为 36.6m。在结构中布置了 3 榀自定心抗震墙，根据自定心结构体系的设计特点，在 y 向地震动作用下，自定心抗震墙承担所有的地震动作用。该结构所在地区的抗震设防烈度为 8 度，设防地震分组为第一组，场地类别为 II 类。结构顶层和标准层恒荷载标准值分别为 7.5kN/m² 和 5.5kN/m²，活荷载标准值为 2.0 kN/m²。经计算，结构的重力荷载代表值 G =134.27MN，单榀自定心抗震墙的设计基底剪力值为 V_d=850.81kN。

框架柱、框架梁和自定心抗震墙的混凝土强度等级均为 C40。钢筋统一采用 HRB400 钢筋。预应力筋的屈服强度标准值 f_{py}=1675MP，极限强度标准值 f_{pu}=1860MP。根据本书所提出的设计步骤，结构构件尺寸及设计参数如表 17-2 所示。公式中的系数 β_E、α 分别取 0.19、0.54。

表 17-2　自定心抗震墙结构构件尺寸及设计参数

| 楼层 | 梁截面 | | 柱截面 | | 墙截面 | | F_{PT}/ | F_f/ | A_{PT}/ | A_{sb}/ | A_{sc}/ | A_{sw}/ |
| | b_b/ | h_b/ | b_c/ | h_c/ | t_w/ | l_w/ | kN | kN | mm^2 | mm^2 | mm^2 | mm^2 |
	mm	mm	/mm	mm	mm	mm						
9~10	250	500	500	500	300	6100	10600	140	11720	1963	1256	20724
4~8	300	600	600	600	300	6100	10600	140	11720	1963	1256	20724
1~3	300	650	700	700	300	6100	10600	140	11720	1963	1570	20724

注：b_b、h_b 分别为框架梁的截面宽度和高度；b_c、h_c 分别为框架柱的截面宽度和高度；t_w、l_w 分别为自定心抗震墙的截面宽度和长度；F_{PT} 为框架梁中所有预应力筋的初始预应力之和；F_f 为摩擦耗能件上摩擦力的大小；A_{PT} 为所有预应力筋截面积之和；A_{sb} 表示框架梁截面的受拉钢筋面积；A_{sc} 表示框架柱截面的纵筋面积（单侧）；A_{sw} 表示自定心抗震墙截面的竖向钢筋面积。

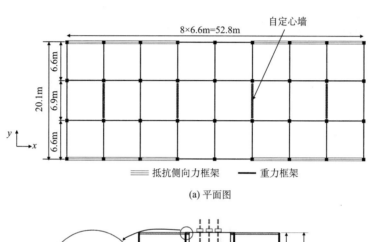

(a) 平面图

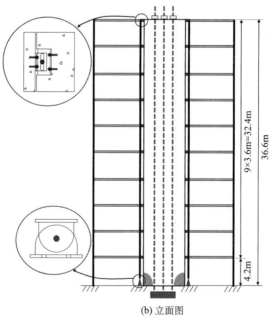

(b) 立面图

图 17-12　自定心抗震墙结构的布置图

17.6　非线性动力时程分析

17.6.1　地震动记录选取

为评价所设计的自定心抗震墙结构的抗震性能,根据其所在场地的类型(Ⅱ类场地),从太平洋地震工程研究中心地震记录数据库中随机选择了 5 条地震动和 2 条人工地震动(表 17-3),并对原始地震动记录在频域进行调整[7],使调整后各地震动的反应谱和设计地震反应谱在统计意义上相吻合(图 17-13)。此外,对于设计地震,其地震动的调幅系数为罕遇地震的 0.5。

表 17-3　地震动特性

地震名	年份	地震分量	震中距/km	PGA/g	持时/s
Imperial Valley	1940	I-ELC270	13.0	0.22	40
San Fernando	1971	PEL090	39.5	0.21	28
Northridge	1994	MUL009	13.3	0.42	30
Kobe	1995	SHI090	46.0	0.21	41
Chi-Chi	1999	CHY036-W	44.0	0.29	90
人工波 1	—	—	—	0.19	40
人工波 2	—	—	—	0.20	40

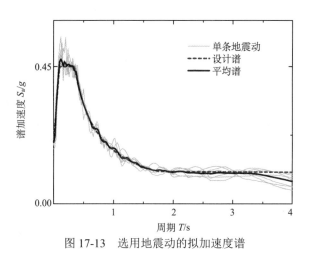

图 17-13　选用地震动的拟加速度谱

17.6.2　结果分析

将所选地震动分别调幅至设计地震动和罕遇地震动强度水平,对所设计的自定心抗震墙结构进行非线性动力时程分析。表 17-4 给出了结构在各个地震动作用下的结构响应极值、各响应极值的平均值及其估计值的比较。从表 17-4 可以看出,在设计地震和罕遇地震动作用下,结构的层间位移角和估计值吻合较好,顶层位移和估计值有一定的误差,主要原因是墙底角张开后,各层的层间位移角趋于一致,使罕遇地震动作用下结构的顶层位移增大。

表 17-4　结构响应计算结果与估计值

地震分量	设防地震		罕遇地震	
	$\Delta_{\text{roof,d}}$ / mm	$\theta_{\text{f,d}}$ / rad	$\Delta_{\text{roof,m}}$ / mm	$\theta_{\text{f,m}}$ / rad
I-ELC270	195.653	0.0071	634.786	0.0198
PEL090	157.291	0.0067	557.594	0.0162
MUL009	192.173	0.0075	423.070	0.0160
SHI090	124.016	0.0075	505.340	0.0188
CHY036-W	129.987	0.0059	622.612	0.0183
人工波 1	95.703	0.0054	486.107	0.0158
人工波 2	126.359	0.0054	470.598	0.0143
平均值	145.883	0.0065	528.587	0.0170
计算值	206.283	0.0086	412.566	0.0172

图 17-14 给出了自定心抗震墙结构层间位移角的时程包络值与设计限值的比较，由图可知，所设计的结构在设计地震和罕遇地震动作用下，最大层间位移角均小于设计值，表明所设计的结构满足位移要求。图 17-15 为在设计地震和罕遇地震动作用下结构各楼层

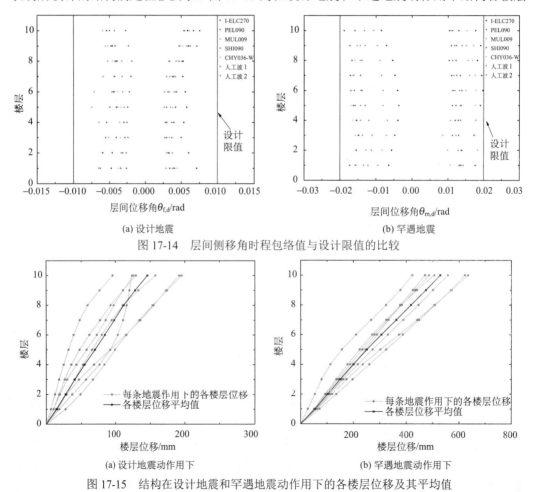

(a) 设计地震　　　　　　　　　　　　　　　(b) 罕遇地震

图 17-14　层间侧移角时程包络值与设计限值的比较

(a) 设计地震动作用下　　　　　　　　　　　(b) 罕遇地震动作用下

图 17-15　结构在设计地震和罕遇地震作用下的各楼层位移及其平均值

位移及其平均值，由该图可知，各楼层的层间变化较一致，各楼层的层间位移趋于一致，改变了普通框架结构层间位移的分布形式，有利于结构在罕遇地震动作用下的塑性铰沿结构高度均匀分布，说明自定心抗震墙能改变结构的损伤分布，控制结构形成合理有效的损伤机制。图 17-16 表示结构在设计地震和罕遇地震动作用下的顶层位移时程对比，由该图可知自定心抗震墙结构在设计地震和罕遇地震动作用下震后残余变形很小。

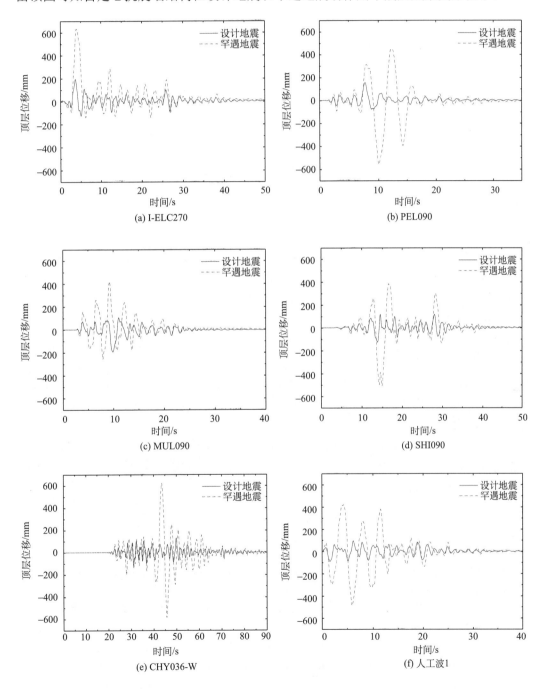

(a) I-ELC270

(b) PEL090

(c) MUL090

(d) SHI090

(e) CHY036-W

(f) 人工波1

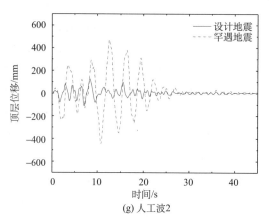

图 17-16   结构在设计地震和罕遇地震动作用下的顶层位移时程对比

17.7 本 章 小 结

本章针对摩擦耗能自定心抗震墙结构，进行了基于性能的抗震设计方法研究，并通过动力时程分析，验证了其具有良好的抗震性能。所完成的主要工作和结论如下：

(1)对摩擦耗能自定心抗震墙结构进行了基于性能的设计，并选取了七条地震波，分别调幅至设计地震和罕遇地震对结构进行动力时程分析，结构的响应和预测值吻合良好，并且满足预先设定的抗震设计目标，证明了对自定心抗震墙结构基于性能设计的有效性。

(2)自定心抗震墙结构震后残余变形很小，显示出良好的自定心能力。减小了震后修复工作，有较好的经济性。

(3)地震动作用下自定心抗震墙结构的各层层间位移角趋于一致，不同于普通的框架结构、框架-抗震墙结构和抗震墙结构，说明自定心抗震墙能改变结构的破坏形式，使结构具有较好的抗震性能。

(4)由于自定心抗震墙结构的构造和受力性能的特殊性，其基于性能的抗震设计需通过非线性有限元分析来实现，这比常规基于承载力的设计方法要复杂，但优点是可以更好地实现位移控制目标。

参 考 文 献

[1] 徐振宽. 摩擦耗能自定心混凝土抗震墙的设计方法及地震易损性研究[D]. 南京: 东南大学, 2016.

[2] Perez F J. Design, experimental and analytical lateral load response of unbonded post-tensioned precast concrete walls [D]. Bethlehem: Lehigh University, 2004.

[3] 中华人民共和国住房和城乡建设部. 建筑抗震设计规范 [S]. GB 50011—2010. 北京:中国建筑工业出版社, 2010.

[4] Building Seismic Safety Council. NEHRP Recommended Provisions for Seismic Regulations for New Buildings and Other Structures [M]. Washington: Federal Emergency Management Agency, 2003.

[5] Kurama Y C. Simplified seismic design approach for friction-damped unbonded post-tensioned precast

concrete walls [J]. ACI Structural Journal, 2001, 98(5): 705-716.

[6] McKenna F, Fenves G L, Scott M H. Open system for earthquake engineering simulation [D]. California: University of California, Berkeley, 2000.

[7] Hancock J, Watson-Lamprey J, Abrahamson N A, et al. An improved method of matching response spectra of recorded earthquake ground motion using wavelets [J]. Journal of Earthquake Engineering. 2006, 10(1): 67-89.

第 18 章

自定心混凝土墙的地震易损性研究

本章采用 IDA 方法，对自定心混凝土(self-centering concrete，SC)结构及传统现浇混凝土结构进行非线性动力时程分析，并通过对 IDA 数据进行统计分析求得结构的地震易损性曲线，以评估自定心结构和传统现浇结构的抗震性能[1]。

18.1 结构地震易损性分析的基本原理

结构的地震易损性(seismic fragility)是指结构在遭遇不同强度的地震动作用下所发生各种不同程度破坏状态的条件概率，也可以理解为结构达到某个极限状态的概率。

结构地震易损性的本质是基于概率理论而建立起地震动强度和结构损伤程度之间的关系，其函数表达式为

$$P_f = P(\text{EDP} > C \mid \text{IM} = x) \tag{18-1}$$

其中，P_f 为结构地震易损性函数，即结构在不同地震动强度作用下，结构失效(抗震需求超过抗震能力)的条件概率函数；IM 表示地震动参数；EDP 表示结构工程需求参数；C 表示结构抗震能力参数。

根据已有相关研究文献，假定 EDP、C 均服从对数正态分布[2,3]，即

$$\ln \text{EDP} \sim N(\mu_d, \sigma_d^2) \tag{18-2a}$$

$$\ln C \sim N(\mu_c, \sigma_c^2) \tag{18-2b}$$

其中，μ_d 和 σ_d 分别为结构工程需求参数的对数平均值和对数标准差；μ_c 和 σ_c 分别为结构抗震能力参数的对数平均值和对数标准差。因此，

$$
\begin{aligned}
P(\text{EDP} > C \mid \text{IM} = x) &= P\left(\frac{(\ln \text{EDP} - \ln C) - (\mu_d - \mu_e)}{\sqrt{\sigma_d^2 + \sigma_c^2}} > \frac{-(\mu_d - \mu_c)}{\sqrt{\sigma_d^2 + \sigma_c^2}} \right) \\
&= \Phi\left(\frac{\mu_d - \mu_c}{\sqrt{\sigma_d^2 + \sigma_c^2}} \right) \\
&= \Phi\left(\frac{\ln \overline{\text{EDP}} - \ln \overline{C}}{\sqrt{\sigma_d^2 + \sigma_c^2}} \right)
\end{aligned}
\tag{18-3}
$$

其中，$\Phi(\cdot)$ 是标准正态分布积累概率函数；$\overline{\text{EDP}}$ 和 $\overline{C}$ 分别表示工程需求参数和抗震能力参数的中位值。根据文献[4,5]，结构工程需求参数 EDP 和地震动参数 IM 之间的关系满足公式：

$$\overline{\text{EDP}} = \alpha\left(\text{IM}\right)^{\beta} \tag{18-4}$$

对式(18-4)两边取对数，得

$$\ln\overline{\text{EDP}} = \ln\alpha + \beta\ln\left(\text{IM}\right) \tag{18-5}$$

式(18-5)中 α、β 可以通过对结构进行大量 IDA 后的数据进行统计回归分析得到。将其代入式(18-3)，经变形得

$$P_f = \Phi\left(\frac{\ln\alpha + \beta\ln\left(\text{IM}\right) - \ln\overline{C}}{\sqrt{\sigma_d^2 + \sigma_c^2}}\right) \tag{18-6}$$

由此建立起结构失效概率和地震动参数之间的函数关系。

为了评估结构的抗震性能，定义结构的极限状态是尤为重要的。参照国内外的研究[6]，将框剪结构的极限状态划分为 3 个：立即使用 IO、生命安全(LS)和防止倒塌(collapse prevention，CP)3 个性能水准，各性能水准的要求如表 18-1 所示。

表 18-1　结构各性能水准要求

性能水准	要求
IO	建筑的基本功能不受影响，结构的关键和重要构件以及室内物品未遭受破坏，结构可能损坏，但经一般修理或不需修理仍可继续使用
LS	建筑的基本功能受到影响，主体结构有较重破坏但不影响承重，非结构部分可能坠落，但不致严重伤人，生命安全得到保障
CP	建筑的基本功能不复存在，主体结构有严重破坏，但不致倒塌

框剪结构的各性能水准与最大层间位移角对应的关系如表 18-2 所示。

表 18-2　框剪结构各性能水准与最大层间位移角对应的关系

性能水准	立即使用	生命安全	防止倒塌
最大层间位移角($\theta_{\max}$)	1/200	1/100	1/50

18.2　算例分析

18.2.1　工程概况

假定有一栋 6 层框剪结构的房屋建于抗震设防烈度 8 度(0.2g)的 II 类场地上，设防地震分组为第一组，特征周期为 0.35s。其结构平、立面布置如图 18-1 所示。结构在平面两个方向总长分别为 52.8m 和 21.6m；结构首层层高 4.2m，其余层高 3.6m，总高 22.2m。楼面恒荷载为 5.0kN/m²，屋顶楼面恒荷载为 7.0kN/m²；活荷载取 2.0kN/m²。梁、柱、剪

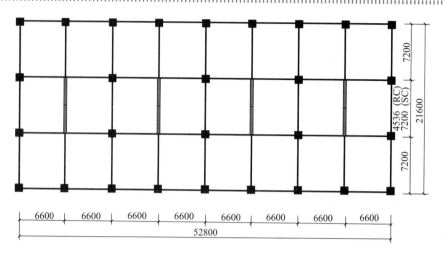

(a) 平面布置图

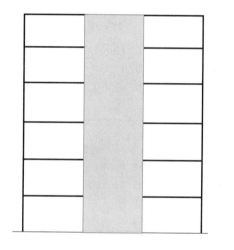

(b) RC框剪立面布置图

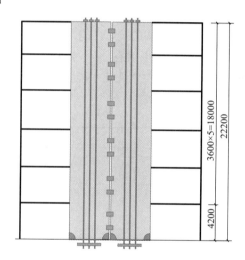

(c) SC框剪立面布置图

图 18-1   结构平面、立面布置示意图(单位：mm)

力墙的混凝土强度等级为 C40，受力筋采用 HRB400 级，箍筋采用 HPB300 级。考虑到楼层较少，故各层采用相同的配筋方案。结构构件尺寸及设计参数如表 18-3 所示。经分析计算 RC 框剪和 SC 框剪结构的基本周期 T_1 分别为 0.36s 和 0.42s。

表 18-3   RC/SC 框剪结构构件尺寸及设计参数

楼层	梁截面		柱截面		墙截面		F_{PT} /kN (SC)	F_f /kN (SC)	A_{PT} /mm^2 (SC)	A_{sb} /mm^2	A_{sc} /mm^2	A_{sw} /mm^2
	b_b /mm	h_b /mm	b_c /mm	h_c /mm	t_w /mm	l_w /mm						
1~6	300	600	600	600	300	3600 (SC) 4536 (RC)	5100	280	5985	1520	1256	15972

注：b_b、h_b 分别为框架梁的截面宽度和高度；b_c、h_c 分别为框架柱的截面宽度和高度；t_w、l_w 分别为剪力墙的截面宽度和长度；F_{PT} 为 SC 框剪结构单片剪力墙中预应力筋的初始预应力之和；F_f 为 SC 框剪结构摩擦耗能构件上摩擦力的大小；A_{PT} 为 SC 框剪结构单片剪力墙中所有预应力筋截面面积之和；A_{sb} 表示框架梁截面的受拉钢筋面积；A_{sc} 表示框架柱截面的纵筋面积(单侧)；A_{sw} 表示剪力墙截面的竖向钢筋面积之和。

18.2.2　自定心混凝土墙的设计参数

选取中间带有剪力墙的一榀进行计算，设计基底抗倾覆弯矩为 33300 kN·m。根据相关研究文献[7-10]提出的设计方法，对 SC 框剪结构进行设计，确定自定心混凝土墙中的预应力筋的数量和初始张拉力、摩擦耗能件中摩擦力的大小。

其中，自定心混凝土墙预留 3 个预应力筋孔道，中心间距 600mm。每个孔道分别穿 7 根低松弛高强预应力钢绞线，钢绞线的直径为 21.6mm，公称面积为 285mm²，预应力筋的屈服强度标准值 $f_{Py}=1675$MPa，极限强度标准值 $f_{Pu}=1860$MPa。为了保证结构有充足的安全储备，确保预应力筋在罕遇地震动作用下不出现屈服，设计预应力筋时应保证初始应力与屈服应力之比：$\sigma_{PT}/\sigma_{Py}=0.4\sim0.6$，据此本章 SC 框剪结构中的单根钢绞线张拉力为 242.86 kN，其初始应力与屈服应力之比为 0.509。满足要求。

为保证 SC 框剪结构的耗能效果与抗震性能，同时控制结构的残余变形，摩擦耗能自定心结构在往复荷载作用下的耗能能力 β_E 是其重要指标之一，β_E 定义为结构实际耗能环中的耗散能量与具有同样承载力的双线性弹塑性系统在达到同样变形峰值时耗散能量的比值[11]。根据文献研究若 β_E 大于 0.5，结构的自定心能力将难以保证，因此，在每个楼层处布置两个摩擦耗能装置，摩擦耗能装置中的设计摩擦力为 280 kN，经计算，本章 SC 框剪结构的 β_E 为 0.408，满足要求。

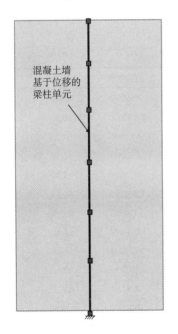

(a) RC结构的有限元数值模型

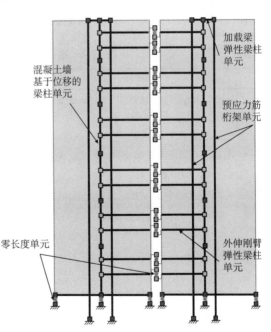

(b) SC结构的有限元数值模型

图 18-2　两种结构的有限元数值模型

18.2.3　有限元数值模型

根据上述结构的梁、柱、剪力墙设计参数、预应力筋参数、摩擦力参数，在有限元软件 OpenSees 中采用第 16 章内经过试验验证的有限元建模方法，分别建立 RC、SC 框剪结构的有限元数值模型。其数值模型示意图如图 18-2 所示。

其中 RC 框剪模型中采用基于位移的梁柱单元模拟混凝土剪力墙；用弹性梁柱单元（刚度取极大值）模拟水平刚度无穷大的楼板作用，以保证其水平位移相同。保护层混凝土采用 Concrete01 材料来模拟；约束混凝土采用 Concrete02 材料来模拟；钢筋采用 ReinforcingSteel 材料来模拟。

自定心混凝土墙基于纤维模型，采用与第 16 章相同的建模方法进行模拟，此处不再赘述。

18.3　地震易损性分析

18.3.1　地震动记录

本算例中，结构处于 Ⅱ 类场地，根据 FEMA P695[12]，在 PEER Strong Motion Database 中随机选取了 40 条满足 Ⅱ 类场地的地震动记录，其主要参数如表 18-4 所示。40 条地震动记录的反应谱及其平均谱如图 18-3 所示。

表 18-4　地震动及其主要参数

序号	地震名	年份	站台名	地震分量	震中距/km	持时/s
1	Kern County	1952	Pasadena - CIT Athenaeum	PAS270	125.80	75
2	Spitak, Armenia	1988	Gukasian	GUK000	36.20	20
3	Loma Prieta	1989	APEEL 10 - Skyline	A10000	62.30	40
4	Loma Prieta	1989	APEEL 10 - Skyline	A10090	62.30	40
5	Northridge-01	1994	Beverly Hills - 14145 Mulhol	MUL009	13.40	30
6	Northridge-01	1994	Castaic - Old Ridge Route	ORR360	40.68	40
7	Landers	1992	LA - E Vernon Ave	VER090	166.80	30
8	Northridge-01	1994	Beverly Hills - 14145 Mulhol	MUL279	13.40	30
9	Kobe, Japan	1995	Takarazuka	TAZ000	38.60	41
10	Kocaeli, Turkey	1999	Duzce	DZC270	98.20	27
11	Duzce, Turkey	1999	Sakarya	SKR180	64.20	60
12	San Fernando	1971	Borrego Springs Fire Sta	BSF135	229.80	26
13	San Fernando	1971	Santa Felita Dam（Outlet）	FSD172	31.60	40
14	San Fernando	1971	Santa Felita Dam（Outlet）	FSD262	31.60	40
15	San Fernando	1971	Fort Tejon	FTJ000	65.90	11
16	Lytle Creek	1970	Lake Hughes #1	L01021	93.20	60
17	San Fernando	1971	Lake Hughes #1	L01111	26.10	60
18	San Fernando	1971	Maricopa Array #1	MA1220	198.97	36

续表

序号	地震名	年份	站台名	地震分量	震中距/km	持时/s
19	San Fernando	1971	Maricopa Array #2	MA2130	114.60	30
20	San Fernando	1971	Maricopa Array #2	MA2220	114.60	30
21	San Fernando	1971	Maricopa Array #3	MA3130	115.10	26
22	San Fernando	1971	Gormon - Oso Pump Plant	OPP000	49.80	9.2
23	San Fernando	1971	Palmdale Fire Station	PDL120	31.60	58
24	Kern County	1952	LA - Hollywood Stor FF	PEL090	118.30	70
25	San Fernando	1971	San Diego Gas & Electric	SDC000	223.70	28
26	Friuli, Italy-01	1976	Tolmezzo	A-TMZ000	20.20	36
27	Tabas, Iran	1978	Bajestan	BAJ-L1	164.40	39
28	Tabas, Iran	1978	Boshrooyeh	BOS-L1	74.70	35
29	Tabas, Iran	1978	Boshrooyeh	BOS-T1	74.70	35
30	Tabas, Iran	1978	Bajestan	BAJ-T1	164.40	39
31	Tabas, Iran	1978	Kashmar	KSH-T1	247.10	33
32	Tabas, Iran	1978	Kashmar	KSH-L1	247.10	33
33	Tabas, Iran	1978	Sedeh	SED-T1	177.90	40
34	Imperial Valley-06	1979	El Centro - Meloland Geot. Array	H-EMO270	19.44	40
35	Superstition Hills-02	1987	Kornbloom Road（temp）	B-KRN360	19.28	22
36	Superstition Hills-02	1987	Parachute Test Site	B-PTS315	16.00	22
37	Superstition Hills-02	1987	Poe Road（temp）	B-POE360	11.20	22
38	Imperial Valley	1940	El Centro Array #9	I-ELC270	13.00	53
39	Northridge-01	1994	Canyon Country - W Lost Cany	LOS000	26.50	20
40	Kobe, Japan	1995	Shin-Osaka	SHI000	46.00	41

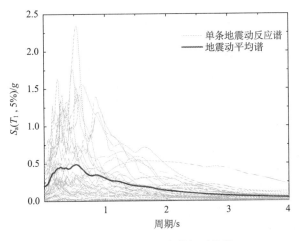

图 18-3　地震动反应谱与平均谱

18.3.2 结构地震易损性分析

分别对 RC、SC 框剪结构输入上述表格选用的一系列地震动记录，进行增量动力分析[13](incremental dynamic analysis，IDA)，IDA 结果以及分位曲线如图 18-4 所示。分别采用 16%、50%、84%分位曲线来描述 IDA 曲线的离散性。

对 RC、SC 框剪结构的 IDA 数据进行统计和回归分析，结果如图 18-5 所示。根据上述 IDA 及地震易损性分析原理，将回归分析所得到的 α 和 β 代入式(18-6)，可得到以 $S_a(T_1,5\%)$ 作为地震动强度指标时的失效概率公式。对于 RC、SC 框剪结构，其表达式分别如下：

$$P_{f,\mathrm{RC}} = \Phi\left\{\frac{\ln\left[0.00719\times\left(S_a\right)^{1.072}/\bar{C}\right]}{\sqrt{\sigma_d^2+\sigma_c^2}}\right\} \tag{18-7}$$

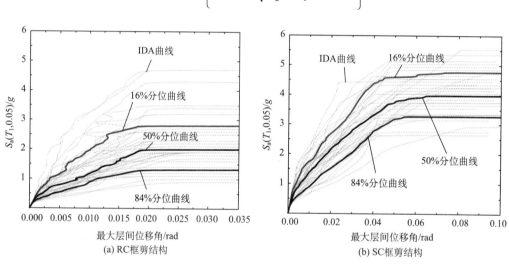

图 18-4   RC 和 SC 框剪结构的 IDA 结果及分位曲线

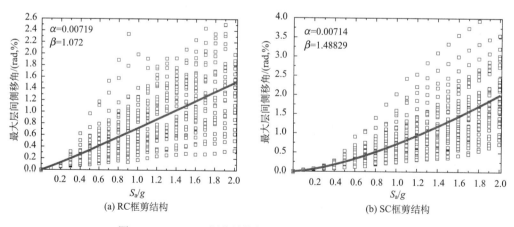

图 18-5   RC、SC 框剪结构的 IDA 数据统计和回归分析

$$P_{f,\text{SC}} = \Phi \left\{ \frac{\ln\left[0.00714 \times (S_a)^{1.48829} / \overline{C} \right]}{\sqrt{\sigma_d^2 + \sigma_c^2}} \right\} \tag{18-8}$$

其中，结构抗震能力参数 $\overline{C}$ 为不同极限状态时的结构能力参数，当地震易损性曲线以结构基本周期对应的加速度谱值 $S_a(T_1, 5\%)$ 作为地震动强度指标时，$\sqrt{\sigma_d^2 + \sigma_c^2}$ 取 $0.4^{[14]}$。

当极限状态为 IO 状态时，式(18-7)和式(18-8)中的 $\overline{C}$ 值大小为 0.005，此时 RC、SC 框剪结构对应于 IO 状态的失效概率表达式为

$$P_{f,\text{RC}} = \Phi \left\{ \frac{\ln\left[0.00719 \times (S_a)^{1.072} / 0.005 \right]}{\sqrt{\sigma_d^2 + \sigma_c^2}} \right\} \tag{18-9}$$

$$P_{f,\text{SC}} = \Phi \left\{ \frac{\ln\left[0.00714 \times (S_a)^{1.48829} / 0.005 \right]}{\sqrt{\sigma_d^2 + \sigma_c^2}} \right\} \tag{18-10}$$

当极限状态为 LS 状态时，$\overline{C}$ 值大小为 0.01，此时 RC、SC 框剪结构对应于 LS 状态的失效概率表达式为

$$P_{f,\text{RC}} = \Phi \left\{ \frac{\ln\left[0.00719 \times (S_a)^{1.072} / 0.01 \right]}{\sqrt{\sigma_d^2 + \sigma_c^2}} \right\} \tag{18-11}$$

$$P_{f,\text{SC}} = \Phi \left\{ \frac{\ln\left[0.00714 \times (S_a)^{1.48829} / 0.01 \right]}{\sqrt{\sigma_d^2 + \sigma_c^2}} \right\} \tag{18-12}$$

当极限状态为 CP 状态时，$\overline{C}$ 值大小为 0.02，此时 RC、SC 框剪结构对应于 CP 状态的失效概率表达式为

$$P_{f,\text{RC}} = \Phi \left\{ \frac{\ln\left[0.00719 \times (S_a)^{1.072} / 0.02 \right]}{\sqrt{\sigma_d^2 + \sigma_c^2}} \right\} \tag{18-13}$$

$$P_{f,\text{SC}} = \Phi \left\{ \frac{\ln\left[0.00714 \times (S_a)^{1.48829} / 0.02 \right]}{\sqrt{\sigma_d^2 + \sigma_c^2}} \right\} \tag{18-14}$$

根据式(18-9)~式(18-14)对 RC、SC 框剪结构各极限状态的数据进行拟合，如图 18-6 所示。

绘制 RC、SC 框剪结构地震易损性曲线如图 18-7 所示，RC 框剪结构在多遇地震、设防地震和罕遇地震所对应的 S_a 分别为 $0.1560\,g$、$0.4387\,g$ 和 $0.8775\,g$，SC 框剪结构在多遇地震、设防地震和罕遇地震所对应的 S_a 分别为 $0.1358\,g$、$0.3819\,g$ 和 $0.7638\,g$，在图中以虚线标出。

从图 18-7 中可以看出，随着结构从完好状态发展到严重破坏状态，结构易损性曲线

也逐渐变得平缓，超越各极限状态的失效概率变得越来越小。

RC、SC 框剪结构在多遇地震、设防地震和罕遇地震三个地震动强度作用下，超越各个性能水准的失效概率如表 18-5 所示。由表 18-5 可知，当采用最大层间位移角 $(\theta_{\max})$ 作为量化指标，当 $S_a(T_1,5\%)$ 处于设防地震水准时，RC 结构超越 IO 性能水准的概率是 9.68 %，而 SC 结构超越 IO 性能水准的概率是 0.36%。当 $S_a(T_1,5\%)$ 处于罕遇地震水准时，RC 结构超越 CP 性能水准的概率是 0.18%，而 SC 结构超越 CP 性能水准的概率是 0.02%。

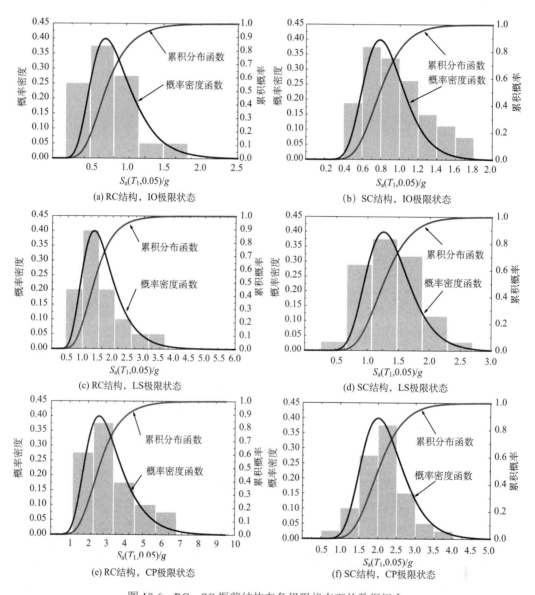

图 18-6　RC、SC 框剪结构在各极限状态下的数据拟合

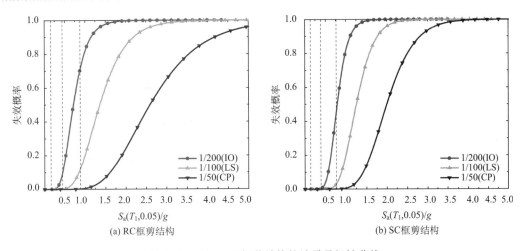

图 18-7　RC、SC 框剪结构的地震易损性曲线

表 18-5　RC、SC 框剪结构失效概率

失效概率	IO		LS		CP	
	RC	SC	RC	SC	RC	SC
多遇地震	0.0002	3.2×10^{-11}	3.279×10^{-9}	7.39×10^{-17}	2.87×10^{-14}	1.15×10^{-23}
设防地震	0.0968	0.0036	0.0012	4.87×10^{-6}	9.44×10^{-7}	3.8×10^{-10}
罕遇地震	0.7115	0.4555	0.1201	0.0325	0.0018	0.0002

　　地震易损性计算结果表明，SC 框剪结构在多遇地震、设防地震和罕遇地震作用下分别超越 IO、LS 和 CP 状态的概率比较小，均低于 RC 框剪结构。经历相同的地震作用，SC 框剪结构相比于 RC 框剪结构的损伤更小，有着更好的结构性能，显著提高了结构的抗震能力。

18.4　本 章 小 结

　　本章采用 IDA 方法对自定心混凝土结构及传统现浇混凝土结构进行了地震易损性分析，为结构的风险评估和震害预测提供了参考，主要完成工作和结论如下：

　　(1) 系统地总结了结构地震易损性分析基本原理和分析方法，并详细介绍了增量动力分析的基本原理以及涉及的相关参数选取原则。

　　(2) 介绍了基于 IDA 方法的地震易损性分析步骤，并分别以 θ_{max} 为结构损伤指标，$S_a(T_1,5\%)$ 为地震动强度指标，通过对现浇混凝土结构和自定心结构进行 IDA，得到结构性能随地震动强度变化的规律，对 IDA 数据进行回归分析，得到地震易损性曲线。

　　(3) RC、SC 框剪结构的地震易损性对比分析表明：在设防地震和罕遇地震动作用下自定心结构超越各个极限状态的失效概率比较低，自定心混凝土墙结构的抗震能力强于现浇混凝土结构，自定心混凝土墙结构具有较好的抗震性能。

参 考 文 献

[1] 王磊. 摩擦耗能自定心混凝土墙的地震易损性与生命周期成本研究[D]. 南京: 东南大学, 2017.

[2] Shome N. Probabilistic seismic demand analysis of nonlinear structures [R]. Stanford: Stanford University, 1999.

[3] Miranda E, Aslani H. Probabilistic Response Assessment for Building-Specific Loss Estimation [M]. Berkeley: Pacific Earthquake Engineering Research Center, 2003.

[4] Cornell C A, Jalayer F, Hamburger R O, et al. Probabilistic basis for 2000 SAC federal emergency management agency steel moment frame guidelines [J]. Journal of Structural Engineering, 2002, 128(4): 526-533.

[5] Aslani H, Miranda E. Probability-based seismic response analysis [J]. Engineering Structures, 2005, 27(8): 1151-1163.

[6] Vamvatsikos D, Cornell C A. Incremental dynamic analysis [J]. Earthquake Engineering and Structural Dynamics, 2002, 31(3): 491-514.

[7] American Society of Civil Engineers. Seismic Rehabilitation of Existing Buildings [M]. Reston: American Society of Civil Engineers, 2007.

[8] Aaleti S, Sritharan S. A simplified analysis method for characterizing unbonded post-tensioned precast wall systems [J]. Engineering Structures, 2009, 31(12): 2966-2975.

[9] Sritharan S, Aaleti S, Thomas D J. Seismic analysis and design of precast concrete jointed wall systems [R]. Ames: Iowa State University, 2007.

[10] Sritharan S, Aaleti S. Seismic design of jointed precast concrete wall systems[C]. The 4th International Conference on Earthquake Engineering, Taipei, 2006.

[11] Thomas D J, Sritharan S. An evaluation of seismic design guidelines proposed for precast jointed wall systems [R]. Ames: Iowa State University, 2004.

[12] Seo C Y, Sause R. Ductility demands on self-centering systems under earthquake loading[J]. ACI Structural Journal, 2005, 102(2): 275-285.

[13] FEMA P695. Quantification of building seismic performance factors [R]. Washington: Federal Emergency Management Agency, 2009.

[14] Robert E M. Structural Reliability Analysis and Prediction [M]. England: Wiley, 1999.

第 19 章

自定心混凝土墙的生命周期成本研究

当在地震频发地区建设工程结构时，包括初始成本和震后修复成本在内的生命周期成本(life cycle cost，LCC)是结构工程师和其他利益相关者需要慎重考虑的关键参数。近年来，民用基础设施的可持续发展已成为 21 世纪的一个重大挑战，相应地，生命周期成本研究也获得了较为突出的发展。本章旨在建立工程结构在生命周期范围内的各项成本构成以及生命周期成本的计算公式，并对自定心混凝土结构和传统现浇混凝土结构的生命周期成本做对比分析[1]。

19.1 建设项目的生命周期成本

19.1.1 生命周期的含义

建设项目的生命周期，又称全生命周期或者全寿命周期，指的是建设项目从立项确认开始到其生命结束的时间。针对生命周期的研究和确定，主要有以下四种[1]。

(1)物理生命。在正常使用下，从开始到建设项目由于受到物理损坏而导致其基本功能无法满足继续使用时的时间段，即物理生命。常受到自然灾害、社会灾害、施工质量等因素的影响。

(2)功能生命。建设项目从开始决策、施工实施、投产使用到其主要功能无法继续满足业主功能需求为止的时间段称为功能生命。该功能生命主要考虑建设项目是为了满足业主某一功能需求而建造的目的。

(3)法律生命。法律生命就是法律规定的建设项目的合理使用年限。根据《中华人民共和国物权法》的第一百四十九条的规定(2007 年 10 月 1 日起施行)，住宅建设用地使用权期间届满的，自动续期。非住宅建设用地使用权期间届满后的续期，依照法律法规办理。

(4)经济生命。经济生命是从建设项目开始直到在经济上继续使用已经不合理而被改造的时间段。使用年限越长，建设项目的分摊年资产消耗成本就越少；但是随着使用年限的延长，为了保证运营和维持原有功能需要更多的运行和维修费，而且也会增加项目的能源消耗费。

建设项目的生命周期成本是指在其生命周期内发生的所有费用的总和。由此可见，对项目生命周期的选择不仅会影响到成本的构成，也会影响到成本的计算年限。为此，首先需要明确其生命周期的时间范围,并选择统一的标准作为不同设计方案比对的基础。

19.1.2 生命周期的阶段划分

由于生命周期成本管理贯穿于工程项目的整个生命周期，时间跨度长，因此，必须对生命周期的阶段进行合理划分。

三阶段或四阶段划分法：三阶段的划分包括项目选定、项目计划和项目实施。随着研究的深入发展，项目的监测和评价作为项目的第四个阶段来加入考虑。而在原来的三阶段划分法中，项目评价仅仅作为项目实施中的一个部分。

五阶段划分法：许多国际援助机构把项目周期分作五阶段，即设想、准备、评估、实施、监督与评估。

全过程造价模式划分：只考虑项目的建造期而不考虑项目的运营和维护。它把建造期划分为：投资估算阶段、初步设计概算阶段、施工图预算阶段、招投标阶段、施工阶段、竣工结算阶段、竣工决算阶段[2]。

为了合理进行生命周期的分析和管理，结合我国的具体情况，把我国的全过程工程造价管理与国外的生命周期工程造价管理结合，并借鉴以上生命周期划分情况，将建设项目生命周期阶段划分为：投资决策阶段、设计阶段、实施阶段、竣工验收阶段及运营维护阶段[3]。

与其他类型的投资行为一样，工程建设项目实施的前提是技术经济分析及论证通过后的可行性研究。对于全生命周期成本理论，项目投资决策的目的是实现工程造价的全生命周期成本的最小化。

设计阶段通常包括初步设计、技术设计和施工图设计。根据有关资料显示，规划设计阶段对其工程整个投资影响最大。规划设计水平的优劣，对工程项目的投资、工程进度和建筑质量有着很重要的影响。

实施阶段可以分为招投标及工程施工这两个阶段。在进行评标时，评价依据应该以生命周期成本最低为依据。在工程施工阶段，应以生命周期成本理论为指导原则，综合考虑建设项目生命周期成本，科学合理地策划施工组织设计方案及工程合同。

竣工验收阶段的内容包括编制与审查竣工结算表，编制竣工决算表，保修费用的处理等。

运营维护阶段包括工程建设项目从投入使用直至拆除的全过程。制订运营维护方案要以生命周期成本最低为原则目标。运营维护阶段应着眼于提高建筑物或设施的经济价值和实用价值，降低运营和维护成本。

19.1.3 生命周期成本的分类

建设项目的生命周期成本是指一个建筑物或者建筑物系统在其生命周期内的建造、运行、维护和拆除等所产生的成本总和。生命周期成本有诸多划分方法，如按时间分类、按相关内容分类、按成本范畴分类等。最常用的分类方法是按时间分类。

如图19-1所示，生命周期成本按时间可分为初始化成本和未来成本[1]。初始化成本是在建设项目投产使用之前所发生的成本，即建设成本，也就是我国的工程造价。未来成本是指建设项目从开始投产使用到不满足使用要求被拆除期间所发生的成本。未来成本有两个部分，即一次性成本和重复成本。一次性成本包含改建成本、大修成本、剩余值等。重复成本包含维护成本、修理成本、管理成本、运营成本、替换成本等。

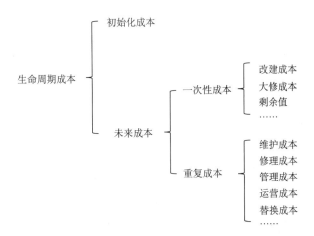

图 19-1　生命周期成本的分类

运营成本是年度产生的成本去除维护、修理成本，包括设备运行过程中的成本。这些成本多数与确保建筑物功能和保管服务相关。

维护与修理成本有着本质区别。其中，维护成本是和设备维护相关的时间进度计划成本；而修理成本是未预料的支出成本，是为了继续延续建筑物生命及功能而不是为了替换此系统所必需的。维护成本是可预见的，修理成本是不可预见的。

替换成本是确保建筑物或者设备正常运行而对建筑物的主要部件进行替换的支出成本。替换成本是因为替换一个因故损坏或者达到其使用寿命终点的建筑物系统或部件而产生的。

剩余值是指预计在建筑物使用寿命的期末处置该资产可能获得的价值。

19.2　生命周期成本分析的基本原理

19.2.1　生命周期成本分析的必要性

建筑结构的设计应该是在考虑经济投资、收益、结构失效状况下的预期后果以及保护生命财产安全等各个方面后的最优选择。因此，为保证结构的安全和经济投资的合理有效就需要资源的分配与成本效益策略相符合。从结构角度来说，建筑结构就应当在满足社会需求及利益的安全标准下设计与建造。

近年来，世界各地的地震频发，建筑物在地震作用下产生结构性损伤和功能劣化，导致的经济损失与建筑物的初始建造成本相比相当可观。此外，地震灾害还造成了恶劣的环境影响以及社会影响，如图 19-2 所示。

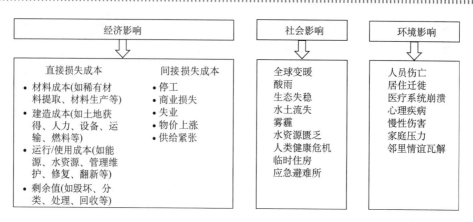

图 19-2   遭遇震害后的经济、社会、环境影响

基于概率的生命周期成本分析可以为决策者提供一种方便有效的方法，以此对比不同的抗震结构方案的经济效益，可实现投资资本和社会资源的合理有效利用，降低不良的经济、环境和社会影响。初始建造成本、由于震害损伤或结构失效而导致的失效成本以及修复和改造加固的成本等都需要在生命周期成本分析中合理地表述出来。一个科学、经济的结构设计应该合理地平衡初始化成本和未来成本。

19.2.2   基于性能的地震工程方法论

太平洋地震工程研究中心提出了一种基于性能的地震工程(PBEE)方法论，其中考虑了建设项目各种不确定性的来源，并把从结构震害损坏到经济损失纳入统一系统。基于性能的地震工程方法论分为四步：地震危险性分析、结构响应分析、损害分析和损失分析，如图 19-3 所示。

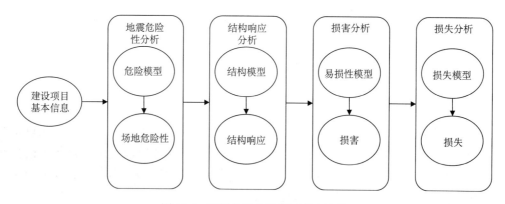

图 19-3   基于性能的地震工程方法论

在地震危险性分析中，对场地的地震危险性进行评估，生成符合危险水准的地震动强度参数 IM 的样本地面震动时程曲线。在结构响应分析中，在给定 IM 下对结构进行非线性时程分析，计算结构的响应，如位移、加速度或其他工程需求参数(EDP)。在损害分析中，这些工程需求参数用于结构地震易损性函数，确定结构的损害指标。最后一步

的损失分析是通过各种决策变量(DV)对性能进行概率评价；给定损害指标，评估结构震后的修复工作，并确定修复可操作性、修复成本、修复持时及潜在的伤亡损失。

19.2.3　基于地震易损性的生命周期成本

一般的生命周期成本分析原理是建立在经济理论上的，然而，本章所研究的基于概率理论的生命周期成本是与生命周期范围内可能存在的损害/损失相关，即建筑结构在其生命周期范围内由于遭受到随机出现、不同强度的地震动作用，发生不满足性能要求的损害并由此引发的经济损失。建设项目的生命周期成本分析中最主要考虑的一点就是合理地处置结构需求和能力的不确定性以及不满足性能要求而产生的成本的不确定性。

地震易损性分析(seismic fragility analysis)作为风险评估的手段之一，可以用来分析在指定地震动强度作用下结构系统超越某极限状态的条件概率，这就可以为地震灾害后的损失评估提供必要的概率依据。

在新建结构的生命周期内或者改造结构剩余寿命内，建设项目的生命周期成本可以认为是生命周期(t)和设计变量 X 的函数：

$$E[C(t,X)] = C_0(X) + E[\sum_{i=1}^{N(t)} \sum_{j=1}^{k} C_j e^{-\lambda t_j} P_{ij}(X,t_i)] + \int_0^t C_m(X) e^{-\lambda \tau} d\tau \qquad (19\text{-}1)$$

其中，$E(\bullet)$ 是数学期望；C_0 是新建或改造结构的初始化成本；X 是设计变量(设计荷载和抗力)；i 是剧烈加载的次数，包括各种危险源如风载、活载、地震作用等；t_i 是加载发生的时间，为随机变量；$N(t)$ 为寿命 t 内剧烈加载发生次数总和；C_j 为达到第 j 个极限状态时所产生的成本，包含损害成本、丧失服务能力成本、人员伤亡成本等；$e^{-\lambda t}$ 为时间 t 的折现系数；λ 为年度折现率；P_{ij} 是在给定第 i 个危险工况下第 j 个极限状态被超越时的概率；k 为极限状态总个数；C_m 为每年正常维修维护及管理成本。$e^{-\lambda t}$ 是将未来时间内发生的成本折算成当前时间的现值。

值得注意的是，此公式假定结构在每次损坏发生后都会立即修复至结构原始状态。

19.3　基于概率的生命周期成本计算模型

19.3.1　地震作用下的生命周期成本

本章讨论的危险源为单一的地震作用,地震在结构生命周期内的发生服从泊松分布,因此假定极限状态超越概率 P_{ij} 不随时间改变(即忽略结构能力随时间而衰退),则结构在生命周期时间内的成本可表述为

$$E[C(t,X)] = C_0 + \frac{v}{\lambda}(1-e^{-\lambda t})\sum_{i=1}^{N} C_i P_i + \frac{C_m}{\lambda}(1-e^{-\lambda t}) \qquad (19\text{-}2)$$

其中，$E(\bullet)$ 是期望值；C_0 是初始化成本；C_i 为第 i 个极限状态失效成本；C_m 为每年维修维护及管理成本；N 是极限状态总数；λ 为年度折现率；v 是重大地震的年度发生率；P_i 为第 i 个极限状态超越概率，且

$$P_i = P(\Delta_D > \Delta_{C,i}) - P(\Delta_D > \Delta_{C,i+1}) \qquad (19\text{-}3)$$

其中，Δ_D 为地震需求；$\Delta_{C,i}$ 为结构能力。

对于结构在生命周期内可能遭遇地震而造成的潜在经济损失 C_i，可由式(19-4)获得

$$C_i = C_i^{dam} + C_i^{con} + C_i^{eco} + C_i^{inj} + C_i^{fat} \tag{19-4}$$

其中，C_i^{dam} 为损害修复成本；C_i^{con} 为部件损坏成本；C_i^{eco} 为结构损坏导致的经济损失，如收入损失、租金损失、搬迁租赁成本等；C_i^{inj} 为人员伤害成本；C_i^{fat} 为人员死亡成本。

19.3.2　极限状态超越概率

生命周期成本公式的完备还需要计算出结构超越极限状态的概率。一旦确定好危险源与性能水准，下一步就是计算极限状态超越概率。通过第18章的地震易损性分析，结构最大响应阈值 $\Delta_{C,i}$ 被超越的概率 $P(\Delta_D > \Delta_{C,i})$ 可由式(19-5)计算：

$$P(\Delta_D > \Delta_{C,i}) = \int_0^\infty P(\Delta_D > \Delta_{C,i} \mid IM = im) \left| \frac{d\nu(IM)}{dIM} \right| dIM \tag{19-5}$$

式(19-5)积分的后一项是某一地震动强度的年超越概率的斜率，$\nu(IM)$ 由地震危险性曲线确定；积分的前一项即第18章提出的地震易损性函数 $P(EDP_{max} > C \mid IM = x)$，是在地震动强度参数 IM 的条件下，结构超越相应的极限状态 C(抗震需求超过抗震能力，即结构失效)的条件概率。在本章后续的研究中，采用谱加速度 $S_a(T_1, 5\%)$ 作为地震动强度参数 IM，以结构最大层间位移角 θ_{max} 作为结构损害指标，因此地震易损性函数定义如下：

$$P_f = P(\theta_{max} > \theta \mid S_a = x) \tag{19-6}$$

根据第18章研究，式(19-6)中结构需求和抗震能力假定为相互独立且服从对数正态分布，因此地震易损性函数为

$$P_f = 1 - \Phi\left[\frac{\ln(\theta) - \lambda_{D|S_a=x}}{\beta_D} \right] \tag{19-7}$$

其中，$\Phi(\cdot)$ 是标准正态累积分布函数；λ_D 是地震需求均值的自然对数，该均值为地震强度的函数；β_D 是地震需求标准差的自然对数。

19.4　算例分析

在地震易损性和基于概率的生命周期成本研究基础上，初步建立建筑项目全生命周期内在随机地震因素作用下发生的生命周期成本，以第18章的RC、SC框剪结构为例，对其进行生命周期成本计算。

19.4.1　建设工程项目概况

某建设项目建于8度抗震设防烈度区，结构占地面积为 1140.5 m²，总建筑面积为 6843 m²，建设方案有两种：传统现浇混凝土结构和自定心混凝土结构。本章仅考察两种不同结构体系在其他前提条件均相同的情况下的生命周期成本。因此，假定两种

结构的基本建筑功能均相同，满足相关要求；两种方案均满足区域规划、总平面布局合理程度；项目交付后的装修装饰、供水排水、供气供电、强弱电设计、消防设施和措施等采用统一规格。

19.4.2　生命周期成本的参数确定

(1)折现率反映了投资者货币时间价值的利息率，是将未来有限期预期收益折算成现值的比率。在投资决策中，折现率的选择是一项极其重要的内容，折现率的正确与否直接关系到决策的科学性和正确性。折现率常受资金成本、资金供求情况、投资风险、通货膨胀等因素影响。本章中年度折现率取值为常量，根据 Rackwitz 等研究[4,5]，年度折现率取值为 6%。

(2)建设项目的寿命根据《建筑结构荷载规范》(GB 50009—2012)统一采用结构设计使用年限 50 年作为其使用寿命。

(3)本书中的结构性能水准分为三个等级：IO、LS 和 CP，因此对应的各个性能水准下建设项目失效成本依次为 C_{IO}、C_{LS}、C_{CP}。C_i 的数值可以参照式(19-4)分项计算，此法比较适用于有实测数据或者有较多已竣工数据积累的建设项目。目前国内在这方面的研究还较少，对于已竣工工程的数据库尚需进一步建设。

Fragiadakis 等[6]于 2006 年研究了地震作用下钢结构基于性能的优化设计方法，并在设计过程中考虑了结构在未来时间里遭受地震作用后的生命周期成本。作者对一个 5 跨 10 层的钢框架进行基于性能的优化设计和生命周期成本分析计算。根据 ATC-13，作者以层间位移角为分类标准将结构的损伤状态分为 7 个等级，分别为安全无损、轻微损伤、轻度损伤、中等损伤、重度损伤、重大损伤和完全破坏，而超越某一极限破坏状态的失效成本量化为结构初始建造成本的比例，分别为初始建造成本的 0%、0.5%、5%、20%、45%、80% 和 100%。Fragiadakis 等以此对 10 层钢框架的第二种设计方案进行了生命周期成本计算分析。

Gencturk 和 Elnashai 对抗震设防区域的混凝土结构的生命周期成本进行了相关研究[7]。作者对 2 层 2 跨的混凝土框架结构进行了抗震优化设计，7 组设计变量的定值改变和不同组合共计产生 3000 种设计方案，以层间位移角为依据把结构分为 IO、LS、CP 三种状态，对其进行静力推覆分析和非线性动力时程分析进而确定结构能力和结构需求。超越 IO、LS 和 CP 极限状态的失效成本取初始建造成本的 30%、70% 和 100%，利用禁忌搜索算法对 3000 种方案进行计算搜索，并根据生命周期成本计算公式得出了最优设计方案的生命周期成本。

超高韧性水泥基复合(ECC)材料与 RC 材料相比具有超高拉伸延性、能量吸收和减小裂缝宽度的特性，但是其材料价格较高。Gencturk[8]为了研究在结构中用 ECC 材料替代 RC 材料的潜在价值，在三种框架结构中分别仅使用 RC 材料、仅使用 ECC 材料和塑性绞部位采用 ECC 材料而其余使用 RC 材料，对三种框架结构进行非线性动力时程分析。C_{IO}、C_{LS}、C_{CP} 分别取初始建造成本的 30%、70% 和 100%，对其进行生命周期成本计算，结果表明采用 ECC 材料具有更小的生命周期成本和更好的结构性能。

综上所述，本章中 RC 结构的 C_{IO}、C_{LS}、C_{CP} 分别取其结构初始建造成本 C_0 的 30%、

70%、100%。

通过对自定心结构进行了一系列试验研究，如自定心混凝土框架节点和框架性能研究、摩擦耗能式自定心混凝土墙、外置耗能式自定心混凝土桥墩和腹板摩擦式自定心混凝土空间框架等。试验后，各类结构的破损情况如图 19-4 所示。

(a) SC 框架节点　　　　　　　　(b) SC 框架　　　　　　　　(c) SC 混凝土墙

(d) SC 桥墩　　　　　　　(e) 两片式 SC 混凝土墙　　　　　　(f) SC 空间框架

图 19-4　各类结构在试验结束后的破损情况

从各组试验的结果来看，自定心结构的损伤在总体上是很小的。经统计，试验中结构超越 IO 状态仅仅表现为混凝土表面轻微开裂，其失效成本 C_{IO} 为混凝土凿除和修补产生的费用。超越 LS 状态时，结构出现局部混凝土压碎破裂、摩擦耗能件中的黄铜磨损等，失效成本 C_{LS} 主要表现为加固破坏部位结构和维修摩擦耗能件的费用。当超越 CP 状态后，结构在持续地震作用下会出现不同程度的钢筋屈服、混凝土开裂压溃、摩擦耗能件失效、预应力筋屈服等，失效成本 C_{CP} 为构件破坏导致的修复成本和摩擦耗能件及钢绞线替换成本。

通过第 18 章的研究可以得知，相比 RC 结构，SC 结构在各极限状态的失效概率小，具有更好的抗震性能。因此，SC 结构超越各极限状态的失效成本会低于 RC 结构。本章算例中 SC 框剪结构的失效成本 C_{IO}、C_{LS}、C_{CP} 占初始建造成本 C_0 的比例可以通过以下方法计算：已知 RC 结构的 C_{IO}、C_{LS}、C_{CP} 分别取其结构初始建造成本 C_0 的 30%、70%、100%，再计算 SC 与 RC 结构在地震作用下超越 IO、LS、CP 状态的超越概率之比 R_{IO}、R_{LS}、R_{CP}，两者对应相乘的乘积（30%×R_{IO}、70%×R_{LS}、100%×R_{CP}）作为 SC 结构各个失效成本占初始建造成本的比例。

19.4.3　两种方案的生命周期成本计算分析

以 18.4 节中的一榀 RC、SC 框剪结构为例，进行生命周期成本的算例分析。工程初始建造成本主要包括混凝土工程、钢筋工程、模板工程、抹灰工程、装修装饰以及劳动力成本和机械费。

综合单价是完成一个规定清单项目所需的人工费、材料和工程设备费、施工机具使用费和企业管理费、利润，以及一定范围内的风险费用。本书中采用不含增值税的综合单价，其计算公式为

$$G = (A + A \times B\% + C + D + E) \times (1 + F\%) \tag{19-8}$$

其中，G 为不含增值税的综合单价；A 为各种材料的单价；B 为主材的损耗率，工程中材料在使用过程会有损耗；C 为辅材费；D 为人工费；E 为机械费；F 为管理费和利润率，是工程中为完成某项分部工程过程中产生的管理费用和预期所获利润。

根据式(19-8)进行建设项目各分部工程的综合单价计算，具体计算结果如表 19-1 所示。

表 19-1　综合单价计算表

主材名称	主材单价/元	主材损耗率/%	辅材费/元	人工费/元	机械费/元	管理费及利润率/%	综合单价/元
混凝土工程	313.50	1.50	7.0	40	2.50	5.50	387.55
钢筋工程	2858.97	2.00	150.0	700	18.00	5.50	3992.28
模板工程	8.00	2.00	1.7	35	1.50	5.50	48.91
抹灰工程	1.52	2.00	0.5	7	0.47	5.50	10.05
装修装饰	24.43	4.00	3.5	19	0.97	5.50	51.57

已知建设项目的各项综合单价，对 18.4 节中建设项目两种设计方案的工程用量进行测算，将综合单价与工程用量的乘积作为每项分部工程的综合成本，最后合计得出建设项目的初始建造成本。

对于 RC 框剪结构的初始建造成本，各分项计算结果如下表 19-2 所示。

表 19-2　RC 框剪结构的初始建造成本计算表

工程名称	类型	综合单价	工程用量	综合成本/元
混凝土工程	梁	387.55 元/m³	49.98m³	19369.75
	柱	387.55 元/m³	35.97m³	13940.17
	板	387.55 元/m³	83.36m³	32306.17
	剪力墙	387.55 元/m³	20.08m³	7782.00
钢筋工程	梁	3992.28 元/t	8.93t	35651.06
	柱	3992.28 元/t	4.47t	17845.49
	板	3992.28 元/t	13.78t	55013.62
	剪力墙	3992.28 元/t	3.51t	14012.90

续表

工程名称	类型	综合单价	工程用量	综合成本/元
模板工程	梁柱板墙	48.91 元/m²	1437.20m²	70293.45
抹灰工程	梁柱板墙	10.05 元/m²	1581.00m²	15889.05
装修装饰	结构主体	51.57 元/m²	1006.04m²	51881.48
合计				333985.15

对于 SC 框剪结构，为了实现震后自动复位的功能，需要比 RC 框剪结构设置更多的构造和附属装置，如钢绞线、端部固定锚具、保护墙角的钢套以及外置式摩擦耗能装置。这些附属装置会在一定程度上增加 SC 框剪结构的初始建造成本，而且由于需要安装调试这些装置，导致劳动力成本也会增加。此外，为了保证这些装置的安装部位能与建筑物协调统一，还需要额外的装饰与装修。因此，SC 框剪结构的初始建造成本各分项计算列表如下，如表 19-3 所示。

表 19-3 SC 框剪结构的初始建造成本计算表

工程名称	类型	主材单价	工程用量	综合成本/元
混凝土工程	梁	387.55 元/m³	49.98m³	19369.75
	柱	387.55 元/m³	35.97m³	13940.17
	板	387.55 元/m³	83.36m³	32306.17
	剪力墙	387.55 元/m³	18.76m³	7270.44
钢筋工程	梁	3992.28 元/t	8.93t	35651.06
	柱	3992.28 元/t	4.47t	17845.49
	板	3992.28 元/t	13.78t	55013.62
	剪力墙	3992.28 元/t	3.51t	14012.90
模板工程	梁柱板墙	48.91 元/m²	1620.00m²	79234.20
抹灰工程	梁柱板墙	10.05 元/m²	1782.00m²	17909.10
装修装饰	结构主体	51.57 元/m²	1134.00m²	58480.38
其他附属	钢绞线	6.50 元/m	150.00m	975.00
	锚具	60.00 元/个	84 个	5040.00
	钢套	430.00 元/个	4 个	1720.00
	摩擦耗能件	720.00 元/个	24 个	17280.00
合计				376048.28

根据第 18 章的地震易损性分析可分别得到 RC、SC 框剪结构在多遇、设计和罕遇地震下的失效概率，再依据 18.3.2 节的式(18-5)～式(18-7)计算 RC、SC 框剪结构方案的极限状态超越概率，计算结果如表 19-4。

已知 RC 和 SC 框剪结构的 $P_{i,\text{IO}}$、$P_{i,\text{LS}}$、$P_{i,\text{CP}}$，可以得出 R_{IO}、R_{LS}、R_{CP} 分别为 0.552、0.835、0.651。由 RC 框剪结构的 C_{IO}、C_{LS}、C_{CP} 分别取其结构初始建造成本的 30%、70%、100%，则 SC 框剪结构的失效成本占其初始建造成本的比例依次为 16.5%、58.4%、65.1%。

表 19-4　RC、SC 框剪结构的极限状态超越概率

方案	$P_{\Delta>IO}$	$P_{\Delta>LS}$	$P_{\Delta>CP}$	$P_{i,IO}$	$P_{i,LS}$	$P_{i,CP}$
RC 框剪结构	0.06158	0.01311	0.00426	0.04847	0.01034	0.00426
SC 框剪结构	0.03961	0.01288	0.00277	0.02673	0.00863	0.00277

注：$P_{\Delta>IO}$、$P_{\Delta>LS}$、$P_{\Delta>CP}$ 为结构超越相应极限状态的失效概率；$P_{i,IO}$、$P_{i,LS}$、$P_{i,CP}$ 为结构超越相应极限状态的超越概率。

根据结构的失效成本 C_{IO}、C_{LS}、C_{CP} 占初始建造成本 C_0 的比例，计算 RC、SC 框剪结构的超越各极限状态的失效成本，具体计算结果如表 19-5 所示。

表 19-5　RC、SC 框剪结构的各项失效成本　　　　（单位：元）

方案	C_{IO}	C_{LS}	C_{CP}
RC 框剪结构	100195.50	233789.61	333985.15
SC 框剪结构	62047.97	219612.20	244807.43

对于建设项目运营期的每年管理费用以及正常的维修费，可以认为在两种方案下是相同的，因此同等对比下本章便不予计算。相比之下，SC 方案涉及的锚具、摩擦耗能件和钢绞线等维护费用要多于 RC 方案。考虑到正常使用过程中需要对 SC 框剪结构附属构件进行防锈维护、钢绞线检查、摩擦耗能件应力检测等，则 SC 方案的年平均维修费用 C_m 为 381.80 元。

综上所述，根据式 (19-2)，将初始建造成本和各极限状态失效成本等累加起来，即可得到建设项目的生命周期成本，如表 19-6 所示。

表 19-6　RC、SC 框剪结构的生命周期成本　　　　（单位：元）

方案	C_0	$C_1=\dfrac{v}{\lambda}(1-e^{-\lambda t})\sum_{i=1}^{N}C_iP_i$	$C_2=\dfrac{C_m}{\lambda}(1-e^{-\lambda t})$	$E(C)$
RC 框剪结构	333985.15	137706.50	—	471691.65
SC 框剪结构	376048.28	67020.29	6047.70	449116.27

RC 和 SC 结构在生命周期时间内的成本以及各项成本的占比如图 19-5 和图 19-6 所示。由图 19-5 可知，RC 框剪结构的初始建造成本要低于 SC 框剪结构，这是由于 SC 框剪结构为了实现其自定心能力、提高抗震性能和减小残余变形等功能，需要增设预应力筋、摩擦耗能件等附属设施，因而单从初始建造成本方面对比选择设计方案，一般决策者会选择造价低的方案。

然而，从建设项目的生命周期角度来看，决策者不仅仅需要考虑建设项目的初始建造成本，还应该从建设项目的长期运营考虑。考虑到我国大部分地区均需抗震设防，如果建设项目在其生命周期时域内遭遇地震作用，结构的震后修复成本、人员伤亡以及随之带来的经济损失、社会影响巨大，对此应综合考量。

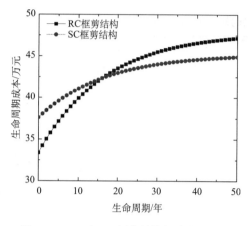

图 19-5　RC 和 SC 框剪结构的生命周期成本

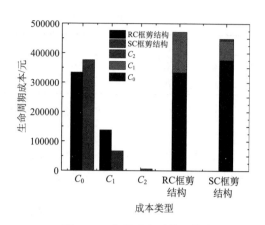

图 19-6　各项成本对比及其占比

通过地震易损性分析以及生命周期成本计算，由两种设计方案的对比情况可知：SC框剪结构设计方案的结构抗震性能要优于 RC 方案，遭遇地震作用后的结构失效概率也小于 RC 框剪结构，更能保证结构的安全性。此外，由生命周期成本分析可知：两种设计方案在建设项目投入使用后的时域内，RC 框剪结构产生的成本要远远高于 SC 方案；综合建设项目的整个生命周期内的初始建造成本、失效成本以及维护管理成本，SC 方案的生命周期成本要低于 RC 方案。

因此，从结构安全可靠和降低经济社会成本两方面考虑，自定心结构有着较为优越的抗震性能，并且由于自定心结构采用了装配式的施工方法，减少了现场湿作业，能够提高施工效率和建筑工业化水平，更能降低后期震后修复成本。因而自定心结构体系是一种具有相当发展潜力的新型结构形式。

19.5　本 章 小 结

本章以基于概率的生命周期成本理论，对 RC、SC 框剪结构进行了生命周期成本计算研究，为今后自定心结构的推广应用提供了参考，主要工作和结论如下：

（1）介绍了建设项目的生命周期成本含义、阶段划分、成本分类等内容，强调了对建设项目进行生命周期成本分析的重要性，并给出了一种基于性能的方法论。基于此可以对工程结构进行一系列分析计算，得到结构的损伤情况和财产损失。

（2）提出了结构在地震作用下基于概率的生命周期成本计算公式，从结构的全生命周期出发，考虑了初始建造成本、震后损伤的失效成本、年度维护管理成本等，并介绍了各项成本的计算方法。

（3）针对传统现浇混凝土结构和自定心混凝土结构，分别计算了两种结构的生命周期成本。通过对比分析可以发现，自定心混凝土结构有着更为优越的抗震性能和较低的生命周期成本，因此，自定心结构体系是一种具有相当发展潜力的新型结构形式。

参 考 文 献

[1] 王磊. 摩擦耗能自定心混凝土墙的地震易损性与生命周期成本研究[D]. 南京: 东南大学, 2017.

[2] 任国强. 全生命周期工程造价管理及其计算机实现 [R]. 天津: 天津理工学院经济与管理学院, 2003.

[3] 董士波. 全生命周期工程造价管理研究 [D]. 哈尔滨: 哈尔滨工程大学, 2003.

[4] Rackwitz R, Lentz A, Faber M. Socio-economically sustainable civil engineering infrastructures by optimization [J]. Structural Safety, 2005, 27 (3): 187-229.

[5] Rackwitz R. The effect of discounting, different mortality reduction schemes and predictive cohort life tables on risk acceptability criteria [J]. Reliability Engineering and System Safety, 2006, 91 (4): 469-484.

[6] Fragiadakis M, Lagaros N D, Papadrakakis M. Performance-based multiobjective optimum design of steel structures considering life-cycle cost [J]. Structural and Multidisciplinary Optimization, 2006, 32 (1): 1-11.

[7] Gencturk B, Elnashai A S. Life cycle cost considerations in seismic design optimization of structures [C]. //Structural Seismic Design Optimization and Earthquake Engineering: Formulations and Applications, 2012.

[8] Gencturk B. Life-cycle cost assessment of RC and ECC frames using structural optimization [J]. Earthquake Engineering and Structural Dynamics, 2013, 42 (1): 61-79.

第 20 章
自定心混凝土墙的工程应用

因自定心抗震墙结构具有延性大、耗能性能好和震后残余变形小等特点，将自定心抗震墙应用于加固工程具有较大的优势。本章主要介绍了采用自定心抗震墙加固框架结构的工程应用，并对加固前后的结构进行了地震易损性对比分析[1,2]，表明自定心抗震墙能明显提高原结构的抗震性能，使其满足规范要求。

20.1 宿迁某学校综合楼连廊改造工程

20.1.1 工程简介

汶川地震中许多学校建筑因抗震能力不足，造成校舍倒塌、学生伤亡等严重后果。2009 年 4 月，国家正式启动全国中小学校舍安全工程，在全国中小学中开展抗震加固，提高综合防灾能力建设等活动，使学校校舍达到重点设防类抗震设防标准。

本工程为江苏省宿迁市某学校综合楼连廊加固改造工程，连廊为单跨五层框架结构，首层高 4.2m，其余层高 3.6m，建筑总高 18.6m。经抗震鉴定，该建筑不能满足 B 类建筑、乙类设防等抗震要求，不能满足后续使用年限为 50 年的要求。

工程所在地属于地震高烈度区，抗震设防烈度为 8 度，设计基本地震加速度为 0.30g，设计地震分组为第一组，工程场地土类别为Ⅲ类，场地特征周期值为 0.45s，计算罕遇地震作用时，特征周期增加 0.05s。框架柱截面尺寸为 800mm×800mm，单侧配筋 6@20，箍筋 10@100/200。框架梁截面尺寸为 200mm×400mm，受拉主筋 3@16，箍筋 8@100/200。

综合考虑经济和技术等原因，为保障结构在地震作用下的安全性，在垂直于连廊方向（X 方向）采用摩擦耗能自定心混凝土抗震墙（简称自定心抗震墙），改善单跨框架的不足，同时在平行于连廊方向（Y 方向）采用钢支撑对连廊进行加固。本书只讨论在垂直连廊方向自定心抗震墙对原连廊结构抗震性能的提高，不涉及本工程中的其他加固措施及技术问题。

连廊加固前的卫星图和加固后的现场图如图 20-1（a）和（b）所示，连廊加固前和加固后的模型如图 20-1（c）和（d）所示。在垂直于连廊方向采用三片自定心工字型抗震墙进行加固，在每层层高处用摩擦耗能件连接自定心抗震墙和连廊。三片自定心抗震墙用梁连接起来，并把墙体做成工字型可以提高自定心抗震墙的整体工作性能，同时防止自定心抗震墙的面外失稳。为了保证工字型自定心抗震墙翼缘的局部稳定性并增加传递水平力的稳定性，在自定心抗震墙每层层高处增加了板。

(a) 连廊加固前的卫星图

(b) 连廊加固后的现场图

(c) 连廊加固前的模型图

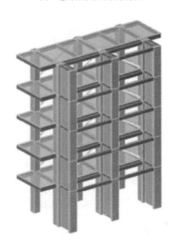

(d) 连廊加固后的模型图

图 20-1　连廊加固前后对比

20.1.2　自定心抗震墙

工字型自定心抗震墙横截面如图 20-2 所示，截面的总高度为 2500mm，腹板厚度为 300mm，翼缘的宽度为 1000mm，厚度为 250mm。自定心抗震墙中的钢筋统一采用

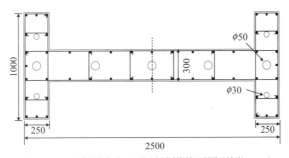

图 20-2　工字型自定心抗震墙横截面图(单位:mm)

HRB400 钢筋,底层纵筋采用 48 根直径为 20mm 的钢筋,其他层纵筋采用 48 根直径为 18mm 的钢筋,箍筋统一采用 10@150。在自定心抗震墙内利用金属波纹管预留 9 个预应力筋孔道,其中翼缘内 4 个孔道直径为 30mm,各内穿一根钢绞线,其余的 5 个管道直径为 50mm,各内穿 2 根钢绞线,共 14 根钢绞线。钢绞线的直径为 21.6mm,单根设计拉力为 445kN。

20.1.3　摩擦耗能件

摩擦耗能件是连接自定心抗震墙和框架的重要构件,一方面起到摩擦耗能的作用,另一方面起到传递水平力的作用。每个摩擦耗能件上有三个高强螺栓,通过拧紧高强螺栓使钢板之间产生压力,其构造如图 20-3 所示。安装过程中先把摩擦耗能件预埋入结构内,拧紧高强螺栓,保证安装位置的准确性,施工结束后把高强螺栓拧紧到设计拉力。单个螺栓的设计拉力为 140kN,单个摩擦耗能件的设计摩擦力为 250kN。钢材采用 Q235B 钢,螺栓采用 10.9 级承压型高强螺栓。

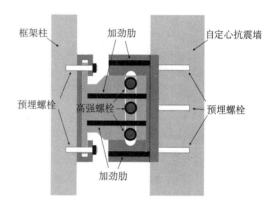

(a) 摩擦耗能件安装图　　　　　　(b) 摩擦耗能件示意图

图 20-3　摩擦耗能件的安装图和示意图

20.2　连廊加固后动力特性测试

建筑结构动力特性反映的是结构本身所固有的动力性能,包括结构的自振频率、阻尼系数和振型等基本参数。这些参数由结构形式、质量分布、结构刚度、材料性质、构造连接等因素决定,与外荷载无关[3]。

在加固工程完成后,对结构进行了动力特性测试,从而为修正加固后的连廊 OpenSees 有限元模型提供参考。动力特性测试的内容包括连廊加固后的自振频率和阻尼系数等动力特性参数。在连廊顶层楼面的中心位置分别放置 X 向(垂直于连廊方向)和 Y 向(平行于连廊方向)拾振器作为参考点,然后依次在每层层高处的柱边及楼面中心放置 X 向和 Y 向拾振器来测试连廊加固后的动力特性,本书只分析结构 X 向的动力特性数据。

20.2.1　测试仪器及设备

加固后的连廊以低频振动为主,振动响应频率一般不超过 50Hz,故选用超低频 941B

型拾振器, 其通频带范围处于 0.25～80Hz, 满足测试要求。采用安正 AZ_CRAS 动态信号测试分析系统对拾振器采集的加固后连廊各层楼板水平方向加速度时程数据进行模态参数识别。表 20-1 列出了测试所需仪器的型号和数量。图 20-4 为现场测试所采用的拾振器、信号采集箱和滤波器。

表 20-1　现场振动测试所需仪器的型号和数量

仪器名称	数量	主要技术指标
941B 型超低频拾振器	4 个	通频带 0.25～80Hz
安正 AZ308 信号采集箱	1 台	8 通道
安正 AZ808 滤波器	1 台	8 通道
安正 AZ_CRAS 动态信号测试分析系统	1 套	7.0 版
拾振器同轴电缆数据线	4 根	—
笔记本电脑	1 台	—
扩音设备及喊话器	1 套	—
供电箱	1 台	电压 220V、三插座

(a)拾振器

(b)信号采集箱和滤波器

图 20-4　现场测试采用的仪器

20.2.2　测试结果

根据连廊的施工图, 在安正 AZ_CRAS 动态信号测试分析系统中建立连廊模型。采用基于环境随机激励的模态参数识别方法进行动力特性参数测试, 得到连廊加固后的振型、自振频率和阻尼。图 20-5 为连廊加固后 X 向的前五阶振型。图 20-6 为连廊加固后 X 向的自功率谱, 图中的表格列出了连廊加固后的自振频率和阻尼。

(a) 第一阶振型

(b) 第二阶振型

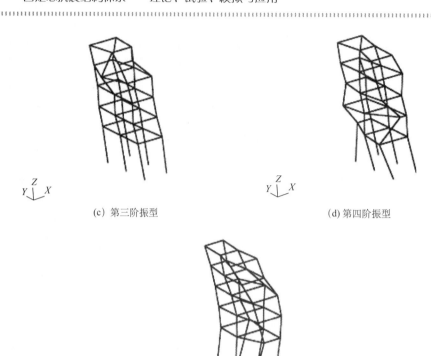

(c) 第三阶振型 　　　　　(d) 第四阶振型

(e) 第五阶振型

图 20-5　连廊加固后 X 向的前五阶振型

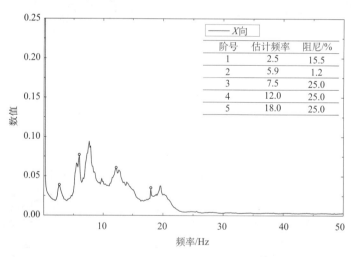

阶号	估计频率	阻尼/%
1	2.5	15.5
2	5.9	1.2
3	7.5	25.0
4	12.0	25.0
5	18.0	25.0

图 20-6　连廊加固后 X 向的自功率谱

20.3　连廊加固前后的数值模型

在有限元软件 OpenSees[4] 中建立连廊加固前后的数值模型。因只在垂直连廊方向采用自定心抗震墙进行加固，且连廊加固前后都是对称结构，因此沿 X 向取一榀框架和一片自定心抗震墙建立有限元模型。

采用自定心抗震墙结构的建模方法，建立连廊加固前后的有限元模型。图 20-7 给出了自定心抗震墙纤维截面的划分情况。连廊加固后的有限元模型示意如图 17-10b 所示，放松自定心抗震墙和基础之间的约束，自定心抗震墙可绕墙角转动，在墙体与基础的接触面上定义只能承压不能抗拉的竖向零长度单元，定义一个水平零长度单元来模拟自定心抗震墙底部土体对自定心抗震墙的作用。

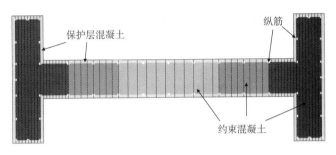

图 20-7　自定心抗震墙纤维截面划分图

动力特性测试的结果和有限元模型的自振频率之间的差值在合理的范围内，如表 20-2 所示，说明采用 OpenSees 软件建立的有限元模型能有效地模拟出结构的动力响应。

表 20-2　加固后结构实测和有限元模型自振频率的对比

X 向振型阶数	自振频率/Hz		差值
	实测值	有限元模型分析值	
1	2.500	2.354	−5.82%
2	5.875	5.862	−0.23%
3	7.500	7.622	1.63%
4	12.000	12.970	8.08%
5	18.000	17.065	−5.20%

20.4　连廊加固前后的动力时程分析对比

20.4.1　地震动记录选取

为评价采用自定心抗震墙加固后连廊结构的抗震性能，根据 FEMA P695[5]，从 PEER Strong Motion Database 中随机选取了符合结构所在场地类别(III 类场地)的 5 条地震动记录和 2 条人工地震动，地震动特性如表 20-3 所示。对原始地震动记录在频域内进行调整，使调整后的各地震动的反应谱和设计谱在统计意义上相吻合，如图 20-8 所示。

表 20-3　地震动特性

地震名	年份	地震分量	震中距/km	PGA/g	持时/s
Imperial Vally	1979	H-CHI012	18.9	0.27	52
Imperial Vally	1979	H-E10320	28.8	0.23	38
Superstition Hills	1987	B-WSM180	19.5	0.21	60
Loma Prieta	1989	AGW000	40.1	0.17	60
Kobe	1995	FKS000	43.6	0.18	80
人工波 1	—	—	—	0.38	16
人工波 2	—	—	—	0.37	20

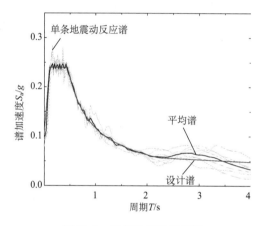

图 20-8　选用地震动反应谱

20.4.2　结果对比

　　根据规范,将动力时程分析所用的地震加速度时程的最大值分别调幅至多遇地震和罕遇地震动作用下相应的值,对加固前和加固后的连廊结构进行动力时程分析。表 20-4 列出了连廊加固前后在多遇地震和罕遇地震动作用下的结构最大层间位移角的对比。从表中

表 20-4　连廊加固前后结构最大层间位移角对比

地震分量	多遇地震动作用下最大层间位移角/rad			罕遇地震动作用下最大层间位移角/rad		
	限值	加固前	加固后	限值	加固前	加固后
H-CHI012	0.00182	0.00427	0.00173	0.02	0.01952	0.00768
H-E10320	0.00182	0.00390	0.00148	0.02	0.01920	0.00612
B-WSM180	0.00182	0.00472	0.00165	0.02	0.01973	0.00736
AGW000	0.00182	0.00322	0.00146	0.02	0.02945	0.00600
FKS000	0.00182	0.00464	0.00181	0.02	0.02580	0.00627
人工波 1	0.00182	0.00344	0.00181	0.02	0.03132	0.00658
人工波 2	0.00182	0.00424	0.00158	0.02	0.01380	0.00685
平均值	0.00182	0.00406	0.00165	0.02	0.02269	0.00669

可以看出，在多遇地震动作用下，未加固连廊的最大层间位移角全部超出规范要求，且超出比例较大，最大比例为 159%。采用自定心抗震墙加固后提高了连廊结构的刚度和强度，显著降低了结构的最大层间位移角，满足规范要求。在罕遇地震动作用下，未加固连廊在三条地震动记录作用下最大层间位移角超过规范限值，且七条地震动记录作用下的最大层间位移角均值也超过了规范限值。加固后连廊结构的最大层间位移角显著低于规范限值，说明在较大的地震动作用下，自定心抗震墙和框架柱之间发生相对运动后，摩擦耗能件参与耗能，能显著消耗地震能量，减小结构最大层间位移角。

　　图 20-9(a) 表示在多遇地震动作用下连廊加固前后各楼层的最大层间位移角对比。从图中可以看出，在多遇地震动作用下连廊加固前楼层的最大层间位移角均超出了限值，且超出比例较大，明显不符合规范要求。加固后连廊的各楼层最大层间位移角都在规范限值之内，满足规范要求。图 20-9(a) 显示加固后连廊的各楼层最大层间位移角比较均匀，说明采用自定心抗震墙加固可以改善框架结构的变形机制。和加固前在七条震动记录作用下得到的各楼层最大层间位移角曲线相比，加固后各楼层的最大层间位移角比较相近，说明采用自定心抗震墙加固增加了连廊结构的抗震稳定性。图 20-9(b) 表示在罕遇地震动作用下连廊加固前后各楼层的最大层间位移角对比。图中对于自定心抗震墙改善连廊结构的变形机制和增加连廊结构的抗震性能稳定性表现更明显。加固前的连廊结构在其中三条地震作用下的最大层间位移角超出了规范限值，加固后的连廊在罕遇地震动作用下各楼层最大层间位移角明显低于规范限值，说明摩擦耗能显著减小连廊各楼层最大层间位移角。连廊加固前后分别在多遇地震和罕遇地震动作用下各楼层的平均位移对比如图 20-10 所示，采用自定心抗震墙加固减小了结构的各层位移，在罕遇地震动作用下更为明显。

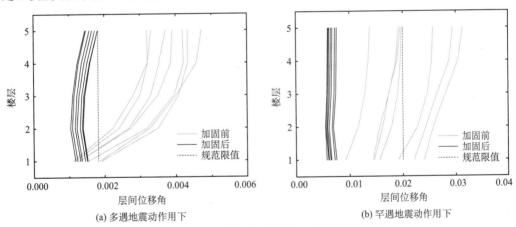

(a) 多遇地震动作用下　　　　　　　　　　(b) 罕遇地震动作用下

图 20-9　连廊加固前后各楼层最大层间位移角对比

　　图 20-11 表示连廊加固后在罕遇地震动作用下单根预应力筋中应力的变化，该预应力筋位于自定心墙体的翼缘处，其中最大值为 506.41kN，相应的应力为 1382MPa<1675MPa，满足设计的要求。从图中可以看出，预应力筋中初始值应力为 1223MPa，地震作用后预应力筋中的应力为 1218MPa，预应力损失可忽略不计。图 20-12 表示在多遇地震动作用下连廊加固前后结构顶层位移时程曲线的对比。结果表明在多遇地震动作用下，结构加固前后的残余变形都较小，加固后结构顶层位移显著减小。图 20-13 表示在

罕遇地震动作用下连廊加固前后结构顶层位移时程曲线的对比。图示表明在罕遇地震动
作用下,加固前的连廊结构具有较大的残余变形,顶层位移较大;加固后的连廊结构基
本无残余变形,顶层位移显著降低,提高了结构的抗震性能,减小了结构震后的修复费
用,体现了采用自定心抗震墙加固方案的经济性。

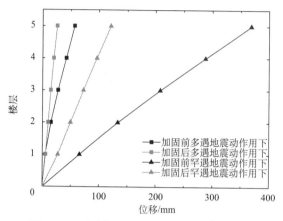

图 20-10　连廊加固前后各楼层平均位移对比

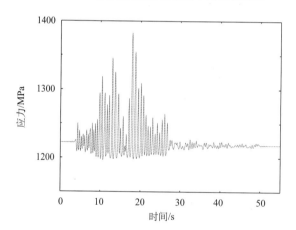

图 20-11　连廊加固后在罕遇地震动作用下单根预应力筋中应力变化的时程曲线

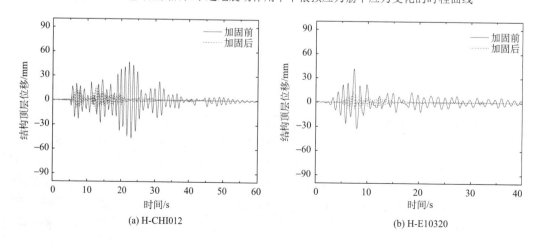

(a) H-CHI012　　　　　　　　　(b) H-E10320

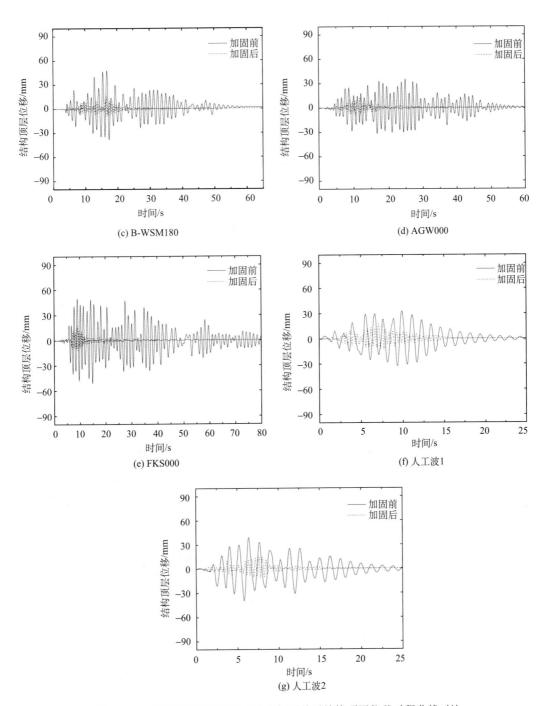

(c) B-WSM180

(d) AGW000

(e) FKS000

(f) 人工波1

(g) 人工波2

图 20-12　在多遇地震动作用下连廊加固前后结构顶层位移时程曲线对比

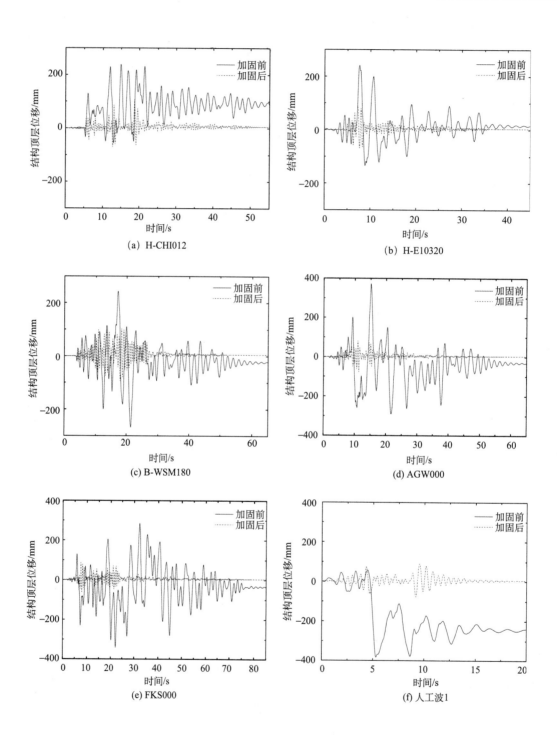

(a) H-CHI012

(b) H-E10320

(c) B-WSM180

(d) AGW000

(e) FKS000

(f) 人工波1

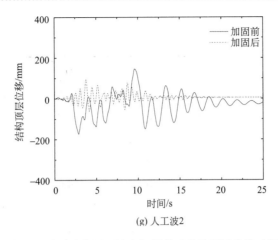

(g) 人工波2

图 20-13　在罕遇地震动作用下连廊加固前后结构顶层位移时程曲线对比

20.5　连廊加固前后的地震易损性分析对比

对加固前的连廊和采用自定心抗震墙加固后的连廊分别进行地震易损性分析，利用 IDA[6]方法，得到地震易损性曲线并进行对比来评估采用自定心抗震墙加固后结构的抗震性能。

在 20.3 节所述的有限元模型基础上，分别以 $S_a(T_1,5\%)$ 和 θ_{max} 为地震动强度指标和结构损伤指标，并且采用等步长方法对地震动强度进行调幅。

根据我国抗震规范[7]，在第 17 章性能水准划分的基础上，增加正常运营(operational, OP)极限状态，其相对应的最大层间位移角限值取在多遇地震动作用下框架结构层间位移角限值 1/550。

本工程处于Ⅲ类场地，根据 FEMA P695[5]，从 PEER Strong Motion Database 中随机选取了 40 条满足Ⅲ类场地的地震动记录，如表 20-5 所示。40 条地震动反应谱及其平均谱如图 20-14 所示。

表 20-5　所选地震动特性

序号	地震名	年份	地震分量	PGA/g	震中距/km	持时/s
1	Gazli	1976	GAZ090	0.86	12.8	14
2	Imperial Vally	1979	H-BRA225	0.16	43.2	38
3	Imperial Vally	1979	H-BRA315	0.22	43.2	38
4	Imperial Vally	1979	H-CHI012	0.27	18.9	52
5	Imperial Vally	1979	H-CHI282	0.25	18.9	52
6	Imperial Vally	1979	H-DLT262	0.24	33.7	100
7	Imperial Vally	1979	H-DLT352	0.35	33.7	100
8	Imperial Vally	1979	H-ECC002	0.21	29.1	40
9	Imperial Vally	1979	H-E10050	0.17	28.8	37

续表

序号	地震名	年份	地震分量	PGA/g	震中距/km	持时/s
10	Imperial Valley	1979	H-E10320	0.23	28.8	37
11	Imperial Valley	1979	H-E11140	0.37	29.5	39
12	Imperial Valley	1979	H-E03140	0.27	28.7	40
13	Imperial Valley	1979	H-E03230	0.22	28.7	40
14	Imperial Valley	1979	H-E04140	0.48	27.1	39
15	Imperial Valley	1979	H-E04230	0.37	27.1	39
16	Imperial Valley	1979	H-E05230	0.38	27.8	39
17	Imperial Valley	1979	H-E06140	0.45	27.5	39
18	Imperial Valley	1979	H-E06230	0.45	27.5	39
19	Imperial Valley	1979	H-E07140	0.34	27.7	37
20	Imperial Valley	1979	H-E07230	0.47	27.7	37
21	Imperial Valley	1979	H-E08140	0.61	28.1	38
22	Imperial Valley	1979	H-E08230	0.47	28.1	38
23	Imperial Valley	1979	H-EDA360	0.48	27.2	39
24	Imperial Valley	1979	H-HVP225	0.26	19.8	38
25	Superstition Hills	1987	B-CAL225	0.19	31.6	22
26	Superstition Hills	1987	B-CAL315	0.26	31.6	22
27	Superstition Hills	1987	B-WSM090	0.17	19.5	60
28	Superstition Hills	1987	B-WSM180	0.21	19.5	60
29	Superstition Hills	1987	B-IVW090	0.18	29.4	60
30	Superstition Hills	1987	B-IVW360	0.21	29.4	60
31	Loma Prieta	1989	AGW000	0.17	40.1	60
32	Loma Prieta	1989	AGW090	0.16	40.1	60
33	Loma Prieta	1989	PAE055	0.21	50.2	60
34	Loma Prieta	1989	SFO000	0.24	79.1	40
35	Northridge	1994	FAR090	0.26	17.0	30
36	Kobe	1995	ABN000	0.22	46.7	140
37	Kobe	1995	ABN090	0.23	46.7	140
38	Kobe	1995	AMA000	0.28	38.8	54
39	Kobe	1995	FKS000	0.18	43.6	80
40	Kobe	1995	FKS090	0.22	43.6	80

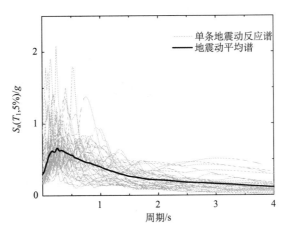

图 20-14　地震动反应谱及其平均谱

连廊加固前后的 IDA 结果以及分位曲线如图 20-15 所示,分别采用 16%、50% 和 84% 分位曲线来刻画 IDA 曲线的离散性。对 IDA 数据进行统计和回归分析,结果如图 20-16 所示。

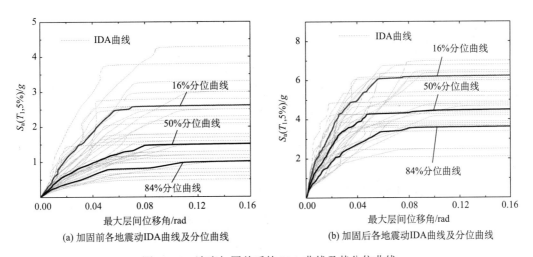

(a) 加固前各地震动IDA曲线及分位曲线　　　　　(b) 加固后各地震动IDA曲线及分位曲线

图 20-15　连廊加固前后的 IDA 曲线及其分位曲线

根据地震易损性原理,将连廊加固前回归分析所得到的 α 和 β 代入式(18-6)得到以 $S_a(T_1,5\%)$ 作为地震动强度指标的在规定极限状态时的失效概率,表达式如下:

$$P_f = \varPhi\left(\frac{\ln\left[0.02752(S_a)^{1.01192}/\bar{C}\right]}{\sqrt{\sigma_d^2 + \sigma_c^2}}\right) \tag{20-1}$$

将连廊加固后回归分析所得到的 α 和 β 代入式(18-6)得到以 $S_a(T_1,5\%)$ 作为地震动强度指标的在规定极限状态时的失效概率,表达式如下:

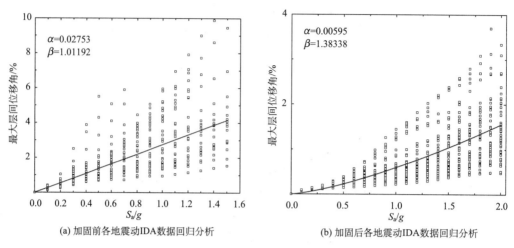

(a) 加固前各地震动IDA数据回归分析　　(b) 加固后各地震动IDA数据回归分析

图 20-16　连廊加固前后的 IDA 数据回归分析

$$P_f = \Phi\left(\frac{\ln\left[0.00595\left(S_a\right)^{1.38338} / \overline{C}\right]}{\sqrt{\sigma_d^2 + \sigma_c^2}}\right) \tag{20-2}$$

其中，结构抗震能力参数 $\overline{C}$ 为在不同极限状态时结构能力的中位值，当以 $S_a(T_1, 5\%)$ 作为地震动强度指标时，$\sqrt{\sigma_d^2 + \sigma_c^2}$ 取 0.4。

当极限状态为 OP 时，式(20-1)和式(20-2)中的 $\overline{C}$ 值大小为 0.00182，此时连廊加固前对应于 OP 状态的失效概率表达式为

$$P_f = \Phi\left(\frac{\ln\left[0.02752\left(S_a\right)^{1.01192} / 0.00182\right]}{\sqrt{\sigma_d^2 + \sigma_c^2}}\right) \tag{20-3}$$

连廊加固后对应于 OP 状态的失效概率表达式为

$$P_f = \Phi\left(\frac{\ln\left[0.00595\left(S_a\right)^{1.38338} / 0.00182\right]}{\sqrt{\sigma_d^2 + \sigma_c^2}}\right) \tag{20-4}$$

当极限状态为 IO 状态时，式(20-1)和式(20-2)中的 $\overline{C}$ 值大小为 0.01，此时连廊加固前对应于 IO 状态的失效概率表达式为

$$P_f = \Phi\left(\frac{\ln\left[0.02752\left(S_a\right)^{1.01192} / 0.01\right]}{\sqrt{\sigma_d^2 + \sigma_c^2}}\right) \tag{20-5}$$

连廊加固后对应于 IO 状态的失效概率表达式为

$$P_f = \Phi\left(\frac{\ln\left[0.00595\left(S_a\right)^{1.38338} / 0.01\right]}{\sqrt{\sigma_d^2 + \sigma_c^2}}\right) \tag{20-6}$$

当极限状态为 LS 状态时，式(20-1)和式(20-2)中的 $\overline{C}$ 值大小为 0.02，此时连廊加固

前对应于 LS 状态的失效概率表达式为

$$P_f = \varPhi\left(\frac{\ln\left[0.02752\left(S_a\right)^{1.01192} / 0.02\right]}{\sqrt{\sigma_d^2 + \sigma_c^2}}\right) \tag{20-7}$$

连廊加固后对应于 LS 状态的失效概率表达式为

$$P_f = \varPhi\left(\frac{\ln\left[0.00595\left(S_a\right)^{1.38338} / 0.02\right]}{\sqrt{\sigma_d^2 + \sigma_c^2}}\right) \tag{20-8}$$

当极限状态为 CP 状态时，式(20-1)和式(20-2)中的 $\bar{C}$ 值大小为 0.04，此时连廊加固前对应于 CP 状态的失效概率表达式为

$$P_f = \varPhi\left(\frac{\ln\left[0.02752\left(S_a\right)^{1.01192} / 0.04\right]}{\sqrt{\sigma_d^2 + \sigma_c^2}}\right) \tag{20-9}$$

连廊加固后对应于 CP 状态的失效概率表达式为

$$P_f = \varPhi\left(\frac{\ln\left[0.00595\left(S_a\right)^{1.38338} / 0.04\right]}{\sqrt{\sigma_d^2 + \sigma_c^2}}\right) \tag{20-10}$$

根据以上公式对加固后的连廊结构各极限状态数据进行拟合，如图 20-17 所示。

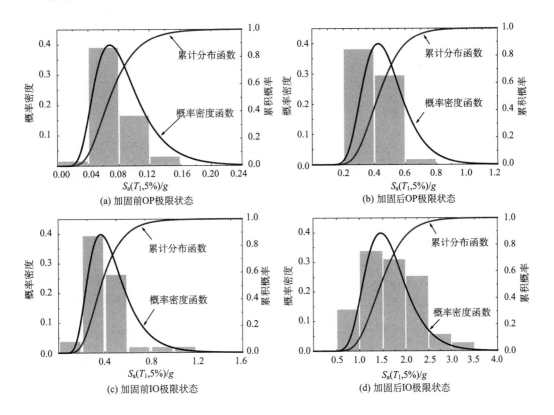

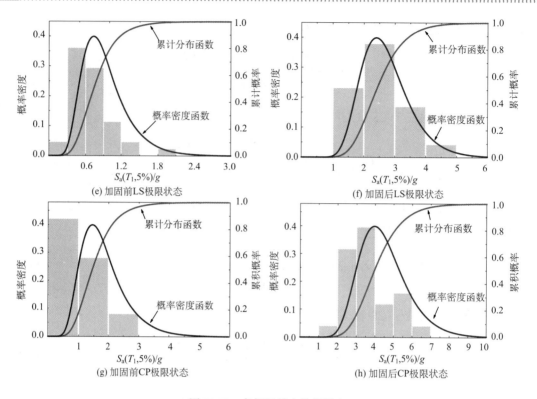

图 20-17　各极限状态数据拟合

　　绘制连廊加固前后的地震易损性曲线如图 20-18 所示,多遇地震、设防地震和罕遇地震所对应的 S_a 分别为 0.24g、0.6g 和 1.2g,在图中如虚线所示。

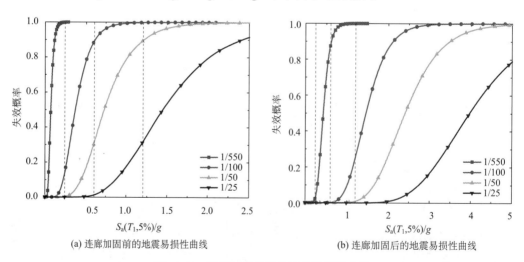

图 20-18　连廊加固前后的地震易损性曲线

　　从图 20-18 中可以看出,随着结构从完好状态发展到严重破坏状态,结构易损性曲线也逐渐变得平缓,超越各极限状态的失效概率变得越来越小。连廊加固前后的失效概率如表 20-6 所示。地震易损性分析表明，加固后的连廊在多遇地震、设防地震和罕遇地震动作用下分别超越 OP、IO 和 LS 状态的概率比较低，采用自定心抗震墙加固框架结构能显著提高原结构的抗震性能。

表 20-6　连廊加固前后失效概率

超越概率	OP		IO		LS		CP	
	加固前	加固后	加固前	加固后	加固前	加固后	加固前	加固后
多遇地震	0.9993	0.0242	0.1402	2.33×10^{-10}	0.0025	9.1×10^{-16}	2.77×10^{-6}	2.09×10^{-22}
设防地震	1	0.8839	0.8922	0.0011	0.3106	8.07×10^{-7}	0.0130	3.33×10^{-11}
罕遇地震	1	0.9998	0.9986	0.2522	0.8960	0.0082	0.3179	1.79×10^{-5}

20.6　本章小结

本章介绍了自定心抗震墙在宿迁某学校连廊加固工程中的应用，主要工作和结论如下：

(1)增设的自定心抗震墙改变了原框架结构的变形机制，使各层的侧向变形均匀，有利于控制结构的破坏形式。

(2)采用自定心抗震墙加固可以有效减小结构的震后残余变形，减小结构的震后修复工作，具有较高的经济效益。采用自定心抗震墙加固后的连廊结构分别在多遇地震、设防地震和罕遇地震动作用下分别超越 OP、IO 和 LS 的失效概率比较低。

(3)采用自定心抗震墙对框架结构加固是一种新型的加固方式，为加固框架结构提供了新的参考。自定心抗震墙结构可以通过调节预应力的大小和摩擦力的大小来控制结构的抗震性能，从全生命周期来看，采用自定心抗震墙加固是一种经济适用的加固技术。

参 考 文 献

[1] 徐振宽. 摩擦耗能自定心混凝土抗震墙的设计方法及地震易损性研究[D]. 南京: 东南大学, 2016.

[2] Guo T, Xu Z K, Song L L, et al. Seismic resilience upgrade of RC Frame building using self-centering concrete walls with distributed friction devices [J]. Journal of Structural Engineering, 2017, 143 (12): 04017160.

[3] 吴体, 解振涛, 王永维, 等. 结构动力特性测试在优秀历史建筑保护中的应用 [J]. 四川建筑科学研究, 2010, 36(6): 60-64.

[4] McKenna F, Fenves G L, Scott M H. Open system for earthquake engineering simulation [D]. California: University of California, Berkeley, 2000.

[5] Applied Technology Council. Quantification of building seismic performance factors [R]. Washington: Federal Emergency Management Agency, 2009.

[6] Vamvatsikos D, Cornell C A. Incremental dynamic analysis [J]. Earthquake Engineering and Structural Dynamics, 2002, 31(3): 491-514.

[7] 中华人民共和国住房和城乡建设部. 建筑抗震设计规范 [S]. GB 50011—2010. 北京: 中国建筑工业出版社, 2012.

第三篇　自定心混凝土桥墩

第21章

绪论——自定心桥墩

21.1 研究背景和意义

我国是一个强震多发的国家，历年来的多次地震灾害给社会造成了巨大损失。其中，桥梁作为交通网络的关键节点，其抗震性能是保证震后交通畅通，顺利开展救援行动的重要因素。在桥梁结构的整个受力体系中，桥墩起着支撑上部结构、传递荷载的重要作用，且由于桥梁结构往往上刚下柔，因此桥墩的端部在地震中受力较大，损伤尤为集中，其破坏往往引发桥梁倒塌。图 21-1 给出了 2008 年汶川地震中桥墩出现的若干破坏模式[1,2]，由于桥墩在地震中处于压弯剪复合受力状态，变形能力不如受弯构件，在地震中出现了延性较低的剪切破坏模式，其主要原因是箍筋配置不足，不能提供足够的约束力。

(a) 绵竹市回澜立交桥墩柱剪切损伤

(b) K26+773 顺河大桥墩柱剪断

(c) 百花大桥桥墩压溃

(d) 百花大桥墩基脚破损

图 21-1　汶川地震中桥墩各种破坏模式[1,2]

在我国《公路桥梁抗震设计细则》(JTG/T B01—2008)[3]中规定，B、C类桥梁的抗震设防目标是小震不坏，中震可修，大震不倒。随着社会发展，桥梁中震可修和大震不倒已不能满足业主和整个社会的需求，有时人们希望以较小的修复代价，使得结构在震后能迅速恢复工作。对于传统基于延性设计得到的桥墩，地震中的耗能主要通过结构自身的塑性损伤来实现，结构在震后往往出现较大的残余变形，其震后修复难度和工作量均较大。例如，在1995年阪神地震中，约有100根钢筋混凝土桥墩的残余变形角超过了1%。尽管桥梁未发生倒塌，但是由于上部结构的复位工作非常困难而不得不进行拆除[4]。此外，对桥梁的修复工作势必对其周围的交通以及环境带来负面影响。

伴随着混凝土预制工业和装配技术的发展，为减小桥墩的震后残余变形，近年来自定心桥墩逐步得到关注和应用。其中，工厂预制的钢筋混凝土桥墩运至现场，然后通过无黏结预应力筋与基础拼装成一整体。当桥墩受到较小的地震作用时，桥墩和基础保持紧密接触，和整体现浇桥墩具有相似的侧向刚度；当地震作用超过一定幅值时，桥墩与基础接触面张开，墩柱发生转动。震后桥墩在预应力和上部竖向荷载作用下回到原位，以实现自定心。在未加入耗能装置时，结构主要通过桥墩和基础之间来回撞击和自身的塑性损伤来耗能；若设有附加耗能装置，震害将集中在附加的耗能件上，而桥墩自身的损伤显著减少。此外，预制装配的施工模式也有助于保证构件质量、加快施工进度、减小对交通和环境的影响。在前人研究基础上，本书提出了一种含外置耗能装置的自定心混凝土桥墩，以实现结构的震后自动复位，并方便地替换受损的耗能件，若干新材料的使用也提高了桥墩的耐久性。

21.2　国内外相关领域的研究发展和现状

21.2.1　摇摆式桥墩

在早期抗震设计中，将地震作用视为静力荷载施加在结构上。在1960年智利地震中，许多按照静力法设计的水塔破坏严重，但是一些基础部位做了弱化处理的水塔却因其能在地震中来回摆动而免遭破坏。Housner[5]对此进行了介绍，并以一个摆动矩形质量块模型为例，求解其自由摆动，以及其在地面水平恒定加速度、正弦波和地震激励下的动力响应。倾覆分析结果表明，大体量结构的稳定性更好，但质量块在小幅地面运动下仍有倾覆可能性，该结果(振动周期、恢复系数公式)此后被FEMA356规范[6]采用。Priestley等[7]对一个剪力墙模型进行了自由摆动和振动台试验，结果显示位移和频率的理论值与实验值吻合度较高，接触面材料对摆动响应无明显影响；但墙体撞击基础的现象不同于Housner的无回弹假设。Aslam等[8]考虑了水平和竖向地震的共同作用，并提出施加预应力或者允许结构发生一定滑动来解决倾覆问题。Chen等[9]指出，柔性墩因其固有周期长，通过滑动支座增加自振周期隔震不能获得满意效果，故可采用摆动结构。对A字形桁架桥墩在自由摇摆状态和柱底固结状态进行的振动台试验结果表明，自由摆动模型在速度和加速度响应上比固结模型要小，且地面峰值加速度越大，效果越明显。在Cheng[10]的试验中，桥墩摆动同时发生了滑移，使得结构阻尼比大于计算结果，且桥墩越矮偏差越大。Pollino 和 Bruneau[11]对摆动钢桁架桥墩使用附加防屈曲支撑(BRB)耗能，介绍了桥墩的滞回性能并推导了桥墩在各阶段的侧向刚度以及等效黏滞阻尼系数，所完成的时程分析表明，基底剪力、墩柱轴力设计值偏保守。除了倾覆和滑移的问题，摆动桥墩的耗能主要通过柱底来回撞击基础完成，因此要保证撞击部分的强度。在建于 1981 年的新西兰 South Rangitikei Rail Bridge[12]中(图 21-2)，其耗能就是通过桥墩的摆动和附加耗能件来实现。

(a) 桥墩基础图片

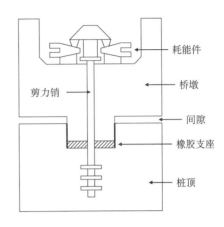

(b) 桥墩基础连接示意图

图 21-2　South Rangitikei Rail Bridge 桥墩[12]

21.2.2　柱底固结预应力桥墩

对于重要结构，如交通干线桥梁、医院等生命线工程，人们希望震后以较小的修复代价使其迅速恢复使用，结构的残余变形则是衡量震后功能的重要指标。为减小残余变形，可在桥墩内设预应力筋，从而使桥墩经历横向变形后能回到原来位置，即具备自定心能力。其中，Zatar 和 Mutsuyoshi[13]对 RC 桥墩施加预应力，以形成部分预应力混凝土(partially prestressed concrete, PRC)桥墩。对 7 个试件进行低周反复加载和拟动力试验表明，PRC 桥墩可降低残余变形和裂缝宽度，但耗能小于 RC 桥墩。在 Takeda 等[14]三线性模型基础上，Zatar 和 Mutsuyoshi 提出了具有两卸载刚度的滞回模型，考虑了预应力筋和普通钢筋面积的影响。根据拟动力试验结果，该模型可较好地模拟最大位移、残余位移以及总体耗能。在其另一组试验中，考察了预应力对桥墩在弯曲和剪切两种失效模式下的影响[15]，表明预应力能增强抗剪能力。

Kwan 和 Billington[16,17]研究了预应力筋和普通钢筋含量变化对桥墩抗震性能的影响，并对结构在单调加载和反复加载下的响应进行了有限元模拟，定义了正常使用和倒塌两个性能水平状态下的位移限值，以此对桥墩的抗震性能做定量评价。其分析结果表明，预应力桥墩能延迟混凝土开裂，提高正常使用水平的延性系数；动力分析结果表明，预应力桥墩耗能能力降低导致位移需求比 RC 桥墩增加了 20%~30%。

为增加耗能，Billington 和 Yoon[18]在桥墩中加入延性纤维增强水泥基复合材料

（DFRCC）。DFRCC 在受拉破坏时呈现多条细裂缝，并具有应变硬化特性，如图 21-3（a）所示，故其延性和耗能均比混凝土高。在其拼装而成的试验桥墩中，塑性铰节段使用 DFRCC 代替混凝土，见图 21-3（b）。DFRCC 桥墩在低周反复加载试验中展现出良好的延性和整体性，尽管 DFRCC 的使用会增加残余变形，但最终值仅为 1%左右。

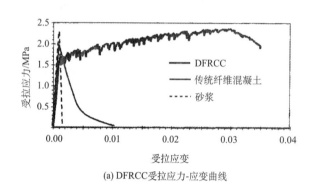

(a) DFRCC受拉应力-应变曲线

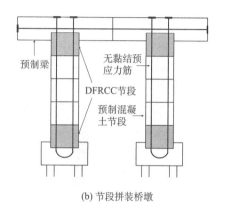

(b) 节段拼装桥墩

图 21-3　Billington 和 Yoon[17]的试验桥墩

Shim 等[19]研究了预应力大小、节段数量和横向钢筋对桥墩性能的影响。试验中桥墩均在塑性铰区域出现弯曲失效模式，预应力大的试件能够在峰值强度后有更高的刚度，且残余变形更小。由于接缝避开了塑性区，节段数量对延性没有影响；但是多节端试件的耗能增加了 20%。塑性区横向钢筋不足的试件抗震性能最差，强度退化严重。

Jeong 等[20]对 5 个预应力桥墩进行了振动台试验，研究了预应力大小、柱端有无钢套筒以及柱内纵筋黏结情况对桥墩性能的影响。加入钢套筒和加大初始预应力能减小残余变形，但提高预应力使得混凝土破坏程度加大。有限元分析表明，材料本构关系和桥墩阻尼对残余变形影响较大，对材料本构、单元类型以及阻尼参数进行调整后模拟结果与试验结果基本吻合。

在 Won 和 Billington[21]的报告中，对 RC 桥墩和预应力桥墩的滞回性能和动力特性进行了数值模拟，修正的混凝土本构关系可较好地反映实际残余变形。在震后修复方面，预应力桥墩的维修费用稍高，但其道路停运时间显著小于 RC 桥墩。报告中还指出使用水泥基工程复合材料增强塑性铰区对提升桥墩性能的效果不明显。

21.2.3　干接缝预应力混凝土桥墩

在此类桥墩中，预制桥墩节段现场用无黏结预应力筋和基础连接，墩柱基础之间形成干接缝。不同于柱底固结的预应力桥墩，节段拼装桥墩底部弯矩超过某个幅值后桥墩-基础拼接面张开，墩柱发生转动，预应力和顶部竖向荷载提供自定心能力；但同时受预应力约束不会像自由摆动桥墩一样不断来回摆动，而是发生受控的摇摆（controlled rocking）。由于采用预制拼装技术，省去现场支模、浇筑、养护等工序，可显著缩短施工周期，带来经济效益。现场无须湿作业，减小了对周围环境的影响，改善了工人施工环境。

Mander 和 Cheng[22]首先对此类桥墩展开了研究，基于 Housner[5]的摆动模型提出预应力拼装桥墩的设计流程，并对 5 个试件进行了低周反复加载试验。由于没有附加耗能件，桥墩的力-位移曲线基本为双线性；使用后张无黏结预应力筋可增强拼接面张开后的侧向刚度及桥墩稳定。墩柱和基础接触面预埋的 76mm 厚钢板缓解了拼接面张开时局部应力过大问题，避免了混凝土压碎。Cheng[23]对摇摆桥墩进行振动台试验，验证了 Mander 和 Cheng 关于桥墩阻尼的公式。

在 Hewes[24]的试验中，对 4 个大比例尺圆柱桥墩的底部节段用钢套筒约束，如图 21-4(a)所示。试验参数包括桥墩高宽比、初始预应力大小、钢套筒厚度等。试验后，构件的残余变形很小(所有工况最大残余变形角为 0.7%)，损伤包括基础部位混凝土的开裂和钢筋混凝土节段混凝土保护层剥落。带薄套筒桥墩因为约束程度不够在高预应力下强度有一定衰减。理论分析[25]中假设拼接面张开仅发生在基础部位，对受压区混凝土采用线性应变假设，通过迭代求解底部弯矩-转角关系。分析结果可较好模拟实际骨架曲线，如图 21-4(b)。

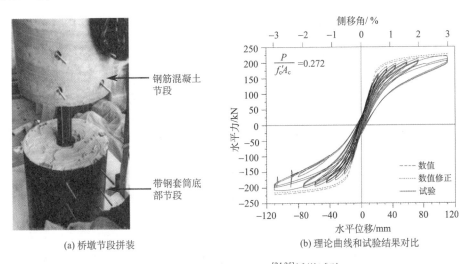

(a) 桥墩节段拼装　　　　　(b) 理论曲线和试验结果对比

图 21-4　Hewes 和 Priestley[24,25]桥墩试验

Chou 和 Chen[26]对 Hewes 的试验进行了改进，其中桥墩节段全部使用钢套筒约束，并加厚塑性区套筒厚度，如图 21-5(a)所示。试验结果表明，钢套筒很好地保护了混凝土，在 6%位移角时强度退化和残余变形都很小。试验中不仅底部节段和基础拼接面张开，节段之间也发生了相对转动，如图 21-5(b)所示。为正确模拟侧向力-位移关系，在 Hewes 和 Priestley[25]理论基础上，提出了双塑性铰模型，可以更准确地反映实际位移。在桥墩滞回特性的模拟方面，Chou 和 Hsu[27]对双线性旗帜形滞回曲线进行了修正，提出了考虑刚度退化和耗能影响的三参数模型，与试验较好吻合。

在美国"预制结构抗震体系(PREcast seismic structural system, PRESSS)"项目下，学者对预应力装配式建筑结构(框架、剪力墙等)抗震性能进行了研究，并很快拓展到桥墩上。Stanton 等[28]首先提出，滞回规则为双线性弹性的纯预应力体系，加入如软钢等具有弹塑性或类似性质的耗能件形成"混合节点"(hybrid connection)，可以使结构呈现旗帜形滞回，如图 21-6 所示。合理设计预应力大小及耗能件数量，使体系具有足够的阻尼来控制地震作用下的最大位移，同时震后不会产生残余变形。

(a) 节段拼装施工

节段间拼
接面张开

底部拼接
面张开

(b) 节段拼接面张开

图 21-5　Chou 和 Chen[26]桥墩试验

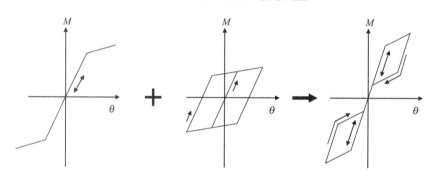

图 21-6　旗帜形滞回

　　Palermo 等[29]进一步指出，在基于延性的设计理念下，传统整体现浇桥墩受地震力时损伤普遍表现为塑性区混凝土开裂；而采用"混合节点"桥墩的塑性行为表现为接缝开闭以及耗能件耗能，构件自身保持弹性且震后无残余变形。结构滞回形状可以由一个参数 λ 决定：

$$\lambda = \frac{M_{pt} + M_N}{M_s} \tag{21-1}$$

其中，M_{pt}、M_N、M_s 分别代表预应力、竖向荷载、耗能件对底部混凝土受压区合力作用处的弯矩。显然 λ 越大残余变形越小，耗能越差，如图 21-7(a)所示。对单根桥墩的非线性时程分析结果显示，为减小残余变形并控制最大位移，λ 的建议取值范围为 1～1.5。在新西兰混凝土规范[30]中，考虑耗能件超强系数建议 $\lambda \geqslant 1.15$。

　　Palermo 等[31]随后对 4 个预应力桥墩和 1 个整体桥墩进行了拟静力试验，耗能件为内置软钢筋。试验结果再次证实了使用"混合节点"的桥墩具有残余变形小、破坏程度轻、耗能稳定等优点。在数值模拟方面，桥墩采用底部带两个并联转角弹簧的弹性杆模拟，如图 21-7(b)所示。一个弹簧模拟预应力筋作用，并采用非线性弹性的本构关系；一个弹簧模拟耗能软钢筋，并采用 Ramberg-Osgood[32]模型或弹塑性模型等本构关系。该数值模型实质是一种集中塑性铰模型。

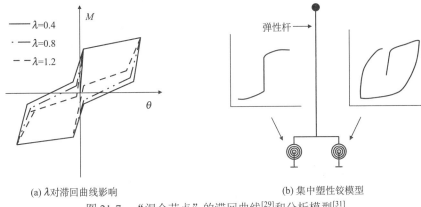

(a) λ对滞回曲线影响　　　　　　　(b) 集中塑性铰模型

图 21-7　"混合节点"的滞回曲线[29]和分析模型[31]

Palermo 和 Pampanin[33]在对单个桥墩进行试验研究的基础上，用集中塑性铰模型建立了一个梁式桥的数值模型，研究参数包括：桥墩-基础节点类型、桥墩高度分布、上部横梁刚度、桥台约束条件、地震烈度和 P-Δ效应等。时程分析结果表明，带"混合节点"桥墩的柱顶最大位移响应要比整体模型稍大，但残余变形普遍较小，在桥墩高度分布不规则、桥台约束较弱时尤为明显。对桥台约束分析指出，使用弹塑性约束时，要综合考虑整体残余变形和局部残余变形。

Marriott 等[34]对文献[31]中桥墩进行了改进，耗能件由内部预埋的软钢筋变为外置式，可方便替换(图 21-8(a))。每个耗能件由 20mm 直径钢筋制成，钢筋中间一段长度车成直径 10mm 的削弱段。削弱段外包钢套并灌入树脂防止钢筋屈曲，如图 21-8(b)所示。在数值模拟方面，基于集中塑性铰模型提出了多弹簧模型，如图 21-8(c)所示。其中桥墩底部拼接面的开合通过 10 根只受压的弹簧模拟，模拟预应力筋和耗能件的弹簧分别赋予各自的滞回关系。低周反复加载试验结果显示，使用外置耗能件的滞回稳定，钢筋无屈曲；数值模拟结果与试验结果能较好符合。

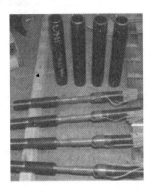
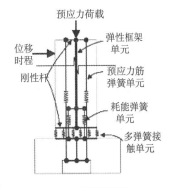

(a) 外置耗能件　　　　　　(b) 耗能件构造　　　　　　(c) 多弹簧模型

图 21-8　Marriott 等[34]的试验桥墩

Marriott 等[35]随后对使用外置耗能件的桥墩进行双向拟静力试验，来模拟实际中桥墩允许沿顺桥向和横桥向摆动的情况。因为受压区从矩形变为三角形，故角部混凝土因较大应变而破坏较重。耗能件过早断裂导致桥墩的强度和延性与单向拟静力试验结果相比有明显退化。和整体桥墩相比，预应力和拼接面的张开机制使得损伤小了很多。

Ou 等[36-39]研究了节段拼装矩形空心桥墩的抗震性能，如图 21-9(a) 和 (b) 所示。其中，有黏结软钢筋穿过节段拼缝用于提高桥墩耗能。为防止耗能筋过早断裂，设置了一段无黏结长度并进行了试验研究。由低周反复加载试验可知，随着配筋率增大，混凝土裂缝从底部向上部节段延伸，桥墩刚度和残余变形随之增加。在 6% 的位移角时，先后有耗能筋发生断裂(图 21-9(c))，但很少有屈曲发生，证明了构造措施的有效性。Ou 等还对节段拼装桥墩的骨架曲线进行了理论分析。拼接面张开后应变协调假设不再适用，而是在变形协调和力平衡方程基础上需用迭代法求解底部弯矩和转角关系。在其研究中，假设混凝土受压区应变符合线性变化，但与三维实体有限元分析结果相比，该假设使得底部混凝土最大压应变偏差较大，但整体侧向力-转角关系吻合较好。

(a) 预制节段

(c) 钢筋断裂

(b) 试验桥墩

图 21-9　矩形空心桥墩试验

在 ElGawady 等[40]、ElGawady 和 Sha'lan[41]的试验中，桥墩由素混凝土制成，并采用玻璃纤维增强复合材料(glass fiber reinforced polymer, GFRP)套筒代替箍筋约束混凝土横向变形，桥墩内部纵筋只有无黏结预应力筋。构件的破坏集中在柱角部位，为 GFRP 拉裂，而混凝土破坏较轻。使用 GFRP 的桥墩在位移角达到 15% 时破坏表现为 GFRP 套筒轻微损伤，见图 21-10(a)；而钢筋混凝土桥墩在位移角为 12% 时因纵筋屈曲和混凝土压碎而开始失去强度，见图 20-10(b)。

(a) GFRP 局部破坏　　　　　　(b) 钢筋混凝土桥墩破坏

图 21-10　ElGawady 等[40]的试验

　　我国学者也对此类结构进行了研究，并一般称之为自复位结构。周颖和吕西林介绍了摇摆结构及自复位结构的发展[42]，内容包含桥墩、钢框架、混凝土框架及剪力墙，指出自复位结构特点是放松特定位置约束，使用预应力和耗能件来达到控制破坏的目的。

　　刘丰[43]对节段拼装预应力混凝土桥墩进行了拟静力试验研究，并和整体现浇桥墩、承插式桥墩进行了对比。后两者在反复加载下，呈现弯曲破坏为主的延性破坏，柱底混凝土出现不同程度的开裂与剥落，核心混凝土压碎且纵筋发生断裂和屈曲；而节段拼装构件破坏集中在拼缝上，核心混凝土压碎后拼缝附近钢筋无明显破坏。试验结束后节段拼装构件几乎没有残余变形，但耗能性能稍差(等效黏滞阻尼在 0.02～0.06 之间)。

　　葛继平[44]随后对节段拼装预应力混凝土桥墩进行了拟静力试验以及振动台试验。拟静力试验表明在节段之间设钢筋可以增加耗能，同时桥墩的残余变形会增加，但和现浇试件相比仍体现出较好的自复位能力。在相同的地震激励下，节段拼装桥墩的峰值位移、受压边缘混凝土应变值均大于现浇桥墩。使用纤维模型[45,46]可较好模拟桥墩在反复加载下的力-位移曲线。

　　郭佳等[47,48]采用基于 Euler 梁理论研究了自复位桥墩的力-位移关系，考虑了耗能钢筋无黏结长度和相对混凝土的滑移。何铭华等[49,50]研究了自复位桥墩的侧移刚度并给出基于性能的设计方法。谭真[51]研究了带黏弹性阻尼器作为耗能件对桥墩抗震性能的影响。

参 考 文 献

[1] 尹海军，徐雷，申跃奎，等. 汶川地震中桥梁损伤机理探讨 [J]. 西安建筑科技大学学报(自然科学版)，2008，40(5)：672-677.

[2] 庄卫林，刘振宇，蒋劲松. 汶川大地震公路桥梁震害分析及对策 [J]. 岩石力学与工程学报，2009，28(7)：1377-1387.

[3] 重庆交通科研设计院. 公路桥梁抗震设计细则 [S]. JTG/T B02-01—2008. 北京：人民交通出版社，2008.

[4] Kawashim K, MacRae G A, Hoshikuma J, et al. Residual displacement response spectrum [J]. Journal of Structural Engineering, 1998, 124(5)：523-530.

[5] Housner G W. The behavior of inverted pendulum structures during earthquakes [J]. Bulletin of the Seismological Society of America, 1963, 53(2): 403-417.

[6] American Society of Civil Engineers. Prestandard and commentary for the seismic rehabilitation of buildings [S]. Washington: Federal Emergency Management Agency, 2000.

[7] Priestley M J N, Evison R J, Carr A J. Seismic response of structures free to rock on their foundations [J]. Bulletin of the New Zealand National Society for Earthquake Engineering, 11(3): 141-150.

[8] Aslam M, Godden W G, Scalise D T. Rocking and overturning response of rigid bodies to earthquake motions [R]. Berkeley: Lawrence Berkeley Laboratory, 1978.

[9] Chen Y H, Liao W H, Lee C L, et al. Seismic isolation of viaduct piers by means of a rocking mechanism [J]. Earthquake Engineering and Structural Dynamics, 2006, 35(6): 713-736.

[10] Cheng C T. Energy dissipation in rocking bridge piers under free vibration tests [J]. Earthquake Engineering and Structural Dynamics, 2007, 36(4): 503-518.

[11] Pollino M, Bruneau M. Seismic retrofit of bridge steel truss piers using a controlled rocking approach [J]. Journal of Bridge Engineering, 2007, 12(5): 600-610.

[12] Ma Q T, Khan M H. Free vibration tests of a scale model of the South Rangitikei Railway Bridge [C]. Proceedings of the New Zealand Society for Earthquake Engineering Annual Conference, Engineering an Earthquake Resilient NZ, Christchurch, 2008.

[13] Zatar W A, Mutsuyoshi H. Reduced residual displacements of partially prestressed concrete bridge piers [C]. Proceedings of the 2th World Conference on Earthquake Engineering, 2000.

[14] Takeda T, Sozen M A, Nielsen N N. Reinforced concrete response to simulated earthquakes [J]. Journal of the Structural Division, 1970, 96(12): 2557-2573.

[15] Zatar W A, Mutsuyoshi H. Residual displacements of concrete bridge piers subjected to near field earthquakes [J]. ACI Structural Journal, 2002, 99(6): 740-749.

[16] Kwan W P, Billington S L. Unbonded posttensioned concrete bridge piers. I: monotonic and cyclic analyses [J]. Journal of Bridge Engineering, 2003, 8(2): 92-101.

[17] Kwan W P, Billington S L. Unbonded posttensioned concrete bridge piers. II: seismic analyses [J]. Journal of Bridge Engineering, 2003, 8(2): 102-111.

[18] Billington S L, Yoon J K. Cyclic response of unbonded posttensioned precast columns with ductile fiber-reinforced concrete [J]. Journal of Bridge Engineering, 2004, 9(4): 353-363.

[19] Shim C S, Chung C H, Kim H H. Experimental evaluation of seismic performance of precast segmental bridge piers with a circular solid section [J]. Engineering Structures, 2008, 30(12): 3782-3792.

[20] Jeong H I L, Sakai J, Mahin S A. Shaking table tests and numerical investigation of self-centering reinforced concrete bridge columns [R]. Berkeley: Pacific Earthquake Engineering Research Center, 2008.

[21] Won K L, Billington S L. Simulation and performance-based earthquake engineering assessment of self-centering post-tensioned concrete bridge systems [R]. Berkeley: Pacific Earthquake Engineering Research Center, 2009.

[22] Mander J B, Cheng C T. Seismic resistance of bridge piers based on damage avoidance design [R]. Buffalo: State University of New York, 1997.

[23] Cheng C T. Shaking table tests of a self-centering designed bridge substructure [J]. Engineering Structures, 2008, 30(12): 3426-3433.

[24] Hewes J T. Seismic tests on precast segmental concrete columns with unbonded tendons [J]. Bridge

Structures, 2007, 3(3-4): 215-227.

[25] Hewes J T, Priestley M J N. Seismic design and performance of precast concrete segmental bridge columns [R]. La Jolla: University of California, San Diego, 2002.

[26] Chou C C, ChenY C. Cyclic tests of post-tensioned precast CFT segmental bridge columns with unbonded strands [J]. Earthquake engineering and Structural Dynamics, 2006, 35(2): 159-175.

[27] Chou C C, Hsu C P. Hysteretic model development and seismic response of unbonded post-tensioned precast CFT segmental bridge columns [J]. Earthquake Engineering and Structural Dynamics, 2008, 37(6): 919-934.

[28] Stanton J, Stone W C, Cheok G S. A hybrid reinforced precast frame for seismic regions [J]. PCI Journal, 1997, 42(2): 20-32.

[29] Palermo A, Pampanin S, Calvi G M. Concept and development of hybrid solutions for seismic resistant bridge systems [J]. Journal of Earthquake Engineering, 2005, 9(6): 899-921.

[30] Concrete Design Committee p 3101 for the Standands Council. Appendix B: Special provisions for the seismic design of ductile jointed precast concrete structural systems [S]. NZS 3101:2006. Wellington: Stardards New Zealand Zealand, 2006.

[31] Palermo A, Pampanin S, Marriott D. Design, modeling, and experimental response of seismic resistant bridge piers with posttensioned dissipating connections [J]. Journal of Structural Engineering, 2007, 133(11): 1648-1661.

[32] Ramberg W, Osgood W R. Description of Stress-Strain Curves by Three Parameters [M]. Washington: National Advisory Committee for Aeronautics, 1943.

[33] Palermo A, Pampanin S. Enhanced seismic performance of hybrid bridge systems: Comparison with traditional monolithic solutions [J]. Journal of Earthquake Engineering, 2008, 12(8): 1267-1295.

[34] Marriott D, Pampanin S, Palermo A. Quasi-static and pseudo-dynamic testing of unbonded post-tensioned rocking bridge piers with external replaceable dissipaters [J]. Earthquake Engineering and Structural Dynamics, 2009, 38(3): 331-354.

[35] Marriott D, Pampanin S, Palermo A. Biaxial testing of unbonded post-tensioned rocking bridge piers with external replaceable dissipaters [J]. Earthquake Engineering and Structural Dynamics, 2011, 40(15): 1723-1741.

[36] Ou Y C, Wang J C, Chang K C, et al. Experimental evaluation of pre-cast pre-stressed segmental concrete bridge columns [C]. Structures Congress: Structural Engineering and Public Safety, St Louis, 2006.

[37] Ou Y C, Chiewanichakorn M, Aref A J, et al. Seismic performance of segmental precast unbonded posttensioned concrete bridge columns [J]. Journal of Structural Engineering, 2007, 133(11): 1636-1647.

[38] Ou Y C. Precast segmental post-tensioned concrete bridge columns for seismic regions [D]. Buffalo: State University of New York, 2007.

[39] Ou Y C, Wang P H, Tsai M S, et al. Large-scale experimental study of precast segmental unbonded posttensioned concrete bridge columns for seismic regions [J]. Journal of Structural Engineering, 2009, 136(3): 255-264.

[40] ElGawady M, Booker A J, Dawood H M. Seismic behavior of posttensioned concrete-filled fiber tubes [J]. Journal of Composites for Construction, 2010, 14(5): 616-628.

[41] ElGawady M A, Sha'lan A. Seismic behavior of self-centering precast segmental bridge bents [J]. Journal of Bridge Engineering, 2010, 16(3): 328-339.

[42] 周颖，吕西林. 摇摆结构及自复位结构研究综述 [J]. 建筑结构学报, 2011, 32 (9): 1-10.

[43] 刘丰. 节段拼装预应力混凝土桥墩拟静力试验和分析研究 [D]. 上海: 同济大学, 2008.

[44] 葛继平. 节段拼装桥墩抗震性能试验研究与理论分析 [D]. 上海: 同济大学, 2008.

[45] 葛继平. 预制拼装摇摆单柱桥墩拟静力分析模型 [J]. 哈尔滨工业大学学报, 2007, 39 (2): 659-662.

[46] 葛继平，刘丰，魏红一，等. 胶接缝连接的节段拼装桥墩抗震分析模型 [J]. 武汉理工大学学报 (交通科学与工程版), 2009, 33 (5): 880-883.

[47] 郭佳，辛克贵，何铭华，等. 自复位桥梁墩柱节点分析模型研究 [C]. 第 20 届全国结构工程学术会议，宁波, 2011.

[48] 郭佳，辛克贵，何铭华，等. 自复位桥梁墩柱结构抗震性能试验研究与分析 [J]. 工程力学, 2012, 29 (1): 29-34.

[49] 何铭华，辛克贵，郭佳. 新型自复位桥梁墩柱节点的局部稳定性研究 [J]. 工程力学, 2012, 29 (4): 122-127.

[50] 何铭华，辛克贵，郭佳，等. 自复位桥墩的内禀侧移刚度和滞回机理研究 [J]. 中国铁道科学, 2012, 33 (5): 22-27.

[51] 谭真. 设置粘弹性阻尼器的预应力节段拼装桥墩抗震性能研究 [D]. 哈尔滨: 哈尔滨工业大学, 2013.

第22章

自定心混凝土桥墩的理论研究

本章主要介绍了含外置耗能装置的自定心混凝土桥墩(以下简称自定心桥墩)的构造,及其在地震中可能存在的极限状态,给出了自定心桥墩在水平侧向力作用下的理论分析模型,介绍了桥墩的侧向刚度与等效黏滞阻尼系数计算方法[1,2]。

22.1 桥墩基本构造和工作机理

本书提出的自定心桥墩可在工厂预制,运至现场后通过无黏结预应力筋和基础连接,两者之间形成干接缝。在桥墩体积较大或现场起吊能力有限时,可分成若干节段预制和拼装(本章研究的桥墩只含有一个节段)。如图 22-1 所示, FRP(fiber reinforced polymer)筋从钢筋混凝土桥墩中的预留孔道穿过并锚固在基础内,上端进行预应力张拉使桥墩和基础成为整体;牛腿和柱子一同浇筑,耗能铝棒穿过其中的预留孔道并通过连接套筒和基础伸出的预埋螺杆接连;最后用螺栓将铝棒和牛腿固定,完成桥墩的拼装工作。在较小地震力作用下,由于预应力和上部结构荷载存在,桥墩-基础接触面保持闭合,此时自定心桥墩和一般整体桥墩具有相似的侧向刚度;当地震作用超过一定幅值,接触面张开,

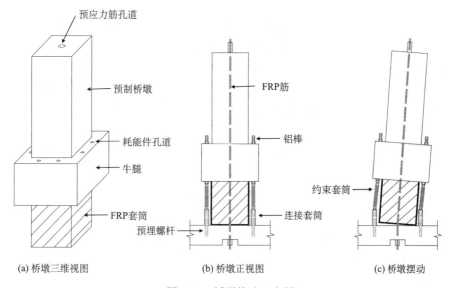

(a) 桥墩三维视图   (b) 桥墩正视图   (c) 桥墩摆动

图 22-1 桥墩构造示意图

墩柱发生转动。在地震作用下随着接触面不断张开/闭合，铝棒发生塑性变形并耗散能量。震后桥墩在恢复力(预应力以及上部结构荷载)作用下回到初始位置(即实现自定心)。为防止桥墩在转动时柱脚混凝土因局部压力过大而破坏，用 FRP 套筒包住桥墩下部，以实现对混凝土的三向约束。牛腿和柱的横截面可为矩形或圆形。

铝合金作为耗能材料，具有和软钢相近的强度和良好的延性，同时具备比钢材更好的耐腐蚀性。为控制铝棒的破坏位置和方便震后替换，牛腿下的铝棒设有一定长度的削弱段，因此塑性变形基本发生在削弱段而其余部分保持弹性，如图 22-2 所示。为防止削弱段受压屈曲，使桥墩具有稳定的耗能，削弱段外包套筒并往套筒内灌入树脂，形成类似于防屈曲支撑的构造。相比于以前研究所用的钢绞线和耗能软钢筋，FRP 和铝合金均是耐久性良好的材料，可以提高自定心桥墩在氯离子环境中的耐久性。需说明的是，为便于取材，本书中的一些次要连接件(螺栓、预埋螺杆、连接套筒)暂采用钢材制作，但也可采用其他耐腐材料或做防腐蚀处理。

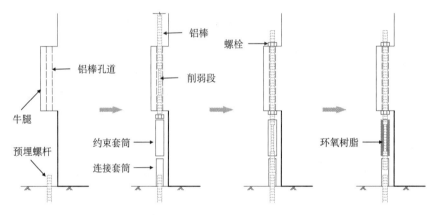

图 22-2　耗能件安装示意图

上述含外置耗能装置的自定心混凝土桥墩具有以下优点[1]：

(1)具有自定心能力，可消除(或减小)震后残余变形；损伤集中在耗能件上而主体结构基本处于弹性阶段，减小了震后修复代价。

(2)大部分构件可在工厂预制和现场拼装，可加快施工进度，进而减少成本；同时工人施工环境得到改善，减轻对周围环境、交通的负面影响。

(3)接触面张开前自定心桥墩具有和普通整体现浇桥墩相近的抗侧刚度。

(4)使用 FRP 套筒可以提高混凝土的强度和延性，使得桥墩摆动时墩底混凝土局部压碎得到一定程度的避免。

(5)采用铝棒作为耗能件可以提高桥墩耗能能力以及接触面张开后的侧向刚度；同时耗能件外置并采用螺栓连接，易于震后修复替换。

(6)使用耐久性材料 FRP 和铝合金，可以提高桥墩在氯离子环境中的耐久性。从材料价格以及维护成本出发，比使用钢材更有经济优势。

22.2　理论分析中采用的假设

本章将建立自定心桥墩的力学模型并推导桥墩侧向力-位移的关系,其目的是掌握桥墩的力学行为并为设计提供依据,其中采用的假设包括[1]:

(1)桥墩只发生平面内的弯曲变形和刚体转动,忽略桥墩剪切变形。不考虑因施工误差或偶然偏心造成的扭转及面外变形。

(2)桥墩转动为小角度转动。

(3)桥墩摆动时不考虑底部基础的变形。

(4)桥墩自重忽略不计。

(5)底部接触面的摩擦力能充分传递剪力,桥墩不会发生滑移(实际工程中若摩擦力不足,可通过限位装置来避免滑移)。

(6)预应力 FRP 筋处于桥墩中心且始终保持弹性,FRP 筋采用无黏结构造处理可以保证应变沿长度均匀分布。

此外,理论推导中认为墩底相对平整,并与基础顶面完全接触;系统内无多余摩擦存在;不考虑由于锚固部位变形而导致的预应力损失等。

22.3　循环荷载下桥墩力-位移关系

在循环荷载作用下,自定心桥墩顶点的侧向力-位移关系曲线为双旗帜型,如图 22-3(a)所示。从 0 点加载至 1 点,侧向力从零逐渐增大,桥墩底部拼接面始终保持闭合,此阶段顶点侧移全部由柱弯曲变形产生,F-Δ 保持线性关系,桥墩力学行为和普通钢筋混凝土桥墩相似;加载至 1 点,柱底远离旋转点的另一端点所受压应力为零,称为消压(decompression)。此时耗能件中铝棒未产生轴力。图 22-4(a)表示了 1 点的柱底反力分布状态。

从 1 点开始,桥墩底部拼接面开始张开并向里发展,桥墩和基础接触面面积逐渐减小。当拼接面发展至截面中心时,预应力筋开始伸长。拼接面张开后桥墩 F 的增量主要由预应力筋和耗能件轴力来平衡,桥墩的侧向刚度比缺口张开前要小。若桥墩轴压比较大,缺口张开是一个缓慢的过程,则 1 点至卸载 2 点之间为一段平滑的曲线。3 点对应于桥墩的极限状态,因此设计时要保证桥墩在地震作用下的最大位移不超过 3 点所对应的位移。2 点至 4 点为卸载段。随着桥墩位移的减小,耗能件的弹性变形首先得到恢复,随后进一步发生反向变形,其对墩柱底面的弯矩方向与加载时相反。由弯矩平衡可知对于相同 Δ,卸载段上 F 值要小于加载段的值,曲线围成的面积为所有耗能件耗散的能量。4 点处缺口重新闭合,进一步完全卸载至 5 点(0 点),桥墩的弯曲变形恢复,没有残余变形。反向加载与正向加载过程类似。

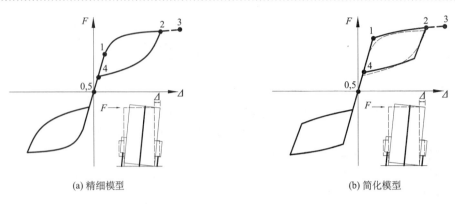

图 22-3　自定心桥墩顶点的侧向力-位移关系曲线

　　若桥墩的设计轴压比较低（铁路桥墩一般为 4%～10%），当桥墩底部混凝土侧向约束较强或者拼接面做特殊处理[3,4]，使得桥墩具有"绕定点转动"的特征：在柱底远离旋转点的另一端点所受压应力为零后，可近似认为桥墩未和基础分离，但底面受压区高度迅速减小，直至只有旋转点受压，如图 22-4(b)所示。此后拼接面张开，预应力筋立即伸长，桥墩绕旋转点转动。在这种简化模型下，桥墩的骨架曲线近似为双线性，如图 22-3(b)所示，1 点前后桥墩的刚度存在明显突变。对旋转点列弯矩平衡方程可知，1 点处的侧向力比精细模型要大，本章将对这两种模型的理论推导进行比较。

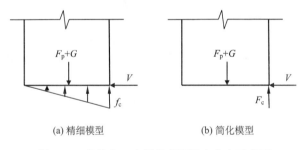

图 22-4　曲线上 1 点墩柱底面反力分布示意图

22.4　结构的临界状态

　　由上述加载、卸载历程可知，结构可能存在的临界状态包括图 22-3 中的 1 点、4 点。对于精细模型，1 点对应的状态为消压临界状态；对于简化模型，1 点对应的状态为转动临界状态。两种模型的 4 点均为自复位极限状态。参考 Dawood 和 ElGawady[5]对桥墩极限状态的定义，4 点处侧移值定义为达到下面几种可能状态的最小值：①BFRP（basalt fiber reinforced polymer）筋拉应变达到极限值，即 $\varepsilon_{BFRP}=\eta \cdot \varepsilon_u$，其中 ε_u 为 BFRP 极限拉应变，η 为小于 1 的系数。此状态考虑了 BFRP 作为脆性材料，在破坏之前基本保持弹性而不出现屈服，需要一定的安全储备。②位移角达到 4.5%。此状态则是防止侧移过大引起结构整体倒塌。③引起 1%残余变形，此状态参考了 Kwan 和 Billington[6]对预应力混凝土桥墩极限状态的定义，同时也作为设计耗能件的约束条件。④柱底混凝土最大应变 ε_c 达到混凝土极限压应变 ε_{cu}，此状态则是为了实现震后主体结构无损这一目标提出的。由于后两种状态需要复杂的理论分析和一定的实验数据支撑，从便于操作角度出发这里将针对状态①和②进行分析。

22.5 各阶段受力分析模型（精细模型）

这里将分析 0 点→5 点中各阶段的受力和变形特征，并对这些阶段的特征点（1 点、2 点和 4 点）做详细分析，理论分析中以顶点侧移 Δ 为控制变量。

22.5.1 初始状态加载至消压状态（0 点→1 点）

实际中桥墩所受侧向力为上部结构在地震作用下的惯性力 F，当墩底一端达到消压临界状态时，结构的受力如图 22-5 所示。

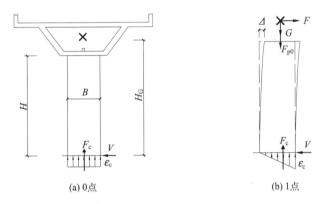

(a) 0点   (b) 1点

图 22-5 墩底临界消压状态示意图

图中 H 表示桥墩高度，B 表示桥墩宽度（另一边长 b 垂直纸面未画出），H_G 表示结构重心与桥墩底面的距离，G 表示总的竖向荷载，F_{p0} 表示初始预应力大小，ε_c 表示底部混凝土的最大压应变，F_c 表示柱底反力的合力。由于上部结构刚度很大，故 F 作用点（结构重心）与桥墩顶点可用一根刚性杆连接。由于耗能件中铝棒在此阶段不受力，图中没有画出。

加载至 1 点时桥墩一端即将和基础分离，桥墩只有弯曲变形，受力特征和一般整体现浇桥墩类似，故可采用平截面假定，底部混凝土压应变符合线性分布，根据竖向力平衡关系有

$$F_c = G + F_{p0} \tag{22-1}$$

其中，

$$F_c = \int_0^B b \cdot \sigma(\varepsilon) \mathrm{d}x \tag{22-2a}$$

$$\varepsilon = \frac{x}{B} \cdot \varepsilon_c \tag{22-2b}$$

$\sigma(\varepsilon)$ 为混凝土单轴本构关系。求解出最大压应变 ε_c 后，再对底部中心点列弯矩平衡方程：

$$\int_0^B b \cdot (x - 0.5B) \cdot \sigma(\varepsilon) \mathrm{d}x = F \cdot H_G \tag{22-3}$$

这里忽略了因弯曲变形引起的 G 作用点的变化。求出侧向力 F，最后求解侧向位移 Δ：

$$\Delta = \frac{F \cdot H^3}{3E_c \cdot I_g} \tag{22-4}$$

其中，I_g 为桥墩在水平荷载方向上的截面惯性矩；E_c 为混凝土弹性模量，可取[7]：

$$E_c = 0.038w^{1.5}\sqrt{f_{cu,k}} \tag{21-5}$$

其中，w 为混凝土自重（kg/m^3）；$f_{cu,k}$ 为混凝土立方体抗压强度（MPa）。

22.5.2　消压后加载至初始卸载点（1 点→2 点）

这一阶段与第一阶段相比，柱底拼接面张开，桥墩刚体转动逐渐变为侧移的主要部分，侧向力-位移关系呈现非线性，桥墩侧向刚度较前一阶段逐渐减小。该阶段主要关注如何根据已知转角 θ 求解侧向力 F。

图 22-6 为拼接面张开后桥墩的受力示意图。桥墩顶部水平位移为 Δ，底部拼接面张开转角为 θ，混凝土受压区高度（即桥墩和基础接触面长度）为 c。侧向力大小为 F，预应力变为 F_p，第 i 个耗能件中铝棒与桥墩转动点一端边缘距离为 y_i（图中 y_i 为正，若耗能件在右侧 y_i 为负），铝棒由于拉伸或压缩轴力变为 F_{si}（设受拉为正，受压为负）。

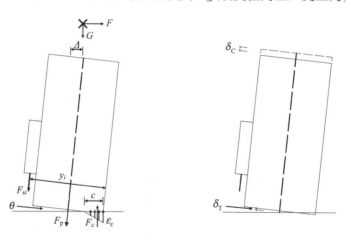

图 22-6　拼接面张开后桥墩的受力示意图

在此阶段中，侧移 Δ 与 F 的关系可表示为

$$\Delta = \frac{F \cdot H^3}{3E_c \cdot I_g} + H \cdot \theta \tag{22-6}$$

其中，θ 无法用一个 F 的显式函数表达，原因在于对于一个指定 θ，要求解 F 必须先求解 F_p、F_{si} 和 F_c。求解上述三个变量必须同时知道 θ 和 c 的值，而求解 c 则以 F_p、G、F_{si} 和 F_c 的平衡为条件。故对于某个 θ 只能通过迭代法求出 c，即此阶段的 F-$\varDelta$ 曲线也必须用迭代法求解。总的求解过程包含内外两个循环，外循环为指定 $\varDelta$ 求解 θ，内循环为指定 θ 求解 c，具体步骤包括：设定目标位移 $\varDelta$→假定 θ 值→假设 c 值→计算预应力 F_p，耗能件轴力 F_{si} 以及底部混凝土压力 F_c→根据竖向力平衡通过迭代法求解受压区高度 c→求解 F 值→求解侧移 $\varDelta$→比较 $\varDelta$ 计算值与第一步设定值，若相差满足要求则进行下一步计算，否则重新指定 θ 值继续上述计算。

(1) 假设 θ、c 值

对于指定的 $\varDelta$，可假定 $\theta=\varDelta/H$，而 c 的初始值可以在 $0\sim B$ 随意指定。

(2) 预应力 F_p

若 $c\geqslant 0.5B$，则预应力筋没有伸长，$F_p=F_{p0}$；若 $c<0.5B$，计算预应力时要考虑两部分变形，如图 22-6 所示。第一部分为底部缺口张开引起的预应力筋伸长 δ_T，此时将伴随着预应力的增加；同时由于桥墩受到增加的预应力而产生额外的压缩量 δ_C，引起预应力降低。设预应力筋的弹性模量为 E_{pt}，总面积为 A_{pt}，无黏结长度为 L_{pt}，则预应力增量为

$$\delta F_p = \frac{E_{pt}A_{pt}}{L_{pt}}\left[\left(\frac{B}{2}-c\right)\theta-\delta_C\right] \tag{22-7}$$

桥墩的压缩量 δ_C 为

$$\delta_C = \frac{\delta F_p}{E_c A_c}\cdot H \tag{22-8}$$

其中，A_c 为桥墩横截面面积，这里假设桥墩的压缩变形为弹性。将式 (22-8) 代入式 (22-7)，即可求出 δF_p。

综上所述，F_p 的表达式为

$$F_p = \begin{cases} F_{p0}, & c\geqslant 0.5B \\ F_{p0}+\dfrac{k_{pt}}{1+k_{pt}/k_c}\left(\dfrac{B}{2}-c\right)\theta, & c<0.5B \end{cases} \tag{22-9}$$

其中，

$$k_{pt} = E_{pt}A_{pt}/L_{pt} \tag{22-10a}$$

$$k_c = E_c A_c/H \tag{22-10b}$$

(3) 耗能件作用力 F_{si}

根据耗能件的几何变形关系，第 i 根耗能件的变形量为

$$d_{si} = (y_i-c)\cdot\theta \tag{22-11}$$

d_{si} 为正值时表示拉伸，取负值时表示压缩。d_{si} 由两部分组成：一部分为削弱段铝棒的变形 d_{pi}，另一部分为未削弱段铝棒的变形 d_{ei}。d_{ei} 是弹性变形，d_{pi} 则可能包含了塑性变形，在 F_{si} 作用下 d_{si} 表达式为

$$d_{si} = d_{ei} + d_{pi} = \frac{F_{si}}{k_{ei}} + L_{pi} \cdot \varepsilon_{pi} \tag{22-12}$$

其中，k_{ei} 为未削弱部分的轴向刚度；L_{pi} 为削弱段长度；ε_{pi} 为削弱段应变。ε_{pi}、k_{ei} 均是关于 F_{si} 的隐式函数，其表达式不仅与当前 F_{si} 有关，还与加载历史、加载路径有关，具体求解过程见 22.7 节。F_{si} 计算值为正时表示铝棒受拉，为负时表示铝棒受压。

(4) 底部混凝土压力 F_c

根据底部受压区混凝土的应力分布形式，其合力为

$$F_c = \int_0^c b\sigma(\varepsilon)\mathrm{d}x \tag{22-13}$$

对于混凝土压应变分布，Ou 等[8]采用线性分布，尽管该假设随着 θ 增大与有限元模拟结果会逐渐出现偏差，但由此得出的桥墩力-位移曲线与实际偏差却很小。郭佳等[9]对比了等效矩形应力法和平截面假定法结果，发现差别不大。Pampanin 等[10]也指出受压区应力分布假设为线性或均布都能得到可接受的结果。故可认为桥墩总体响应对受压区混凝土应变分布情况不敏感，此处仍采用线性应变分布假设，且混凝土最大压应变可表示为[10]

$$\varepsilon_c = \frac{c \cdot \theta}{L_p} \tag{22-14}$$

$$L_p = 0.08 \cdot H + 0.022 f_y \cdot d_{bl} \tag{22-15}$$

其中，L_p 为等效塑性铰长度；f_y、d_{bl} 分别为纵筋的屈服强度和直径。

(5) 侧向力 F 与侧移 Δ 的求解

根据式(22-7)~式(22-15)列竖向力平衡方程可得

$$F_c = G + F_p + \sum F_{si} \tag{22-16}$$

式(22-16)默认了小变形假定，即 $F_p\cos\theta \approx F_p$，$F_{si}\cos\theta \approx F_{si}$。式(22-16)是关于 c 的一个高次方程，可用迭代法求解，具体过程为：假定一个 c，计算式(22-16)左右两边的值；若 F_c 值小，则增大 c，否则减小 c，直至等式两边之差小于容许值，得到 c 的近似解。当 c 值求解出后，对桥墩底面中心列弯矩平衡方程：

$$\int_0^c b \cdot \sigma(\varepsilon) \cdot \left(x + \frac{B}{2} - c\right)\mathrm{d}x + \sum F_{si} \cdot \left(y_i - \frac{B}{2}\right) = G \cdot \frac{H_G}{H} \cdot \Delta' + F \cdot (H_G + \Delta_{ver}) \tag{22-17}$$

$$\Delta_{ver} = \begin{cases} 0, & c \geqslant 0.5B \\ (0.5B - c)\theta, & c < 0.5B \end{cases} \tag{22-18}$$

$$\Delta' = \frac{F \cdot H^3}{3E_c \cdot I_g} + H \cdot \theta \tag{22-19}$$

其中，Δ_{ver} 表示 F 作用点由于桥墩转动而发生的竖向位移。将式(22-18)、式(22-1)代入式(22-17)求解 F，再将 F 值反代入式(22-19)求解 Δ'。

(6) 容差分析

将(5)中计算结果 Δ' 与(1)中指定值 Δ 进行比较。若计算值偏大，则减小 θ；否则增

大 θ 进行本次计算，直至计算值与设定值之差小于容许值。这样加载曲线上某点坐标 (Δ, F) 已经求出，可指定下一个继续计算 Δ。

22.5.3　极限位移点(3 点)的确定

为保证试验安全，须在位移达到极限值(图 22-3 中 3 点)之前卸载。根据之前的定义，达到下面两种情况中任意一个时，可认为达到极限位移：①4.5%的位移角；②BFRP 筋拉应变达到极限值，$\varepsilon_{BFRP} = \eta \cdot \varepsilon_u$。对于第②种情况，可采用偏于保守的计算方法，即假设不考虑桥墩变形且 $c=0$(即桥墩绕边缘点转动)，得到：

$$\Delta_3 = \min\left[0.045H, \frac{(\eta \cdot \varepsilon_u - \varepsilon_0) \cdot L_{pt} \cdot H}{B/2} \right] \tag{22-20}$$

其中，ε_0 为预应力筋初应变。对于安全系数 η 的取值，首先要考虑 BFRP 本身的强度；其次桥墩在摆动时预应力大小也随时变化，需要考虑锚固部位对这种反复荷载的承受能力。本书 η 的取值为 0.7。

22.5.4　卸载至拼接面闭合(2 点→4 点)

若没有耗能件或者位移较小，耗能件处于弹性阶段，则卸载时的力-位移曲线基本与加载曲线重合。只要有某根铝棒加载进入塑性阶段，则卸载曲线将不再与加载曲线重合。由于卸载时耗能件轴力变号(拉变压，压变拉)，根据式(22-17)可知对于相同 θ，等式左侧弯矩值变小，则计算出的 F 要比加载段小，即卸载曲线在加载曲线下方，两者之间包围的面积为耗能件耗散的能量。卸载过程的计算与加载过程相同，4 点和 1 点的区别在于铝棒存在轴力，故把式(21-1)和式(21-3)改为

$$\int_0^B b \cdot \sigma(x) \mathrm{d}x = G + F_{p0} + \sum F_{si} \tag{22-21}$$

$$\int_0^B b \cdot (x - 0.5B) \cdot \sigma(\varepsilon) \mathrm{d}x + \sum F_{si} \cdot (y_i - 0.5B) = F \cdot H_G \tag{22-22}$$

其中，F_{si} 和 y_i 的正负号定义与 22.5.2 节中相同。

22.5.5　拼接面闭合至完全卸载(4 点→5 点)

若耗能件发生塑性变形，则其长度恢复时耗能件仍存在轴力，对预应力筋作用点列弯矩平衡方程可知，侧向力完全卸除后，柱底反力不会像 0 点均布而是存在偏心，即桥墩存在弹性变形无法消除。这里认为预应力筋恢复初始长度为自定心，也就是 5 点时 $c \geq 0.5$。由于桥墩设计轴压比均较小，故此时柱底应变线性分布可进一步简化为柱底应力线性分布，则对 F_c 作用点列弯矩平衡方程：

$$(G + F_{p0}) \cdot \left(\frac{B}{2} - \frac{B}{6} \right) = \sum F_{si} \cdot \left(y_i - \frac{B}{6} \right) \tag{22-23}$$

式(22-23)简化为

$$\left(G + F_{p0}\right) \geqslant \beta \cdot F_y \cdot \sum \left| \left(\frac{3y_i}{B} - \frac{1}{2} \right) \right| \tag{22-24}$$

其中，F_y 为铝棒屈服力；β 为考虑应变硬化的超强系数，其值大于 1。

22.5.6　循环加载计算流程

图 22-7 中虚线部分只计算一次(求 4 点)，方法与 22.5.2 节一样，只是此时 $\theta=0$ 为已知量。

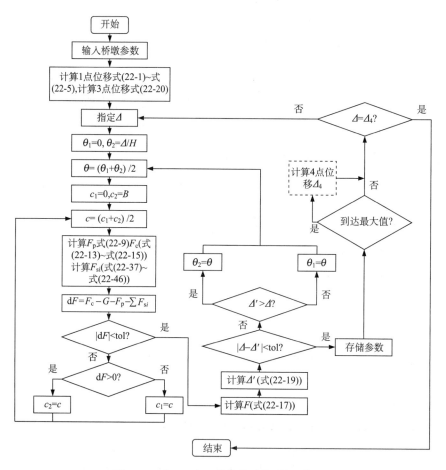

图 22-7　点 0→点 5 的计算流程(精细模型)

22.6　各阶段受力分析模型(简化模型)

22.6.1　初始状态加载至消压状态(0 点→1 点)

简化模型中当远离旋转点的一端消压时，拼接面不张开，直至柱底反力发展为只有旋转点受压时桥墩才开始转动，如图 22-8 所示。

对图 22-8(b)的旋转点列弯矩平衡方程，可得

$$F \cdot H_{\mathrm{G}} = \left(G + F_{\mathrm{p0}}\right) \cdot \frac{B}{2} \tag{22-25}$$

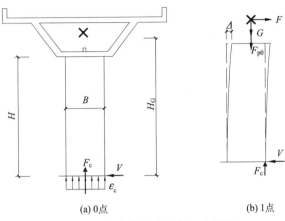

(a) 0点　　　　　　　　(b) 1点

图 22-8　柱底临界消压状态示意图

$$\Delta = \frac{F \cdot H^3}{3 E_{\mathrm{c}} \cdot I_{\mathrm{g}}} \tag{22-26}$$

22.6.2　消压后加载至初始卸载点(1 点→2 点)

简化模型中桥墩转动时 $c=0$，无须列竖向力平衡方程，相对于精细模型没有内层循环。同时预应力筋和耗能件的变形也只与 θ 有关。

$$F_{\mathrm{p}} = F_{\mathrm{p0}} + \frac{k_{\mathrm{pt}}}{1 + k_{\mathrm{pt}} / k_{\mathrm{c}}} \cdot \frac{B}{2} \cdot \theta \tag{22-27}$$

$$y_i \cdot \theta = \frac{F_{si}}{k_{ei}} + L_{pi} \cdot \varepsilon_{si} \tag{22-28}$$

对旋转点列弯矩平衡方程求解 F：

$$F_{\mathrm{p}} \cdot \frac{B}{2} + G \cdot \frac{H_{\mathrm{G}}}{H} \cdot \left(\frac{B}{2} - \Delta'\right) + \sum F_{si} \cdot y_i = F \cdot \left(H_{\mathrm{G}} + \frac{B}{2} \cdot \theta\right) \tag{22-29}$$

$$\Delta' = \frac{F \cdot H^3}{3 E_{\mathrm{c}} \cdot I_{\mathrm{g}}} + H \cdot \theta \tag{22-30}$$

将式(22-27)、式(22-28)、式(22-30)代入式(22-29)求解 F，再将 F 反代入式(22-30)求出 Δ'。其余步骤和精细模型相同。

22.6.3　卸载至拼接面闭合(2 点→4 点)

4 点与 1 点相同，$\theta=0$ 且只有转动点有反力，有

$$\left(G + F_{\mathrm{p0}}\right) \cdot \frac{B}{2} + \sum F_{si} \cdot y_i = F \cdot H_{\mathrm{G}} \tag{22-31}$$

22.6.4　拼接面闭合至完全卸载（4 点→5 点）

和精细模型一样，若耗能件发生塑性变形，则桥墩部分弹性变形无法恢复。这里认为 4 点处 $F \geqslant 0$ 即自定心，将式（22-31）简化，可得

$$\left(G + F_{\text{p0}}\right) \geqslant \beta \cdot F_{\text{y}} \cdot \sum \frac{2|y_i|}{B} \tag{22-32}$$

22.6.5　循环加载计算流程

图 22-9 给出了桥墩的简化分析模型在循环荷载下各阶段滞回曲线的计算流程图。

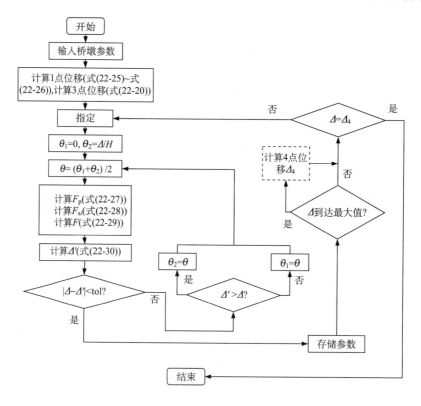

图 22-9　点 0→点 5 的计算流程（简化模型）

22.7　混凝土应力应变曲线

桥墩发生转动后，底部接触面面积会迅速减小，混凝土承受很大的压力，导致柱脚混凝土开裂或压碎，给震后修复带来困难。为分散局部压力，可以在柱底预埋钢板[3]或角钢[11]；也可加强混凝土侧向约束[12]。本章中的桥墩在底部设有 GFRP 套筒，可对混凝土实现三向约束，增强局部的强度和延性。同时 GFRP 作为耐久性材料，可以保护桥墩下部免受侵蚀。

本章中桥墩为矩形，下部混凝土同时受箍筋和 GFRP 约束，尽管有文献对此类混凝土的本构曲线进行了研究[13]，但是公式复杂，涉及参数过多；由于桥墩整体滞回曲线对柱底反力分布不敏感，故这里只进行简单分析。

从零加载至混凝土峰值应变为第一阶段。此阶段混凝土横向膨胀包括骨料的弹性变形、水泥胶体黏性流动和一些稳定开展的裂缝。当配置数量足够的箍筋时，可以约束住核心区混凝土。GFRP 作为外部约束，其弹模比钢筋要低许多；桥墩的矩形截面导致了拱效应，即只有四个角的混凝土能受到较好约束，中心混凝土有向外鼓出的趋势而套筒无法约束。故此阶段可不考虑套筒的约束作用，参考 Scott 等修正的混凝土本构模型[14]，混凝土应力应变曲线可表示为

$$f_c = Kf'_c \left[\frac{2\varepsilon}{0.002K} - \left(\frac{\varepsilon}{0.002K} \right)^2 \right], \quad \varepsilon \leqslant 0.002K \tag{22-33}$$

其中，f_c 为混凝土压应力；f'_c 为混凝土圆柱体试件抗压强度；ε 表示混凝土压应变。K 表达式为

$$K = 1 + \frac{\rho_s f_{yh}}{f'_c} \tag{22-34}$$

其中，ρ_s 表示箍筋体积配筋率；f_{yh} 表示箍筋屈服强度。

越过峰值应变后为第二阶段。此后混凝土内部裂缝迅速发展且宽度增大，横向膨胀主要由此引起。此时箍筋进入屈服状态，其约束力保持不变。GFRP 作为弹性材料，在破坏之前没有屈服现象，随着混凝土的膨胀其施加的侧向约束力可以一直增加。GFRP套筒的刚度对此阶段曲线有重要影响，若刚度不够，随应变增加混凝土应力下降，曲线出现软化；若刚度足够大，则随应变增加混凝土应力继续上升，曲线出现硬化。此阶段可以看成 GFRP 约束峰值强度为 Kf'_c 的混凝土。

22.8　耗能件轴力

由 22.5.2 节内容可知，求解耗能件轴力 F_{si} 需知道当前状态下未削弱段(弹性段)的轴向刚度 k_{ei} 以及削弱段的轴向应变 ε_{pi}。k_{ei} 因铝棒受拉或受压而不同，ε_{pi} 还和铝的本构关系相关，故 F_{si} 将以分段函数的形式表达。

如图 22-10(a)所示，铝棒弹性段的面积为 A_e，长度包括牛腿内 L_{e1} 和牛腿下部 L_{e2}，螺栓以及连接套筒内的铝棒受到充分约束而不发生变形。削弱段铝棒面积为 A_p，长度为 L_p。图 22-10(b)中铝棒受拉，弹性段 L_{e1} 伸长使得牛腿下部螺栓离开牛腿；而图 22-10(c)中铝棒受压时，下部螺栓压住牛腿使得 L_{e1} 段不参与受力。所以铝棒受压时弹性段刚度比受拉时要大，使得耗能件耗能呈现不规则形状，如图 22-10(e)所示。

为便于分析，这里铝的应力应变曲线简化为双线性随动强化模型，如图 22-10(d)所示。弹性段的弹性模量为 E_s，屈服应变为 ε_y，应变硬化率为 α。为与 22.5.2 节的求解方法一致，这里将问题转化为：已知第 $j-1$ 步中 $\theta = \theta_{j-1}$，$c = c_{j-1}$，$F_{si} = F_{j-1}$，$\varepsilon_{pi} = \varepsilon_{j-1}$，以及

第 j 步中 $\theta=\theta_j$，在假设第 j 步中 $c=c_j$ 的基础上，求解 F_j 表达式。不失一般性，这里的分析是针对精细模型，对于简化模型只需令分析结果中 $c_{j-1}=c_j=0$ 即可。

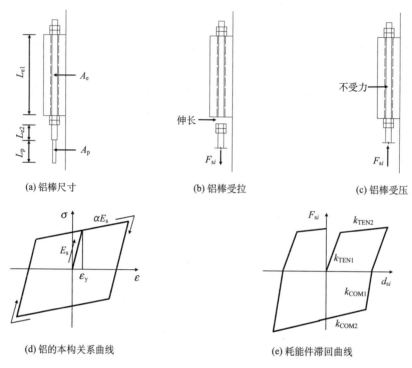

(a) 铝棒尺寸　　　　　　　　(b) 铝棒受拉　　　　　　　　(c) 铝棒受压

(d) 铝的本构关系曲线　　　　　　　　(e) 耗能件滞回曲线

图 22-10　耗能件工作示意图

22.8.1　符号定义（k_{TEN}、k_{COM}、σ_y）

本节涉及的符号含义如下。

k_{TEN}：铝棒拉伸刚度；

k_{COM}：铝棒压缩刚度；

σ_y：应力状态 ε_{j-1}、$\sigma_{j-1}(=F_{j-1}/A_p)$，所对应的屈服强度。

对于削弱段，如果铝棒的应变未超过屈服应变，则其轴向刚度为 $k_p=E_s\cdot A_p/L_p$；若超过屈服应变则刚度变为 $\alpha\cdot k_p$。对于弹性段，受拉时牛腿内的区段受力，其轴向刚度为 $k_e=E_s\cdot A_p/(L_{e1}+L_{e2})$；受压时牛腿内的区段退出受力，其轴向刚度为 $k_e'=E_s\cdot A_p/L_{e2}$。

对整个铝棒，无论其受力状态如何，其变形总是由削弱段和弹性段各自的变形共同组成，即铝棒由一个弹性弹簧(弹性段)和一个弹塑性弹簧(削弱段)串联而成。定义铝棒整体刚度 k 为轴力 F_s 对轴向变形 d_s 的微分，即 $k=\delta F_{si}/\delta d_{si}$，其表达式分四种情况：

(1)铝棒受拉且削弱段没有屈服：

$$k_{TEN}=k_{TEN1}=\frac{1}{1/k_e+1/k_p} \tag{22-35}$$

(2) 铝棒受拉且削弱段发生屈服：

$$k_{\mathrm{TEN}} = k_{\mathrm{TEN2}} = \frac{1}{1/k_{\mathrm{e}} + 1/(\alpha \cdot k_{\mathrm{p}})} \tag{22-36}$$

(3) 铝棒受压且削弱段没有屈服：

$$k_{\mathrm{COM}} = k_{\mathrm{COM1}} = \frac{1}{1/k_{\mathrm{e}}' + 1/k_{\mathrm{p}}} \tag{22-37}$$

(4) 铝棒受压且削弱段发生屈服：

$$k_{\mathrm{COM}} = k_{\mathrm{COM2}} = \frac{1}{1/k_{\mathrm{e}}' + 1/(\alpha \cdot k_{\mathrm{p}})} \tag{22-38}$$

由本构曲线可知，加载过程中任意时刻，铝棒某点的应力状态 $(\varepsilon_{j-1}, \sigma_{j-1})$ 均处于两条包络线(粗实线)之间，且卸载刚度为 E_{s} (粗虚线为卸载曲线)，如图 22-11 所示。包络线与卸载曲线的交点为当前应力状态下对应的屈服点，表达式为

$$\sigma_{\mathrm{y}} = \sigma_{\mathrm{y1}} = E_{\mathrm{s}} \cdot \varepsilon_{\mathrm{y}} + \frac{\alpha}{(1-\alpha)} \left(E_{\mathrm{s}} \cdot \varepsilon_{j-1} - \sigma_{j-1} \right) \tag{22-39}$$

$$\sigma_{\mathrm{y}} = \sigma_{\mathrm{y2}} = -E_{\mathrm{s}} \cdot \varepsilon_{\mathrm{y}} + \frac{\alpha}{(1-\alpha)} \left(E_{\mathrm{s}} \cdot \varepsilon_{j-1} - \sigma_{j-1} \right) \tag{22-40}$$

σ_{y} 表达式包含了 $(\varepsilon_{j-1}, \sigma_{j-1})$ 处于包络线上的情况。

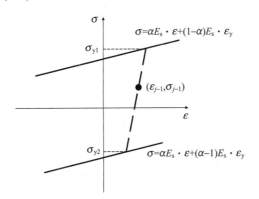

图 22-11　屈服应力示意图

铝棒在第 j–1 步和第 j 步的变形量分别为

$$d_{j-1} = \left(y_i - c_{j-1} \right) \cdot \theta_{j-1} / L_{si} \tag{22-41}$$

$$d_j = \left(y_i - c_j \right) \cdot \theta_j / L_{si} \tag{22-42}$$

$$\delta d_j = d_j - d_{j-1} \tag{22-43}$$

22.8.2　$F_{j-1} > 0,\ \delta d_j > 0$

铝棒在受拉状态下继续伸长，可能处于弹性阶段，也可能进入屈服状态。牛腿内的区段一直参与受力，对应的 F_j 的表达式为

$$F_j = \begin{cases} F_{j-1} + k_{\mathrm{TEN1}} \cdot \delta d_j, & d_j < d_{\lim} \\ A_{\mathrm{p}} \cdot \sigma_{\mathrm{y1}} + k_{\mathrm{TEN2}} \cdot \left(d_j - d_{\lim}\right), & d_j > d_{\lim} \end{cases} \tag{22-44}$$

其中，

$$d_{\lim} = d_{j-1} + \frac{A_{\mathrm{p}} \cdot \sigma_{\mathrm{y1}} - F_{j-1}}{k_{\mathrm{TEN1}}} \tag{22-45}$$

22.8.3　$F_{j-1} > 0$，$\delta d_j < 0$

若铝棒在受拉时反向加载，可能①一直处于受拉状态；②变为受压状态但处于弹性阶段；③受压且达到屈服。注意反向加载时一旦铝棒轴力变号，牛腿内的区段将退出受力，则其轴向刚度由 k_{TEN1} 变为 k_{COM1}。此阶段 F_j 的表达式为

$$F_j = \begin{cases} F_{j-1} + k_{\mathrm{TEN1}} \cdot \delta d_j, & d_j > d_{\lim 1} \\ k_{\mathrm{COM1}} \cdot \left(d_j - d_{\lim 1}\right), & d_{\lim 2} < d_j < d_{\lim 1} \\ A_{\mathrm{p}} \cdot \sigma_{\mathrm{y2}} + k_{\mathrm{COM2}} \cdot \left(d_j - d_{\lim 2}\right), & d_j < d_{\lim 2} \end{cases} \tag{22-46}$$

其中，

$$d_{\lim 1} = d_{j-1} - \frac{F_{j-1}}{k_{\mathrm{TEN1}}} \tag{22-47a}$$

$$d_{\lim 2} = d_{\lim 1} + \frac{A_{\mathrm{p}} \cdot \sigma_{\mathrm{y2}}}{k_{\mathrm{COM1}}} \tag{22-47b}$$

22.8.4　$F_{j-1} < 0$，$\delta d_j > 0$

铝棒在受压情况下反向加载，与上一种情况类似，可能①一直受压；②受拉且处于弹性状态；③受拉且屈服。同样反向加载时一旦铝棒轴力变号，牛腿内的区段参与受力，则其轴向刚度由 k_{COM1} 变为 k_{TEN1}。此阶段 F_j 的表达式为

$$F_j = \begin{cases} F_{j-1} + k_{\mathrm{COM1}} \cdot \delta d_j, & d_j < d_{\lim 1} \\ k_{\mathrm{TEN1}} \cdot \left(d_j - d_{\lim 1}\right), & d_{\lim 1} < d_j < d_{\lim 2} \\ A_{\mathrm{p}} \cdot \sigma_{\mathrm{y1}} + k_{\mathrm{TEN2}} \cdot \left(d_j - d_{\lim 2}\right), & d_j > d_{\lim 2} \end{cases} \tag{22-48}$$

其中，

$$d_{\lim 1} = d_{j-1} - \frac{F_{j-1}}{k_{\mathrm{COM1}}} \tag{22-49a}$$

$$d_{\lim 2} = d_{\lim 1} + \frac{A_{\mathrm{p}} \cdot \sigma_{\mathrm{y1}}}{k_{\mathrm{TEN1}}} \tag{22-49b}$$

22.8.5　$F_{j-1} < 0$，$\delta d_j < 0$

铝棒在受压的情况下继续压缩，可能一直处于弹性阶段，也可能进入屈服状态。牛腿内的区段始终不受力，此阶段 F_j 的表达式为

$$F_j = \begin{cases} F_{j-1} + k_{\text{COM1}} \cdot \delta d_j, & d_j > d_{\text{lim}} \\ A_{\text{p}} \cdot \sigma_{\text{y2}} + k_{\text{COM2}} \cdot (d_j - d_{\text{lim}}), & d_j < d_{\text{lim}} \end{cases} \tag{22-50}$$

其中，

$$d_{\text{lim}} = d_{j-1} + \frac{A_{\text{p}} \cdot \sigma_{\text{y2}} - F_{j-1}}{k_{\text{COM1}}} \tag{22-51}$$

22.9　拼接面张开后桥墩的侧向刚度

这里将研究拼接面张开后转角 θ 对桥墩侧向刚度的影响。如图 22-12 所示，此时底部反力 F_{c} 作用点距桥墩边缘为 x_{c}。这里假设预应力筋开始伸长，所有耗能件全部屈服。虽然在加载初期这是不合理的，但此假设适用于后面大部分加载段。本节主要考察桥墩在单调加载时力–位移曲线上某点的割线刚度 k_{sec} 和切线刚度 k_{tan}。

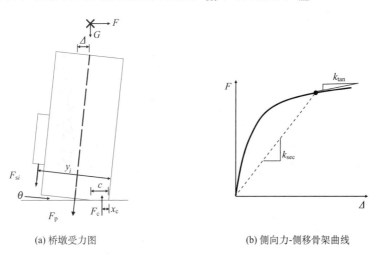

(a) 桥墩受力图　　　　　　　(b) 侧向力-侧移骨架曲线

图 22-12　桥墩拼接面张开时的受力及变形示意图

22.9.1　割线刚度

对 F_{c} 作用点列弯矩平衡方程，可得

$$F\left[H_{\text{G}} + \left(\frac{B}{2} - x_{\text{c}} \right)\theta \right] = \left[F_{\text{p0}} + k'_{\text{pt}} \left(\frac{B}{2} - c \right)\theta \right]\left(\frac{B}{2} - x_{\text{c}} \right) + G\left(\frac{B}{2} - x_{\text{c}} - \frac{H_{\text{G}}}{H}\Delta \right) + \sum F_{si}(y_i - x_{\text{c}}) \tag{22-52}$$

其中，

$$k'_{\text{pt}} = \frac{k_{\text{pt}}}{1 + k_{\text{pt}}/k_{\text{c}}} \tag{22-53a}$$

$$F_{si} = \begin{cases} E_s A_p \varepsilon_y + k_{TEN2} \cdot \left[(y_i - c)\theta - \dfrac{E_s A_p \varepsilon_y}{k_{TEN1}} \right], & y_i > 0 \\[4mm] -E_s A_p \varepsilon_y + k_{COM2} \cdot \left[(y_i - c)\theta + \dfrac{E_s A_p \varepsilon_y}{k_{COM1}} \right], & y_i < 0 \end{cases} \tag{22-53b}$$

将 F_{si} 简化为

$$F_{si} = \overline{F_{yi}} + k_i \cdot (y_i - c)\theta \tag{22-54}$$

其中，$\overline{F_{yi}}$、k_i 只与 y_i 有关。考虑到桥墩变形以转动为主且转角较小，则有

$$H_G + \left(\frac{B}{2} - x_c \right)\theta \approx H_G, \quad \Delta \approx H\theta \tag{22-55}$$

对式 (22-52) 做变形，可得

$$H_G \frac{F}{\theta} = \frac{G + F_{p0} + \sum \overline{F_{si}}}{\theta} \cdot \left(\frac{B}{2} - x_c \right) + \left(\overline{M_{pt}} + \overline{M_s} - G \cdot H_G \right) \tag{22-56}$$

其中，

$$\overline{F_{si}} = \overline{F_{yi}} \cdot \frac{y_i - x_c}{B/2 - x_c} \tag{22-57a}$$

$$\overline{M_{pt}} = k'_{pt} \left(\frac{B}{2} - c \right) \left(\frac{B}{2} - x_c \right) \tag{22-57b}$$

$$\overline{M_s} = \sum k_i (y_i - c)(y_i - x_c) \tag{22-57c}$$

把式 (22-56) 代入式 (22-6) 可知桥墩在拼接面张开后的侧向刚度为

$$k_{sec} = \frac{F}{\Delta} = \cfrac{1}{\cfrac{H^3}{3E_c I_g} + \cfrac{H \cdot H_G}{\cfrac{G + F_{p0} + \sum \overline{F_{si}}}{\theta} \cdot \left(\dfrac{B}{2} - x_c \right) + \left(\overline{M_{pt}} + \overline{M_s} - G \cdot H_G \right)}} \tag{22-58}$$

对于简化模型，令式 (22-58) 中，$c = x_c = 0$，可得

$$k_{sec} = \frac{F}{\Delta} = \cfrac{1}{\cfrac{H^3}{3E_c I_g} + \cfrac{H \cdot H_G}{\cfrac{G + F_{p0} + \sum \overline{F_{yi}} \cdot 2y_i / B}{\theta} \cdot \dfrac{B}{2} + \left(k'_{pt} \cdot \left(\dfrac{B}{2} \right)^2 + \sum k_i \cdot y_i^2 - G \cdot H_G \right)}}$$

$$\tag{22-59}$$

由式 (22-59) 可知，桥墩的构造参数确定时，k_{sec} 是一个只关于 θ 的函数。当 $\theta \approx 0$（即消压之前），$k_{sec} \approx 3E_c I_g / H^3$，为杜底固结桥墩的侧向刚度。随着 θ 增大 k_{sec} 减小，即拼接面张开后桥墩自振周期不是一个固定值，随 θ 增大周期变长，有利于减小地震作用。还可看出 k_{sec} 与 F_{p0}、k_i 正相关，说明提高初始预应力和使用耗能件能够增大拼接面张开后桥墩刚度。

对于精确模型，c 和 x_c 随 θ 增大改变，当轴压比不太大时能迅速趋于稳定，则式

(22-59)的结论适用于式(22-58)。

22.9.2　切线刚度

将式(22-55)代入式(22-52)并取全微分，假设 c 和 x_c 为固定值，则有

$$H_G \mathrm{d}F = k'_\mathrm{pt}\left(\frac{B}{2}-c\right)\left(\frac{B}{2}-x_c\right)\mathrm{d}\theta - GH_G \mathrm{d}\theta + \sum k_i(y_i-c)(y_i-x_c)\mathrm{d}\theta \tag{22-60}$$

即

$$H_G\frac{\mathrm{d}F}{\mathrm{d}\theta} = \overline{M_\mathrm{pt}} + \overline{M_\mathrm{s}} - GH_G \tag{22-61}$$

对式(22-60)取全微分并代入式(22-61)，可得

$$k_\mathrm{tan} = \frac{\mathrm{d}F}{\mathrm{d}\Delta} = \cfrac{1}{\cfrac{H^3}{3E_cI_g} + \cfrac{H\cdot H_G}{\overline{M_\mathrm{pt}} + \overline{M_\mathrm{s}} - GH_G}} \tag{22-62}$$

由式(22-62)可知，无论对于哪种模型 k_tan 都是一个常数，只与桥墩的构造有关。这是因为推导过程中假设了 c 和 x_c 为固定值。要保证桥墩转动时不发生倾覆，要求 $k_\mathrm{tan}>0$，当桥墩具有较大的竖向恒载(G 较大)或者比较细长(H_G 较大)时都会增加倾覆的可能。另外，轴压比对桥墩刚度也有影响。事实上当桥墩轴压比处于较高水平时，导致 c 和 x_c 较大(即简化模型不再适用)。从式(22-52)和式(22-60)可以看出 F 和 $\mathrm{d}F$ 随 c 和 x_c 增大而减小，即桥墩侧向刚度下降。

22.10　本 章 小 结

本章介绍了含外置耗能装置的自定心桥墩的基本构造、工作机理，并对结构在循环荷载下的受力特性进行了研究，所完成的工作及结论如下：

(1)介绍了自定心桥墩在循环荷载下所受侧向力-顶点侧移的关系曲线，该曲线为典型的双旗帜型。

(2)分析了自定心桥墩在各个阶段的受力特点：底部拼接面张开前，自定心桥墩和柱底固结桥墩类似，变形为墩柱的弯曲变形；底部拼接面张开后，自定心桥墩的侧向力-位移呈现非线性，侧向刚度由预应力和耗能件提供。

(3)以顶点侧移为控制，按照精细模型和简化模型分别给出了桥墩在循环荷载下各阶段滞回曲线求解方法与流程图。分析了耗能件中铝棒在拉压情况下的受力特征，并以分段函数的形式给出了铝棒的轴力表达式。

(4)求解了桥墩在拼接面张开后其骨架曲线上各点的切线刚度和割线刚度表达式,研究了预应力和耗能件对刚度的影响。

参 考 文 献

[1]　曹志亮. 外置耗能式自定心混凝土桥墩抗震性能研究 [D]. 南京: 东南大学, 2015.

[2] Cao Z L, Guo T, Xu Z K, et al. Theoretical analysis of self-centering concrete piers with external dissipators [J]. Earthquakes and Structures, 2015, 9(6): 1313-1336.

[3] Mander J B, Cheng C T. Seismic resistance of bridge piers based on damage avoidance design [R]. Buffalo: State University of New York, 1997.

[4] 郭彤, 宋良龙. 腹板摩擦式自定心预应力混凝土框架梁柱节点的理论分析[J]. 土木工程学报, 2012, 45(7): 73-79.

[5] Da Wood H M, EIGawady M. Performance-based seismic design of unbounded precast post-tensioned concrete filled GFRP tube piers[J]. Composites Part B: Engineering, 2013, 44(1): 357-367.

[6] Kwan W P, Billington S L. Unbonded posttensioned concrete bridge piers. I: monotonic and cyclic analyses [J]. Journal of Bridge Engineering, 2003, 8(2): 92-101.

[7] California Department of Transportation. Seismic Design Criteria, Version 1.7 [S]. CA, USA, 2013.

[8] Ou Y C, Chiewanichakorn M, Aref A J, et al. Seismic performance of segmental precast unbonded posttensioned concrete bridge columns [J]. Journal of Structural Engineering, 2007, 133(11): 1636-1647.

[9] 郭佳, 辛克贵, 何铭华, 等. 自复位桥梁墩柱结构抗震性能试验研究与分析 [J]. 工程力学, 2012, 29(1): 29-34.

[10] Pampanin S, Priestley M J N, Sritharan S. Analytical modelling of the seismic behaviour of precast concrete frames designed with ductile connections [J]. Journal of Earthquake Engineering, 2001, 5(3): 329-367.

[11] Palermo A, Pampanin S, Marriott D. Design, modeling, and experimental response of seismic resistant bridge piers with posttensioned dissipating connections [J]. Journal of Structural Engineering, 2007, 133(11): 1648-1661.

[12] Hewes J T, Priestley M J N. Seismic design and performance of precast concrete segmental bridge columns [R]. La Jolla: University of California, San Diego, 2002.

[13] Braga F, Gigliotti R, Laterza M. Analytical stress-strain relationship for concrete confined by steel stirrups and/or FRP jackets [J]. Journal of Structural Engineering, 2006, 132(9): 1402-1416.

[14] Scott B D, Park R, Priestley M J N. Stress-strain behavior concrete confined by overlapping hoops at low and high strain rates [J]. ACI Journal, 1982, 79(1): 13-27.

第23章

自定心混凝土桥墩的低周反复加载试验

本章主要介绍了含外置耗能装置的自定心混凝土桥墩的低周反复加载试验情况[1,2]。同时，根据本书第 22 章所给出的两种理论分析模型，对试验中的 F-Δ(即顶点侧向力-侧移)关系进行了计算，并与实测结果进行了比较[1]。

23.1 试 验 概 况

低周反复加载试验的试件包括一个整体现浇的钢筋混凝土桥墩(RC 试件)和 3 个自定心混凝土桥墩(SC 试件)。其中，RC 试件按照 1∶3 的缩尺比例进行设计。如图 23-1(a)所示，每个 SC 试件包含一个预制的钢筋混凝土墩柱和承台。承台吊装就位后，通过锚固螺杆固定在实验室地面，并采用钢绞线和千斤顶限制其水平位移。在承台上表面，预埋了一块 500mm×500mm×8mm 的钢板，以抵抗桥墩转动时转动点处的局部压力。此外，承台上还预埋了 8 根螺杆(其上套有连接套筒)，螺杆的锚固长度为 200mm。方形预制柱下部设有牛腿，并和柱身一同浇筑。柱内穿有两根后张无黏结预应力 BFRP 筋，其底部

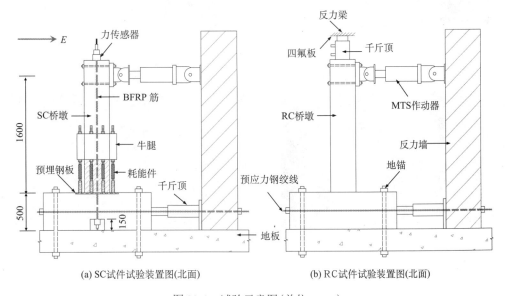

(a) SC试件试验装置图(北面)   (b) RC试件试验装置图(北面)

图 23-1　试验示意图(单位：mm)

锚固在承台的槽道中，并通过柱顶的力传感器控制 BFRP 筋上施加的预应力。MTS 液压伺服作动器通过 4 根对拉螺杆与桥墩上部连接，以施加水平推力和拉力。桥墩底部至作动器轴线的垂直距离为 1600mm。

RC 试件作为一个对比试件，用以研究其在低周反复加载试验下的耗能特性与损伤情况，并与 SC 试件进行比较。方形的钢筋混凝土墩柱和承台一同浇筑。柱内纵筋全部伸至承台底部（即锚固长度为 480mm）。竖向荷载由一个位于柱顶的竖向千斤顶提供，千斤顶和反力梁之间设有两块聚四氟乙烯滑板以减小摩擦，如图 23-1(b) 所示。经测试，滑板之间摩擦系数为 0.026。

23.2　试件制作

23.2.1　钢筋混凝土墩柱

图 23-2 和图 23-3 分别给出了制作中构件及其配筋图。　其中，RC 试件的横截面尺寸为 350mm×350mm，高为 1800mm。纵筋采用 16 根 φ10mm 钢筋并沿周长均匀排布，箍筋采用 φ6@100mm 四肢箍，混凝土保护层厚度为 20mm。对应的纵筋配筋率为 1.03%，箍筋体积配筋率为 0.71%。墩柱上部设 4 个水平预埋孔道，采用对拉螺栓穿过其中将桥墩与作动器连接在一起。

(a) RC 试件

(b) SC 试件预制柱

(c) 牛腿

(d) SC 试件基础

图 23-2　加工中的试验构件

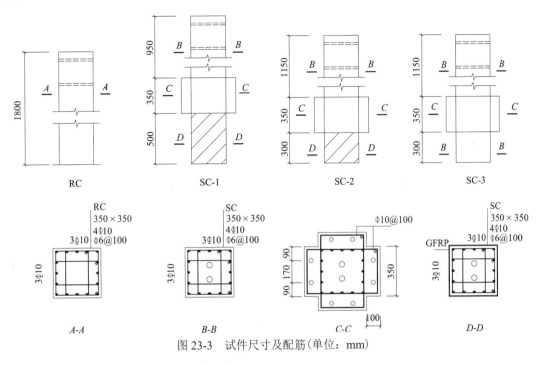

图 23-3　试件尺寸及配筋(单位：mm)

SC 试件共有三个(SC-1、SC-2 和 SC-3)，其高度均为 1800mm，横截面尺寸为 350mm×350mm(牛腿段除外)。纵筋采用 16 根 $\phi10$mm 钢筋并在墩柱底部截断(即纵筋不穿过桥墩和承台之间的接缝)，箍筋采用通常布置的 $\phi6@100$mm 四肢箍，混凝土保护层厚度为 20mm。桥墩中心的两根预应力筋孔道直径为 60mm。SC 试件在桥墩四边分别伸出一个牛腿，伸出长度 100mm，每个牛腿设两个垂直预埋孔道穿过耗能铝棒，孔道中心距柱边 50mm。SC-1 和 SC-2 试件中牛腿之下部分用 GFRP 套筒包住，套筒厚度为 8mm。套筒可以作为施工模板，如图 23-2(b)所示。SC-1 和 SC-2 试件的套筒高度分别为 500mm 和 300mm。SC-3 试件没有套筒，其余构造与 SC-2 试件完全相同，这种差异是为了考察套筒的作用。

23.2.2　耗能件

试验中的铝棒共有 4 种规格，如图 23-4 所示。铝棒的原始直径为 25mm，在削弱段

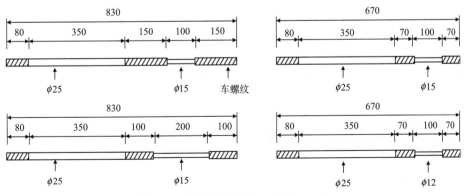

图 23-4　四种铝棒的尺寸(单位：mm)

直径减为 15mm 或 12mm，削弱段的长度包括 100mm 和 200mm 两种。铝棒削弱段的外部套有不锈钢套筒，其内径为 45mm，套筒中灌注环氧胶以防止削弱段的受压屈曲。根据拉伸试验结构可知，铝棒的塑性变形集中在削弱段上，而其余部分保持弹性。

23.3 材 性 参 数

玄武岩纤维是玄武岩经高温熔融后，采用拔丝、缠绕工艺制成的连续纤维[3]。试验采用的 BFRP 筋的实测弹性模量为 44GPa，极限强度为 1080MPa。尽管 BFRP 筋具有较高的抗拉强度和良好的化学稳定性，但因其剪切强度和弯曲强度较低使得在锚固部位容易被锚片夹断[4]。在本试验中，BFRP 筋的锚固部位先用一段钢管套住，在筋体和钢管空隙中填入结构胶，如图 23-5 所示。BFRP 筋的直径为 16mm，钢管的内、外径分别为 20mm 和 30mm。钢管的外壁车出螺纹并套上螺帽作为锚固。拉伸试验结果表明，钢管长度大于 350mm 时，可以保证破坏形式为纤维拉断而非胶体与 BFRP 的滑移失效。拉伸试验中 BFRP 筋在破坏前的应力-应变曲线基本为线弹性，破坏时纤维向外爆裂开并发出一声巨响，筋体强度立刻丧失，具有显著的脆性破坏特征。

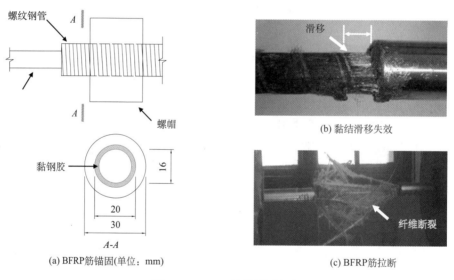

(a) BFRP筋锚固(单位：mm)

(b) 黏结滑移失效

(c) BFRP筋拉断

图 23-5   BFRP 筋的锚固方式

制作 3 根铝棒并进行拉伸试验，其结果如图 23-6 所示。其中，力和位移数据通过拉伸试验机的内置传感器测出，应力数据通过拉力除以试件横截面积计算，应变数据通过引伸计测出。由于引伸计量程限制，在应变数据达到 18%时拆下引伸计，然后继续拉伸直至铝棒拉断。从应力-应变曲线可以发现，在应力达到 116MPa(对应的应变为 0.17%)之前，铝棒处于弹性状态，此后铝产生塑性变形但没有明显的屈服平台。屈服后铝棒中应力上升缓慢，在达到峰值应力(220MPa)前有一段明显的应力平台。在应力达到峰值后，试件中间出现颈缩，应力随之下降，最后试件在颈缩部位拉断，断口和试件横截面大致呈 45°夹角。

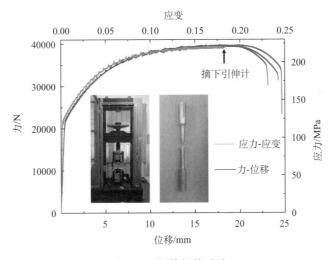

图 23-6　铝棒拉伸试验

本试验采用的混凝土等级为 C40，3 个混凝土立方体试块的抗压强度分别为 41.8MPa、40.8MPa 和 27.5MPa。根据《混凝土强度检验评定标准》[5]，取立方体抗压强度为 40.8MPa。

柱内纵筋强度等级为 HRB335，屈服强度标准值为 335MPa；箍筋强度等级为 HPB300，屈服强度标准值为 300MPa。

23.4　测点布置

试验中的测点布置如图 23-7 所示。MTS 液压伺服作动器中内置的传感器可以测量所施加的水平力及位移。为验证第 22 章中的简化模型，试验中通过布置在柱角的两个竖向位移传感器，对张开角度 θ_{gap} 和接触长度 c 进行了测量，如图 23-7 所示。设两个位移计读数分别为 Δ_{ex} 和 Δ_{co}，则 θ_{gap} 和 c 计算公式为

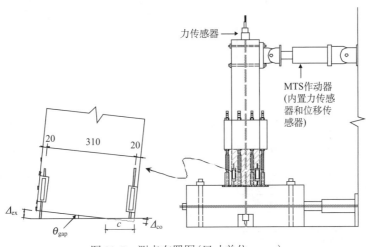

图 23-7　测点布置图(尺寸单位：mm)

$$\theta_{\text{gap}} = \left(\Delta_{\text{ex}} + \Delta_{\text{co}} \right) / 310 \tag{23-1}$$

$$c = \Delta_{\text{co}} / \theta_{\text{gap}} \tag{23-2}$$

在 SC 试件顶端预应力筋的锚固部位，通过振弦式压力传感器测量试验中的预应力大小，如图 23-7 所示。

在 SC-1 和 SC-2 试件底部套筒的东面，贴有竖向应变片，用来测套筒上应变分布，如图 23-8 所示。

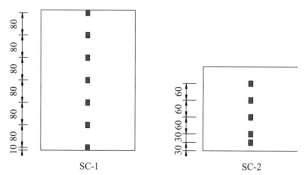

图 23-8　GFRP 套筒上的应变片布置(尺寸单位：mm)

23.5　试验参数及加载制度

23.5.1　试验参数

对 4 个试件进行了共 15 组试验，考察了预应力、耗能件及套筒对桥墩性能的影响，如表 23-1 所示。

表 23-1　试件试验参数

试验编号	试件	F_0/kN	预应力筋	耗能件数量	耗能件位置	耗能段直径/mm	耗能段长度/mm
1	SC-1	120	BFRP	—	—	—	—
2		220		—	—	—	—
3		220		4	东、西面	15	100
4		220		4	南、北面	15	100
5		220		4	东、西面	15	200
6	SC-2	120	BFRP	—	—	—	—
7		220		—	—	—	—
8		120	钢绞线	—	—	—	—
9		220		—	—	—	—
10		220	BFRP	4	东、西面	15	100
11		220		4	南、北面	15	100
12		220		4	东、西面	12	100
13	SC-3	220	BFRP	—	—	—	—
14		220	钢绞线	—	—	—	—
15	RC	220	—	16(纵筋)	—	—	—

注：1. F_0 表示两根预应力筋的初始预应力之和；
　　2. 作动器施加位移方向为东-西方向。

对于每个 SC 试件，试验 1、2 用来比较不同初始预应力对结构的影响，高低预应力对应的设计轴压比分别为 5.1% 和 9.4%。试验 3～试验 5 以及试验 10～试验 12 用来比较耗能件不同构造（位置、截面面积、长度）对结构的影响。试验 6～试验 9 用来比较预应力筋不同材料对结构的影响。试验采用的钢绞线为低松弛高强预应力钢绞线，公称直径 15.2mm，公称截面面积 139 mm²，实测弹模 1.95×10⁵MPa，屈服强度 1497MPa，极限抗拉强度 1914MPa。试验 7 和试验 9 用来与 SC-3 试件的试验进行比较，考察 GFRP 套筒对桥墩性能以及柱底混凝土的影响。最后进行 RC 试件的试验，研究其耗能特性和损伤情况及其与 SC 试件的差别。

23.5.2　加载制度

本试验采用位移控制加载制度，作动器每循环加载一次，峰值位移分别为 ±4mm、±8mm、±16mm、±32mm、±48mm、±64mm，对应的位移角分别为 ±0.25%、±0.5%、±1%、±2%、±3%、±4%，如图 23-9 所示。

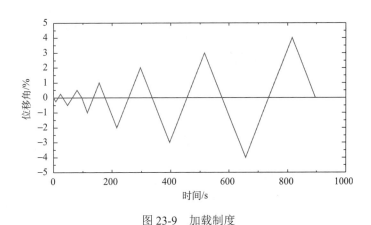

图 23-9　加载制度

23.6　试验结果与分析

23.6.1　初始预应力大小对结构的影响

试验 1、试验 2 的结果如图 23-10 所示。桥墩单向加载的力-位移关系近似为双线性。侧向力较小时，底部拼接面闭合，侧向位移为桥墩弯曲变形；侧向力增至某一值 F_{IGO} 后，拼接面张开，桥墩发生转动，侧向刚度显著下降。从图 23-10 (b) 可以看出，试验中存在很小的耗能，这主要由作动器内部存在的摩擦引起。对比两组试验结果可以看出，增大初始预应力将引起初始侧向刚度以及 F_{IGO} 的提高；但拼接面张开后的侧向刚度并不受此影响，这是因为此时侧向力的增量由预应力增量来平衡。试验 2 结束后桥墩没有发生滑移，表明柱底摩擦力足够平衡顶部推力。

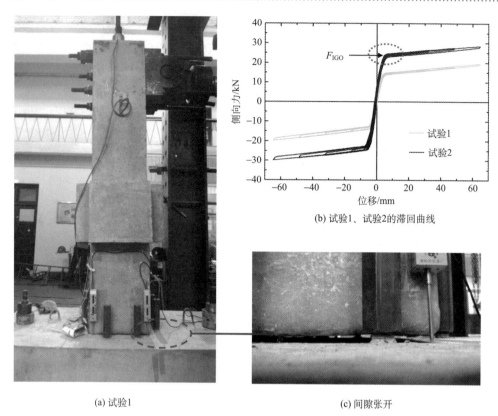

(a) 试验1   (c) 间隙张开

图 23-10   试验 1、试验 2 的加载及其侧向力-位移关系

23.6.2   耗能件构造对试验结果的影响

从图 23-11 中可以看出，在设置耗能件之后，力-位移曲线从双折线形变成"旗帜形"，表明桥墩在试验中发生了明显的耗能。同时，桥墩在转动时的侧向刚度也有所提升。从图 23-11(a) 中可以看出，相比试验 2，试验 3、试验 4 的 F_{IGO} 没有明显改变，这是因为在拼接面张开之前铝棒的变形不明显。当铝棒从南北侧(试验 4)移到东西侧(试验3)时，铝棒离转动点更远，桥墩每一循环耗散了更多的能量，但试验结束时残余变形也相应增加(从 0.01%增加到 0.15%)。试验 4 结束后铝棒没有断裂，但是试验 3 在最后一周(±4%)中，4 根铝棒先后断裂，如图 23-11(a) 所示。这是因为试验 3 中铝棒离转动点更远，经历的塑性变形更大；同时还表明设计采用的 100mm 长削弱段可能不满足试验的要求。因此，试验 5 中削弱段增至 200mm，试验结束后铝棒未断裂。由图 23-11(b)可以看出，试验 5 中桥墩的骨架曲线以及残余变形和试验 3 吻合较好。试验 3 结束时发现桥墩发生了微量滑移，说明底部最大摩擦力未能平衡作动器推力。因此在此后试验中，承台表面的预埋钢板上焊上钢筋作为限位装置，如图 23-11(b) 所示。

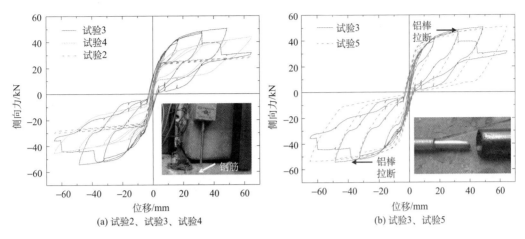

(a) 试验2、试验3、试验4　　　　　　(b) 试验3、试验5

图 23-11　耗能件构造的影响

　　试验 10～试验 12 的结果如图 23-12 所示。SC-2 试件的套筒高度(300mm)比 SC-1 试件小(500mm)，导致在相同的侧向位移下铝棒中的塑性应变更大。因此，尽管试验 10、试验 11 的滞回曲线和试验 3、试验 4 结果相近，试验 11(铝棒在南北侧)中的铝棒在最后一周加载中断了 2 根。在试验 10、试验 11 中，试件最后的残余变形分别为 0.02%和 0.2%，这再次说明铝棒距转动点越远自定心能力越差。试验 12 和试验 10 相比，铝棒削弱段的直径从 15mm 减小到 12mm，相应的铝棒面积减小了 36%，导致前四周加载中的桥墩耗能以及承载力显著小于试验 10。另一方面，在试验 12 中，3 根铝棒在位移角为±3%的加载循环中先后断裂，第 4 根铝棒在位移角为±4%的加载循环中断裂。因此，后续研究中有必要对削弱段铝棒的最小长度以及最小截面面积进行设计，防止铝棒过早断裂，以保证桥墩具有稳定的耗能。

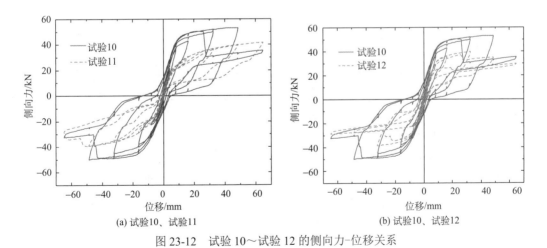

(a) 试验10、试验11　　　　　　(b) 试验10、试验12

图 23-12　试验 10～试验 12 的侧向力–位移关系

23.6.3　预应力筋刚度对结构的影响

在试验 6～试验 9 中，分别采用了 BFRP 和钢绞线作为预应力筋材料，对应的预应

力筋刚度为

$$k_{pt} = \frac{E_{pt} \cdot A_{pt}}{L_{ub}} \qquad (23\text{-}3)$$

其中，E_{pt} 和 A_{pt} 分别代表预应力筋的弹模和截面面积；L_{ub} 代表预应力筋的无黏结长度。由式(23-3)可知，本试验采用的 BFRP 和钢绞线刚度分别为 6.79×10^3 N/m 和 2.43×10^4 N/m。使用不同材料预应力筋带来的最大区别在于桥墩-基础接触面张开后的侧向刚度，如图 23-16 所示。试验 8 中桥墩侧向刚度比试验 6 增加了约 88%。所以 BFRP 因其自身弹性模量较小，导致桥墩摆动时抗侧刚度也较小，削弱了桥墩的抗倾覆能力；另一方面，使用 BFRP 作为预应力筋时，桥墩转动过程中的预应力增长较为缓慢，有利于避免预应力筋达到极限强度而破坏。SC-2 试件的试验全部结束后，桥墩未发生明显的破坏。

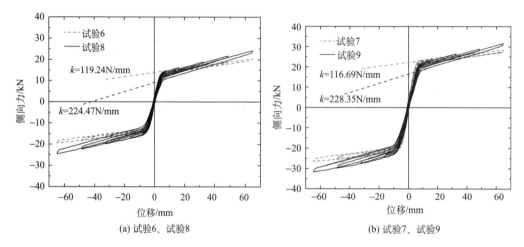

图 23-13   预应力筋刚度对结构的影响

23.6.4   GFRP 套筒对结构的影响

在 SC-3 试件上，先后进行了试验 13、试验 14 的测试，并与试验 7、试验 9 进行了对比，以考察 GFRP 套筒对测试结果的影响。如图 23-14 所示，桥墩反向加载时试验 7 和试验 14 的结果很接近，但是正向加载在侧向力达到 F_{IGO} 之前，试验 14 中桥墩的侧向刚度明显小于试验 7。这是由于 SC-2 试件底部的 GFRP 套筒在工厂制作，底面较为平整，与承台表面的预埋钢板可视为全面积接触；而 SC-3 试件在工地支模浇筑，底部平整度相对较差，因此施加预应力后底部与承台之间存在一个缺口，如图 23-14(a)所示。正向加载时桥墩绕 A 点转动，随着侧向力增加转动点逐渐移动到 B 点，桥墩此阶段侧向位移既包含弯曲变形又包含刚体转动。侧向力达到 F_{IGO} 之后桥墩绕 B 点转动，与试验 7 结果吻合。这个结果说明使用 GFRP 套筒能提高构件拼装部位的质量。此外，SC-3 试件试验全部结束后柱脚混凝土出现了不同程度的开裂、剥落和压碎，如图 23-15 所示。通过与 SC-1 和 SC-2 试件的对比，表明底部 GFRP 套筒对避免构件的局部损伤是有积极意义的。

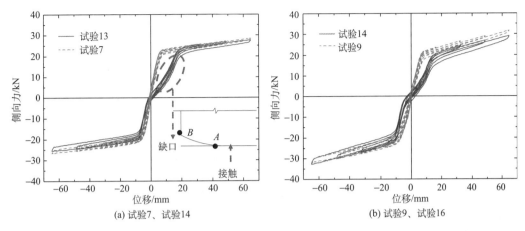

(a) 试验7、试验14

(b) 试验9、试验16

图 23-14　试验 13、试验 14 的滞回曲线

(a) 混凝土开裂、剥落

(b) 混凝土压碎

图 23-15　SC-3 试件柱角混凝土破坏

23.6.5　RC 试件的试验结果

图 23-16 给出了试验 15 的测试结果。其中，第一条裂缝出现在位移角为±0.5%的加载循环中，裂缝数量在位移角为±3%的加载循环内停止增长。侧向力在最后三周内基本持平，表明柱内纵筋进入屈服。与 SC 试件相比，RC 试件的滞回曲线更为饱满，表明试验中耗散了更多的能量；但其残余变形也显著增加(试验结束时为 2.25%)。试验结束时柱角混凝土有剥落压碎情况，损伤比 SC-3 试件更为严重。

23.6.6　BFRP 筋的力与桥墩位移的关系

图 23-17 给出了试验 10 中两根 BFRP 筋的合力与桥墩侧向位移之间的关系。由于 BFRP 筋处于桥墩中心位置，因此预应力-位移关系近似对称。这种关系并不是绝对的线性，当位移较小时预应力增长较为缓慢，这是因为此时桥墩的弹性变形在侧向位移中占较大比例。试验 10 结束时预应力损失值为 6kN(相当于 2.6%的初始预应力)，原因可能包括 BFRP 筋微量滑移、锚固部位以及柱角混凝土的塑性变形等。在试验 16 结束时，在一根钢套筒的端部观测到 BFRP 筋与黏钢胶之间少量的滑移，滑移量为 5mm，如图 23-18

所示。其原因可能是钢套筒内部的胶体浇灌不够密实，或者胶体在长期/反复荷载下与钢管的黏结有所退化。

(a) RC试件立面图

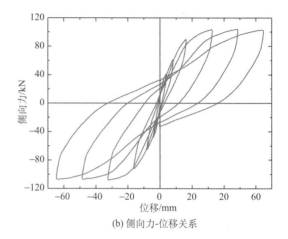

(b) 侧向力-位移关系

(c) 柱脚混凝土压碎

图 23-16　试验 15 测试结果

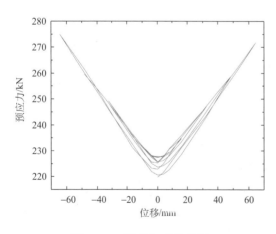

图 23-17　预应力-位移关系

图 23-18　BFRP 筋滑移

23.6.7　柱底接触长度和底部转角的关系

图 23-19 显示了 c 和 θ_{gap} 的关系。总体上 c 左右对称，并随着 θ_{gap} 增大而减小。当 θ_{gap}

在 0～0.005 时，c 急剧下降(从 350mm 降至约 50mm)；当 θ_{gap} 超过 0.01 后，c 的下降趋势较为平缓，并最终稳定在 25～35mm 内。由此可知，桥墩–基础接触面张开后，c 有一个逐渐减小的过程，所以第 21 章简化模型中 $c=0$ 的假设并不完全符合实际情况，但柱底转角至一定程度后桥墩确实具有"绕定点转动"的特征。对比试验 1、试验 2 结果可知，高预应力使得 c 值略微增大；对比试验 2、试验 5 结果可知，增加耗能件对 c 的改变不明显。由于本实验桥墩的轴压比均处于较低水平(不超过 10%)，后续研究中尚应探讨桥墩轴压比对 c 的影响。试验 5 中 θ_{gap} 略小于 0.04，表明桥墩侧移中包含了弯曲变形。另两组试验结果中，在 θ_{gap} 时 $c \neq 350$，且 θ_{gap} 最大值超过 0.04，其原因可能是位移计的精度不够，当转角较小时产生的相对误差更大。

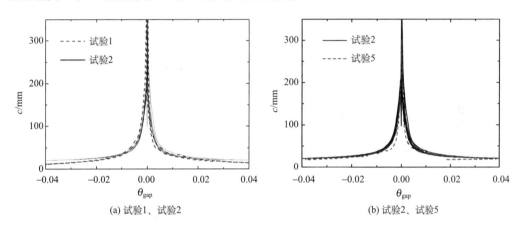

(a) 试验1、试验2　　　　　　　　　　　　(b) 试验2、试验5

图 23-19　c-θ_{gap} 关系

23.6.8　GFRP 套筒边缘应力分布

对比 SC-2 和 SC-3 试件的试验结果，可知 GFRP 套筒在桥墩转动时能保证主体结构无损。为研究套筒在桥墩转动时其中的应力增量以及变化规律，在 SC-1 和 SC-2 试件套筒的东侧贴上竖向应变片如图 23-20 所示。从图 23-21(a)可以看出，应变片 GE5～GE7 在每个循环峰值位移的应变值，以及应变的增长速度要比 GE1～GE4 大许多，因此套筒在局部受压时应变主要集中在离地面 25cm 范围内。从图 23-21(b)可以看出在前三周应变最大值出现在 GE3 处；但实际上 GE5 离基础最近，理论上每周应变的最大值应位于 GE5 附近。这个现象可以用图 23-21(b)内部的小图说明。SC-2 试件在试验 10 之前已进行多个工况试验，套筒在若干来回受压情况下外表边产生一定塑性变形，使得套筒外层一定厚度的纤维与基础分离。这个原因将导致墩底存在一个缺口，桥墩在小角度转动时应力迹线集中在 GE3 上部区域，如图 23-21(b)所示。当桥墩转角足够大时，套筒外表面纤维能够完全和基础接触，此后 GE5 的应变值将增长最快。

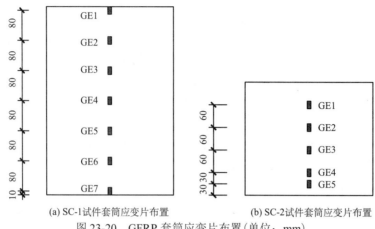

(a) SC-1试件套筒应变片布置　　　　(b) SC-2试件套筒应变片布置

图23-20　GFRP套筒应变片布置（单位：mm）

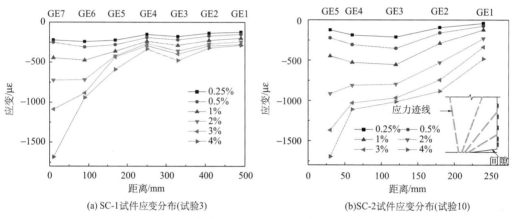

(a) SC-1试件应变分布(试验3)　　　　(b)SC-2试件应变分布(试验10)

图23-21　峰值应变分布

23.7　理论分析和试验结果比较

现选取试验1、试验2、试验4、试验5的试验结果与理论分析结果进行对比，并使用精确模型和简化模型进行计算[2]。试验中只施加预应力，故$G=0$；同时桥墩所受侧向力为作动器施加水平力，有$H_G=H$。其余计算参数如下。

混凝土弹性模量：$E_c=32.5\mathrm{GPa}$；

柱横截面尺寸：$350\mathrm{mm}\times350\mathrm{mm}$；

混凝土柱横截面面积：$A_c=119319\mathrm{mm}^2$（扣除两个预应力筋孔面积，不包括牛腿）；

桥墩截面惯性矩：$I_g=1.25\times10^9\mathrm{mm}^4$；

混凝土柱高：$H=1600\mathrm{mm}$（这里指作动器轴线距承台表面的距离）；

BFRP筋弹模：$E_{\mathrm{BFRP}}=4.4\times10^4\mathrm{N/mm}^2$；

BFRP筋横截面积：$A_{\mathrm{BFRP}}=201\mathrm{mm}^2$；

BFRP筋无黏结长度：$L_{\mathrm{BFRP}}=2250\mathrm{mm}$；

牛腿高度：$L_{e1}=350\text{mm}$；

牛腿下铝棒弹性段长度：$L_{e2}=150\text{mm}$（试验 4），$L_{e2}=50\text{mm}$（试验 5）；

铝棒削弱段长度：$L_p=100\text{mm}$（试验 4），$L_p=200\text{mm}$（试验 5）；

铝棒横截面面积：弹性段 $A_e=491\text{mm}^2$，削弱段 $A_p=176.7\text{mm}^2$（试验 12 $A_P=113.1\text{mm}^2$）；

铝棒距桥墩边缘距离：$y_1=260\text{mm},y_2=90\text{mm}$（试验 4）；$y_1=400\text{mm},y_2=-50\text{mm}$（试验 5）；

铝棒弹性模量：$E_{AL}=70\text{GPa}$；

铝屈服强度：$f_y=165\text{GPa}$；

铝应变硬化率：$\alpha=0.01$；

预拉力：$F_0=120\text{kN}$（试验 1），$F_0=220\text{kN}$（试验 2、试验 4、试验 5）。

从图 23-22 中可以看出，第 21 章提出的两种模型和试验结果均基本吻合。其中从试验 1、试验 2 结果来看，理论结果的初始刚度偏大，拼接面张开后刚度则较为符合。精细模型的曲线中，接触面张开前后存在一段较长的平滑过渡段，而试验结果转折更为明显，更接近于简化模型的双线性。简化模型中假设桥墩绕柱角点转动，忽略了底部接触长度，故接触面张开后理论曲线中侧向力比实际略高，切向刚度也偏大。但总体来说理论曲线能较好模拟实际结果。

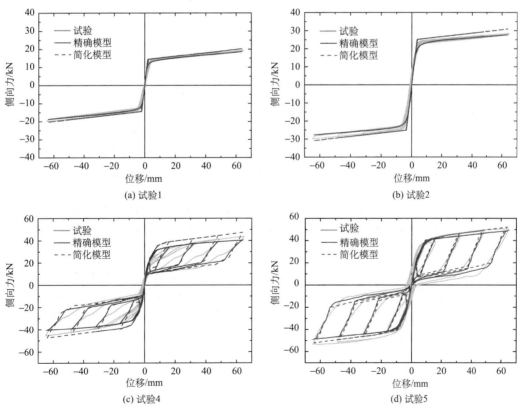

图 23-22 侧向力-位移试验和理论结果对比

　　从试验 4、试验 5 来看，理论曲线可以较好模拟骨架曲线，但是卸载曲线、残余变形以及耗能则存在一定偏差。从卸载曲线来看，试验 5 中理论与试验结果较为吻合，但是试验 4 中试验曲线卸载刚度偏小且曲线中存在一个缺口。原因可能是铝棒某些螺纹出现一定塑性变形，卸载时螺帽没有与牛腿紧密接触。从耗能大小来看，理论曲线耗能普遍偏小，原因可能是理论中对铝棒的本构模型进行了双线性的假设，与拉伸曲线存在偏差；同时随动强化的材料本构模型也不一定符合实际(铝也可能存在同向强化的情况，即铝棒从受拉转为受压时其轴力比理论模型要大，侧向力偏小)。这样也可以解释实际曲线的残余变形比理论值要大。简化模型中铝棒发生的变形更大，故其滞回曲线的耗能比精确模型要大。

　　图 23-23(a)为预应力-位移的关系。理论曲线左右对称，随位移增长预应力变大，且在位移水平较小时拉力增长缓慢，这与实验结果是符合的。不同之处在于实际预应力增长速度稍快一些，这与预应力筋变形量和柱底接触长度 c 相关(式(21-9))。由于理论推导中采用一系列假设，导致计算的 c 比实际值要大(图 23-23(b))，故理论计算中预应力增长速度比理论值要慢。试验中在每周循环结束时预应力都会下降一点，在最后引起约 6kN 的损失，而理论曲线未考虑这一点，故试验结束时总拉力和初始值保持一致。

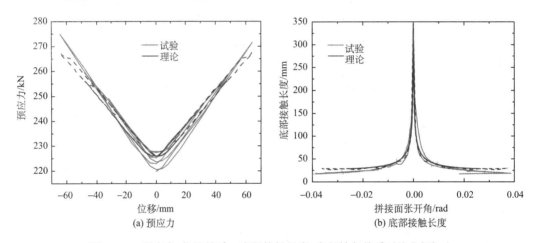

图 23-23　预应力-位移关系、底部接触长度-底部转角关系对比(试验 5)

　　图 23-23(b)为底部接触长度 c 和拼接面张开角 θ 的关系，可以看出理论结果能较好模拟实际曲线。在位移角小于 0.01 时两者基本吻合，在此之后理论曲线始终处于实际曲线之上，达到最大位移时比测量值约大 15mm。造成这种现象的主要差异是理论分析时采用了平截面假定，混凝土应力从内向外以较为平缓的梯度增长；实际中可能应力增长更为迅速，使得实际接触长度没有计算值那么大。同时从图 23-22 中试验 1、试验 2 结果来看，底部接触长度的差异没有显著影响整体力-位移曲线，说明使用平截面假定是合理有效的。理论曲线中 θ 的最大值小于 0.04，这是由于考虑桥墩弯曲变形的结果。

23.8　本章小结

　　本章对三个自定心预应力混凝土桥墩以及一个整体现浇桥墩进行了低周反复加载试

验,考察了不同参数对桥墩性能的影响;同时根据第 22 章的分析流程,将理论结果和试验结果进行了对比,从中可以得到以下结论:

(1)整体现浇桥墩在经历 4%的最大位移角之后存在明显的残余变形(2.25%的残余变形角),柱底混凝土出现压碎、剥落等损伤,给修复带来困难;相比之下,自定心桥墩在具有良好耗能性能的同时能够减小残余变形(1~14 组试验中最大值约为 0.3%)且试验结束后 SC-1、SC-2 试件几乎无损。使用的外置耗能件在断裂之后可以方便替换,具有实用前景。同时,试验中使用的 FRP、铝棒均是耐久性良好的材料,可以显著提高桥墩在近水或氯离子环境中的耐久性。

(2)试验中初始预应力对结构的抗侧刚度和自定心能力起决定性作用,在一定范围内预应力越大,桥墩的自定心能力越强且转动前侧向刚度越大,但接触面张开后桥墩的侧向刚度没有受到明显影响。

(3)耗能件能显著增加桥墩的耗能与侧向刚度,从而保护主体结构经历地震不受损伤。耗能件处于正面(试验中东西面)比处于侧面(南北面)具有更大的耗能能力,但铝棒所经历的应变也相应提高。所以有必要对削弱段的长度以及面积进行设计,保证桥墩在设计地震动作用下能够保持稳定的耗能能力。

(4)试验使用的锚固系统能够正常发挥作用,保证了桥墩的自定心能力。试验中预应力最大值未超过极限值的 70%,但试验结束时有一个钢套筒内部的 BFRP 发生了 5mm 的滑移。因此,尚需要进一步研究本章中的锚固系统在长期荷载以及反复荷载作用的情况下其预应力损失的情况,来确定桥墩预应力的限值。

(5)尽管受试验条件所限桥墩的轴压比较小(不超过 10%),但从 SC-2 和 SC-3 试件的试验结果来看,GFRP 套筒能够对柱底混凝土起约束保护作用,防止出现剥落、压碎等损伤。同时 GFRP 套筒在施工时作为模板使用,可以提高构件质量,保证接触面的精度。

(6)第 22 章中两种模型均能模拟桥墩的滞回曲线,表明轴压比较低时简化模型关于"定点转动"的假设是合理的,设计时可用此模型提高效率;但忽略柱底接触长度使得接触面张开后桥墩承载力高于实际值,偏不安全,故设计时应对柱底宽度进行折减。

参 考 文 献

[1] 曹志亮. 外置耗能式自定心混凝土桥墩抗震性能研究 [D]. 南京: 东南大学, 2015.

[2] Guo T, Cao Z L, Xu Z K, et al. Cyclic load tests on self-centering concrete pier with external dissipators and enhanced durability [J]. Journal of Structural Engineering, 2015, 142(1): 04015088.

[3] Wu Z, Wang X, Wu G. Basalt FRP composite as a reinforcement in infrastructure [C]. The 17th Annual International Conference on Composites/Nano Engineering, New Orleans, 2009.

[4] Campbell T I, Shrive N G, Soudki K A, et al. Design and evaluation of a wedge-type anchor for fibre reinforced polymer tendons [J]. Canadian Journal of Civil Engineering, 2000, 27(5): 985-992.

[5] 中华人民共和国住房和城乡建设部. 混凝土强度检验评定标准 [S]. GB/T 50107—2010. 北京: 中国建筑工业出版社, 2010.

第24章

自定心混凝土桥墩的数值模拟

在理论分析和试验研究的基础上,本章基于开源有限元软件 OpenSees[1],对该新型结构的数值分析方法进行了研究,并将有限元分析结果和试验结果进行了对比[2],为后续的地震易损性分析提供了依据。

24.1 自定心混凝土桥墩的数值分析模型

以试验结构为例,建立其数值模型,如图 24-1 所示。其中混凝土墩柱与耗能铝棒基于纤维截面,并选用基于位移的梁柱单元模拟,单元截面赋予各自的真实属性。预应力筋采用桁架单元模拟,其位置与柱单元重合,为方便表示,图中将预应力筋分别置于柱单元左右两侧。预应力筋上部节点与柱顶节点三个自由度耦合,使用刚性梁(rigid link beam)约束。牛腿上下面以及柱的底面简化为三个水平面,用弹性梁柱单元模拟,轴向刚度与弯曲刚度赋予一个虚拟的大值。为模拟墩柱-基础接触面的张开/闭合,在桥墩底面设有两个竖向零长度单元。该单元的两个端节点处于同一位置,水平方向自由度耦合,

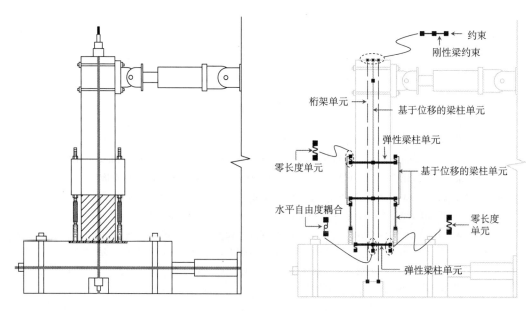

图 24-1　试验结构数值模型

在竖向赋予抗压不抗拉的材料属性(即抗拉强度为 0,抗压强度为一个虚拟的大值)。同理,螺母与牛腿的接触和分开也使用 2 个竖向零长度单元模拟。对于桥墩各部分的数值模拟细节,下面将一一具体给出。需要说明的是,本章涉及的单元及材料的英文名称均以 OpenSees 官方网站给出的形式为准。

24.1.1　混凝土墩柱的模拟

混凝土墩柱采用基于位移的梁柱单元模拟,其截面为纤维截面。图 24-2 给出了墩柱中无套筒、带套筒部分的单元截面纤维划分情况,其中牛腿不参与截面纤维划分。为简化建模,实际的圆形预应力筋预留孔道按面积相等的原则转化为正方形的孔道。由于截面中的纤维只发生轴向变形,故整个单元只发生轴向变形和弯曲变形;考虑到试验中采用的桥墩高宽比大于 4,剪切变形所占侧向变形的比重很小,故采用纤维截面是可接受的。

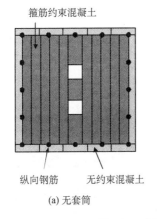
(a) 无套筒

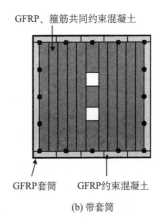
(b) 带套筒

图 24-2　混凝土墩柱截面的纤维划分情况

在混凝土材料属性定义中,考虑了以下四种情况:①外部无约束的保护层混凝土;②仅受箍筋约束的核心区混凝土;③受 GFRP 套筒约束的保护层混凝土;④受箍筋和 GFRP 套筒共同约束的混凝土。对于以上四种材料,除第④项采用 Confined Concrete01 材料模拟,其余用 Concrete01 材料模拟,且两者均未考虑混凝土的抗拉强度。

(1)对于无约束的保护层混凝土,采用 Kent 和 Park[3]所提出的无约束混凝土应力-应变关系,其本构曲线如图 24-3 中 *A-B-C* 线段表示。混凝土在达到材料极限强度后,其强度将线性地衰减到 0.2 倍混凝土圆柱体抗压强度,之后将不再提供抗压强度。混凝土的应力-应变关系可以用式(24-1)~式(24-4)描述:

A-B 段($\varepsilon \leqslant 0.002$)为

$$f_c = f_c' \left[2\frac{\varepsilon}{0.002} - \left(\frac{\varepsilon}{0.002} \right)^2 \right] \qquad (24\text{-}1)$$

B-C 段($\varepsilon > 0.002$)为

$$f_c = f_c' \left[1 - Z(\varepsilon - 0.002) \right] \tag{24-2}$$

其中，

$$Z = \frac{0.5}{\varepsilon_{50u} - 0.002} \tag{24-3}$$

$$\varepsilon_{50u} = \frac{3 + 0.002 f_c'}{f_c' - 1000} \tag{24-4}$$

其中，f_c 表示混凝土应力(psi)；f_c' 表示混凝土圆柱体试件的抗压强度(psi)；ε 表示混凝土应变；Z 表示混凝土强度线性退化的斜率。

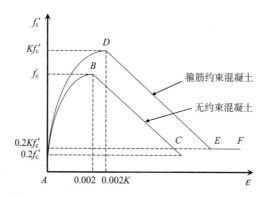

图 24-3 修正的 Kent-Park 模型

(2)对于只受箍筋约束的核心区混凝土，使用修正的 Kent-Park 混凝土应力应变关系[4]，其关系曲线如图 24-3 中 *A-D-E-F* 线段所示，其最大应力点及其对应的应变均比无约束混凝土高。当约束混凝土应力达到材料极限强度后，将线性地衰减到 0.2K 倍的混凝土圆柱体试件抗压强度(E 点)；此后混凝土应变将持续增加，但混凝土应力保持不变(E-F 段)。

修正的约束混凝土应力-应变关系可由式(24-5)～式(24-9)描述：

A-D 段($\varepsilon \leq 0.002K$)为

$$f_c = Kf_c' \left[2\frac{\varepsilon}{0.002K} - \left(\frac{\varepsilon}{0.002K} \right)^2 \right] \tag{24-5}$$

D-E 段($\varepsilon > 0.002K$)为

$$f_c = Kf_c' \left[1 - Z_m(\varepsilon - 0.002K) \right] \tag{24-6}$$

E-F 段为

$$f_c - 0.2Kf_c' \tag{24-7}$$

其中，

$$K = 1 + \frac{\rho_s f_{yh}}{f_c'} \tag{24-8}$$

$$Z_m = \frac{0.5}{\dfrac{3 + 0.29 f_c'}{145 f_c' - 1000} + \dfrac{3}{4}\sqrt{\dfrac{h''}{S_h}} - 0.002K} \tag{24-9}$$

其中，ρ_s 表示箍筋与受箍筋约束混凝土的体积比；h'' 表示受约束混凝土核心的宽度（从箍筋外边缘算起，单位：mm）；S_h 表示箍筋间距（mm）；f_{yh} 表示箍筋的屈服强度（MPa）；K 表示混凝土抗压强度的放大系数；Z_m 表示混凝土强度线性退化的斜率。

（3）对于受 GFRP 套筒约束的保护层混凝土，采用吴刚和吕志涛[5,6]提出的应力-应变关系模型。由于 FRP 属于弹性材料，破坏前不会屈服，随着混凝土应变增加其侧向约束力也一直增加，故在达到峰值点（图 24-3 中 B、D 点）后应力可能会衰减，也可能继续增加。修正的 Kent-Park 模型引入了参数 K 考虑箍筋对混凝土强度的增大；类似地，引入一个参数 λ 来考虑 FRP 约束对混凝土强度和延性的提高：

$$\lambda = \frac{\rho_f E_f}{\sqrt{f_{co}'}} \tag{24-10}$$

其中，ρ_f 表示 FRP 与约束的混凝土体积之比；E_f 表示 FRP 材料弹性模量；f_{co}' 表示混凝土圆柱体抗压强度。参照文献[5]提出的本构关系，有限元模型中混凝土材料属性仍可用 Concrete01 材料模拟，建模时只需计算出峰值点的应力、应变（$\sigma_{cp}, \varepsilon_{cp}$）和极限点（图 24-3 中 C、E 点）的应力和应变（$\sigma_{cu}, \varepsilon_{cu}$）即可，具体计算公式见文献[5]。

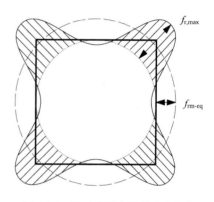

（4）对于受箍筋和 GFRP 套筒共同约束的混凝土，使用 Braga 等[7]提出的应力-应变关系，该模型根据弹性理论中平面应变假设进行推导。对于矩形截面混凝土柱，由于存在拱效应，使得 FRP 侧向约束在角部较大，在中心较小，如图 24-4 所示。

其中，$f_{r,max}$ 表示最大约束力，f_{rm-eq} 为约束力平均值。根据平面应变状态假设，对于指定的纵向应变 ε_z，可以推导：

图 24-4　矩形截面上的约束力分布

$$\Delta\sigma_z = 2\nu \cdot f_{rm-eq} \tag{24-11}$$

$$f_{rm-eq} = \frac{q}{S} \tag{24-12}$$

$$q = \begin{cases} k_{sl} \cdot \dfrac{E_c E_s A_s \nu S}{R_c E_c S + 24 E_s A_s (1-\nu)(\nu\varepsilon_z + 1)} \cdot \varepsilon_z & \text{（箍筋约束）} \\[4mm] \dfrac{36 E_c E_m t_m (b_m / S)\nu}{25 E_c d + 24 E_m t_m (b_m / S)(2\nu + 5)} \cdot \varepsilon_z & \text{（外部约束）} \end{cases} \tag{24-13}$$

其中，$\Delta\sigma_z$ 表示施加约束后核心区混凝土强度提高值；ν 表示混凝土泊松比；q 表示 Airy 方程常数；k_{sl} 表示考虑约束力沿构件长度的不均匀系数；E_c 表示混凝土弹性模量；E_s 表示箍筋材料的弹性模量；A_s 表示箍筋横截面积；S 表示箍筋间距；R_c 表示约束混凝土内

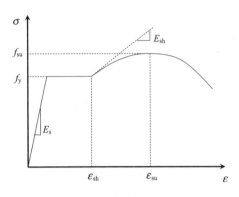

图 24-5 钢筋本构关系骨架曲线

切圆半径(从箍筋截面中心起算);d 表示截面边长;E_m 表示外部约束材料的弹性模量;t_m 表示外部约束材料的厚度;b_m 和 S 分别表示外部约束材料的宽度和间距。若使用连续套筒,则 $b_m=S$。计算出内外约束力后,按照约束材料包围的面积进行加权求和,得到强度提高值。

混凝土墩柱内的钢筋采用 OpenSees 中的 Reinforcing Steel 材料模拟,它可以考虑钢筋的疲劳和受压屈曲等效应,本章中介绍的数值模型中墩柱处于弹性阶段,所以不考虑钢筋的疲劳等效应。这种材料本构关系的骨架曲线如图 24-5 所示。

24.1.2 耗能件(铝棒)模拟

如前所述,本章中铝棒上端和桥墩牛腿连接,试验中随底部拼接面张开/闭合而伸长/压缩,从而实现耗能。这里铝棒采用基于位移的梁柱单元模拟,分牛腿内部节段、牛腿下部节段和削弱段三段建模,并赋予其纤维截面。考虑到铝棒受拉时螺帽可能和牛腿分开,故在铝棒和牛腿节点之间设一个零长度单元,其本构模型为抗压不抗拉,如图 24-6 所示。

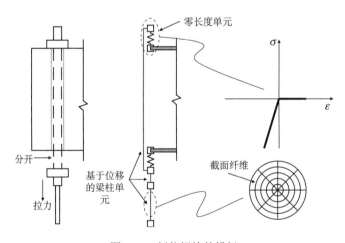

图 24-6 耗能铝棒的模拟

因为缺乏铝完整的单轴滞回曲线,故根据铝棒拉伸试验曲线结果选择合适的模型。本章中采用 Ramberg Osgood Steel 材料进行拟合,该模型可考虑应变硬化并能够以平滑曲线描述材料屈服前后应力应变关系,其本构方程表达式为[8]

$$\varepsilon = \frac{\sigma}{E} + R\left(\frac{\sigma}{E}\right)^n \tag{24-14}$$

其中,ε 表示总应变(包含弹性应变和塑性应变);σ 表示总应力;E 表示弹性模量;R

和 n 是关于材料的常数，拟合结果见图 24-7。

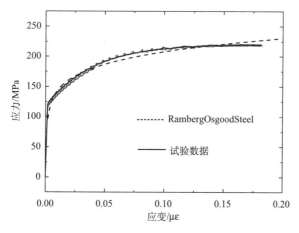

图 24-7　铝的单轴应力-应变关系

尽管本章的自定心混凝土桥墩旨在实现地震作用下具有稳定的耗能特性，但是在试验中铝棒发生了断裂。作为一种破坏模式，本章在数值模拟中进行了考虑。通过赋予单元材料的失效可以模拟铝棒的断裂，故这里通过 OpenSees 中 Minmax 材料来指定铝的极限拉应变，分析过程中只要铝的拉应变超过指定值，材料失效，其刚度降为 0 并不再提供强度，进而达到模拟铝棒断裂的效果。考虑到铝棒在反复拉压过程中疲劳损伤的累积，极限拉应变的取值要比拉伸试验的极限应变小，这里参考试验结果取为 17%。

24.1.3　预应力的模拟

预应力筋的模拟采用桁架单元，其面积的定义与实际 BFRP 相同，单元的两个节点和实际试验中预应力筋的两端锚固点位于同一位置，BFRP 的材料属性为线弹性，有限元模型中采用理想弹塑性材料（ElaticPP）模拟，材料的屈服点设为一个虚拟的值（比 BFRP 极限应变大即可）。

预应力的施加通过在 ElasticPP 材料中设置初始应变来实现。由于混凝土墩柱单元的竖向压缩刚度并非无穷大，所以当预应力施加到结构上时，上述单元会在预压力的作用下产生轴向变形（缩短），预应力筋单元的长度随之缩短，引起压应变和预应力的减小，因此数值模拟中施加在结构上的预应力小于程序设定的预应力。考虑到上述因素，为了在数值模拟中施加与试验中实测相等的预应力，试验中设置的初始预应力要比试验中实测的预应力大，并按如下方法确定其理论值：

$$k_{c} \cdot \Delta_{\text{pres}} = \left(\Delta_{\text{simu}} - \Delta_{\text{pres}} \right) \cdot k_{p} \tag{24-15}$$

$$T_{\text{exp}} = \left(\Delta_{\text{simu}} - \Delta_{\text{pres}} \right) \cdot k_{p} \tag{24-16}$$

其中，k_{c} 为混凝土墩柱的轴向刚度；k_{p} 为预应力筋的拉伸刚度；Δ_{simu} 为数值模拟中桁架单元的初始变形量；Δ_{pres} 为数值模拟中施加预应力后桥墩压缩量；T_{exp} 为试验中实测的施加在结构上的预应力。

式(24-15)为力平衡方程,可理解为试验中墙体上最后施加的预应力和数值模型中预应力筋剩余的预应力相等,式(24-16)为预应力筋的物理方程,由式(24-15)和式(24-16)易得

$$\Delta_{\mathrm{simu}} = \left(\frac{1}{k_{\mathrm{c}}} + \frac{1}{k_{\mathrm{p}}} \right) \cdot T_{\mathrm{exp}} \tag{24-17}$$

进而可以得到数值模型中需要定义的初始预应力 T_{simu}:

$$T_{\mathrm{simu}} = T_{\mathrm{exp}} \cdot \left(\frac{1}{k_{\mathrm{c}}} + \frac{1}{k_{\mathrm{p}}} \right) \cdot k_{\mathrm{p}} \tag{24-18}$$

由于 BFRP 没有屈服平台,且对桥墩的自定心能力起决定性作用,在设计时应保证应力水平不超过某个限值。但在较大地震作用下,BFRP 仍有拉断的可能。与铝棒类似,引入 Minmax 材料指定预应力筋的极限拉应变。BFRP 应变超过此值后材料失效,达到模拟预应力筋拉断的效果。根据拉伸试验,取 3.2%为 BFRP 极限拉应变。

24.1.4 试验中的误差模拟

本次试验的误差主要来自 SC-3 试件底部的不平整。从试验结果来看,SC-3 试件底面右半部分(受推力时与承台接触的一边)较为平整,其侧向力-位移的曲线大致呈双线性,故和 SC-2 试件一样采用一个抗压不抗拉的零长度单元模拟;底面左半部分由于施工误差不平整,墩柱底面存在缺口,初始刚度要小。为模拟这一误差,在左侧排布若干个竖向零长度单元,单元的材料属性采用只能抗压的 ElasticPPGap 材料来定义,如图 24-8 所示。拼接面单元的弹性模量和零长度单元一样,屈服强度赋予一个虚拟的大值。拼接面 gap 值大小从内到外按抛物线规律增大,但具体数值只能通过试算得到。

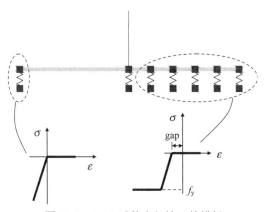

图 24-8 SC-3 试件底部缺口的模拟

24.2 与试验结果对比

根据上述数值模拟方法,对第 23 章的各个试验进行了数值模拟,其结果如图 24-9~图 24-11 所示。从图中可以看出,数值模拟结果和实验数据总体吻合良好,但是耗能比实测值要小,其原因可能是系统内部存在摩擦,且铝棒的本构模型是在拉伸试验基础上

得到的。从试验 3、试验 10、试验 12 的结果来看，使用 Minmax 材料可以模拟铝棒的断裂以及之后桥墩的性能，但是模拟结果中铝棒断裂的发生比实际要晚，表明铝棒在低周反复加载情况下其延性会降低。另外在 SC-3 试件的结果中，数值模拟结果和实际曲线拟合较好，表明 24.1.4 节中介绍的模拟墩柱底面不平整的方法是有效的，在滞回曲线中较低的初始刚度得到了体现。

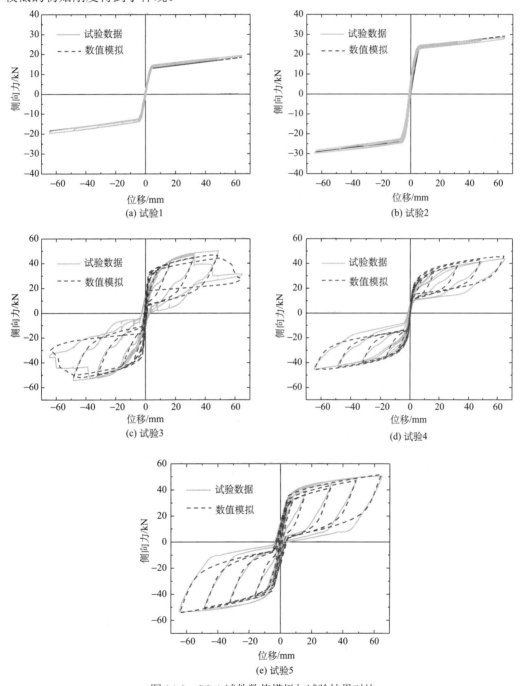

图 24-9　SC-1 试件数值模拟与试验结果对比

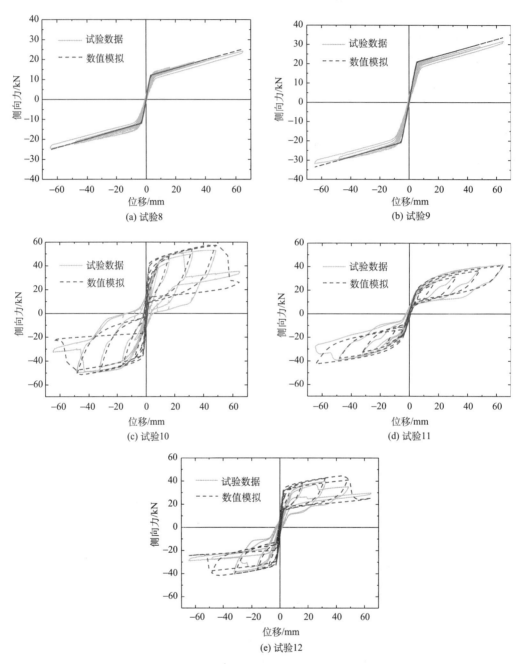

图 24-10   SC-2 试件数值模拟与试验结果对比

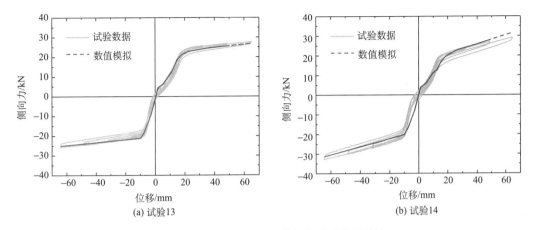

图 24-11　SC-3 试件数值模拟与试验结果对比

图 24-12 给出了预应力数据的拟合结果。除预应力损失外，数值模型能较好拟合预应力随桥墩侧移而增长情况，且侧移较小时预应力增长缓慢。图 24-13 给出了墩柱底部接触长度 c 的拟合结果，总体而言数据与实测值基本吻合。

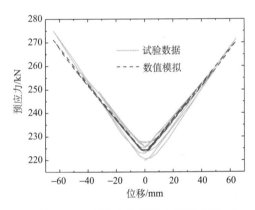

图 24-12　预应力数据拟合结果(试验 5)

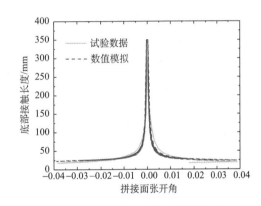

图 24-13　墩柱底部接触长度拟合结果(试验 5)

24.3　本 章 小 结

本章利用开源有限元软件 OpenSees 对试验中的自定心混凝土桥墩进行了有限元分析，所完成的主要工作和结论如下：

(1)介绍了带外置耗能装置的自定心混凝土桥墩的数值模拟策略及具体方法,主要内容包括墩柱单元的选取及其截面属性的定义、混凝土与钢筋以及铝等材料本构的建模、预应力筋单元及其材料本构的建模、数值模拟中初始预应力的计算、柱底拼接面开闭以及施工误差导致柱底不平整的模拟。

(2)数值模拟结果与试验数据吻合良好,表明本章提出的数值模拟方法可以有效地描述自定心桥墩在低周反复加载作用下的力学行为,为后续桥梁整体力学性能提供了分析工具。

(3) 由于对铝在反复加载情况下的力学性能研究欠缺,故模型中没有及时预测铝棒的断裂,这需要对耗能材料的性能做进一步研究。

参 考 文 献

[1] 曹志亮. 外置耗能式自定心混凝土桥墩抗震性能研究 [D]. 南京: 东南大学, 2015.

[2] McKenna F, Fenves G L, Scott M H. Open system for earthquake engineering simulation [D]. California: University of California, Berkeley, 2000.

[3] Kent D C, Park R. Flexural members with confined concrete [J]. Journal of the Structural Division, 1971, 97(7): 1969-1990.

[4] Scott B D, Park R, Priestley M J N. Stress-strain behavior concrete confined by overlapping hoops at low and high strain rates [J]. ACI Journal, 1982, 79(1): 13-27.

[5] 吴刚, 吕志涛. FRP 约束混凝土圆柱无软化段时的应力-应变关系研究[J]. 建筑结构学报, 2003, 24(5): 1-9.

[6] 吴刚, 吕志涛. 纤维增强复合材料(FRP)约束混凝土矩形柱应力-应变关系的研究[J]. 建筑结构学报, 2004, 25(3): 99-106.

[7] Braga F, Gigliotti R, Laterza M. Analytical stress-strain relationship for concrete confined by steel stirrups and/or FRP jackets [J]. Journal of Structural Engineering, 2006, 132(9): 1402-1416.

[8] Ramberg W, Osgood W R. Description of Stress-Strain Curves by Three Parameters [M]. Washington: National Advisory Committee for Aeronautics, 1943.

第 25 章

自定心混凝土桥墩的地震易损性研究

本章采用 IDA 对 RC 桥墩和 SC 桥墩分别进行非线性时程分析，获得两者对于指定抗震性能目标的易损性曲线[1,2]，从而为桥梁的地震风险评估提供依据。

25.1 结构易损性

结构易损性是指在给定强度的地震作用下，结构达到极限状态而失效的条件概率，其本质是基于概率理论建立地震动强度和结构损伤程度之间的关系。结构易损性的函数表达形式为

$$F_{\mathrm{R}} = P(D > C \mid \mathrm{IM} = x) \tag{25-1}$$

其中，F_{R} 为易损性函数，即结构在不同地震动强度水平条件下，结构失效(抗震需求超过抗震能力)的条件概率函数，通常以易损性曲线表示；IM 表示地震动强度参数；D 表示抗震需求参数；C 表示抗震能力参数。本章选取带 5%阻尼比的桥墩基本周期对应的谱加速度 $S_{\mathrm{a}}(T_1, 5\%)$ 作为地震动强度指标；选取罕遇地震(重现期约为 2000 年，即 E2 地震[3])作用下桥墩顶点的最大位移角 $\theta_{\max}$ 和残余位移角 θ_{res} 作为抗震能力指标。

根据已有文献[4-6]，假定 D、C 均服从对数正态分布，即

$$\ln D \sim N(\mu_{\mathrm{d}}, \sigma_{\mathrm{d}}^2), \quad \ln C \sim N(\mu_{\mathrm{c}}, \sigma_{\mathrm{c}}^2) \tag{25-2}$$

其中，μ_{d}、μ_{c} 为平均值；而 σ_{d}、σ_{c} 为标准差。故：

$$
\begin{aligned}
P(D > C) &= P(\ln D - \ln C > 0) \\
&= P\left(\frac{(\ln D - \ln C) - (\mu_{\mathrm{d}} - \mu_{\mathrm{c}})}{\sqrt{\sigma_{\mathrm{d}}^2 + \sigma_{\mathrm{c}}^2}} > \frac{-(\mu_{\mathrm{d}} - \mu_{\mathrm{c}})}{\sqrt{\sigma_{\mathrm{d}}^2 + \sigma_{\mathrm{c}}^2}} \right) \\
&= \varPhi\left(\frac{\mu_{\mathrm{d}} - \mu_{\mathrm{c}}}{\sqrt{\sigma_{\mathrm{d}}^2 + \sigma_{\mathrm{c}}^2}} \right)
\end{aligned}
\tag{25-3}
$$

其中，$\varPhi(\cdot)$ 是标准正态分布累积概率函数。根据文献[7]，有

$$\overline{D} = \alpha \cdot x^{\beta} \tag{25-4}$$

代入式(25-3)，经变形可得

$$F_R = \Phi\left(\frac{\ln\alpha + \beta\ln x - \ln\mu_c}{\sqrt{\sigma_d^2 + \sigma_c^2}}\right) \tag{25-5}$$

由此建立起结构失效概率和地震动强度之间的函数关系。根据文献[8]，当采用 $S_a(T_1, 5\%)$ 作为 IM 指标时，$\sqrt{\sigma_d^2 + \sigma_c^2}$ 的取值为 0.4。

25.2 桥墩数值模型

本章算例包含一个 RC 桥墩和一个 SC 桥墩。如图 25-1 所示，桥墩高 4.8m，横截面尺寸为 1.05m×1.05m。上部结构自重 180t，作用点距桥墩顶点 0.8m。纵筋采用 16φ30mm，对应配筋率为 1.03%。混凝土保护层厚度为 60mm，箍筋采用 φ10@80mm 复合箍，对应的箍筋配筋率为 0.83%。混凝土强度等级为 C40。

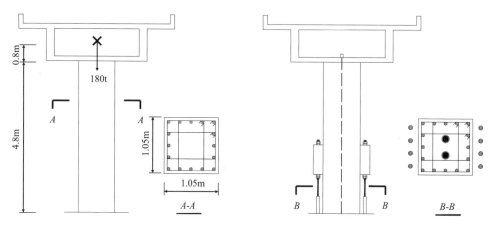

图 25-1 桥墩尺寸

SC 桥墩的尺寸及配筋和 RC 桥墩相同，内部设 2 根无黏结后张 BFRP 筋，初始预应力合计为 540kN。单根 BFRP 筋直径 48mm，弹模为 44GPa，无黏结长度为 6.15m。柱底 GFRP 套筒高 1.5m，厚 24mm。牛腿高 1.05m，耗能铝棒距桥墩边缘 150mm。铝棒原始直径为 80mm，削弱段直径为 48mm，削弱段长度为 600mm。铝棒布置在桥墩正面两侧，每侧 4 根，如图 25-1 所示。

RC 桥墩中混凝土柱采用 OpenSees[9]中带塑性铰梁单元(beam with hinges element) 模拟，SC 桥墩采用第 23 章中方法建模。上部结构简化为一个质量点，质量点和柱顶节点采用弹性梁柱单元连接，并赋予较大刚度值。图 25-2 给出了结构在低周反复加载过程中的数值模拟结果(SC 桥墩的设计参数按其骨架曲线与 RC 桥墩一致的原则确定)。

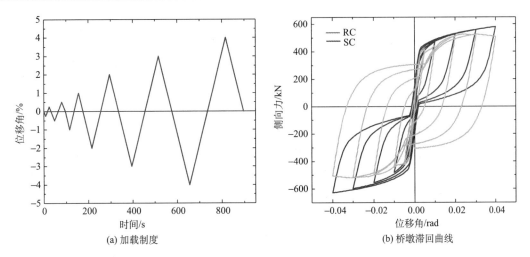

(a) 加载制度　　　　　　　　　　　(b) 桥墩滞回曲线

图 25-2　低周加载数值模拟结果

25.3　抗震能力分析

这里选取 E2 地震作用下桥墩顶点的最大位移角 $\theta_{\max}$ 和残余位移角 θ_{res} 作为抗震能力指标。按照规范[3]，在 E2 地震作用下桥墩最大位移角的容许值计算公式如下：

$$\mu_{\text{c}} = \frac{\Delta_{\text{u}}}{H} \tag{25-6}$$

$$\Delta_{\text{u}} = \frac{1}{3} H^2 \phi_{\text{y}} + \left(H - \frac{L_{\text{p}}}{2} \right) \cdot L_{\text{p}} \left(\phi_{\text{u}} - \phi_{\text{y}} \right) / K \tag{25-7}$$

$$\phi_{\text{y}} = \frac{1.957 \varepsilon_{\text{y}}}{h} \tag{25-8}$$

$$\phi_{\text{u}} = \frac{\min \left(\varepsilon_1, \varepsilon_2 \right)}{h} \tag{25-9}$$

$$\varepsilon_1 = 4.999 \times 10^{-3} + 11.825 \varepsilon_{\text{cu}} - \left(7.004 \times 10^{-3} + 44.486 \varepsilon_{\text{cu}} \right) \left(\frac{P}{f_{\text{c}}' A_{\text{g}}} \right) \tag{25-10}$$

$$\varepsilon_2 = 5.387 \times 10^{-4} + 1.097 \varepsilon_{\text{s}} - \left(37.722 \varepsilon_{\text{s}}^2 + 0.039 \varepsilon_{\text{s}} + 0.015 \right) \left(\frac{P}{f_{\text{c}}' A_{\text{g}}} \right) \tag{25-11}$$

$$\varepsilon_{\text{cu}} = 0.004 + \frac{1.4 \rho_{\text{s}} f_{\text{kh}} \varepsilon_{\text{su}}^{\text{R}}}{f_{\text{cc}}'} \tag{25-12}$$

其中，Δ_{u} 为桥墩顶点的容许侧移；H 为桥墩高度；L_{p} 为桥墩等效塑性铰长度(m)，取 $L_{\text{p}} = 0.08H + 0.022 f_{\text{y}} d_{\text{s}} \geqslant 0.044 f_{\text{y}} d_{\text{s}}$ 和 $L_{\text{p}} = 2/3h$ 中的较小值；f_{y} 为纵筋抗拉强度标准值 (MPa)；d_{s} 为纵筋直径(m)；h 为截面高度(m)；ϕ_{u} 为桥墩截面极限状态曲率；ϕ_{y} 为桥墩截面等效屈服曲率；K 为延性安全系数，取 2.0；ε_{y} 为纵筋屈服应变；ε_{cu} 为约束混凝

土极限压应变；ρ_s 为箍筋体积配筋率；f_{kh} 为箍筋抗拉强度标准值；ε_{su}^R 为约束钢筋的极限折减应变，取 0.09；f_{cc}' 为约束混凝土峰值应力，取 1.25 倍抗压强度标准值；P 为截面所受轴力；f_c' 为混凝土抗压强度标准值；A_g 为桥墩截面面积；ε_s 为钢筋极限拉应变，可取 0.09。

经计算，$\mu_c = 3.6\%$，小于本书 22.4 节中自定心桥墩的极限位移角。为便于比较，此处统一取 $\mu_{c1} = 3.6\%$。

鉴于国内规范尚未对震后桥墩的残余变形值做要求，这里根据文献[10]，取 $\mu_{c2} = 1\%$。当 $\theta_{res} < \mu_{c2}$，表明桥墩未发生破坏，或者有轻微破坏但无须采取加固措施；否则，必须对桥墩进行修复。

25.4　增量动力分析

由式(25-4)、式(25-5)可知求解易损性函数必须先建立地震动强度和结构响应之间的关系，IDA 是其中一种有效的办法。IDA 是指向结构模型输入一条(或多条)地震动记录，每一条地震动记录通过从零开始的一系列比例系数调幅到不同的地震动强度指标 IM，对结构进行多次时程分析，提取相应的具有代表性的结构弹塑性响应值 D。经合适的方法将 IM 与 D 的关系曲线处理后，即可获得 IDA 曲线。这 IM 里取带 5%阻尼比的结构基本周期对应的谱加速度 $S_a(T_1, 5\%)$，D 取桥墩顶点的最大位移角 θ_{max} 以及残余位移角 θ_{res}。

在本算例中，假设结构处于 II 类场地。根据 FEMA P695[11]，从 PEER Strong Motion Database 中随机选取了 32 条地震记录，如表 25-1 所示。32 条波的地震动反应谱及其平均谱如图 25-3 所示。

表 25-1　所选地震动特性

序号	地震名	年份	地震分量	PGA/g	震中距/km	持时/s
1	Imperial Valley	1940	I-ELC180	0.31	13.0	40
2	Imperial Valley	1940	I-ELC270	0.22	13.0	40
3	San Fernando	1971	PEL090	0.21	39.5	28
4	Imperial Valley	1979	H-DLT262	0.24	33.7	100
5	Imperial Valley	1979	H-CHI282	0.25	18.9	40
6	Imperial Valley	1979	H-EI3140	0.25	36.0	40
7	Imperial Valley	1979	H-ECC002	0.21	29.1	40
8	Imperial Valley	1979	AEP045	0.26	2.5	11
9	Imperial Valley	1979	E03140	0.27	28.7	40
10	Imperial Valley	1979	E08230	0.45	28.1	38
11	Imperial Valley	1979	PTS315	0.20	48.6	39
12	Mt.Lewis	1986	HVR000	0.14	15.9	40
13	Mt.Lewis	1986	HVR090	0.16	15.9	40
14	Superstition Hills	1987	B-WSM090	0.17	19.5	40

续表

序号	地震名	年份	地震分量	PGA/g	震中距/km	持时/s
15	Superstition Hills	1987	B-ICC090	0.26	35.8	40
16	Superstition Hills	1987	B-POE090	0.30	11.2	22
17	Superstition Hills	1987	A-IVW090	0.13	24.8	30
18	Superstition Hills	1987	B-PLS135	0.19	26.0	22
19	Loma Prieta	1989	SVL360	0.21	42.1	39
20	Loma Prieta	1989	CAP000	0.53	9.8	40
21	Loma Prieta	1989	SFO000	0.24	79.1	40
22	Loma Prieta	1989	NAS180	0.27	90.8	30
23	Loma Prieta	1989	AGW090	0.16	50.1	40
24	Loma Prieta	1989	HWB220	0.16	72.3	40
25	Loma Prieta	1989	PAE090	0.21	50.2	40
26	Loma Prieta	1989	STG090	0.32	27.2	40
27	Northrdige	1994	HOL360	0.36	23.6	40
28	Northrdige	1994	CCN360	0.22	20.2	40
29	Northrdige	1994	MUL009	0.42	13.3	30
30	Northrdige	1994	LAC090	0.26	39.2	40
31	Northrdige	1994	LOS000	0.41	26.5	20
32	Kobe	1995	SHI090	0.21	46.0	41

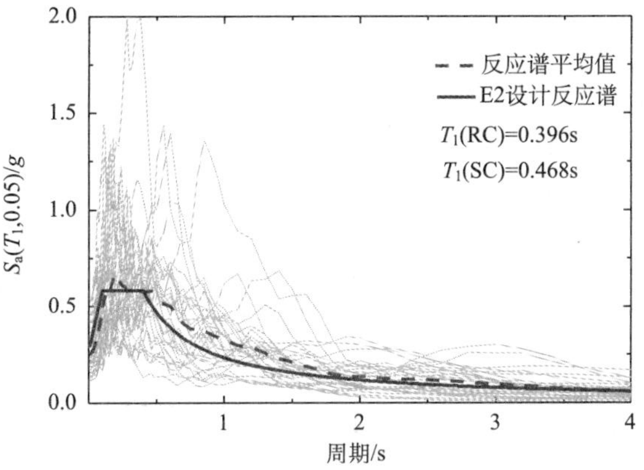

图 25-3　地震动反应谱与平均谱

进行 IDA 时采用 $0.1g$ 等间隔调幅：即对于某条地震动记录，桥墩的 $S_a(T_1, 5\%) = \lambda \cdot g$，$g$ 为重力加速度，则进行第 i 次时程分析时原始地震加速度数据乘以 $(0.1 \times i / \lambda)$ 的调幅系数，直至结构倒塌。记录下每一次时程分析的 S_a 值和桥墩的 $(\theta_{max}、\theta_{res})$，对所有数据点进行回归分析，拟合出对应的 IDA 曲线，即可求出式(24-4)中参数 α、β，如图 25-4 所示。

根据拟合 IDA 曲线参数 α、β，代入式(25-5)，分别绘制以最大位移角作为抗震能力指标和以残余位移角作为抗震能力指标的易损性曲线，如图 25-5 所示。

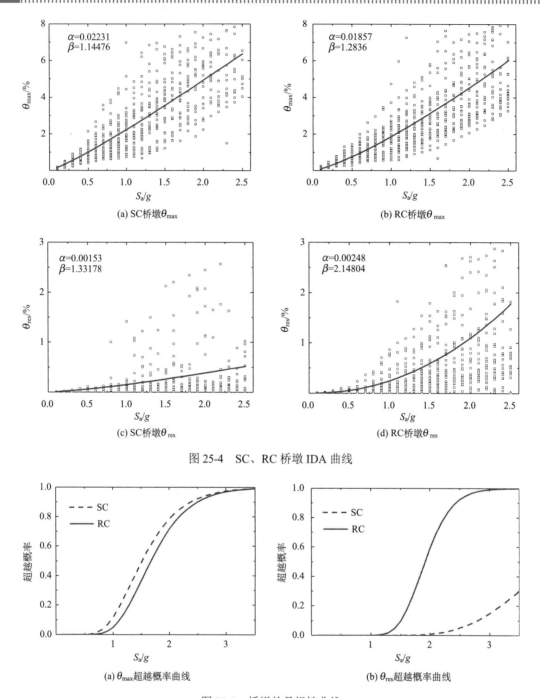

(a) SC桥墩$\theta_{\max}$ (b) RC桥墩$\theta_{\max}$

(c) SC桥墩θ_{res} (d) RC桥墩θ_{res}

图 25-4   SC、RC 桥墩 IDA 曲线

(a) $\theta_{\max}$超越概率曲线   (b) θ_{res}超越概率曲线

图 25-5   桥墩的易损性曲线

　　算例中 SC 桥墩因其耗能少于 RC 桥墩，地震作用下柱顶最大位移角在统计意义上略大于 RC 桥墩；因此，在相同 S_a 条件下，其失效的超越概率要稍大于 RC 桥墩。如图 25-5(a) 所示，当 $S_a = 1.2g$ 时，SC 桥墩的失效概率为 25.0%，而 RC 桥墩的失效概率为 14.2%。另一方面，SC 桥墩因自复位能力较强，故以残余位移作为抗震能力指标时，其

失效概率要明显小于 RC 桥墩。例如，当 $S_a = 1.6g$ 时，RC 桥墩的失效概率为 16.8%，而 SC 桥墩的破坏概率仅为 0.09%。

25.5　本 章 小 结

本章根据一个 RC 桥墩和一个 SC 桥墩的有限元模型，分别以最大位移角和残余位移角作为抗震能力指标，通过 IDA 得到了桥墩的地震易损性曲线，为结构的风险评估提供了依据。主要工作和结论如下：

（1）推导了桥墩易损性函数表达式；按骨架曲线相等的原则，建立了一个 RC 桥墩和 SC 桥墩的数值模型，通过 IDA 得到了桥墩弹塑性响应与输入地震动强度之间的关系表达式。

（2）分别以桥墩顶点最大位移角和残余位移角作为抗震能力指标，绘制了两个桥墩的易损性曲线。在相同谱加速度下，采用最大位移角为指标时 SC 桥墩的失效概率比 RC 桥墩稍高；而采用残余位移角为指标时 SC 桥墩的失效概率显著低于 RC 桥墩。

（3）算例中 SC 桥墩设计原则实际采用了"基于力的设计方法"，必然导致耗能弱于 RC 桥墩以及最大位移偏大。因此，在后续研究中可以采用其他设计原则，如基于位移的设计，增大 SC 桥墩的耗能能力。

参 考 文 献

[1] 曹志亮. 外置耗能式自定心混凝土桥墩抗震性能研究 [D]. 南京: 东南大学, 2015.

[2] Cao Z, Wang H, Guo T. Fragility analysis of self-centering prestressed concrete bridge pier with external aluminum dissipators [J]. Advances in Structural Engineering, 2017, 20(8): 1210-1222.

[3] 重庆交通科研设计院. 公路桥梁抗震设计细则 [S]. JTG/T B02-01—2008. 北京: 人民交通出版社, 2008.

[4] Yang C S, DesRoches R, Padgett J E. Fragility curves for a typical California box girder bridge [C]. TCLEE 2009: Lifeline Earthquake Engineering in A Multihazard Environment, Oakland 2009.

[5] Hwang H, Liu J B, Chiu Y H. Seismic fragility analysis of highway bridges [R]. Atlanta: Mid-America Earthquake Center, 2001.

[6] Nielson B G, DesRoches R. Seismic fragility methodology for highway bridges using a component level approach [J]. Earthquake Engineering and Structural Dynamics, 2007, 36(6): 823-839.

[7] Cornell C A, Jalayer F, Hamburger R O, et al. Probabilistic basis for 2000 SAC federal emergency management agency steel moment frame guidelines [J]. Journal of Structural Engineering, 2002, 128(4): 526-533.

[8] 王炎. 铁路减隔震桥梁地震反应分析及易损性研究 [D]. 杭州: 浙江大学, 2013.

[9] McKenna F, Fenves G L, Scott M H. Open system for earthquake engineering simulation [D]. California: University of California, Berkeley, 2000.

[10] 李宇. 考虑残余位移和土-结构相互作用的桥梁结构基于性能的抗震设计及评估 [D]. 北京: 北京交通大学, 2010.

[11] Applied Technology Council. Quantification of building seismic performance factors [R]. Washington: Federal Emergency Management Agency, 2009.